AF342970

RECHERCHES

SUR

LES INSTRUMENTS, LES MÉTHODES

ET

LE DESSIN TOPOGRAPHIQUES,

PAR

le Colonel A. LAUSSEDAT,

Membre de l'Institut,
Directeur du Conservatoire national des Arts et Métiers.

TOME I.

APERÇU HISTORIQUE SUR LES INSTRUMENTS ET LES MÉTHODES.
LA TOPOGRAPHIE DANS TOUS LES TEMPS.

PARIS,
GAUTHIER-VILLARS, IMPRIMEUR-LIBRAIRE
DU CONSERVATOIRE NATIONAL DES ARTS ET MÉTIERS,
Quai des Grands-Augustins, 55.

1898

RECHERCHES

SUR

LES INSTRUMENTS, LES MÉTHODES

ET

LE DESSIN TOPOGRAPHIQUES.

6157 *ter* D. — Paris. Imp. GAUTHIER-VILLARS, quai des Grands-Augustins, 55.

RECHERCHES

SUR

LES INSTRUMENTS, LES MÉTHODES

ET

LE DESSIN TOPOGRAPHIQUES,

PAR

le Colonel A. LAUSSEDAT,

Membre de l'Institut,

Directeur du Conservatoire national des Arts et Métiers.

TOME I.

APERÇU HISTORIQUE SUR LES INSTRUMENTS ET LES MÉTHODES.
LA TOPOGRAPHIE DANS TOUS LES TEMPS.

PARIS,

GAUTHIER-VILLARS, IMPRIMEUR-LIBRAIRE

DU CONSERVATOIRE NATIONAL DES ARTS ET MÉTIERS,

Quai des Grands-Augustins, 55.

1898

PRÉFACE.

Cet Ouvrage doit comprendre deux Volumes, divisés chacun en deux Chapitres.

Le premier Volume répond déjà au titre général; on s'est efforcé d'y présenter un historique aussi complet et aussi exact que possible des progrès de *l'Art de lever les plans*, depuis les temps les plus anciens jusqu'à l'époque actuelle, sans y aborder toutefois *la méthode des perspectives* qui fait l'objet du second Volume.

La division du premier en deux Chapitres s'imposait en quelque sorte. En effet, si *les méthodes et les instruments qui servent à les appliquer* sont habituellement dans une dépendance mutuelle et gagnent par conséquent à être rapprochés, il n'en est plus de même du *dessin topographique*, qui constitue un art distinct dont les progrès ont même quelquefois devancé ceux des opérations sur le terrain et qui a eu des vicissitudes nombreuses dues à des causes diverses.

Pour le second Volume, on avait pensé, comme on le verra dans l'*Avertissement*, qu'un seul Chapitre pourrait suffire, parce qu'on n'avait voulu tout d'abord qu'y passer en revue les tentatives faites pour appliquer la perspective *plane, cylindrique, sphérique, rayonnante,* au lever des plans et, après avoir établi la supériorité

*

de la perspective plane, y indiquer quelques-uns des principaux résultats obtenus à l'aide de la méthode correspondante dans les différents pays où l'on s'est intéressé à la solution de cette question.

Mais, d'une part, l'auteur était sollicité de rééditer les parties essentielles de ses deux Mémoires fondamentaux sur l'*Application de la chambre claire et de la Photographie au lever des plans* (¹), et quoiqu'il eût déjà répondu à ce désir dans les *Annales du Conservatoire des Arts et Métiers* (²) et dans deux Revues parisiennes (³), l'occasion était trop naturelle d'y satisfaire à nouveau pour qu'il ne fût pas tenté de la mettre à profit; c'est ce qui l'a déterminé à donner un premier Chapitre où l'exposé de la méthode est précédé de considérations générales qui en justifient l'emploi.

D'un autre côté, les publications aujourd'hui si nombreuses, consacrées à l'art désigné sous les noms d'*Iconométrie* et de *Métrophotographie* (*Bildmesskunst, Photogrammetrie* des Allemands, *Fototopografia* des Italiens), dont plusieurs renferment la solution de questions nouvelles et intéressantes, méritaient d'être signalées spécialement. Sans avoir eu la prétention de les analyser toutes, ce qui eût été à peu près impraticable, on a essayé, dans un second Chapitre, de donner une idée de la manifestation en quelque sorte universelle qui s'est produite en faveur d'une méthode maladroitement négligée pendant si longtemps dans son pays d'origine et

---

(¹) Publiés dans le *Mémorial de l'Officier du Génie,* n°ˢ 16 (1854) et 17 (1864).

(²) Tomes II (1890), III (1891), V (1893) et VI (1894) de la deuxième série.

(³) *Paris photographe,* 1891-1892, et *Revue internationale scientifique, artistique et littéraire,* 1896.

dont la fécondité se trouve affirmée chaque jour par les savantes recherches auxquelles elle a donné lieu et qui ont conduit à d'importantes applications.

Ce second Volume renfermera, en outre, sous forme de notes finales, des éclaircissements sur plusieurs points trop sommairement indiqués dans le texte de l'Ouvrage ou dans les renvois au bas des pages, que l'on a évité de développer démesurément pour ne pas alourdir le texte.

On permettra à l'auteur d'expliquer, dès à présent, en quelques mots, comment il a procédé pour remplir ce programme dont il n'avait pas tout d'abord mesuré l'étendue.

Les études qu'il a dû entreprendre pour composer le Chapitre I du premier Volume peuvent être rangées dans trois catégories : celles qui concernent l'histoire des instruments dans l'antiquité et au temps des Arabes, facilitées par les traductions de A.-J.-H. Vincent et des deux Sédillot et complétées, notamment dans les notes finales, d'après les découvertes et les travaux d'autres érudits ; celles qui se rapportent à la période allant de la fin du xvᵉ à la fin du xviiᵉ siècle, pendant laquelle ont paru déjà d'assez nombreux Ouvrages du plus grand intérêt, mais dont plusieurs sont rares et difficiles à se procurer ; enfin celles qui embrassent les deux derniers siècles, jusqu'à l'époque actuelle, et l'on accordera sans peine qu'il y avait lieu de faire un choix dans la foule des publications françaises et étrangères, pour y rechercher, avec la plus entière indépendance, les droits à la priorité des idées ou de leur mise en pratique.

On verra, par les citations qu'il n'a pas craint de multiplier et par la reproduction des figures et des planches empruntées aux Ouvrages originaux, si l'auteur est parvenu, comme il le désirait, à rendre justice aux véritables inventeurs. Il a, d'ailleurs, la conscience de n'avoir rien négligé pour y parvenir, en recourant, souvent, aux lumières et à l'obligeance d'autrui. Le nombre des personnes qui l'ont aidé à se procurer les documents dont il avait besoin est même si grand qu'il se voit obligé de renoncer à les remercier nominativement ici et de renvoyer le lecteur aux passages de ce Chapitre dans lesquels il n'a pas manqué de reconnaître ce qu'il leur doit.

Les recherches relatives à l'histoire du dessin topographique étaient à la fois plus simples et, l'on n'hésite pas à le dire, plus attrayantes. L'auteur les avait commencées depuis longtemps, en sa qualité de Secrétaire de la Commission pour la réglementation du dessin dans les Services publics, instituée en 1854 et présidée par M. le général Noizet (¹); il n'a donc eu qu'à réunir, aux nombreux documents qu'il possédait déjà, ceux qui ont été publiés depuis cette époque et quelques autres qui, même parmi les plus anciens, lui avaient échappé, parce qu'il n'avait pas eu recours, comme il l'a pu faire dans ces derniers temps, aux grandes bibliothèques publiques, aux collections et aux précieux recueils dont il ignorait l'existence, tels que la *Chalcographie du Louvre,* par exemple, ou qui ont été récemment composés, comme le *Recueil des plans de Paris,* etc.

Les deux Chapitres du second Volume ne compor-

(¹) *Rapport au Ministre de la Guerre;* brochure in-4° de 115 pages. Imprimerie Henri Plon, 1855.

taient pas de recherches bien anciennes. L'application
de la perspective au lever des plans est, en effet, relativement moderne, car si l'on excepte la restitution des
dimensions réelles des monuments, d'après les vues pittoresques, c'est-à-dire le *problème inverse de la perspective,* c'est à peine si l'on découvre, dans le courant du
siècle dernier, l'indication de la construction, en projection horizontale, des lignes apparentes (chemins,
limites de culture, bâtiments) du terrain supposé lui-
même sensiblement de niveau, d'après une seule vue
prise d'un point élevé.

L'idée de combiner plusieurs vues prises de stations
différentes convenablement choisies, qui dérive immédiatement de la méthode dite *des intersections,* due à
Beautemps-Beaupré et qui date de 1791, ouvre l'ère
nouvelle. On n'a pas manqué d'établir soigneusement
ce fait qui fait le plus grand honneur à notre pays et
qui a eu des conséquences considérables, inattendues
même, depuis que l'on a pu recourir facilement aux perspectographes, c'est-à-dire à des instruments portatifs
permettant de dessiner rigoureusement les vues pittoresques, et en dernier lieu et surtout à la Photographie.

On a eu soin, à ce propos, de rappeler, comme on
vient de le dire plus haut, toutes les tentatives faites
pour utiliser la Photographie dans le lever des plans, en
faisant varier la forme des appareils pour obtenir des
épreuves répondant à des conditions déterminées que
l'on croyait les meilleures. Enfin, en revenant aux
appareils les plus répandus, qui donnent les perspectives planes ordinaires analogues à celles que l'on
dessine à la main ou mieux avec la chambre claire, on
a exposé les principes généralement adoptés aujour-

d'hui de la construction et du nivellement des plans topographiques. On a montré aussi, en terminant ce premier Chapitre, le parti que l'on peut tirer des vues panoramiques amplifiées à l'aide d'une lunette, quand on emploie la chambre claire, ce qui constitue l'instrument appelé *Télémétrographe*, ou obtenues par la *Téléphotographie* qui en dérive.

Dans le deuxième et dernier Chapitre on s'est attaché à faire connaître les travaux des étrangers et à rendre justice à ceux qui non seulement ont appliqué avec succès les principes de la *Métrophotographie*, mais ont étendu son domaine et achevé de créer une science qui embrasse, avec la Topographie, les problèmes de la Géographie (longitudes et latitudes déterminées photographiquement), la Météorologie et confine à l'Astrophotographie.

La liste des publications faites en France, en Allemagne, en Autriche, en Italie, aux États-Unis, au Canada, en Angleterre, en Espagne, en Portugal, en Russie et jusqu'en Australie, que l'on trouvera à la fin du second Volume, témoigne de l'importance acquise principalement pendant les quinze dernières années par la Métrophotographie.

Les éléments de cette bibliographie sont dus, en premier lieu, aux auteurs des Ouvrages qui nous ont fait l'honneur de nous les adresser : MM. Hauck, le lieutenant Henry A. Reed, Schiffner, E. Deville, Dörgens, Dolèzal, Pollack; Paganini Pio, par l'intermédiaire de l'ingénieur G. Martinez, de Florence; P.-G. Rosen, de Stockholm; Don Juan Pié y Allué, Rodolpho Guimaraès, Alejandro Bertrand, Ed. Monet, le Dr Gustave

Le Bon, le commandant Legros, Rousson, Bridge's Lee
et, d'un autre côté, à plusieurs personnes qui ont eu
l'obligeance dont nous ne saurions trop les remercier, de
nous signaler les publications qui étaient parvenues à
leur connaissance : MM. le prince Roland Bonaparte, le
Dr Arthur Viana de Lima, et le commandant Legros;
enfin, M. Dolèzal, dans son Ouvrage intitulé : *Die Anwendung der Photographie in der praktischen Messkunst*,
paru en 1896 à Halle a/S. et dont il a bien voulu nous
faire hommage, en avait déjà publié la plus grande partie et a continué, dans le *Jahrbuch für Photographie und
Reproduktionstechnik*, du professeur Eder, de Vienne, à
tenir les lecteurs de cet excellent Annuaire au courant
des progrès de la Métrophotographie dans les différents
pays où elle est en honneur.

RECHERCHES

SUR

LES INSTRUMENTS, LES MÉTHODES

ET

LE DESSIN TOPOGRAPHIQUES.

Per varios usus artem experientia fecit,
Exemplo monstrante viam.

MANILIUS.

AVERTISSEMENT.

L'étude que je publie aujourd'hui a été entreprise à propos du Congrès des Sciences géographiques tenu à Londres en juillet 1895.

Le programme des questions que les organisateurs de ce Congrès avaient préparé comprenait celle de l'application de la Photographie au lever des plans, et le Bureau de la Société de Géographie de Paris m'avait fait l'honneur de me demander de la traiter.

J'avais accepté avec empressement, car je voyais dans cette démarche un symptôme de bon augure pour le succès définitif d'une méthode que je recommande depuis un si grand nombre d'années et qui nous revient aujourd'hui, de tous les côtés, de l'étranger où elle a eu moins de peine à s'acclimater que dans son pays d'origine.

Cette résistance à accueillir chez nous ce qui fut une nouveauté et qui maintenant en a perdu la fleur, ne m'a jamais trop surpris. J'avais été cependant très encouragé, dans mes débuts, par des chefs et par des camarades aussi éclairés que

L.

bienveillants (¹), mais il avait presque aussitôt fallu compter avec la famille innombrable des tardigrades et des sceptiques et, ce qui est pis encore, avec la sourde hostilité des gens de parti pris, plus ou moins désintéressés. Ces derniers, en effet, finirent par convaincre le service du Génie, qui avait patronné nos essais, qu'il n'avait rien à attendre d'un procédé qui s'éloignait par trop, selon eux, des méthodes rigoureuses enseignées dans ses écoles.

Dans les autres services publics, ces essais étaient à peine connus et, d'ailleurs, il faut bien l'avouer, la plupart des chefs de ces services semblent ne plus avoir le temps de procéder eux-mêmes à des études topographiques, qu'ils confient le plus souvent aujourd'hui à des entrepreneurs spéciaux travaillant à la tâche.

Restaient, heureusement en assez grand nombre, les indépendants et, parmi eux, les explorateurs qui, accoutumés à ne compter que sur eux-mêmes et ayant souvent recours à la Photographie, n'avaient pas tardé à s'apercevoir que les images qu'ils rapportaient de leurs lointaines expéditions renfermaient bien, en effet, ce que nous avions annoncé, c'est-à-dire tous ou presque tous les éléments de mesure que l'on recueille si péniblement par les autres procédés, au point de les négliger bien souvent, *faute de temps,* et de ne plus savoir ensuite se reconnaître à travers les notes prises à la hâte dans la fièvre des itinéraires.

Si donc, même à présent et malgré ce qui se voit dans la plupart des autres pays de l'Europe et jusqu'en Amérique, il faudrait même dire surtout en Amérique, la Photographie est encore tenue à l'écart, on pourrait dire mise à l'index, en France et dans nos colonies par les topographes officiels, il est du moins consolant de savoir que les voyageurs scientifiques tendent de plus en plus à l'adopter pour exécuter les cartes des pays qu'ils parcourent.

C'était précisément à propos d'un voyage d'exploration

(¹) Le maréchal Vaillant, le maréchal Niel, le général Noizet, le colonel du génie depuis général Bichot, le savant commandant Laurent, le commandant depuis général Blondeau, etc.

effectué, il y a un demi-siècle, en Abyssinie, par deux officiers d'état-major français, MM. Galinier et Ferret, que l'illustre Beautemps-Beaupré recommandait expressément l'emploi des *vues panoramiques* dont il avait fait lui-même un si fréquent et si merveilleux usage à la mer, à partir de 1791, pendant son voyage avec d'Entrecasteaux à la recherche de Lapérouse.

Il était sans doute intéressant de faire ce rapprochement, et je n'hésite pas à ajouter que, simple disciple de Beautemps-Beaupré, j'ai eu soin, dans mes deux Mémoires fondamentaux sur les applications de la chambre claire et de la Photographie au lever des plans, de déclarer que je conseillais l'emploi des vues pittoresques surtout dans le cas des reconnaissances; c'est aussi par là que j'avais commencé.

Mais, en continuant nos expériences, nous nous aperçûmes bientôt, mes collaborateurs et moi, que l'outil que nous avions entre les mains et dont tout le monde s'efforçait de perfectionner l'organe essentiel, donnait plus que nous ne lui avions d'abord demandé, et nous fûmes amenés à concevoir des espérances qui se trouvent pleinement réalisées aujourd'hui. Seulement, et en dépit des résultats vraiment remarquables auxquels étaient parvenus, dès 1861, les officiers de la division du Génie de la garde impériale (et je citerai, parmi eux, M. le lieutenant depuis lieutenant-colonel Sabouraud, auteur d'une très belle reconnaissance du Mont-Valérien et de ses environs), puis, de 1863 à 1871, la petite brigade composée du capitaine Javary et du garde du génie Galibardy, ce n'est pas en France qu'on a le plus profité, jusqu'ici, des précieuses propriétés de la Photographie.

Je crois inutile de m'arrêter sur les dates et sur l'importance des essais faits successivement en Allemagne, en Italie, en Autriche et récemment en Suisse (¹), mais je constate, avec une véritable satisfaction, que l'application de la méthode pho-

---

(¹) Le lecteur qui voudrait se renseigner à ce sujet trouverait un historique détaillé de ces essais dans les *Annales du Conservatoire des Arts et Métiers,* 2ᵉ série, t. IV à VI. Il faudrait aujourd'hui mentionner beaucoup d'autres pays et jusqu'à la Nouvelle-Zélande dont l'arpenteur général vient de publier un Traité intitulé : *The application of Photography to topographic Surveying,* by George HEIMROD. Déc. 1895. Dunedin ; Stone, Son et Cᵒ.

tographique au lever des plans a été faite sur la plus vaste échelle et avec un succès toujours croissant, dans un pays qui n'a cessé de conserver les plus grandes affinités avec le nôtre, au Canada.

Si une indisposition ne m'avait pas empêché de tenir l'engagement que j'avais pris avec la Société de Géographie de Paris, en me rendant au Congrès de Londres, je n'aurais pas manqué d'insister sur ce fait qui intéresse si directement le Gouvernement, les ingénieurs et les géographes anglais, et je me serais abstenu d'entrer dans les détails de ménage que j'ai donnés plus haut, assez discrètement d'ailleurs, et qui nous concernent exclusivement.

J'avais pensé, d'un autre côté, que la méthode photographique étant traitée dans une foule d'ouvrages et de brochures sur la *Métrophotographie,* la *Photogrammétrie* ou la *Phototopographie,* en français, en allemand, en italien et en anglais, je n'apprendrais pas grand'chose aux membres du Congrès en faisant devant eux un exposé devenu classique.

Il me sembla donc plus intéressant de démontrer, par *l'histoire des instruments, des méthodes et du dessin topographiques,* que l'utilisation des *vues panoramiques naturelles* pour la construction et l'illustration des plans topographiques est en quelque sorte le couronnement de tous les efforts qui ont été faits pour créer et perfectionner l'art de la Topographie.

En remontant aussi loin que les monuments et les traditions historiques le permettent, on reconnaît, et il n'y a pas lieu de s'en étonner, que le dessin pittoresque a joué pendant longtemps un rôle des plus importants dans cet art.

Quant aux instruments employés pour effectuer des mesures sur le terrain, ils ont été d'abord nécessairement très rudimentaires et les premiers géomètres ont dû s'ingénier beaucoup pour abréger leurs opérations et pour résoudre les problèmes, demeurés légendaires dans tous les temps, de l'évaluation des distances ou des hauteurs de *points inaccessibles.*

L'un des besoins les plus indispensables à satisfaire pour des réunions d'hommes a toujours été de trouver de l'eau et souvent de la diriger. La recherche des sources et l'art des irrigations ont également donné naissance à des légendes persistantes, et dans notre langue, par exemple, les mots de *sorcier* et de *sorcellerie* n'ont peut-être pas d'autre origine ([1]).

Les opérations de captation, de nivellement et de construction de rigoles ou d'aqueducs exigeaient effectivement des facultés peu communes à des époques où la science de la Géologie et celle de l'Hydrologie n'existaient pas et où les accidents du terrain ne pouvaient pas être étudiés systématiquement comme aujourd'hui; enfin, la répartition des eaux pour la fertilisation du sol a toujours été l'une des tâches les plus délicates chez les peuples agriculteurs.

D'un autre côté, la pose des bornes des propriétés était, comme on le sait, accompagnée dans l'antiquité d'un appareil de solennité symbolisé par le dieu Terme.

D'une manière générale, on peut dire que les premiers arpenteurs et les premiers fontainiers ont été et devaient être considérés comme exerçant une véritable magistrature; mais l'opinion populaire allait plus loin et, depuis les Chaldéens qui cumulaient les fonctions de prêtres, d'astrologues et d'arpenteurs ([2]), jusqu'aux augures et, beaucoup plus tard, même à des époques assez rapprochées de nous, tous ceux qui se sont occupés d'opérations comportant l'usage d'instruments peu familiers au vulgaire, ont passé pour avoir des lumières supérieures ou même une puissance occulte.

En parlant des manufactures de luxe de l'État, un publiciste peu révérencieux, en général, il faut en convenir, exprimait récemment en ces termes l'idée qu'il fallait se faire de ces institutions et de quelques autres :

« Il est probable que les conseillers du souverain (Louis XIV)

([1]) Ce n'est pas l'opinion de Littré, mais il est permis d'être d'un autre avis que le célèbre lexicographe, et ce qu'il y a de certain, c'est que, dans le centre de la France, on prononce souvent *sourcier* pour *sorcier*.

([2]) On découvre tous les jours de nouvelles preuves de l'habileté des Chaldéens comme arpenteurs. Nous donnons un exemple de leur manière de dessiner les plans dans le deuxième Chapitre de ce Mémoire, mais les découvertes récentes de M. de Sarzec, à Tello, permettraient de prouver la très haute antiquité de la Topographie régulière. (*Voyez* la note de la p. 14.)

faisaient valoir auprès de lui, en l'engageant à se lancer dans ces entreprises, la convenance de former de bons ouvriers capables de concurrencer les artistes étrangers.

. . . .

» Au fond, il n'y avait dans ces créations somptuaires qu'une pensée personnelle, de même que dans la fondation de l'Académie des Sciences il n'y avait d'autre but que de réunir *à peu de frais* des savants, afin de leur demander *gratis* leur opinion sur la partie technique des embellissements des résidences royales, et particulièrement sur *les adductions d'eau pour les fontaines, car les opérations de nivellement et de topographie constituaient, à cette époque, la branche cadette de la sorcellerie, l'alchimie étant l'aînée.* » (*Essai sur une restauration bourgeoise,* par P.-C. LAURENT DE VILLEDEUIL, 2ᵉ fascicule; Paris, 1896).

Je laisse, bien entendu, à l'auteur la responsabilité de ses appréciations générales, mais l'observation qui les termine est de la plus parfaite exactitude, et il n'est pas moins certain, nous le verrons plus loin, que les plus savants académiciens furent, en effet, mis à contribution pour résoudre les questions *d'adduction d'eau* à Versailles, à Marly et dans les autres résidences royales.

Revenant aux instruments et nécessairement aux méthodes auxquelles ils se prêtaient ou qu'ils avaient suggérées, nous pouvons dire que le but que se proposaient, instinctivement ou de propos délibéré, ceux qui les ont imaginés successivement était presque toujours de réduire le nombre des mesures directes de longueur à effectuer sur le terrain.

Il est vraisemblable que pour mesurer les champs ou relever les sinuosités d'un chemin, d'un cours d'eau, les limites d'un enclos, d'un lac, etc., les premières méthodes, d'ailleurs indéfiniment pratiquées dans tous les temps et dans tous les pays, ont consisté à décomposer les polygones rectilignes en triangles dont on mesurait tous les côtés avec un *cordeau* ou une *chaîne,* ce qui a été la première espèce de *triangulation,* ou bien, dans le cas de sinuosités, à tracer des lignes droites qui les traversaient ou les côtoyaient et à employer la méthode des *coordonnees rectangulaires*, en se servant de l'*équerre d'arpenteur* qui a sans doute été imaginée dans ce but.

Cette dernière méthode sert aussi à substituer aux polygones mixtilignes des polygones rectilignes dont les côtés sont alors autant de *bases* pour les *détails*. On peut enfin, dans ce cas et aussi dans le précédent où les périmètres étaient supposés rectilignes, éviter de pénétrer à l'intérieur des polygones pour mesurer les diagonales (ce qui, dans certains cas, serait impossible), en procédant par la *méthode des cheminements*, qui consiste à mesurer les côtés et les angles des périmètres.

L'évaluation de ces angles a pu et dû s'effectuer d'abord à l'aide de triangles auxiliaires de dimensions réduites dont on mesurait encore les trois côtés.

Ces pratiques primitives de l'arpentage, dans lesquelles on retrouve les germes des principales méthodes en usage, étaient d'une grande simplicité, et c'est pour cela, comme nous venons de le rappeler, qu'elles ont traversé tous les âges avec l'attirail, également très simple, du *cordeau* ou de la *chaîne* et de l'*équerre*.

Les Grecs, dont nous connaissons les Traités de Géométrie pratique, avaient imaginé, comme on le verra plus loin, d'ingénieux procédés, fondés sur les propriétés des triangles semblables, pour évaluer d'assez grandes distances en en mesurant de beaucoup plus petites (au moyen de *dioptres* et de *jalons* ou *mires verticales divisées*) et, en outre, des instruments comportant des *cercles divisés*, destinés dans le principe aux observations astronomiques.

Toutefois, il semblerait que les méthodes indiquées ci-dessus et familières aux arpenteurs, *décomposition en triangles* que nous avons qualifiée prématurément de *triangulations* et *cheminements*, ne se soient développées que plus tard, quand on s'avisa d'employer ces derniers instruments ou leurs analogues à la mesure ou au tracé des angles sur le terrain.

Quoi qu'il en soit, à partir de ce moment, les méthodes se transformèrent de la manière la plus avantageuse, au point de vue du temps à passer dehors, celle des triangulations, en particulier. Avec celle-ci, on ne mesura plus que rarement les longueurs des côtés et souvent on se contenta de celle d'un côté qualifié de *base de la triangulation,* mais on mesura les angles et l'on calcula les longueurs des côtés des triangles, ou bien l'on obtint les angles graphiquement et les sommets de la triangulation furent déterminés par les rencontres des côtés prolongés. C'est ce dernier moyen de multiplier les points sur un plan qui est connu en Topographie sous le nom de *méthode des intersections.*

La *méthode des cheminements,* au moyen de laquelle on détermine sur le plan les points où l'on s'arrête successivement et appelés *stations,* est aussi grandement facilitée par l'emploi de cercles divisés qui servent à mesurer les angles des polygones formés par les cheminements. Dans ce cas, toutes les distances des stations doivent encore être mesurées; mais, de ces stations combinées deux à deux, l'on peut opérer d'autres mesures d'angles ou tracer d'autres directions qui servent à déterminer, en plus ou moins grand nombre, de nouveaux points par la méthode des intersections.

Sans entrer dans de plus longues explications sur la série des opérations d'un lever de terrain d'une certaine étendue, sur la construction de ce que l'on appelle le *canevas* et sur celle des *détails,* nous nous contenterons de rappeler que la première, destinée à assurer l'exactitude de l'ensemble et à fournir des *repères* en nombre suffisant, s'exécute généralement à l'aide de cercles divisés et en calculant trigonométriquement les longueurs des côtés de la triangulation, puis que le lever des détails s'effectue soit par la méthode des intersections, soit par celle des cheminements, ou bien encore par celle du *rayonnement,* qui consiste à déterminer, d'une même station, un assez grand nombre de points, en mesurant ou en évaluant leurs distances à cette station et leurs directions rapportées à l'un des côtés qui y aboutissent ou à la méridienne qui passe par cette station. Il s'agit donc alors, on le voit, d'une *méthode de coordonnées polaires* qui n'empêche pas, d'ailleurs, de recourir en même temps à celle des coordonnées rectangulaires.

Sans oublier la chaîne et l'équerre, les instruments qui, depuis plusieurs siècles, ont été le plus en usage pour effectuer ces opérations de détail sont la *boussole* et la *planchette* qui, dans bien des cas, aident aussi à la construction des canevas.

Si l'on excepte les mesures directes de longueurs opérées avec la chaîne ou quelquefois avec des règles, toutes les autres opérations comportent l'emploi d'instruments munis de *dioptres* ou d'*alidades* servant à fixer les directions des lignes de visée. Le principal perfectionnement apporté déjà depuis longtemps à l'ensemble de ces instruments a consisté dans la substitution fréquente des *lunettes* aux *alidades à pinnules*.

Un perfectionnement beaucoup plus récent et d'une très grande importance, au point de vue de la rapidité des opérations, a été l'introduction au foyer de ces lunettes, où se trouvait déjà une *croisée de fils* pour pointer sur les différents signaux, de deux autres fils horizontaux parallèles dont l'intervalle micrométrique rigoureusement déterminé permet d'évaluer *indirectement* les distances en faisant un *double pointé* et *deux lectures* sur une mire appelée *stadia*, placée au point dont on cherche la distance.

Telles étaient, en résumé, les conditions de plus en plus satisfaisantes, sous le double rapport de la précision et de la rapidité, dans lesquelles on pouvait opérer, quand, vers 1852, la Photographie commença à devenir praticable sur le terrain. Nous ne devons pas omettre de rappeler de nouveau qu'en nous inspirant des conseils et des exemples si convaincants de Beautemps-Beaupré, nous avions, même un peu avant cette date, proposé d'employer (à terre) la *chambre claire* de Wollaston convenablement modifiée pour dessiner des *vues de paysages géométriquement exactes* et montré, dès lors, tout le parti que l'on en pouvait tirer dans les reconnaissances. Nous avions encore, à la même époque (1850), ajouté à notre appareil une lunette pour dessiner des vues agrandies et nous procurer ainsi, dans certains cas, de précieux éléments de mesures (¹).

Pour quiconque a bien voulu suivre le rapide exposé qui

(¹) On verra plus loin, au Chapitre III de cette Notice, comment cette idée très simple, mais qui a cependant rendu les plus grands services pendant le siège de Paris par les Allemands, a été d'abord faussement attribuée à un inventeur attardé, puis assez mal comprise par l'un des hommes qui eussent dû le mieux l'apprécier. C'est elle, disons-le dès à présent, qui devait inspirer plus tard la *Téléphotographie*.

précède, le but que nous avons cherché à atteindre peut être facilement pressenti.

Les plus grands progrès de la Topographie avaient pour objet, nous venons de le voir, de supprimer ou de simplifier les mesures directes de longueur, et, pour y parvenir, les opérateurs, consciemment ou inconsciemment, ont fait de plus en plus usage de la Perspective. Leurs stations ne sont, en effet, rien autre chose que des *points de vue*, d'où ils dirigent des *rayons visuels* sur les points qu'ils veulent déterminer, et leur plus grand embarras est de distinguer ces points les uns des autres, après les avoir désignés par des lettres, des chiffres ou des appellations improvisées plus ou moins nettes, inscrites sur leurs carnets ou sur leurs planchettes. D'où l'impossibilité de multiplier ces rayons visuels, c'est-à-dire la nécessité de se contenter d'un petit nombre de *repères* obtenus par la méthode des intersections et par conséquent, au contraire, de multiplier les opérations de détail qui exigent nécessairement beaucoup de temps à passer sur le terrain et beaucoup de mesures de distances plus faciles à effectuer aujourd'hui, grâce à la stadia, mais pour lesquelles il faut toujours envoyer des porte-mires et attendre leur arrivée aux points à déterminer, sans parler des notes et des chiffres à inscrire.

Que l'on se représente actuellement une triangulation dont les sommets, peu nombreux mais bien choisis, ont servi de stations photographiques et les vues qui y ont été prises; sans qu'il soit nécessaire d'y réfléchir longtemps, on comprendra que les conditions de l'opérateur qui saura s'en servir sont bien différentes de celles que nous venons d'analyser. On a employé quelquefois une expression familière que l'on nous permettra de reproduire parce qu'elle rend bien l'idée que l'on peut se faire de ces conditions : « Puisque l'opérateur a mis la nature dans son portefeuille (on a même dit dans sa poche), quand il sera rentré chez lui, il n'aura qu'à l'en faire sortir et à l'interroger à son aise comme il l'eût fait en plein air. »

Il suffit, pour que cela soit vrai, que notre opérateur ait eu le soin de prendre quelques renseignements indispensables, en très petit nombre d'ailleurs, à chaque station, et les vues naturelles répondent, en effet, avec précision à toutes ses questions.

On a peut-être remarqué que, dans tout ce qui précède, nous n'avons pas parlé du nivellement, et cependant, aujourd'hui, il ne saurait y avoir d'étude de terrain de quelque importance sans que le relief y soit figuré et coté aussi exactement que possible.

Nous ne pouvons, dans ce déjà trop long préambule, que rappeler très succinctement la nature des instruments spéciaux du nivellement, fondés tous nécessairement sur les effets de la pesanteur, la direction du fil à plomb ou l'état d'équilibre d'une petite masse liquide y fournissant spontanément l'indication qui doit guider l'observateur. On sait d'ailleurs qu'il y a deux modes d'opérer, l'un par *lignes de visée horizontales* qui constitue chaque fois le *coup de niveau* immédiat, et l'autre par *lignes de visée inclinées* au-dessus ou au-dessous de l'horizon. Dans ce cas, après avoir mesuré les angles, et les distances des points considérés étant supposées connues, les différences de niveau s'obtiennent par le calcul.

Il est aisé de reconnaître que la chambre noire organisée convenablement est encore l'instrument de nivellement qui donne les résultats les plus rapides, on pourrait dire les plus merveilleux par leur étendue.

Le *coup de niveau* qui, d'ordinaire, fournit le renseignement demandé pour un point isolé, sert, en effet, à tracer aussitôt la *ligne d'horizon* sur la photographie correspondante, déterminant ainsi toute la série des points du paysage qui se trouvent au même niveau que l'axe optique de l'instrument dont on connaît d'ailleurs la hauteur au-dessus de la station proprement dite. Et quant à tous les autres points du paysage, leur distance à la ligne d'horizon remplace l'élément angulaire visé ci-dessus, et le petit calcul nécessaire pour déterminer leur cote se fait à loisir, dans le cabinet, comme la construction de la planimétrie elle-même.

Sans anticiper sur les détails contenus dans le travail qui fait l'objet de la présente Notice, nous pouvons cependant ajouter que les vues panoramiques, qui donnent immédiatement l'impression de la nature elle-même et qui, pour ce motif, ont été pendant longtemps conservées par les anciens topographes à côté et à l'appui de leurs plans et de leurs cartes, offrent de

plus, à présent que l'on cherche à représenter géométriquement le relief du terrain, le double avantage, indépendamment de celui que nous venons de rappeler, de faciliter
singulièrement le tracé des *courbes de niveau* et de permettre
en tout temps des vérifications qu'il serait impossible de faire
subir aux plans levés par les méthodes ordinaires.

Nous n'insisterons pas, en ce moment, sur la question de
savoir quelles sont les contrées qui, par leur nature, se prêtent
plus ou moins bien à l'emploi de la méthode photographique.
L'expérience seule peut décider jusqu'à quel degré, dans les
pays de plaines, en tenant compte, dans certains cas, de
l'existence d'édifices bien situés, les ondulations du terrain
offrent encore des stations ou des points de vue tels qu'il puisse
être avantageux de recourir à la Photographie pour les étudier;
mais cette expérience est désormais superflue dans les pays
accidentés et à plus forte raison dans les montagnes, ou plutôt
elle a été faite sur la plus grande échelle et elle a démontré
qu'il n'y avait pas de comparaison à établir entre la méthode
photographique et toutes celles qui l'ont précédée.

Telles sont les considérations que je me proposais de faire
valoir au Congrès de Londres en faveur de cette méthode et
qu'il m'avait semblé utile d'appuyer de preuves présentées dans
une sorte de revue rétrospective des instruments et des procédés successivement mis en usage ainsi que des manières dont
le dessin topographique a été envisagé depuis les époques les
plus anciennes jusqu'à ce jour.

Le temps dont je disposais m'avait à peine permis de rédiger,
trop à la hâte, le premier Chapitre de cette étude qui fut imprimé dans cet état (¹) et envoyé au Congrès. La deuxième
partie était à peine ébauchée et restée en manuscrit, et la troisième avait été remplacée par une série nombreuse de documents également envoyée à Londres.

Après avoir revu le premier Chapitre et l'avoir beaucoup
amélioré sinon complètement achevé, — car on ne saurait, en

(¹) *Annales du Conservatoire des Arts et Métiers,* 2ᵉ série, t. VII.

pareil cas, avoir la prétention de ne rien omettre — j'ai poursuivi, dans le deuxième, mes recherches sur les transformations, on pourrait dire les vicissitudes du dessin topographique et enfin j'ai essayé, dans un troisième et dernier Chapitre, de prévoir les conséquences de l'intervention désormais fatale, inéluctable de la Photographie.

Ce travail d'ensemble dont le programme n'avait pas même été ébauché jusqu'à présent, du moins à notre connaissance, m'a paru devoir contribuer à l'histoire et aux progrès d'un art qui a déjà été et qui sera de plus en plus utile à la fois aux géographes, aux ingénieurs, aux militaires et au public en général.

C'est ce qui m'a déterminé à le faire imprimer.

CHAPITRE I.

APERÇU HISTORIQUE SUR LES INSTRUMENTS ET LES MÉTHODES.

I. — *Période gréco-romaine.*

Le besoin de diriger les eaux, avons-nous dit dans l'Avertissement, pour s'en débarrasser ou pour les utiliser et celui de limiter les champs ont sans doute fait imaginer de bonne heure des moyens de mesurer les différences de niveau et les distances de points plus ou moins éloignés les uns des autres, puis d'évaluer les superficies de terrains comprises entre des limites convenues qui furent l'origine de la propriété.

Toutefois on est réduit aux conjectures sur la nature des instruments et sur celle des opérations en usage chez les peuples de la haute antiquité, et il faut arriver à une époque avancée de la civilisation grecque pour être renseigné d'une manière un peu précise.

On ne pourrait douter que les Égyptiens (¹) avaient d'ingé-

(¹) Les Chaldéens, nous l'avons dit plus haut, étaient aussi d'habiles arpenteurs. On le savait depuis longtemps, mais les découvertes récentes de M. de Sarzec, communiquées à l'Académie des Inscriptions par M. Heuzey, viennent d'en fournir les preuves les plus irrécusables. Telles sont les plaquettes d'argile trouvées dans les fouilles de Tello, portant des plans gravés accompagnés de légendes de terrains, de champs avec leurs divisions, leurs orientations, leurs limites, les canaux qui les irriguent; on y trouve aussi des plans d'habitations, d'édifices sacrés, d'enceintes fortifiées analogues à celle que porte la statue de Goudéa et que le lecteur trouvera dans le deuxième Chapitre de ce travail. D'après MM. de Sarzec et Heuzey, ces documents graphiques et les nombreux contrats qui les accompagnent formaient un véritable cadastre des propriétés. Il est sans doute également intéressant de savoir que, jusque dans le Nouveau Monde, chez des peuples considérés à tort pendant longtemps comme des *sauvages* et dont la civilisation, au contraire, déjà avancée et très intéressante, a été brusquement interrompue par

nieux instruments de mesure et d'observation qu'ils ont transmis aux Grecs, mais ce que l'on sait bien, c'est que ceux-ci ont amélioré tout ce qu'ils tenaient de la tradition égyptienne, en fait d'Astronomie et de Géométrie, et qu'ils ont créé définitivement ces deux sciences.

Il existe à la Bibliothèque Nationale de Paris d'assez nombreux documents sur la Géométrie pratique des Grecs, dont la traduction a été faite en grande partie par M. A.-J.-H. Vincent, de l'Académie des Inscriptions et Belles-Lettres, et publiée par lui en 1858 (¹).

Au nombre de ces traités, celui de Héron d'Alexandrie, qui, d'après l'éminent traducteur et commentateur, remonte au 1er siècle avant notre ère, est le plus complet et paraît avoir joué, pour l'enseignement de la Géométrie pratique, le rôle de l'Ouvrage fondamental d'Euclide pour la Géométrie élémentaire.

Nous y puiserons largement dans l'exposé qui va suivre et qui donnera, nous l'espérons, une idée assez exacte des ressources dont disposaient, il y a plus de deux mille ans, les ingénieurs civils et les ingénieurs militaires qui avaient, les uns, à exécuter des travaux souvent difficiles, comme le percement et l'aération de galeries souterraines, le tracé des aqueducs, etc., les autres, à reconnaître les abords d'une place qu'ils assiégeaient ou à exécuter la carte des pays qu'ils parcouraient, en prenant part aux expéditions des conquérants.

Voici l'analyse très sommaire, mais que nous croyons toutefois suffisante, du Traité de Héron :

Pour évaluer les distances, indépendamment de la mesure au pas pratiquée systématiquement chez les anciens Égyptiens par des opérateurs connus sous le nom de *bimatistes*, les Grecs

---

des conquérants avides et souvent cruels qu'aveuglaient leurs succès inespérés, chez les Aztèques, en particulier, du temps de Cortez, il y avait des arpenteurs (*amantecues*) plus habiles que ceux des Espagnols. Ne pouvant donner ici les preuves nombreuses de l'activité intelligente d'une race digne d'un meilleur sort, nous nous contenterons de dire qu'au nombre des institutions mexicaines, en avance sur celles de bien des pays de l'Europe, à la même époque, on trouvait jusqu'à des vérificateurs des poids et mesures.

(¹) *Extraits des manuscrits relatifs à la Géométrie pratique des Grecs* (Paris, Imprimerie impériale; 1858).

employaient la *chaîne* ou plutôt le *cordeau* divisé en coudées
et jusqu'à un *odomètre* automatique tout à fait analogue à
ceux qui ont été imaginés bien longtemps après et dont ils se
servaient même pour mesurer les parcours en bateau.

Pour évaluer les différences de niveau (*fig.* 1) entre deux
points plus ou moins éloignés l'un de l'autre, ils avaient un
niveau d'eau semblable au nôtre, accompagné d'une *mire*

Fig. 1.

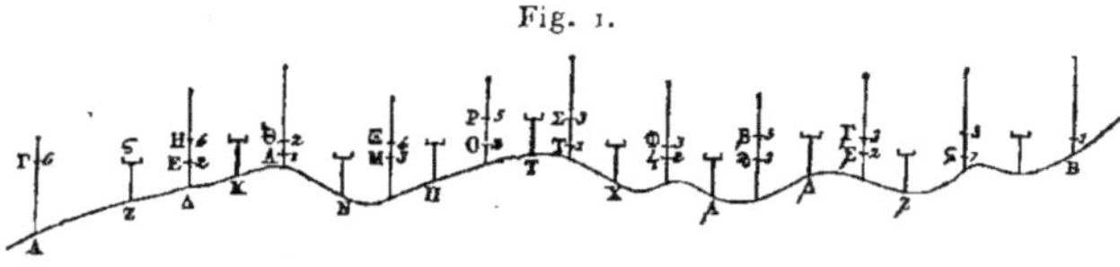

Opération du nivellement.

composée d'une tige verticale divisée et d'un *voyant* mobile,
manœuvré à l'aide d'une cordelette et d'une petite poulie de
renvoi placée à la partie supérieure de la tige.

Pour relever les profils de terrain dans une direction convenablement tracée, ils avaient rencontré la méthode si simple,
et toujours en usage, des visées horizontales en avant et en
arrière, de stations intermédiaires entre deux points consé-
cutifs du profil.

La mesure des surfaces à contours polygonaux ou même
curvilignes était facilitée par l'emploi de *jalons* et d'une équerre
d'arpenteur (*groma*) portée par un pied (*ferramentum*), à
l'aide de laquelle, et en recourant à la méthode des perpendiculaires ou coordonnées rectangulaires, on réunissait aisément tous les éléments nécessaires à la construction du plan.

Dans le cas d'une limite polygonale à côtés rectilignes, la
figure était divisée en triangles par des diagonales et la surface
de chaque triangle était calculée, à l'aide d'une formule, en
fonction des trois côtés.

A peine est-il nécessaire d'ajouter que les instruments de
dessin, à l'usage des géomètres et des architectes anciens,
étaient comme aujourd'hui la *règle* (divisée), l'*équerre triangulaire* [peut-être celle que l'on construisait simplement et

sûrement, d'après Pythagore ([1]), avec des côtés dont les longueurs étaient proportionnelles aux nombres 3, 4 et 5] et le *compas*.

Nous avons dit que les ingénieurs avaient recours à la Géométrie pratique pour résoudre des problèmes parmi lesquels nous citerons seulement ceux que l'on trouve toujours indiqués dans les Ouvrages élémentaires, à savoir : la mesure de la distance d'un point inaccessible, celle de la largeur d'une rivière sans la traverser, la détermination de la hauteur d'une montagne ou d'un édifice plus ou moins éloigné dont on ne peut pas s'approcher, etc.

Pour résoudre ces problèmes et bien d'autres encore exposés par Héron dans son livre, on se servait d'un instrument que l'on qualifierait aujourd'hui d'universel et désigné alors sous le nom de *dioptre* (*fig.* 2), de celui de l'organe qui servait à viser appelé *mediclinium* par les Latins et, plus tard, *alhidât* par les Arabes, dont nous avons fait *alidade*.

Le dioptre ou la dioptre ([2]) se composait essentiellement d'une alidade à pinnules portée par une colonne rendue verticale au moyen d'un fil à plomb, qui reposait elle-même sur un trépied à branches très courtes; l'alidade pouvait prendre toutes les directions, grâce à une disposition mécanique ingénieuse qui permettait de lui donner les deux mouvements de rotation autour d'un axe horizontal et autour d'un axe vertical.

La dioptre avait des usages nombreux; elle pouvait servir à niveler et, pour cela, l'alidade arrêtée dans la position horizontale recevait un tube à deux branches verticales en verre logé entre les pinnules; l'alidade ne devait alors se mouvoir qu'autour de l'axe vertical.

En supprimant le niveau et en rendant sa liberté à l'alidade, on pouvait viser dans toutes les directions, et, au moyen de jalons disposés dans le voisinage de l'instrument dont les distances étaient mesurées avec soin ainsi que les hauteurs

---

([1]) Vitruve en parle en rappelant l'admiration qu'avait excitée cette construction.

([2]) L'Ouvrage de Héron d'Alexandrie avait pour titre : *Traité de la Dioptre*, Περὶ διόπτρας.

L.

où ils étaient rencontrés par les rayons visuels, on parvenait
à résoudre la plupart des problèmes de Géométrie pratique
par la théorie des triangles semblables et *sans mesurer
d'angles;* mais en y ajoutant un plateau circulaire divisé en
degrés et fractions de degré autour du centre duquel tournait

Fig. 2.

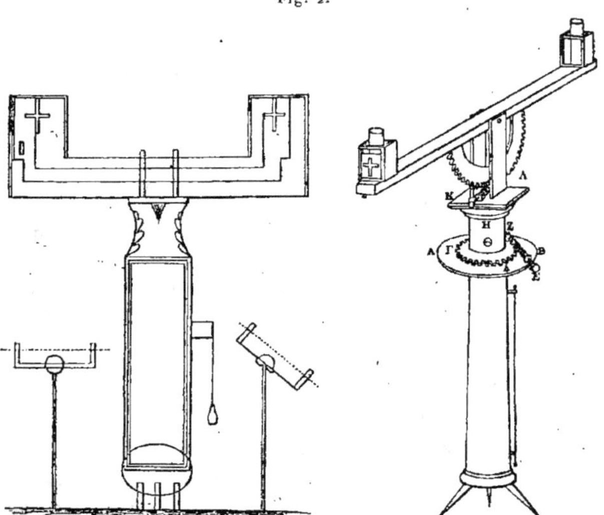

Dioptre d'après le manuscrit original et restitution du traducteur.

l'alidade, la dioptre pouvait encore servir à mesurer les distances angulaires de deux astres, les diamètres apparents de
la Lune et du Soleil, etc., c'est-à-dire qu'elle était également
à l'usage des astronomes (¹), lesquels ne pouvant pas songer,

---

(¹) Hipparque avait fait usage d'une dioptre spécialement consacrée à
ce genre d'observations. La dioptre d'Hipparque est décrite par Proclus et
par Théon; elle est représentée dans une édition de ce dernier auteur,
de 1538, mais elle n'a pas pour nous le même intérêt que la dioptre des
arpenteurs.

en général, à évaluer des distances linéaires, avaient été les premiers à recourir à la division de la circonférence dont les arpenteurs et les géodésiens devaient plus tard tirer eux-mêmes le plus grand parti.

Les Romains, qui empruntèrent aux Grecs leurs méthodes et leurs instruments, ne paraissent avoir rien ajouté d'essentiel à un art qui devait cependant leur être si utile (¹). C'est à peine si l'on trouve à mentionner, d'après Vitruve, un niveau d'eau à simple cuvette creusée dans une règle assez longue posée sur le sol, qui pouvait aussi fonctionner à l'aide de perpendicules, désigné sous le nom de *chorobate* (*fig*. 3), dont l'usage

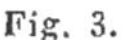

Fig. 3.

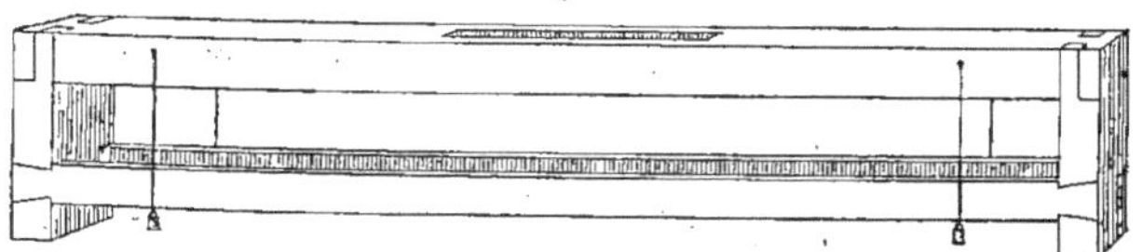

Chorobate restitué par Perrault d'après la description de Vitruve.

ne devait pas être, à beaucoup près, aussi commode que celui de la dioptre horizontale et de la mire à voyant.

Enfin le niveau de maçon paraît avoir été connu de toute antiquité. Seulement on le trouve d'abord décrit ou représenté sous la forme d'un triangle équilatéral (et non rectangle isosèle, comme on le construit le plus souvent aujourd'hui), mais toujours avec un fil à plomb attaché à l'un des trois sommets et un trait de repère au milieu du côté opposé.

C'est là à peu près tout ce que nous savons des instruments et des méthodes qui ont permis aux Grecs et surtout aux Romains d'accomplir les grands travaux dont les imposants vestiges nous donnent une si haute idée.

(¹) Il ne s'agit, dans ce Chapitre, que de l'histoire des instruments; nous avons donc cru pouvoir reporter au Chapitre suivant une note qui se rapporte à l'organisation très remarquable des *agrimensores* et qui explique la perfection du plan de Rome du temps de Septime Sévère et à celle des *castrorum metatores* qui ont rendu tant de services aux armées de la République.

II. — *Digression à propos des instruments astronomiques dans l'antiquité.*

Nous avons tenu, dans cette étude, à ne recourir qu'à des documents authentiques, et l'Ouvrage de Héron nous a mis à même, en effet, de préciser l'état auquel était parvenu l'art dont nous cherchons à retracer l'histoire à une époque également bien déterminée ([1]).

En décrivant la dioptre, nous avons dit, toujours d'après Héron, que l'on y avait ajouté un cercle divisé à l'usage des astronomes. Si l'on admet la restitution proposée par M. Vincent [laquelle ne diffère de celle du savant italien Venturi que par la suppression d'un plateau circulaire supérieur ([2])], il est impossible de ne pas songer aussitôt que les deux axes de rotation eussent pu porter des cercles divisés, puis de concevoir des index disposés sur les supports fixes de façon à permettre de mesurer à la fois les angles verticaux et les angles horizontaux décrits par la dioptre. En un mot, cet instrument eût été ou eût pu devenir facilement un *théodolite*. Mais rien n'autorise à poursuivre jusqu'au bout cette hypothèse, et ce qu'il y a de certain, c'est que la dioptre décrite par Héron ne se retrouve pas explicitement mentionnée par Ptolémée au nombre des instruments dont il faisait usage et qui furent imités plus tard dans l'Europe occidentale, non seulement par les astronomes, mais par les voyageurs, les géographes et les arpenteurs.

Après le Traité de Héron, c'est, en effet, dans l'*Almageste* de Ptolémée qu'il faut chercher d'autres indications concernant les instruments de mesure et d'observation des anciens, en y joignant celles que l'on trouve, à une date antérieure, dans Vitruve, principalement pour ce qui regarde la Gnomonique ([3]),

---

([1]) Nous répétons, d'après M. A.-J.-H. Vincent, que le Traité de Héron date du 1er siècle ou même de la seconde moitié du II⁰ siècle avant notre ère.

([2]) *Voyez* l'Ouvrage déjà cité de A.-J.-H. Vincent, p. 182.

([3]) Livre IX de l'*Architecture* de VITRUVE, traduction de PERRAULT.

et plus tard dans Proclus, Philoponus et Théon (¹) qui donnent quelques explications un peu plus détaillées que celles de Ptolémée.

Toutefois, il est bien difficile de se prononcer, d'après ces différents auteurs, sur les époques de la découverte des premiers instruments astronomiques dont le plus ancien est sûrement le *gnomon* (²).

Nous n'avons pas à nous engager dans l'examen des textes et de toutes les interprétations qui en ont été données, d'après lesquelles le gnomon, connu de très ancienne date des Chaldéens ou des Babyloniens (³), l'aurait été également des Égyptiens, des Chinois, des Indiens et même des Aztèques et des Incas. Cet appareil si simple devait, en effet, s'imposer en quelque sorte à tous les peuples en voie de civilisation et qui, par conséquent, éprouvaient le besoin de mesurer le temps.

La division de la durée du jour apparent, entre le lever et le coucher du Soleil, en douze heures dites *temporaires* (⁴), et celle de la circonférence en 360 degrés, cette dernière se rattachant évidemment à la durée de l'année solaire de 365 jours et une fraction, viennent des premiers peuples qui ont adopté cette année solaire et nous ont été transmises par les astronomes d'Alexandrie qui, pour faciliter leurs calculs et en doublant la première, ont divisé le jour entier en vingt-quatre heures égales (⁵).

On sait qu'en dépit des simplifications qui résulteraient de l'emploi du système décimal pour la division du temps et de la circonférence, les nombres dont il s'agit (12 et 360), qui appartiennent au système duodécimal et jouissent tous les deux

---

(¹) *Procli Diadochi Hypotyposis astronomicarum positionum*, GEORGIO VALLA PLACENTINO *interprete*, Cap. II, V, VI, VII, etc.

(²) *Voir*, à la fin de ce Chapitre, une note à ce sujet.

(³) Les Grecs et les Romains désignaient les astrologues sous le nom de *Chaldæi*, les Chaldéens ayant effectivement appartenu à une sorte de collège de prêtres savants en Babylonie.

(⁴) D'après Hérodote, les *douze parties du jour*, le *pôle* et le *gnomon* venaient des Babyloniens; le pôle désignait, croit-on, le cadran solaire hémisphérique creux ci-après ou *scaphé*.

(⁵) Sur les anciens cadrans solaires grecs, romains, phéniciens, on ne trouve que la division en heures temporaires; les Arabes ont été les premiers à y tracer les lignes d'heures égales.

de l'importante propriété d'avoir chacun, au rang qu'il occupe dans la série générale, le plus grand nombre de diviseurs, sont encore généralement en usage ([1]).

Si nous donnons ces détails, c'est que les instruments dont il nous reste à dire quelques mots ont été imaginés surtout en vue de la division du jour en heures, de l'étude de la marche angulaire apparente du Soleil, ainsi que des autres astres sur la sphère céleste et que ceux qui en sont dérivés ont conservé la trace de leur origine.

Quoique le nom de *Gnomonique* ait été donné à l'art de construire les cadrans solaires, on ne saurait douter que les autres instruments imaginés et employés par les astronomes se rattachent plus ou moins directement au gnomon.

Ainsi, après les premières observations spontanées du déplacement de l'ombre d'une tige verticale sur le sol, il était naturel que l'on songeât à suivre les mouvements du Soleil dans une coupe ou *scaphé,* image retournée de l'hémisphère céleste, le gnomon devenant un rayon vertical avec son sommet au centre commun dont l'ombre sur les parois du scaphé figurait chaque jour la marche du Soleil (*fig.* 4).

Or c'est cet appareil, *scaphé, hemicyclium* ou *hemispherium,* souvent attribué au Chaldéen Bérose ([2]), qui a conduit à la construction des cadrans solaires sphériques, si communs dans l'antiquité, et il est aussi permis de supposer, d'après la *fig.* 4 qui le représente, qu'il a inspiré l'idée de l'emploi de cercles isolés diversement orientés, anneaux ou armilles verticales, équinoxiales, etc., et de leur assemblage formant la *sphère armillaire* (*fig.* 5).

La considération de l'axe du monde dans la sphère complète ou *solide* ou dans la sphère armillaire avait pu, à son tour,

---

([1]) Parmi les diviseurs de 360, le nombre 30 était sensiblement celui de la durée, en jours solaires, de la révolution synodique de la Lune, et la division de l'écliptique et du zodiaque en arcs ou en signes égaux en était résultée naturellement et faisait réapparaître le nombre 12 si apprécié par les anciens.

([2]) Vitruve dit que Bérose inventa l'*hemicyclium in quadrato,* ce qui est, à proprement parler, le cadran solaire sphérique dont on a retrouvé un grand nombre d'exemplaires conservés dans nos musées, et Aristarque, de Samos, l'*hemispherium,* c'est-à-dire le scaphé.

contribuer au perfectionnement des cadrans solaires, plans, horizontaux et verticaux, ces derniers dans les diverses orientations (ainsi les huit faces de la tour des Vents, à Athènes),

Fig 4.

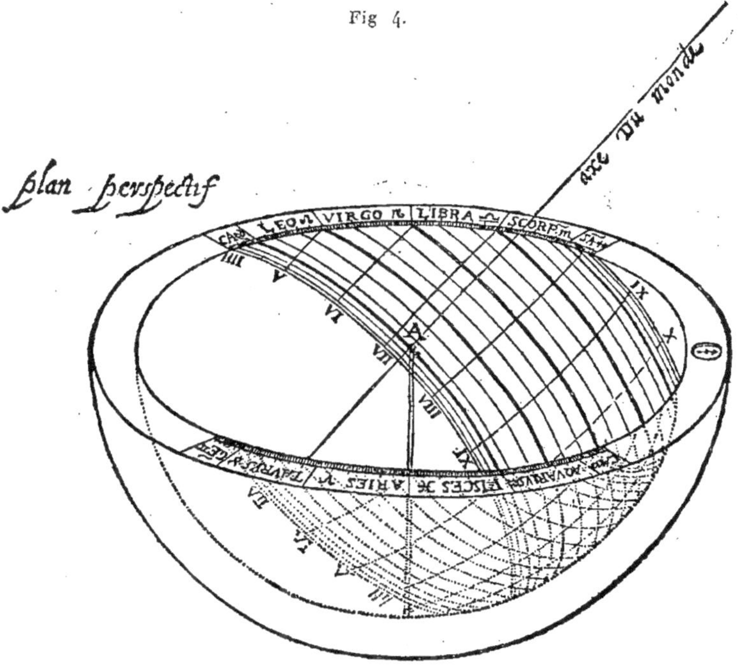

LE SCAPHÈ.

Figure extraite de *La pratique et la démonstration des horloges solaires*,
de SALOMON DE CAUS.

par la substitution du style parallèle à cet axe au gnomon vertical ou horizontal.

D'un autre côté, l'observation journalière de la marche de l'ombre du sommet du gnomon sur le sol horizontal, après avoir donné naissance à la méthode si souvent employée même

Fig. 5.

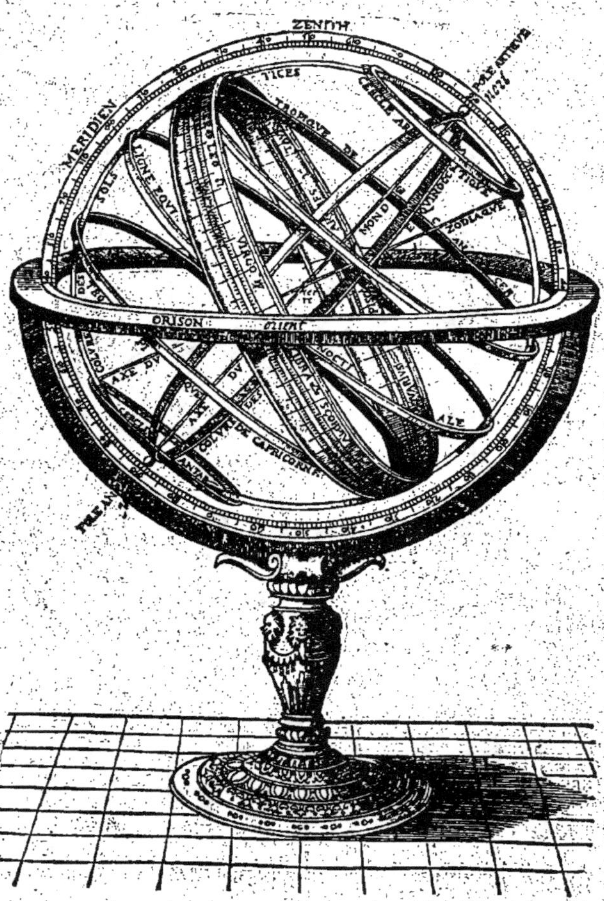

La Sphère armillaire.

Figure extraite de *La pratique et la démonstration des horloges solaires,*
de SALOMON DE CAUS.

aujourd'hui des hauteurs correspondantes du Soleil pour le tracé de la méridienne ([1]), pourrait bien avoir aussi suggéré l'étude de la forme, de la nature et des propriétés des célèbres sections coniques et l'idée des projections.

Enfin, la longueur incessamment variable de l'ombre d'un style vertical sur un plan horizontal et celle de l'ombre d'un style horizontal sur la verticale qui se trouve dans le même plan que le centre du Soleil [*qualis est umbra stili in horario cylindrico* ([2])] et qui sont la tangente de la distance zénithale et celle de la hauteur du Soleil (ou la cotangente de la première), était un phénomène trop frappant pour n'avoir pas donné matière à d'importantes réflexions de la part des anciens géomètres; mais on sait que ces quantités furent introduites dans le Calcul trigonométrique seulement par les Arabes sous les noms d'*ombre droite* (*umbra recta*) et d'*ombre verse* (*umbra versa*), à partir du xe siècle.

La Géométrie et la Trigonométrie comme l'Astronomie ont donc une parenté étroite avec la Gnomonique, vraisemblablement la plus ancienne des sciences d'observation; mais nous ne voulons pas insister plus longtemps sur ces rapprochements, notre but ayant été simplement d'indiquer l'origine des instruments dont les anciens astronomes ont fait usage et dont plusieurs ont été adaptés, comme nous le verrons plus loin, aux besoins de la Topographie.

Indépendamment de la dioptre ordinaire et d'une autre dont la pinnule extrême évidée circulairement était mobile et pouvait se rapprocher ou s'éloigner de l'œil, de manière à faire varier le diamètre apparent de son ouverture, ces instruments

---

([1]) Cette méthode, décrite par Proclus, a été quelquefois désignée sous le nom de *cercle indien*, d'après les Arabes, mais M. L.-Am. Sédillot estime que le cercle indien était, en réalité, un instrument matériel distinct du gnomon. Ajoutons, à ce propos, que les Arabes ont eux-mêmes perfectionné le gnomon en armant son sommet d'une plaque percée d'une ouverture circulaire qui donne une image du Soleil beaucoup mieux définie que l'ombre de ce sommet accompagnée d'une pénombre.

([2]) Allusion à une sorte de petite montre solaire très ingénieuse qui se trouve encore aujourd'hui entre les mains des pâtres des Pyrénées, lesquels la tiennent sans aucun doute des Arabes, très amateurs des instruments portatifs dont ils faisaient le plus fréquent usage. (*Voyez* le Paragraphe suivant).

peu nombreux, mais dont les noms ont varié en donnant souvent lieu à des confusions, étaient les *armilles* ou anneaux circulaires évidés avec ou sans alidade, la *sphère armillaire* composée de semblables anneaux, au nombre de cinq ou même de six ou sept, énumérés par Ptolémée (¹), l'*astrolabe* de Hipparque, qui n'en devait guère différer et qui est encore qualifié plus justement du nom d'*instrument des armilles* (*instrumentum armillarum*), les *règles parallactiques* ou *triquetrum* de Ptolémée, enfin son *quart de cercle* tracé sur une planche orientée dans le plan du méridien, que l'on a considéré quelquefois comme l'ancêtre du quart de cercle mural des Arabes et de Tycho-Brahé, mais dont l'usage paraît avoir été limité à la mesure de l'obliquité de l'écliptique, effectuée habituellement au moyen du gnomon.

Si l'on excepte ce dernier (le gnomon) dont l'antiquité est hors de doute, les divers instruments que nous venons d'énumérer sont tous attribués aux plus célèbres astronomes d'Alexandrie; toutefois, il est à présumer que d'autres, en même temps ou même avant eux, en avaient imaginé de leur côté. On peut voir, par exemple, dans l'*Arénaire,* qu'Archimède (²) évaluait les diamètres apparents de la Lune et du Soleil au moyen d'un petit cylindre vertical qu'il éloignait ou rapprochait de son œil (comme la pinnule mobile dont nous avons parlé plus haut), et l'on sait que ce grand homme ne s'était pas contenté de concevoir et de construire une sphère céleste avec ses différents cercles, mais qu'il y avait mis les astres en mouvement (³).

Quoi qu'il en soit, les instruments décrits par Ptolémée et par ses commentateurs ont d'abord servi aux astronomes arabes, qui les ont perfectionnés et modifiés, et plus tard aux

---

(¹) Les armilles étaient disposées dans les plans où l'on voulait observer : équateur, écliptique, méridiens, colures, etc., et, dans certains cas, quand il s'agissait du Soleil, on observait l'instant où l'ombre du demi-cercle antérieur se projetait sur le demi-cercle postérieur, ce qui dispensait de l'emploi d'une alidade.

(²) Archimède a surtout fait ses découvertes à Syracuse, mais, comme la plupart des savants de son temps (IIIe siècle avant J.-C.), il avait fréquenté l'École d'Alexandrie, à laquelle il se trouve ainsi rattaché.

(³) Nous pensons qu'on ne nous saura pas mauvais gré de reproduire

astronomes de tous les pays de l'Europe, qui les ont aussi appliqués à l'art de mesurer les distances terrestres et les hauteurs, en un mot aux différents besoins de la Topographie.

Il faut encore ajouter que l'un des principaux problèmes qui intéressent à la fois les astronomes et les géographes, celui de la projection de la sphère sur un plan, avait été résolu de plusieurs manières par les géomètres grecs. La sphère solide et la sphère armillaire répondaient sans doute aux besoins immédiats des astronomes; cependant ceux-ci n'avaient pas tardé à sentir qu'il serait souvent utile de pouvoir représenter sur une surface plane les cercles auxquels ils rapportaient les positions relatives des étoiles et les déplacements du Soleil, de la Lune et des planètes.

La projection gnomonique avait dû se présenter la première à l'esprit des astronomes, mais on imagina encore de bonne heure les projections orthographique et stéréographique, dues peut-être toutes les deux à Hipparque et permettant de résoudre graphiquement les problèmes de Trigonométrie sphérique considérés en Astronomie. La première, sous le nom d'*analemme*, était bien connue de Vitruve qui l'employait dans la construction des cadrans solaires, et Ptolémée a signalé

---

ici les vers de Claudien qui rappellent l'admiration produite par l'œuvre d'Archimède :

> *Jupiter in parvo cùm cerneret æthera vitro,*
> *Risit, et ad Superos talia dicta dedit:*
> *Huccine mortalis progressa potentia curæ?*
> *Jam meus in fragili luditur orbe labor.*
> *Jura poli, rerumque fidem, legesque Deorum*
> *Ecce Syracosius transtulit arte senex.*
> *Inclusus variis famulatur spiritus astris,*
> *Et vivum certis motibus urget opus.*
> *Percurrit proprium mentitus Signifer annum,*
> *Et simulata novo Cynthia mense redit.*
> *Jamque suum volvens audax industria mundum*
> *Gaudet, et humana sidera mente regit.*

(Épigr. XVI.)

On voit que l'idée des appareils uranographiques mécaniques date de loin, et l'on sait que leur construction a souvent exercé le génie inventif des plus habiles artistes et des plus grands savants, témoin le *planétaire de Huygens* que possède le Conservatoire des Arts et Métiers.

plus tard les propriétés si précieuses de la seconde, sur laquelle, notamment, tous les cercles de la sphère sont encore représentés par des cercles, en la désignant sous le nom de *planisphère* (¹). On sait que cette projection devait être par la suite généralement adoptée pour aider à représenter aussi bien le globe terrestre (mappemonde) que la sphère céleste. Nous verrons qu'on l'a aussi appelée *astrolabe.*

Nous terminerons cet historique sommaire de la découverte des instruments d'observation dans l'antiquité en insistant sur ce qu'il a toujours existé une grande obscurité sur les dates et sur les noms des véritables auteurs des premières inventions (²). Dans le cas dont il s'agit, selon la remarque très judicieuse de Libri, les Ioniens et les Alexandrins auxquels on doit les travaux les plus remarquables et les découvertes les plus importantes en Géométrie et en Astronomie avaient certainement fait aux Chaldéens et aux Égyptiens beaucoup d'emprunts dont ils avaient négligé de rappeler l'origine.

Cette tendance à oublier les antériorités est souvent poussée jusqu'à la naïveté. Ainsi, toujours d'après Libri, les Grecs faisaient honneur de l'invention de l'équerre et du niveau, à la fois, à un architecte du temple d'Éphèse, c'est-à-dire à un des leurs, tandis que la nécessité avait dû certainement faire imaginer ailleurs ces instruments fondamentaux bien des

---

(¹) Le texte grec du petit Traité de Ptolémée sur le planisphère ne nous est pas parvenu. La version arabe, assez obscure, commentée elle-même par Maslem, son auteur, a été traduite en latin et publiée au xvi⁰ siècle avec d'autres commentaires et des éclaircissements par Jordan et Commandin d'Urbin. L'Ouvrage complet a pour titre : *Ptolemæi Planispherium. Jordani Planispherium. Federici Commandini Urbinatis in Ptolemæi Planispherium commentarius* (Aldus, Venetis; MDLVIII). Il en existe, à la Bibliothèque de l'Institut, un exemplaire accompagné de notes marginales de la main de Delambre. Ptolémée a désigné aussi les deux projections orthographique et stéréographique sous le nom d'*analemme;* il a donné plusieurs autres systèmes de représentation du réseau des méridiens et des parallèles pour les cartes géographiques dont nous n'avons pas à nous occuper ici.

D'après des lettres de Synésius, la célèbre Hypathie avait aussi imaginé un *planisphère* et un *astrolabe.* Il faut entendre ici le mot planisphère, ainsi qu'on le fait depuis longtemps, comme désignant, en général, les projections de la sphère sur un plan, et celui d'astrolabe comme se rapportant à un instrument destiné à la mesure de la hauteur des astres.

(²) *Voir,* à la fin de ce Chapitre, la note déjà mentionnée.

siècles auparavant (¹). Mais c'est par milliers qu'il faudrait
relever les prétentions et les bévues de ce genre, volontaires
ou involontaires, chez les anciens comme chez les modernes,
ces derniers bien moins excusables avec toutes les sources
d'information dont ils disposent. Cela rend la tâche que nous
avons entreprise extrêmement délicate et nous obligera souvent à ne présenter qu'avec réserve les résultats de nos recherches.

III. — *Période et influence arabes.*

Après le démembrement de l'empire romain, les Arts et les
Sciences disparurent à la fois de l'Occident où ces dernières
n'avaient, d'ailleurs, jamais été en bien grand honneur (²). A
Alexandrie cependant, la tradition, entretenue pendant près de
huit siècles avec tant d'éclat, persévérait encore et, d'un autre
côté, les savants grecs attirés en même temps que les artistes
à Constantinople, à la cour des empereurs d'Orient, y avaient
transporté cette même tradition avec les ouvrages de leurs
prédécesseurs. Mais l'époque des grands travaux et des grandes
découvertes qui ont illustré la cité gréco-égyptienne était
passée et ne devait plus revenir.

Une nation jeune sur la scène du monde (³), enthousiaste,
pleine de foi dans son avenir, celle des Arabes, après avoir
conquis la Perse, la Palestine, la Syrie et l'Égypte, d'où elle
devait bientôt s'étendre dans tout le bassin de la Méditerranée, allait heureusement, grâce aux nobles inspirations de plu-

---

(¹) Comment concevrait-on, par exemple, que les immenses édifices de
l'antique Égypte, ceux de Babylone, de Ninive, de Persépolis, de Suse, etc.
eussent été élevés sans le secours de l'équerre et du niveau?

(²) Pline le naturaliste, le géographe Strabon et quelques autres encore
auront toujours leur place marquée dans l'histoire des Sciences naturelles,
mais, sans excepter Vitruve dont les connaissances en Mathématiques ne
semblent pas avoir été très étendues, on ne trouve à citer chez les Romains
ni un astronome ni un géomètre. Pour la réforme du calendrier, Jules
César avait été obligé de s'adresser à l'Alexandrin Sosigène.

(³) Les Arabes sont, en réalité, l'un des plus anciens peuples de la Terre,
mais ils étaient restés à peu près confinés dans leur presqu'île jusqu'à ce
que le génie de Mahomet vint les en faire sortir et leur donner le premier
rôle pendant plusieurs siècles.

sieurs de ses éminents khalifes, succéder aux Grecs dans la culture des Sciences d'observation et même des Sciences exactes.

On sait, d'un autre côté, combien cette race merveilleusement douée a contribué à la renaissance des lettres, et les preuves multipliées qu'elle a données de son goût pour les arts dans ses monuments, ses costumes, ses armes, ses ustensiles et jusque dans la construction de ses instruments scientifiques, lui assignent également un rang élevé dans l'histoire de la civilisation.

Du viiie au xiiie siècle, en Asie, l'École de Bagdad; en Espagne, celles de Cordoue, de Tolède, de Séville, de Grenade; en Afrique, celles de Tlemcen et de Maroc, pour ne citer que les plus importantes, allaient, pour ainsi dire, continuer l'École d'Alexandrie (¹).

Partout des observatoires, des bibliothèques, des cours publics étaient fondés, et rien n'était épargné pour y attirer de savants observateurs, de savants professeurs et de nombreux élèves auxquels on commençait par enseigner les *Mathématiques;* en un mot, dans un temps où l'ignorance et les disputes religieuses menaçaient de détruire l'œuvre des grands esprits philosophiques de la Grèce et d'égarer la raison humaine (²), les Arabes, sans échapper à quelques-unes des illusions des anciens et à d'autres qui leur étaient propres, celles de l'Astrologie et de l'Alchimie, trouvaient dans les Sciences positives un guide précieux qui devait bientôt leur donner sur les autres nations une avance considérable qu'ils conservèrent pendant presque toute la durée du moyen âge.

Sans vouloir nous arrêter trop longtemps, à propos des instruments modestes dont nous recherchons les origines, sur l'histoire scientifique des Arabes, on nous permettra de

---

(¹) On a même fait justement remarquer que la substitution des sinus aux cordes et l'introduction des tangentes et des sécantes en Trigonométrie ainsi, d'ailleurs, que celle des chiffres indiens à la place des lettres dont se servaient les Grecs et les Romains avaient donné, sous le rapport de la facilité des calculs, un immense avantage aux écoles arabes.

(²) Il suffirait de citer l'odieux attentat dont la célèbre Hypathie, fille de Théon, l'un des derniers astronomes recommandables d'Alexandrie, fut victime, malgré sa beauté et ses grandes vertus, uniquement parce qu'elle était trop au-dessus de la foule, aveugle et fanatisée, par sa science et sa philosophie.

rappeler quelques faits et quelques dates qui se rapportent, croyons-nous, très directement à notre sujet.

Dès la fondation de Bagdad, les premiers khalifes avaient demandé aux empereurs d'Occident des livres et même des savants grecs pour y enseigner les Mathématiques ([1]). Ils en avaient fait, dans certains cas, une condition de paix et un *casus belli;* en 829, par exemple, le refus fait par l'empereur Théophile d'envoyer à Bagdad le mathématicien Léon, demandé par Almamoun, aurait été la cause principale d'une guerre qui dura plus de dix ans.

A l'époque de l'hérésie de Nestorius, beaucoup de savants, obligés de quitter Constantinople, étaient venus s'offrir eux-mêmes et hâter les progrès que commençaient à faire les Arabes. Enfin, ceux-ci, en établissant des relations avec les Indiens et les Chinois, trouvèrent l'occasion de s'approprier plusieurs des plus importantes découvertes de ces deux peuples si anciennement civilisés. Ainsi, aux premiers ils empruntèrent les chiffres, le précieux système de numération et de calcul dont nous nous servons toujours si avantageusement, bien d'autres progrès dans les branches les plus importantes des Mathématiques et peut-être même certains instruments d'observation. Aux Chinois, ils durent la connaissance de l'invention du papier ([2]), celle de la boussole et aussi celle de la poudre; leur propre esprit d'entreprise faisait faire d'importants progrès à la navigation; des Ouvrages sur l'Arithmétique, l'Algèbre, la Trigonométrie, la Gnomonique, l'Astronomie et, en particulier, sur les instruments d'observation étaient composés et nous sont parvenus pour la plupart ([3]).

([1]) On sait actuellement très bien à quoi s'en tenir sur la prétendue barbarie des conquérants de l'Égypte et sur le dilemme d'Omar, à propos de la Bibliothèque d'Alexandrie, dont l'incendie fut un accident regrettable, mais moins considérable qu'un autre qui avait eu lieu du temps de Jules César et dont on a fait beaucoup moins de bruit.

([2]) On trouve des livres arabes écrits sur papier, d'une date bien antérieure à celle où cette invention se répandit en Europe et qui ne remonte pas au delà du xive siècle. Klaproth, après avoir rappelé que le papier est une découverte chinoise, dit que l'art de le fabriquer avait été introduit, en effet, par les Chinois à Samarcande d'où les Arabes le transportèrent en Europe (KLAPROTH, *Tableau historique de l'Asie,* p. 36).

([3]) J.-J. SÉDILLOT et L.-Am. SÉDILLOT, *Traité des instruments astronomiques des Arabes et Mémoires sur les instruments astronomiques des Arabes* (Paris, Imprimerie royale; 1834 et 1841).

De Bagdad, le culte de l'Astronomie était revenu pour un temps en Égypte où, au xe siècle, Ebn-Jounis introduisait l'usage des tangentes et des sécantes six cents ans, selon la remarque de J.-J. Sédillot, avant Régiomontanus qui crut l'avoir imaginé le premier. Les prédécesseurs d'Ebn-Jounis avaient déjà substitué les sinus aux cordes dont les Grecs se servaient exclusivement.

Au xiie siècle, nous aurons à signaler particulièrement la *Géographie* d'Edrisi, mais c'est seulement au commencement du xiiie siècle que fut composé l'Ouvrage de beaucoup le plus important que nous connaissions, celui d'Aboul Hhassan-Ali, de Maroc, qui est à la fois un Traité de Gnomonique et d'Astronomie, accompagné de la description détaillée et de l'usage des instruments des observateurs arabes.

Le mouvement scientifique s'était propagé dans tout le bassin de la Méditerranée et avait acquis son plus grand développement en Espagne, d'où il s'étendit peu à peu chez les peuples chrétiens de l'Europe occidentale. Cette influence salutaire de la civilisation arabe sur celle de notre pays et des pays voisins a été éloquemment établie par plusieurs historiens modernes et nous n'avons pas à la démontrer à notre tour. Rappelons toutefois, en ce qui nous concerne, que, dès les premières années du ixe siècle, Charlemagne avait cherché à entrer en relation avec le célèbre khalife de Bagdad, Haroun-al-Raschid, dans le but d'inspirer le goût des Sciences à ses Francs, bien peu disposés à répondre aux soins et aux efforts de ce grand homme, ce qui suffirait pour témoigner de la très réelle supériorité intellectuelle de la race arabe à cette époque.

Près de deux siècles plus tard, le bénédictin Gerbert, d'Aurillac, qui devait par la suite devenir pape sous le nom de Silvestre II, était allé à Cordoue pour s'instruire et avait commencé, après son retour, à introduire chez nous quelques connaissances mathématiques.

Ce fut cependant seulement au xiie siècle que les chiffres indiens, qualifiés du nom de *chiffres arabes,* furent adoptés, et il faut arriver au xiiie siècle pour trouver à Paris un enseignement vraiment scientifique de l'Astronomie, entièrement emprunté d'ailleurs aux Arabes et donné par l'Anglais Holywood, beaucoup plus connu sous le nom de Sacro-Bosco (¹).

Nous ne devons pas omettre de signaler, au xiie siècle, un événement des plus honorables pour la mémoire d'un prince chrétien, de cette race normande qui eut, à un si haut degré, l'esprit d'entreprise. C'est, en effet, pour satisfaire à la curiosité intelligente de Roger, roi de Sicile, que le savant arabe Edrisi composa sa *Géographie*, accompagnée de cartes nombreuses dont les spécimens que nous connaissons donnent une idée assez nette des conventions adoptées par les artistes qui ont exécuté l'œuvre mentionnée dans la Note ci-dessous, pour représenter les routes, les lieux habités et les montagnes (²).

(¹) Les Leçons de Sacro-Bosco ont été réunies en un livre qui, à partir de la découverte de l'Imprimerie, a eu soixante-cinq éditions plus ou moins étendues et souvent avec commentaires.

(²) « Roger, roi de Sicile, d'Italie, de Lombardie et de Calabre, prince romain, dit Edrisi, voulut savoir, d'une manière positive, les longitudes, les latitudes des lieux et les distances des points sur lesquels les voyageurs instruits qu'il fit appeler en sa présence et qu'il interrogea par le moyen d'interprètes, soit ensemble, soit séparément, étaient tombés d'accord. A cet effet, il fit préparer une planche à dessiner; il y fit tracer un à un, au moyen de compas en fer, les points indiqués dans les Ouvrages qu'il avait consultés et ceux sur lesquels on s'était fixé d'après les assertions diverses de leurs auteurs et dont la confrontation générale avait prouvé la parfaite exactitude. Enfin, il ordonna qu'on coulât, en argent pur et sans alliage, un planisphère (table ronde) d'une grandeur énorme, de quatre cent cinquante livres romaines, chaque livre pesant cent douze drachmes. Il y fit graver, par des ouvriers habiles, la configuration des sept climats, avec celle des régions, des pays, des rivages voisins ou éloignés de la mer, des bras de mer et des cours d'eau; l'indication des pays déserts et des pays cultivés, de leurs distances respectives par les routes fréquentées, soit en milles déterminés, soit en (autres) mesures connues, et la désignation des ports, en prescrivant à ses ouvriers de se conformer scrupuleusement au modèle tracé sur la planche à dessiner, sans s'écarter en aucune manière des configurations qui s'y trouvaient indiquées.

» Il fit composer, pour l'intelligence de ce planisphère, un livre contenant la description des villes et des territoires, etc...

» J'ai donné à cet Ouvrage le titre de : *Délassements de l'homme désireux de connaître à fond les diverses contrées du Monde.*

» Terminé dans les derniers jours du mois de chesval, l'an 548 de l'Hégire (mi-janvier de l'an 1154 de J.-C.). »

Traduit de l'arabe en français par P.-Amédée JAUBERT (*Recueil des Voyages et Mémoires, publié par la Société de Géographie*, t. V). Imprimerie royale; M D CCCXXXVI.

L.   3

La Note dont il s'agit peut se passer de commentaire, car elle résume très clairement les moyens dont on pouvait faire usage, à cette époque, pour construire une carte géographique ou topographique. On peut seulement se demander à quelles méthodes et à quels instruments on avait eu recours pour déterminer les latitudes et les longitudes ; on trouverait, au besoin, la réponse à cette question dans l'Ouvrage d'Aboul Ilhassan, sur lequel nous allons nous arrêter et qui date précisément du commencement du xiiie siècle, par conséquent de plusieurs années avant la confection du planisphère de Roger et la composition de la *Géographie* d'Edrisi, auxquelles il dut beaucoup servir.

Pour déterminer la latitude, c'est-à-dire pour mesurer la hauteur du pôle, on employait l'*astrolabe* et pour obtenir la longitude, en suivant la méthode de Hipparque, on observait les éclipses de Lune avec des clepsydres ou des horloges mécaniques, et l'on comparait les heures entre les différentes stations où le phénomène avait été observé (¹).

On sait, d'ailleurs, que c'est à une époque bien antérieure à celle d'Aboul Ilhassan que remonte l'usage des instruments et des méthodes décrits dans son Ouvrage, qui a surtout le mérite d'en contenir un exposé très complet et quelquefois même un peu diffus.

Dès que les Arabes, en effet, eurent traduit et étudié la *grande composition mathématique* de Ptolémée, plus souvent désignée, d'après eux, sous le nom d'*Almageste*, ils voulurent continuer les travaux des Grecs et firent construire des instruments analogues à ceux qui étaient décrits dans cet Ouvrage, en leur donnant souvent de très grandes dimensions, ainsi des quadrants de quinze coudées et des sextants pour

---

(¹) Aboul Ilhassan avait lui-même beaucoup voyagé en Espagne et dans le nord de l'Afrique ; il avait observé la hauteur du pôle de quarante et une villes, depuis la côte occidentale jusqu'en Égypte, c'est-à-dire sur un espace de neuf cents lieues de l'Est à l'Ouest. Il avait réuni aussi les renseignements géographiques recueillis par les savants de la plupart des contrées placées sous la domination des Arabes, et il était fort en état de faire la plus grande partie du travail de critique entrepris un peu plus tard par Roger et par son très intelligent collaborateur Edrisi.

observer la déclinaison du Soleil, divisés en degrés, minutes et même de six en six secondes.

Ils ne s'étaient donc pas bornés à copier servilement Ptolémée, et, de son *quart de cercle,* par exemple, dont l'usage semble avoir été très limité, ils avaient fait un *mural,* précurseur de l'*instrument des passages,* bien longtemps avant Tycho-Brahé qui croyait l'avoir imaginé (¹).

Dans l'Ouvrage d'Aboul Hhassan, après la Cosmographie et la Chronologie, la Gnomonique occupe une place importante; on y trouve, notamment sur la théorie et la construction des cadrans solaires chez les Grecs, de très intéressants détails, bien plus complets que ceux que donne Vitruve et, en outre, la preuve de l'ingéniosité des astronomes arabes eux-mêmes, qui ont imaginé plusieurs appareils portatifs que l'on peut qualifier de *montres solaires,* employées concurremment avec les horloges mécaniques qu'elles servaient souvent à régler.

Enfin, et c'est surtout ce qui nous importe, Aboul Hhassan a terminé ce que l'on pourrait aussi appeler sa *grande composition,* par une description détaillée des instruments astronomiques proprement dits, quarts de cercle et sextants, sphères, hémisphères creux, armilles, planisphères, astrolabes variés, au nombre de dix au moins et d'autres encore, dont plusieurs se sont perpétués sous différents noms, mais dont les plus connus et les plus répandus, à partir de la Renaissance, sont les astrolabes, les seuls d'ailleurs sur lesquels il soit utile de donner quelques détails.

Nous ne saurions mieux faire, pour préciser la destination principale de ces instruments chez les Arabes, que d'emprunter les lignes suivantes au savant Mémoire de L.-Am. Sédillot :

« On a donné le nom d'*astrolabe* à plusieurs espèces d'instruments très différents; nous avons décrit plus haut l'instru-

---

(¹) *Voir* L.-AM. SÉDILLOT, *Mémoire sur les instruments astronomiques des Arabes,* p. 18, et dans la *Tychonis Brahe astronomicæ instauratæ mechanica;* Norinbergæ, MDCII, la description et l'usage du « *Quadrans muralis* sive *Tychonicus* ».

ment de Ptolémée, qui se rapproche beaucoup des armilles. L'astrolabe des Arabes, au contraire, n'est à proprement parler que le planisphère de l'astronome d'Alexandrie, sur lequel on plaçait une règle avec deux pinnules pour mesurer la hauteur d'un astre. Cet astrolabe-planisphère est donc une projection des cercles de la sphère sur un plan qui permet de trouver les ascensions droites, les déclinaisons, les amplitudes, les hauteurs, les levers et les couchers des étoiles, etc. Les Arabes sont arrivés à un très haut degré de perfection dans la construction de cet instrument, et l'on sait que plusieurs de leurs astronomes ont reçu, comme titre honorifique, le surnom d'*Asterlabi.* »

On peut, d'un autre côté, d'après l'Ouvrage d'Aboul Hhassan, se faire une idée très suffisante de la construction et des usages les plus habituels de l'astrolabe. Le type des instruments de ce nom, qui ne différaient guère au surplus les uns des autres que par le choix du plan sur lequel on traçait le planisphère, consistait dans une plaque circulaire de métal d'une certaine épaisseur, avec une *face* et un *dos.* Le bord de la face ou le limbe était divisé en 360 degrés et souvent aussi en 24 heures; cette face présentait ensuite, sur sa plus grande étendue, une cavité appelée *mère de l'astrolabe* qui constituait une sorte de boîte ou de magasin destiné à recevoir une pile de planches minces ou feuillets également métalliques, sur les deux faces desquels étaient tracés des planisphères pour différentes latitudes et que l'on pouvait substituer les uns aux autres, en amenant en dessus celui dont on devait se servir. Sur ces feuillets (en arabe *shafiahs*) se trouvaient l'horizon, les almicantarats et les azimuts ([1]), les deux tropiques, le cercle équinoxial et, au-dessous de l'horizon, les arcs des *heures inégales* et la ligne du crépuscule et de l'aurore.

Au-dessus de ce planisphère était disposé un autre disque

([1]) Nous ne devons pas manquer de rappeler, à ce propos, que ces deux mots et bien d'autres encore restés en usage, *alidade, zénith, nadir,* etc. ainsi que les noms d'un grand nombre d'étoiles sont arabes.

découpé et mobile appelé l'*araignée*, contenant les douze signes du zodiaque et un certain nombre d'étoiles remarquables avec leur position marquée par une dent ou un crochet plus ou moins orné, disposition qui donnait à l'instrument un aspect tout à fait pittoresque.

Sur le dos de l'astrolabe (*fig.* 6) étaient tracées plusieurs circonférences concentriques pour les degrés de hauteur, répartis en quatre cadrans de 90° chacun, les degrés du zodiaque, les noms des signes, les jours de l'année pour chaque mois, les noms des douze mois. Il restait encore à l'intérieur assez de place pour que l'on pût y graver les arcs des *heures inégales*, le *carré des ombres*, etc. Enfin, l'instrument était complété par une alidade et un anneau de suspension.

On a retrouvé un assez grand nombre d'astrolabes arabes, répondant à cette description, dont quelques-uns ont des écritures en caractères coufiques, par conséquent antérieurs au IVe siècle de l'Hégire, et d'autres plus modernes et même provenant des pays chrétiens, mais généralement copiés sur les instruments arabes. Nous donnons le dessin (*fig.* 7) de la face de l'un de ceux que possède le Conservatoire des Arts et Métiers et qui, malgré sa décoration et les inscriptions qui semblent appartenir au XVIe siècle, reproduit presque rigoureusement le type qui vient d'être décrit ([1]).

Quant aux observations et aux mesures que servait à faire l'astrolabe, elles n'étaient pas seulement destinées à des recherches astronomiques, mais aussi et surtout à d'assez nombreux usages civils et religieux. Après avoir déterminé la méridienne (*zaoual*) et les quatre points cardinaux, à l'aide du cercle de Proclus ou du cercle indien, et la latitude par une observation méridienne de la hauteur du Soleil ou d'une étoile remarquable, connaissant la déclinaison de l'astre (et

---

([1]) La Bibliothèque Nationale possède quatre astrolabes d'origine arabe ou persane et trois autres, dont deux datés de Nuremberg, en 1526, et un de Rome, de 1622. La collection Spitzer en comprenait dix-huit, d'origine arabe, allemande, italienne et française, dont le diamètre variait de 0^m,10 à 0^m,50. Le Conservatoire des Arts et Métiers en possède deux de construction hollandaise dont il sera question plus loin. Il en existe beaucoup d'autres dans les collections publiques ou particulières, en France et à l'étranger.

l'ascension droite pour l'étoile), les astronomes arabes construisaient au besoin (s'il n'existait pas déjà dans leur collection) le planisphère sur l'horizon du lieu, et ensuite ils observaient souvent les hauteurs extra-méridiennes de l'un de ces astres pour trouver de jour et de nuit les *heures égales* ou les *heures temporaires;* ils déterminaient, en particulier, le commencement et la fin de l'*ashre* à la Mecque, c'est-à-dire de la sieste, réglée par les prescriptions du Coran. Ils se servaient

Fig. 6.

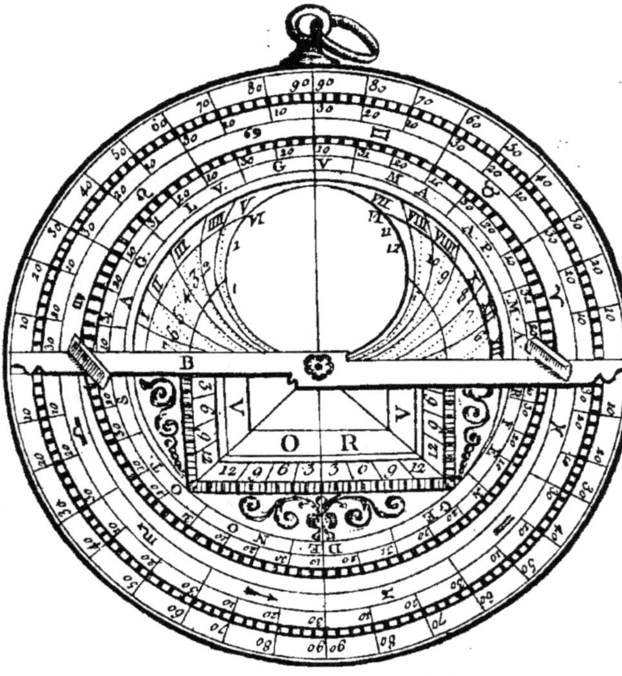

Dos d'un astrolabe du XVIe siècle.

encore de l'astrolabe disposé horizontalement pour trouver

Fig. 7.

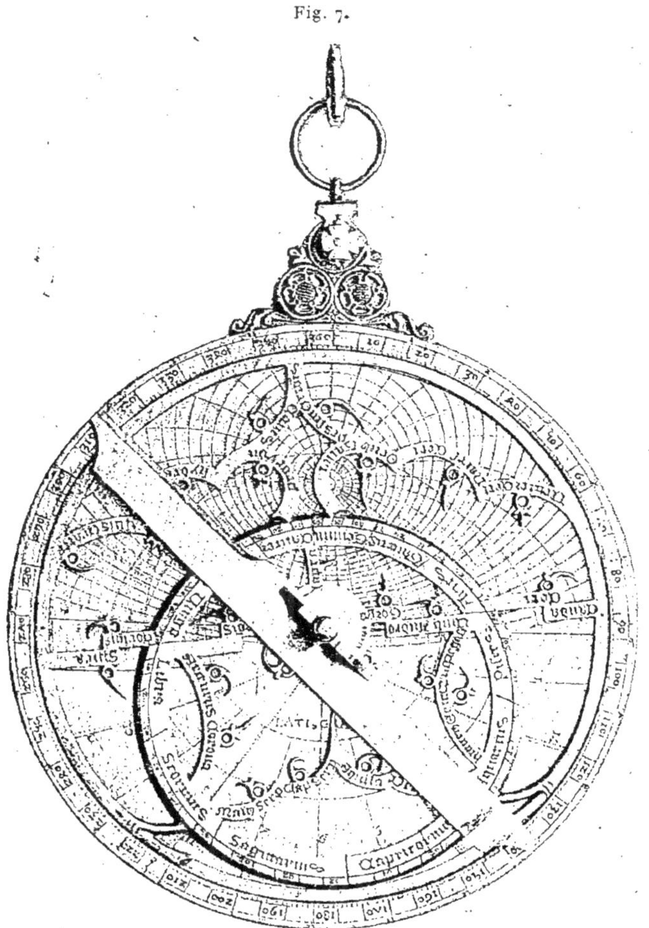

Face d'un astrolabe des collections du Conservatoire
des Arts et Métiers.

l'azimut de la *khéblah* ou *kéblah* (¹), pour déterminer l'amplitude ortive et l'amplitude occase de tel ou tel astre et notamment celles du Soleil, d'où la durée du jour et de la courbe crépusculaire du matin ou du soir (crépuscule ou aurore). Mais il est bien certain aussi, bien qu'il n'en soit pas question dans l'Ouvrage d'Aboul Hhassan, que l'astrolabe était utilisé dans les voyages par terre et par mer.

Quoi qu'il en soit, la vogue de cet instrument devait durer bien au-delà de l'époque de la civilisation florissante des Arabes, et nous en trouverons la preuve et les conséquences pour les progrès de la Géographie, de la Navigation et de la Topographie, chez les autres peuples et dans les temps modernes.

Nous n'avons pas voulu insister sur un autre instrument, le *quadrant* ou *quart de cercle portatif*, dont les Arabes faisaient également un grand usage. Nous le trouverons mentionné comme ayant été utilisé depuis longtemps pour la navigation dans les mers de l'Inde, et l'on sait le rôle considérable qu'il a joué en Astronomie, en Géodésie et en Topographie; mais sa construction très simple ne comportait pas les détails dans lesquels nous avons dû entrer à propos de l'astrolabe (²).

Ce sont aussi les Arabes qui ont fait connaître aux navigateurs européens la précieuse propriété de l'aiguille aimantée qui leur avait été révélée par les Chinois, vraisemblablement au commencement du xiie siècle ou peut-être même un peu plus tôt.

On a si souvent, même dans des publications récentes, donné des renseignements erronés sur les origines de la boussole, que nous nous décidons à reproduire ici ceux qui

---

(¹) Direction des oratoires musulmans, vers le Temple de la Mecque.

(²) Sur leurs quarts de cercle, comme sur leurs astrolabes, indépendamment de la division des arcs en degrés, les Arabes traçaient différentes lignes pour aider à résoudre graphiquement les mêmes problèmes. On trouve donc là l'origine des *quartiers de réduction* et, en général, celle des diagrammes, si nombreux aujourd'hui, destinés à abréger les calculs numériques. Cette simple remarque nous paraît avoir son importance dans l'ensemble des idées heureuses que nous devons aux Arabes.

résultent des recherches concordantes de deux éminents philologues, Amédée Jaubert et Klaproth, qui ont, le dernier surtout, complètement élucidé la question.

Dans un Ouvrage où la plus haute érudition s'allie à la plus saine critique, modestement intitulé : *Lettre à M. le baron A. de Humboldt sur l'invention de la Boussole* ([1]), Klaproth énumère d'abord les noms donnés à l'aimant et à l'aiguille aimantée dans presque tous les idiomes d'Asie et d'Europe, et fait justice des prétentions affichées par plusieurs peuples occidentaux de les avoir créés et imposés aux autres ([2]).

Son attention se porte ensuite sur la question de savoir à quelle époque remonte la connaissance de la polarité de l'aimant, d'où est venu l'usage de l'aiguille aimantée dans la navigation, dans les voyages sur les continents, plus tard dans les relevés des itinéraires et enfin dans les reconnaissances topographiques. Il établit, contrairement à l'opinion du savant physicien Hanstæn ([3]), qu'en Europe, aucun document sur ce sujet n'est antérieur à la fin du xiie siècle. Il rappelle alors les vers bien connus de Guyot de Provins, extraits d'une pièce satirique intitulée *la Bible*, qui date environ de 1190 et

---

([1]) J. KLAPROTH, *Lettre sur l'invention de la Boussole*. Paris, Librairie orientale de Prosper Dondey-Dupré; 1834.

([2]) En France, nous n'avons pas échappé à ce léger ridicule, en supposant d'abord que les mots *calamite* et *marinière* ou *marinette* donnés primitivement à la boussole étaient d'origine française, enfin en admettant que la fleur de lys, généralement adoptée par les peuples européens pour indiquer le Nord sur la rose des vents, était un indice évident de la priorité historique de l'emploi de la boussole par les marins français. Or le mot calamite est grec et anciennement employé par tous les peuples latins pour désigner l'aimant, et ceux de marinière ou de marinette, dus à des erreurs de transcription, doivent être remplacés, d'après Paulin Paris, par *amaniere*, pierre d'aimant, ou *manete*, encore dérivé du grec μαγνήτης. Quant à la fleur de lys, il y a, en effet, bien des chances pour qu'elle date des croisades et du temps de saint Louis, c'est-à-dire peu après que les *Francs* eurent emprunté l'usage de l'aiguille aimantée aux Arabes. Mais les Allemands ont prétendu à leur tour à cette priorité en se fondant sur ce que les noms de la rose des vents sont d'origine germanique.

([3]) Hanstæn avait cru, d'après un passage d'un ancien Ouvrage norvégien, sûrement intercalé postérieurement, que l'aiguille aimantée était connue en Islande dès le xie siècle.

dont nous ne citerons que les suivants, les plus significatifs :

> Quand la mers est obscure et brune,
> Qu'on ne voit estoile né lune,
> *Dont font à l'aiguille alumer* (1);
> Puis n'ont–ils garde d'esgarer.
> Contre l'estoile va la pointe,
> Par ce, sont li marinier cointe
> De la droite voie tenir,
> C'est un ars qui ne peut fallir.

Beaucoup d'autres auteurs, français pour la plupart, un anglais et un italien, postérieurs à Guyot de Provins, Jacques de Vitry, Gauthier d'Espinois, Brunetto Latini, Albert le Grand, Vincent de Beauvais, ont parlé de l'aiguille aimantée, et les deux derniers avaient cru trouver dans une traduction arabe d'un prétendu Traité d'Aristote sur les pierres, que la polarité de l'aimant était connue des Grecs, mais cela n'est aucunement fondé et prouve simplement, selon Klaproth, « que ce qu'on savait à cette époque sur ce sujet provenait de livres arabes (2) ».

Citons encore ce passage tout à fait explicite tenu pour incontestable par notre auteur sur le sens critique duquel on peut assurément compter :

« Sous le règne de Saint Louis (ainsi entre 1226 et 1270), dit le savant jésuite Riccioli, les navigateurs français se servaient déjà ordinairement de *l'aiguille aimantée, qu'ils tenaient nageant dans un petit vase d'eau et qui était soutenue par deux tubes pour ne pas aller au fond.* »

---

(1) Alors les mariniers placent une lumière près de l'aiguille. (PAULIN PARIS.)

(2) D'Avezac, cet autre érudit si bien informé, dans une Note lue en 1858, à la Société de Géographie de Paris, et intitulée : *Anciens témoignages historiques relatifs à la boussole,* n'était pas éloigné d'admettre que la polarité de l'aimant pouvait remonter jusqu'au temps d'Aristote ou de quelqu'un de ses élèves. Il faisait connaître en outre deux textes inédits découverts par M. Thomas Wright et qui, non seulement confirment que la boussole était employée à la fin du XII° siècle par les marins de l'Europe, mais démontrent que l'aiguille était déjà posée en équilibre sur un pivot et y oscillait circulairement. L'auteur de ces textes était un Anglais du nom de Neckam (Alexandre) qui avait enseigné à l'Université de Paris de 1180 à 1187 et était mort en 1217, à Kemsey, près de Worcester.

Il y a, dans ces quelques lignes, deux faits d'un grand intérêt, le premier qui confirme la date de l'usage de l'aiguille aimantée fait couramment par nos marins, et le second qui précise la manière dont cette aiguille était soutenue sur l'eau, justifiant ainsi le nom de *calamite* qui lui avait été primitivement donné.

On ne sait pas très bien, au contraire, malgré tous les motifs que l'on a de croire à une date sensiblement antérieure, celle à laquelle les marins arabes ont commencé à se servir de la boussole aquatique. C'est seulement dans un manuscrit de la Bibliothèque Nationale, terminé en l'an 681 de l'Hégire (1282 ans de J.-C.), que l'auteur Bailak mentionne l'usage de l'aimant dans la navigation vers 1242, en donnant une description précise de l'instrument.

« Les capitaines qui naviguent dans la mer de Syrie, dit-il, lorsque la nuit est tellement obscure qu'ils ne peuvent apercevoir aucune étoile pour se diriger selon la détermination des quatre points cardinaux, prennent un vase rempli d'eau qu'ils mettent à l'abri du vent, en le plaçant dans l'intérieur du navire; ensuite ils prennent une aiguille qu'ils enfoncent dans une cheville de bois ou dans un chalumeau, de telle sorte qu'elle forme comme une croix. Ils la jettent dans l'eau que contient le vase disposé à cet effet et elle y surnage.... J'ai vu cela de mes yeux durant notre voyage par mer, de Tripoli de Syrie à Alexandrie, en l'année 640 (1242 de J.-C.).

» On dit que les capitaines qui voyagent dans la mer de l'Inde remplacent l'aiguille et la cheville de bois par une sorte de poisson de fer mince, creux et disposé de telle façon que, lorsqu'on le jette dans l'eau, il surnage et désigne par sa tête et par sa queue les deux points du Nord et du Midi. »

Klaproth fait remarquer avec raison que ce que dit Bailak du poisson dont on se servait dans les mers de l'Inde, à l'époque où il voyageait sur les côtes de Syrie, démontre que cette pratique y était connue antérieurement, et il en conclut que la boussole était sûrement en usage au commencement du xii⁰ siècle, aussi bien chez les Arabes que chez les

Européens. Dans tous les cas, l'invention de la boussole ne saurait être attribuée, comme on l'a fait pendant très longtemps, à Flavio Gioja, né dans un village voisin d'Amalfi (¹), vers la fin du xiiie siècle, et Libri le reconnaît tout le premier en essayant cependant d'expliquer cette légende par un perfectionnement que pouvait avoir apporté son compatriote à la construction de l'instrument (²).

On sait, au surplus, à n'en pas douter, que les Chinois ont connu, dès la plus haute antiquité, les propriétés de l'aimant et, en particulier, sa polarité. Dès l'an 121 de J.-C., on trouve dans un dictionnaire cette définition caractéristique : *Aimant, nom d'une pierre avec laquelle on peut donner la direction à l'aiguille.* Dans un autre dictionnaire, composé au xie siècle, il est dit que de 265 à 419 de J.-C., il y avait des navires qui se dirigeaient vers le Sud au moyen de l'aimant.

Toutefois, dans les textes consultés par Klaproth, la première description bien nette de la boussole ne se trouve qu'à une date comprise entre 1111 et 1117 de J.-C.

Sans entrer dans tous les détails de l'histoire de la boussole chinoise et en laissant de côté les *chars magnétiques* imaginés peut-être les premiers pour servir à guider dans les voyages par terre, nous ajouterons que les *boussoles à eau* ont continué pendant longtemps à être en usage en Chine, mais que les *boussoles sans eau,* dans lesquelles l'aiguille aimantée reposait sur un pivot comme dans les instruments actuels, sont aussi très anciennes. Leur mode de suspension était si ingénieux, que l'aiguille, très courte et très légère, il est vrai, restait de niveau dans toutes les parties du globe, c'est-à-dire que l'*inclinaison* ne s'y manifestait pas comme cela arrive avec nos aiguilles.

S'ils avaient su éviter les inconvénients de l'inclinaison qu'ils semblent avoir connus et prévus, les Chinois n'ignoraient pas

---

(¹) Cette opinion avait même été célébrée en vers :
  Prima dedit nautis usum magnetis Amalphis.
et encore :
  Inventrix præclara fuit magnetis Amalphis.

(²) Dans de nouveaux *Aperçus historiques sur la Boussole,* d'Avezac détruit définitivement cette illusion (Séance de la Société de Géographie du 20 avril 1860).

non plus l'existence de la *déclinaison* dont la découverte a été attribuée, à tort, à Christophe Colomb, lors de son premier voyage en 1492 ([1]). Voici le passage dans lequel il est question de la déclinaison et qui est extrait d'une histoire naturelle médicale écrite de 1111 à 1117 : « Quand on frotte avec

Fig. 8.

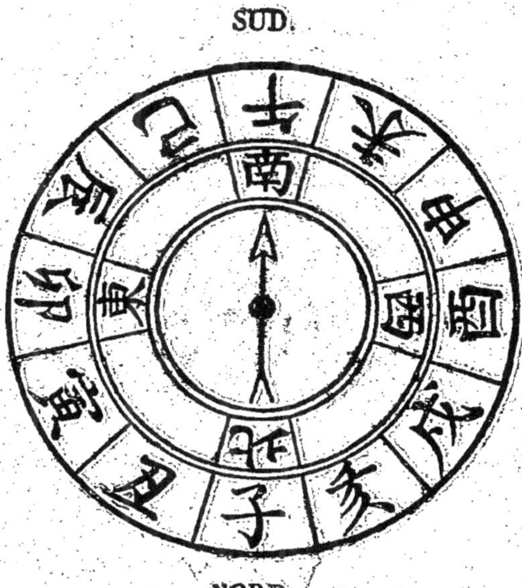

Boussole japonaise.

l'aimant une pointe de fer, elle reçoit la propriété de montrer le Sud; cependant elle décline toujours vers l'Est et n'est

---

([1]) Christophe Colomb avait découvert la variation de la déclinaison. Dans ses *Aperçus*, d'Avezac cite un traité *de l'Aimant*, du pèlerin Picard Pierre de Maricourt, de 1268, dans lequel il est fait mention de la déclinaison de l'aiguille aimantée et même du moyen de corriger les boussoles de cette cause d'erreur pour les navigateurs.

pas droite au Sud, mais dirigée vers le point *Ping*, c'est-à-dire Est $\frac{5}{6}$ Sud. »

La forme de la boussole a toujours été circulaire, mais les rumbs de vents y ont varié en nombre : huit, douze, seize,

Fig. 9.

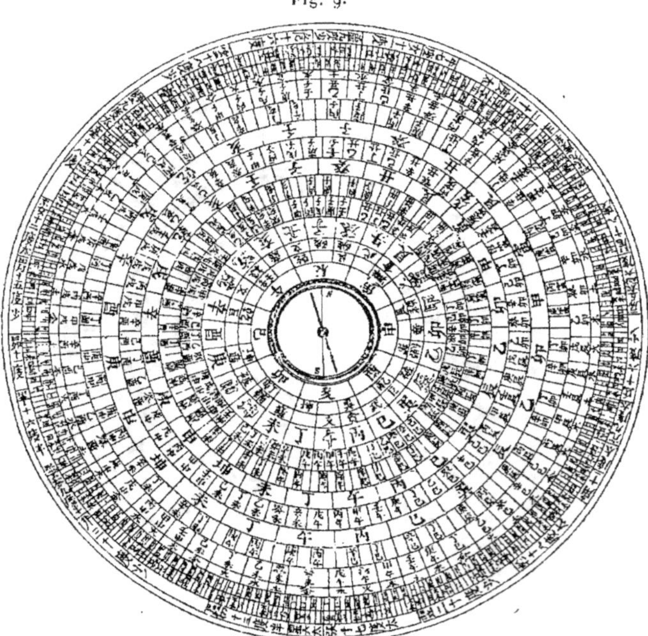

Boussole chinoise.

vingt-quatre (que les Européens ont porté à trente-deux). Nous donnons ici la figure d'une boussole japonaise (*fig.* 8) dont le limbe est divisé en douze rumbs comme celui de beaucoup de boussoles chinoises.

Nous donnons également, toujours d'après Klaproth, la figure d'une boussole astrologique des Chinois (*fig.* 9), au milieu de laquelle se trouve une très petite aiguille avec un limbe divisé en vingt-quatre rumbs de vents, mais accompagné d'un grand nombre de divisions concentriques dont les usages ne sont pas bien connus. On sait cependant qu'avant de construire une maison, l'instrument servait, entre les mains des sorciers, à déterminer si l'emplacement était bien choisi.

On trouve encore assez souvent de ces boussoles astrologiques dont un exemplaire existe dans les collections du Conservatoire des Arts et Métiers, et c'est ce qui nous a déterminé à en dire quelques mots.

Nous arrêterons là les renseignements, un peu longs sans doute, mais que nous avons cru nécessaire de donner pour bien marquer l'influence qu'ont eue les Arabes sur le développement d'un art qui a emprunté, à son grand avantage, comme nous le savons et comme nous le verrons mieux par la suite, le secours des deux précieux instruments dont il a été question dans ce paragraphe.

Nous n'avons pas rencontré de documents précis sur l'usage qu'en ont pu faire eux-mêmes les arpenteurs arabes ni d'indications suffisantes sur la manière dont ils pratiquaient le nivellement pour exécuter leurs admirables travaux d'irrigation ; on cite seulement, d'après le savant chimiste anglo-américain J.-W. Draper, qui fut aussi un érudit très distingué, un Traité d'Arpentage écrit par Al-Baghadadi, et qui était si parfait qu'on l'avait attribué à Euclide, ce qui prouve d'ailleurs qu'il ne pouvait y être, en aucune façon, question de la boussole.

IV. — *Période comprenant le moyen âge et les premiers temps de la Renaissance. Sur les instruments des navigateurs et des géographes de cette époque.*

Ceux qui ont le plus profité des travaux et des traditions des Arabes ont été naturellement leurs voisins de la péninsule ibérique et, même auparavant, les Italiens devenus de grands voyageurs et de grands négociants sans cesse en relations avec le Levant, c'est-à-dire avec eux et avec les Grecs dépositaires de la science de leurs ancêtres, mais déjà bien dégénérés. Nous avons vu que les *Francs* connaissaient la boussole au moins depuis la fin du XIIe siècle, et il est également certain que les peuples germaniques, les Anglo-Saxons, les Bataves, qui avaient pris part aux croisades et, plus au nord, les Scandinaves en faisaient usage à la même époque. Il est bien probable, d'un autre côté, que, toujours et surtout à l'occasion et à la suite des croisades, les longs voyages par terre, très fréquents aussi, entrepris par les pèlerins, les hommes d'armes, les trafiquants, obligèrent les guides dont ils se servaient à s'orienter de mieux en mieux à travers des pays souvent incultes, inhabités, couverts de forêts, dépourvus de routes et aussi difficiles à parcourir que la Méditerranée elle-même, sans crainte de s'égarer (1).

Les premières notions d'Astronomie ou plutôt de Cosmographie acquises traditionnellement, souvent même instinctivement, par les navigateurs, et qu'ils avaient transmises aux autres voyageurs, les mettaient les uns et les autres en état de déterminer à peu près la latitude du lieu où ils se trouvaient, en mer ou à terre. Mais la longitude était beaucoup plus malaisée à obtenir; aussi s'en est-on passé pendant longtemps et les navigateurs comme les voyageurs ont-ils dû, pour se retrouver comme pour se guider, se contenter d'évaluer les distances itinéraires successivement parcourues dans les directions indiquées par les astres ou par la boussole et rapportées sur des cartes rudimentaires appelées *Portulans* par les marins.

Pour trouver la latitude, on avait recours, comme aujourd'hui, à la mesure de la hauteur méridienne du Soleil ou d'une étoile bien connue, et c'était l'un des principaux usages de l'astrolabe. Quant à l'évaluation des distances itinéraires, elle était le plus souvent fondée sur l'observation du temps employé à les parcourir, et indirectement en mer sur des ex-

---

(1) Les Arabes employaient ainsi depuis longtemps des cartes auxquelles on pourrait sans doute comparer celles que l'on connaît pour les pèlerinages à travers l'Europe centrale. Barthema dit, en effet, que les voyageurs, en Arabie, se servaient de la *Carte géographique* et de la *boussole*, et il appelle *pilote* celui qui dirigeait les caravanes. [RAMUSIO, *Viaggi*, t. I, f. 150 (cité par Libri)].

périences temporaires faites à l'aide de sabliers et de corps flottants dont on jugeait l'éloignement *à l'estime,* et qui, perfectionnées et régularisées, ont conduit à l'invention du *loch* (¹).

La détermination de l'heure locale, à des intervalles plus ou moins longs, s'imposait donc; d'où, indépendamment des clepsydres, des sabliers et des horloges mécaniques, ces dernières peu répandues d'ailleurs, l'usage si fréquent des cadrans solaires portatifs, appelés en latin *penciles,* dont nous avons vu que les Arabes avaient imaginé un grand nombre. Ils avaient aussi très ingénieusement approprié l'emploi de l'astrolabe à la solution de ce problème de la détermination de l'heure et, encore une fois, ce furent les Italiens, les Espagnols et les Portugais qui, plus immédiatement en contact avec eux au xve siècle, purent aussitôt tirer le parti le plus avantageux de ces diverses ressources ; mais il ne paraît pas qu'ils aient sensiblement amélioré la construction d'instruments dont ils ont tout d'abord fait les mêmes usages que leurs initiateurs.

Il est donc au moins surprenant de trouver chez d'anciens historiens, et même chez quelques commentateurs plus modernes, l'opinion que l'usage de l'astrolabe dans la navigation aurait été, pour ainsi dire, suggéré vers 1484 par le célèbre navigateur et cartographe Martin Behaim, associé à deux savants médecins et mathématiciens portugais, Rodrigue et Joseph, de la cour du roi Jean II.

Voici le texte de l'un des auteurs de cette tradition erronée qui, au fond, n'était peut-être qu'une courtisanerie à l'adresse de Jean II :

« Ut minore cum errandi periculo ignotum mare navigari posset, Roderico et Josepho, medicis suis, nec non Martino Bohemo, ea ætate peritissimis mathematicis, injunxit Joannes II, ut adhibito inter se consilio, excogitarent aliquid, quo nautæ cursum navium, licet in nostro novoque pelago, tutius dirigerent, ut vel abstracti a notis sideribus, cognitisque lito-

---

(¹) Cette invention date du xvie siècle. Les Anglais se servaient du loch depuis 1570, tandis que les Français l'adoptèrent seulement en 1630. Il est intéressant, à ce sujet, de constater que les sabliers, dont l'origine est si ancienne, n'ont pas cessé d'être en usage dans la Marine.

L.

ribus, quam cœli et pelagi partem tenerent, aliquo modo cognoscerent : *ii post indefessum studium, longamque meditationem astrolabium, instrumentum quod ante astronomiæ tantum inserviebat, utiliori invento ad navigandi artem, maximo navigantium commodo, translulere; quod beneficium tota Europa Joanni debere, inficiari non potest.* » — Emman. Tellesius Sylvius, Marchio Alegretensis, de rebus gestis Joannis II, Lusitanorum regis (Hagæ Com., 1712), cité par Ch. Amoretti dans sa Notice sur Martin Behaim.

Or, il est avéré que le Génois Andalone del Nero, qui professa l'Astronomie à Florence, est l'auteur d'un *Traité de l'Astrolabe* imprimé à Ferrare en 1475, qu'il avait fait usage de cet instrument dans de longs voyages et utilisé ses observations pour corriger d'anciennes cartes géographiques, *rendant ainsi un service éminent à la géographie et à la navigation.* (LIBRI, tome II, p. 202.)

Mais comment pourrait-on douter d'ailleurs que les Arabes, qui ont tant perfectionné les quadrants, les astrolabes, les montres solaires, et jusqu'aux horloges mécaniques, ne se soient pas avisés de les utiliser dans leurs immenses voyages d'exploration par terre et par mer. Cela est absolument inadmissible et il suffirait, pour le prouver, de rappeler l'étonnement de Vasco de Gama lorsque, après avoir doublé le cap des Tempêtes, en 1498, il entra, pour se diriger vers l'Inde, dans l'océan Oriental et y trouva que « les pilotes de ces mers se servaient très habilement et des *cartes marines* et de l'*aiguille aimantée*, et prenaient les hauteurs de l'équateur avec un *quart de cercle* ou un *astrolabe*, pour savoir où ils étaient (1). »

Or, les pilotes de ces mers étaient sûrement des Arabes (2)

---

(1) KLAPROTH, *Lettre à M. le baron de Humboldt sur l'invention de la boussole*, p. 63.

(2) Les Indiens n'ont jamais été de grands navigateurs, et la connaissance de la boussole (qui a tant aidé les Arabes) ne parait s'être introduite que fort tard chez eux (KLAPROTH, p. 31). Ils se servaient de clepsydres pour la mesure du temps, connaissaient la sphère armillaire, le cercle de déclinaison, le *niveau à bulle d'air* (sic), et des gnomons auxquels ils adaptaient des tubes pour observer les étoiles. (*Asiatic researches*, t. V et IX, cité par Libri.)

et ne faisaient que suivre des traditions déjà séculaires.

Toutefois, il convient de reconnaître que les navigateurs européens de la fin du xv\ :e et du commencement du xvi\ :e siècle perfectionnèrent à leur tour, sinon les instruments, au moins les méthodes d'observation et ne tardèrent pas à se préoccuper, notamment, du problème des longitudes plus qu'on ne l'avait fait jusqu'alors.

Ce problème devenait, en effet, indispensable à résoudre, à mesure que les relations s'établissaient entre l'Europe, devenue le centre de l'activité intellectuelle et commerciale, et les pays éloignés que l'on désignait sous les noms d'Indes orientales et d'Indes occidentales, à mesure aussi que se multipliaient les voyages d'exploration (¹).

Si les découvertes des Italiens — les Toscans avaient été les premiers à retrouver les Canaries, — celles des Portugais, qui ont eu autant de ténacité que d'initiative, et de quelques aventuriers d'autres pays le long des côtes d'Afrique et dans les archipels peu éloignés, comme ceux des Açores et du Cap Vert, avaient pu être tentées et accomplies sans le secours d'instruments soignés et d'observations délicates, il n'en avait plus été de même quand les navigateurs, devenus de plus en plus hardis, s'avancèrent à de grandes distances sur les océans.

C'était déjà grâce à l'astrolabe et à la boussole que Christophe Colomb et Vasco de Gama avaient pu réaliser leurs merveilleux projets ; mais en perfectionnant ces instruments, et surtout l'astrolabe, les savants et les constructeurs hollandais que nous allons maintenant rencontrer ont servi à la fois leur pays, dont les navires suivirent de si près ceux des Espagnols et des Portugais dans les mers lointaines, la science de la Navigation et préparé les progrès de la Géodésie et de la Topographie.

Nous arrivons ainsi à l'époque de ces perfectionnements qui font l'objet principal de nos recherches ; mais, au risque d'être accusé de nous en écarter de nouveau, nous dirons encore

---

(¹) Une circonstance tout à fait décisive doit être signalée à propos du problème des longitudes, celle de l'obligation où se trouvaient les Espagnols et les Portugais de déterminer exactement le méridien de 180° qui, en vertu de la bulle du pape Alexandre VI, divisait leurs possessions.

que, dès les premières années du xvie siècle, l'un des compagnons de Magellan, le chevalier Pigafetta, écrivait un *Traité de Navigation* dans lequel il donnait trois méthodes pour trouver la longitude d'un lieu, méthodes que Magellan avait sans doute employées avec plus ou moins de succès (¹), notamment celle des distances lunaires, dont les astronomes ou, comme on disait alors, les cosmographes italiens et allemands s'occupaient dans le même temps (²).

V. — *Les instruments des topographes identiques avec ceux des autres voyageurs.*

Les premiers levers topographiques un peu détaillés qui remontent à l'époque de transition assez obscure dont nous nous occupons ont fatalement été entrepris par des voyageurs et exécutés avec les mêmes instruments qui leur servaient à relever leurs itinéraires. Il n'était guère question de cadastre alors, et les arpenteurs exercés ne devaient reparaître que bien plus tard. Toutefois, la chaîne et l'équerre ne disparurent jamais et on les trouve entre les mains des constructeurs et des architectes de tous les âges, mais le besoin d'évaluer les distances et les hauteurs de points plus ou moins éloignés, qui s'est toujours fait sentir à ceux qui voyagent et aux hommes de guerre en particulier, exigeait l'emploi de procédés géométriques indirects et, par conséquent, d'instruments propres à la mesure des angles, c'est-à-dire de ceux précisément dont se servaient les astronomes et les marins.

En essayant de représenter les pays qu'ils parcouraient, d'en

---

(¹) Ces trois méthodes sont probablement celles qu'au rapport de Castagnedo, Faleiro avait enseignées à Magellan. (Note de l'extrait du *Traité de Navigation* de Pigafetta, par Ch. Amoretti.)

(²) *Premier voyage autour du monde par le chevalier Pigafetta sur l'escadre de Magellan, pendant les années 1519, 1520, 1521 et 1522*, suivi de l'extrait du *Traité de Navigation* du même auteur, traduits par Ch. Amoretti. Paris, l'an IX. « Les pilotes d'aujourd'hui, disait Pigafetta, au commencement du Chapitre des longitudes, se contentent de connaître la latitude ; ils sont d'ailleurs si orgueilleux qu'ils ne veulent pas entendre parler de la longitude. » L'orgueil de ces braves gens venait sans doute très simplement de ce qu'ils ne voulaient pas avouer leur ignorance.

dresser la carte plus ou moins détaillée, les voyageurs et les ingénieurs militaires, nécessairement topographes, n'eurent donc rien de mieux à faire que de profiter de ces instruments (¹).

Le premier et le plus important que l'on rencontre, c'est encore l'astrolabe ; peut-être ne l'a-t-on pas assez remarqué, car le nombre des Ouvrages publiés dans tous les pays de l'Europe, du xvɪᵉ au xvɪɪɪᵉ siècle, à son sujet et dans lesquels il est décrit comme pouvant servir non seulement aux observations astronomiques et nautiques, mais aux opérations à effectuer sur le terrain, est prodigieux, et il serait à peu près impossible d'en donner une bibliographie qui resterait toujours incomplète. L'instrument qui s'y trouve désigné uniformément sous le nom d'astrolabe était d'ailleurs de construction plus ou moins simple, mais toujours essentiellement composé d'un cercle divisé suspendu à un anneau et d'une alidade diamétrale mobile.

Nous mentionnerons à part les deux astrolabes relativement modernes, puisqu'ils sont tous les deux du xvɪᵉ siècle, qualifiés très expressivement d'*universels*, celui de Gemma Frisius (²) et celui de Rojas. Sur'la face ou sur le dos de ces instruments on trouve, pour le premier, une projection stéréographique de la sphère (³), non plus sur un horizon à une lati-

---

(¹) Au xᵉ siècle, c'était de l'astrolabe et d'une sorte de gnomon appelé *horoscope* que Gerbert se servait pour résoudre sur le terrain, devant ses nombreux disciples, les problèmes ordinaires de la Géométrie pratique.

(²) Gemma Frisius, né à Dockum (Frise) en 1508, mort en 1555, fut un savant distingué et un très habile constructeur dont les instruments méritent une mention spéciale pour le soin avec lequel ils étaient exécutés et pour l'influence qu'ils ont eue sur le perfectionnement d'un art si utile lui-même aux progrès de la Science. Gemma Frisius, reçu docteur en 1541, professait la Médecine à l'Université de Louvain, mais il avait une prédilection marquée pour les Mathématiques et l'Astronomie; homme d'études, il avait refusé d'être attaché à la cour de Charles-Quint. Son Ouvrage a pour titre : *De Astrolabio catholico et usu ejusdem* (Anvers, 1556). Son neveu, Gualterius Arsenius, lui avait succédé comme constructeur; le Conservatoire des Arts et Métiers possède deux des astrolabes de ce dernier; avec aiguille aimantée, auxquels il est fait allusion dans le texte et dont l'un est représenté ci-après (*fig.* 17).

(³) L'expression de *projection stéréographique* n'a été introduite que plus tard par le savant jésuite Aguillon (voyez *Optica* AGUILONII, Antverpiœ, MDCXIII). Si nous l'avons déjà employée, c'est parce qu'elle est généralement adoptée depuis lors et que celle de *planisphère* donnait lieu à confusion.

tude déterminée, mais sur un méridien, et, pour le second, une projection orthographique toujours accompagnées, l'une et l'autre, d'une règle-alidade centrale aidant à résoudre les principaux problèmes uranographiques ou nautiques, et nous allons retrouver bientôt ces instruments munis d'une aiguille aimantée et formellement destinés à mesurer les azimuts aussi bien que les hauteurs.

L'astrolabe n'était cependant pas le seul instrument auquel eussent recours les topographes qui cherchèrent aussi à se servir de ceux qui avaient été remis en honneur ou imaginés par les restaurateurs de l'Astronomie en Allemagne. C'est ce qui résulte de l'étude de la littérature scientifique des premiers temps de la Renaissance.

Parmi les nombreux Ouvrages dont j'ai jugé inutile de donner même la liste, j'en ai cependant choisi un, celui de Gio Paolo Galucci Salodiano, Academico Veneto, de la fin du xvie siècle (¹), parce qu'il peut être considéré, en effet, comme résumant la plupart de ceux qui l'ont précédé, qu'il contient les renseignements les plus détaillés sur presque tous les instruments en usage à cette époque et que l'on n'y a ajouté que peu de chose dans ceux qui l'ont suivi pendant près d'un siècle.

On y voit, notamment, que l'astrolabe disposé horizontalement était employé déjà pour faire de véritables triangulations, et la figure qui accompagne le texte en cet endroit est la même dont on se sert encore aujourd'hui pour expliquer la *Méthode des intersections* (*Dell' uso dell' Astrolabio*, Lib. quatro, Cap. XI. *Come si posso con l'Astrolabio mettere una provincia in disegno*); on y voit également que l'une des parties de l'instrument, celle que nous connaissons sous le nom de *quarré des ombres*, servait à mesurer les distances, les hauteurs et les profondeurs par les méthodes bien connues, toujours les mêmes dans tous les auteurs et qui sont passées en revue dans l'Ouvrage de Galucci, Lib. quatro, Cap. II à Cap. X.

On trouve enfin dans ce même Ouvrage la description et

____

(¹) Cet Ouvrage a pour titre : *Della fabrica et uso de diversi stromenti di astronomia et cosmografia ove si vede la somma della teorica et pratica di queste nobilissime scienze.* In Venetia, appresso Ruberto Meietti. cɔıɔ xcviii (1598).

l'usage du *triquetrum* de Ptolémée, de l'*arbalestrille* (¹)
de Lévi ben Gerson et du *quarré géométrique* de Purbach
et de Regiomontanus (*geometrische Quadrat*), qui n'est
d'ailleurs autre chose, au fond, que le quarré des ombres pris

---

(¹) Cet instrument a porté beaucoup d'autres noms, par exemple ceux
de *bâton de Jacob, crosse de Saint-Jacques, rayon astronomique, ba-
liste, croix géométrique*, etc.

Le premier, celui de *bâton de Jacob*, lui viendrait, paraît-il, de son inventeur, Lévi ben Gerson, israélite, né en Catalogne. On a cru pendant longtemps que Regiomontanus et Martin Behaim avaient été les premiers à se
servir de cet ingénieux appareil qui permet de *viser à la fois dans deux
directions différentes,* — Regiomontanus, pour mesurer les distances de
deux astres, Martin Behaim pour prendre la hauteur méridienne du Soleil
en mer, — mais il résulte des dernières recherches faites à ce sujet que
l'invention remonte au XIVᵉ siècle.

La *Bibliotheca mathematica,* journal très recommandable publié à
Stockholm par Gustaf Eneström, contient dans son numéro 3 de l'année 1890
un article du professeur S. Günther, de Munich, intitulé *Die erste Anwendung des Jacobstabs zur Ortsbestimmung,* dont nous extrayons les intéressants renseignements qui suivent :

Lévi ben Gerson (*Leo israelita de Bagneolis*), auteur d'un Traité intitulé : *Geometriæ conclusiones, propositiones et structura Baculi Jacob,
ejusque usus, ex libro manuscripto. Et hic tractatus fuit translatus de
hebraeo in latinum anno Christi* 1342, est, autant qu'on en peut juger
jusqu'à présent, l'inventeur du bâton de Jacob ou, tout au moins, le premier qui ait écrit à son sujet. Regiomontanus connaissait l'Ouvrage de Lévi
et le procédé qui s'y trouve indiqué ; il s'en est servi avec succès pour observer les comètes.

Certains Ouvrages de Sacro-Bosco semblent établir que Martin Behaim
avait introduit parmi les marins portugais l'usage du bâton de Jacob dont
il savait que Regiomontanus s'était servi précédemment : « Il est très remarquable, ajoute M. Günther, qu'une invention espagnole qui avait d'abord
été se faire apprécier à Nuremberg et à Anvers, soit revenue ainsi dans la
péninsule ibérique. »

Quoiqu'il ne soit pas douteux que le bâton de Jacob ou de la croix
(*Kreustab*) ait été employé fréquemment par les marins espagnols, portugais, hollandais (*voir* les livres nombreux et les estampes où il en est question et où il est représenté comme un instrument fondamental), il ne figure
pas dans l'inventaire de ceux qu'emporta Magellan dans son voyage autour
du monde.

On croit encore que le bâton de Jacob, qui a reçu tant de noms, s'est aussi
appelé *cylindre,* la tige ou le bâton proprement dit (*voy.* plus loin *fig.* 12)
ayant pu être cylindrique aussi bien que parallélépipédique. Du temps de
l'empereur Maximilien 1ᵉʳ, on lit dans un rapport en portugais : « E teras
tam ben sete apraz pa este caminho por companheiro deputado do nosso
rey *Maximiliano* ho senhor *Martino Boemio* singularmente pa esto aca-
bar : e outro muy muytos marinheiros sabedores que navegará ha largür
do mar tornando caminho das ilhas dos Açores per sua industria per qua-
drate, *chilidro* o astrolobio e autros ingenhos. »

isolément ou le quadrant (quart de cercle) des Arabes (¹).

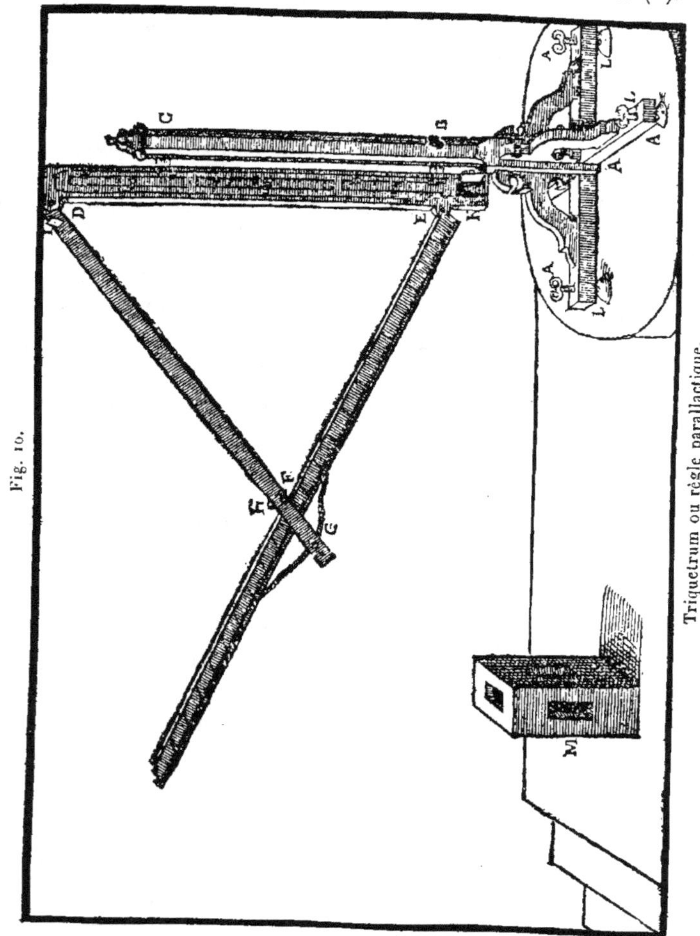

Fig. 10.

Triquetrum ou règle parallactique.

(¹) M. H. WEISSENBORN, d'Eisenach, dans une Note insérée au tome I,

TRIQUETRUM. — Le *triquetrum* sive *trium regularum instrumentum*, dont nous donnons une figure (*fig.* 10) d'après Tycho-Brahé, avait la forme d'un triangle isoscèle dont l'un des côtés égaux était fixe et vertical et sur lequel étaient articulés les deux autres; le second servait d'alidade et le côté variable n'était autre chose que la corde de l'arc de la distance zénithale de l'astre ou de l'objet observé; il portait une division en degrés.

Cet instrument aurait mérité d'être mentionné, ne fût-ce que parce qu'il a suffi à Copernic pour faire ses célèbres observations sur les planètes, mais il devait être aussi rappelé comme ayant servi de type à plusieurs instruments de Topographie également composés de trois règles formant toujours un triangle, dont l'un des côtés ou même deux étaient variables.

On rencontre, dans les anciennes collections, divers appareils de ce genre faciles à construire et qui, à cause de cela, ont pu être utilisés, mais nous citerons seulement celui d'Oronce Finé, peut-être l'un des plus anciens, dont nous donnons la figure (*fig.* 11) et qui était destiné, comme dit son auteur, *à mesurer les distances et les hauteurs par une seule station* (¹).

---

nouvelle Série, de la *Bibliotheca mathematica*, 1887, et ayant pour titre *Ueber die verschiedenen Namen des sogenannten geometrischen Quadrates*, constate la confusion qui résulte des noms différents donnés à des instruments identiques.

Dans une autre Note, *Ueber die im Mittelalter zur Feld-messung benutzten Instrumente*, publiée récemment dans la *Bibliotheca mathematica*, M. Maximilien CURTZE, de Thorn, fait remarquer les analogies et les différences qui existent entre les instruments appelés *astrolabes* et *quadrants géométriques*, en mentionnant les autres noms qui leur ont été donnés.

(¹) *La Practique de la Geométrie d'Oronce*, etc., reveuë et traduicte par Pierre FORCADEL (à Paris, chez Gilles Gourbin, M D LXXXV, p. 47). Oronce Finé, né à Briançon en 1494, mort à Paris en 1555, a été qualifié un peu ambitieusement du nom de restaurateur des Mathématiques en France. Ce qu'il y a de certain, c'est que notre pays était alors fort en retard et qu'Oronce a eu le mérite incontestable d'y raviver le goût des sciences exactes et de leurs applications à la Géographie.

On lui doit notamment une mappemonde cordiforme et une autre doublement cordiforme, enfin une des premières Cartes de France, à peu près exacte. Ces documents sont reproduits tous les trois dans la thèse latine de M. L. GALLOIS : *de Orontio Finæo gallico geographo; Parisiis, apud E. Leroux*, 1890, qui contient une intéressante biographie et une appréciation des œuvres principales d'Oronce Finé.

« Pour entendre plus clairement l'intention de ce problème,
» dit Oronce, faut sçavoir que le Triangle est comme regle et
» addresse de toutes dimensions; d'autant que c'est le plus
» simple de tous les rectilignes. Et pour ce, est-il le plus
» convenable pour mesurer toutes sortes de grandeurs. Et

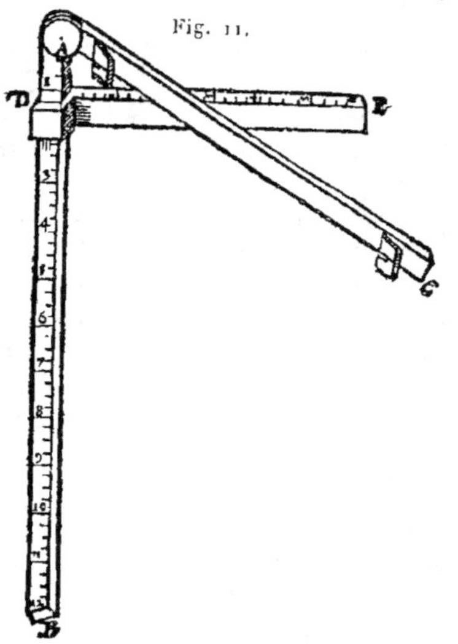

Instrument d'Oronce Finé.

» d'iceluy est tirée la composition de tous les instruments
» inventez pour mesurer : ainsi que nous déclarons icy par
» un instrument de notre façon; ensemble montrerons la ma-
» nière de prendre la mesure des distances et hauteurs par
» une seule station; mesure par l'Astrolabe, par le Quarré
» Géométrique et par le Ray astronomique; chose bien facile,
» toutesfois par cydevant encore non avisée... »

On le voit, par cette citation d'un auteur très renseigné sur tout
ce qui avait été entrepris de son temps, en fait de Géométrie
pratique, le triquetrum ou ses dérivés, l'astrolabe, le quarré géométrique et le rayon astronomique ou l'arbalestrille étaient les

principaux instruments connus à cette époque pour évaluer indirectement les distances horizontales et les hauteurs verticales.

Nous pourrions encore indiquer bien d'autres Ouvrages du
même temps dans lesquels ces instruments sont considérés
comme destinés à la fois aux observations astronomiques et
aux opérations topographiques (¹), et l'on peut même dire
que jusque-là ils étaient les seuls, indépendamment, bien
entendu, de ceux qui servaient à effectuer les mesures directes,
c'est-à-dire la chaîne et l'équerre d'arpenteur, sans oublier non
plus la boussole dont le rôle se réduisait d'ailleurs auparavant
à l'orientation des directions itinéraires.

L'ARBALESTRILLE. — Nous nous bornerons, pour l'*arbalestrille* (*fig.* 12) dont nous connaissons bien l'histoire, à dire que

Fig. 12.

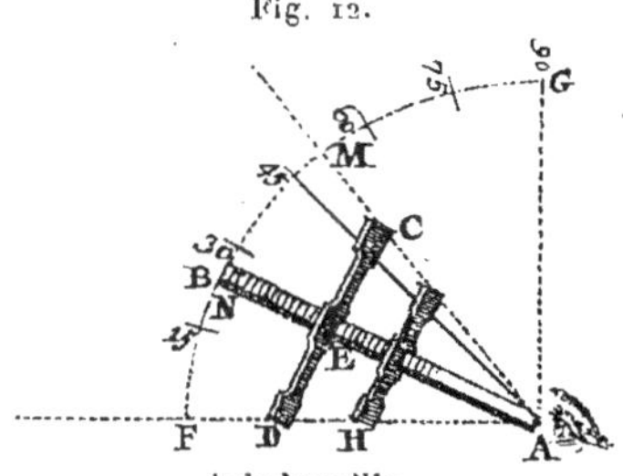

Arbalestrille.

la tige ou le *rayon* à section carrée portait sur ses quatre faces
des divisions différentes, que les traverses appelées *marteaux*
dont les extrémités servaient à viser étaient au nombre de
trois et même de quatre et de longueurs variées correspondant
à ces divisions, enfin que celles-ci étaient exprimées en degrés
et faciles à obtenir par un simple tracé graphique.

L'arbalestrille, très populaire autrefois jusque chez les ma-
çons et les charpentiers, a été pendant longtemps employée par

---

(¹) Il suffirait de renvoyer le lecteur au Recueil fondamental intitulé :
*Scripta clarissimi mathematici M. Joannis Regiomontani, etc., aucta
necessariis Joannis Schoneri Carolostadii additionibus, item, libellus
M. Georgii Purbachi de quadrato geometrico* (Norimbergæ, MDXLIIII).

les marins, souvent même de préférence à l'astrolabe, quand l'horizon était bien net, parce qu'en visant *simultanément* à cet horizon et à l'astre, on évitait les inconvénients du mouvement d'oscillation du disque suspendu de l'astrolabe ([1]).

On comprend aussi que, dans les reconnaissances topographiques, cet instrument très portatif et facile à improviser ait dû être souvent utile aux voyageurs et aux militaires pour évaluer rapidement les distances et les hauteurs ([2]).

Fig. 13.

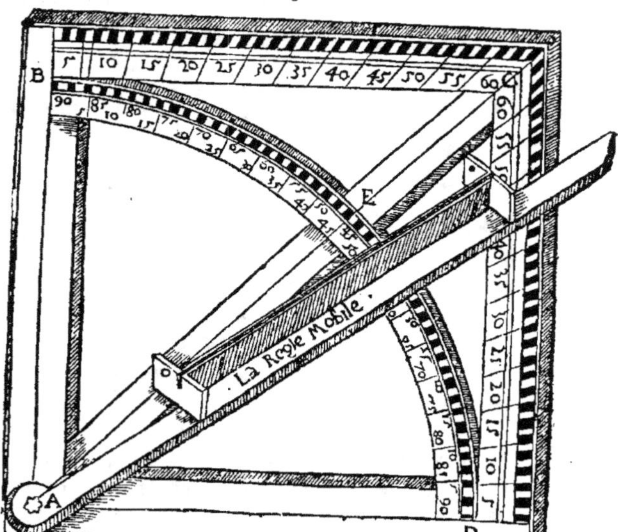

Quarré géométrique.

LE QUARRÉ GÉOMÉTRIQUE. — Il serait sans doute inutile de

([1]) Peut-être, en raison de cette propriété, doit-on voir dans l'arbalestrille le précurseur du quartier anglais et, par conséquent, même de l'octant. Nous reproduirons cette conjecture plus loin.

([2]) Voy. *La Practique de la Géométrie d'Oronce*, Liv. Ier, Chap. VI; *Gia. Paolo Galucci*, Libro sesto, Cap. VI à Cap. XXV, etc.

nous arrêter à la description du *quarré géométrique* dont nous donnons deux figures (*fig.* 13 et 14), l'une extraite d'un petit Traité spécial assez ancien sur l'usage de cet instrument ([1]) et l'autre du Livre bien connu de Bion sur la construction des instruments de Mathématique ([2]), qui ne diffèrent guère l'une de l'autre malgré l'intervalle de deux-siècles qui sépare les publications des deux Ouvrages.

Celui de la *fig.* 14 comporte cependant l'emploi d'une alidade fixe et d'un réseau ou *treillis* dont l'usage, facile à deviner, se

Fig. 14.

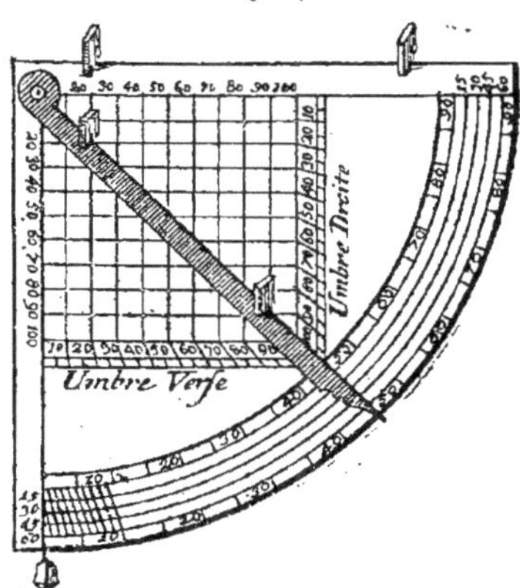

Quadrant géométrique.

trouve expliqué dans l'Ouvrage de Bion. Nous y joignons deux autres figures pittoresques représentant des opérateurs en train de mesurer, avec le quarré géométrique, l'un une distance

---

([1]) *Quadrati geometrici usus, geometricis demonstrationibus illustratus,* per Joannem DEMERLIOREM, professorem Regium (Parisiis, MDLXXIX). Cet Ouvrage se trouve habituellement réuni au recueil dont nous avons donné le titre général dans une note précédente : *Scripta clarissimi mathematici M. Joannis Regiomontani, etc., item Libellus M. Georgii Purbachi.* On peut donc consulter en même temps le Traité de Purbach.

([2]) Cet Ouvrage de Bion est cité plus loin avec son titre complet.

Fig. 15.

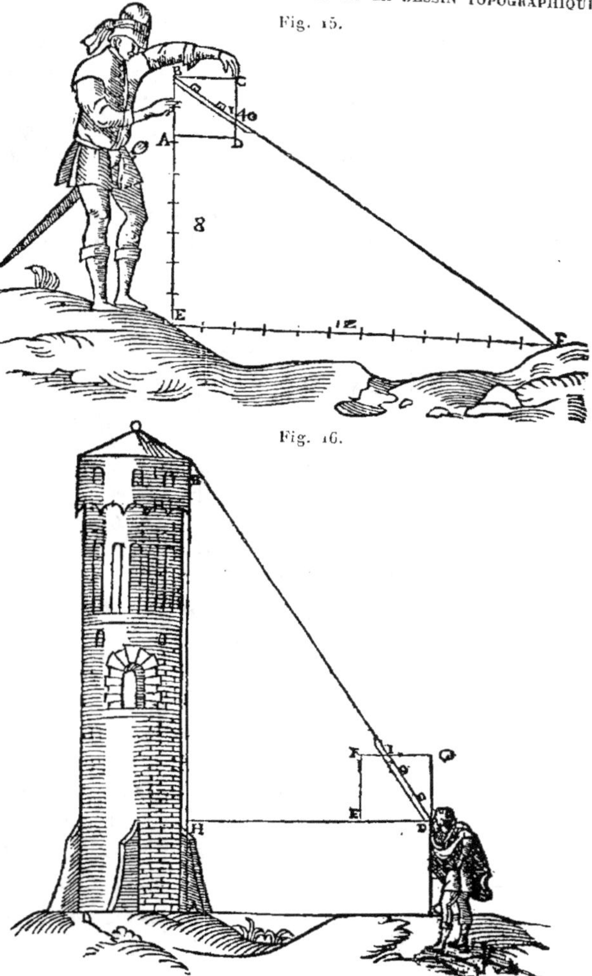

Fig. 16.

horizontale (*fig.* 15) et l'autre la hauteur d'une tour (*fig.* 16).

Pour les autres problèmes que servait à résoudre cet instrument analogue, nous le répétons, au quarré des ombres de l'astrolabe et aussi d'ailleurs à beaucoup de ceux dont nous faisons encore usage, nous renvoyons au Traité dont il s'agit ou à celui de Purbach dont il est la reproduction à peu près textuelle.

VI. — *De la Renaissance à la fin du* xviiᵉ *siècle.*
Modification des instruments anciens.

Pendant la période d'un siècle et demi qui s'étend de la seconde moitié du xviᵉ siècle à la fin du xviiᵉ siècle, les instruments d'Astronomie, de Navigation, de Géodésie et de Topographie ont reçu de tels perfectionnements, qu'il serait aussi difficile qu'inutile, pour le but que nous nous sommes proposé, de chercher à en faire, en ce moment, l'historique complet. Nous n'avons, en effet, à nous occuper dans cette Notice que des progrès qui concernent directement et exclusivement la Topographie, et si, précédemment, il nous a fallu remonter aux instruments d'Astronomie pour trouver l'origine de ceux qui nous intéressaient, il n'en est plus de même actuellement, car, malgré l'analogie ou même l'identité des nouveaux organes essentiels que l'on rencontre chez les uns et chez les autres, les puissants appareils des observatoires diffèrent trop désormais, par leur construction et par leur manœuvre, des modestes outils de lever et de nivellement, pour qu'il soit à propos d'en donner une description même sommaire.

Nous ne ferons également que mentionner, en passant, les admirables instruments imaginés au xviiᵉ siècle, plus particulièrement destinés à la Navigation, et ceux qui ont servi aux grandes opérations géodésiques entreprises à la même époque et à plus forte raison ceux qui les ont suivis.

Nous allons tout d'abord retrouver plusieurs de ceux que nous connaissons déjà pour les voir participer par la suite aux progrès des arts de précision auxquels nous venons de faire allusion, mais nous aurons à en signaler qui sont d'invention plus récente, les uns et les autres se transformant peu à peu pour répondre à des exigences nouvelles.

Le dessin topographique dont nous nous occuperons dans le Chapitre suivant se transformait lui-même, à partir de la première moitié du xviie siècle, et les méthodes comme les instruments avaient dû se prêter à cette véritable métamorphose.

En dehors des opérations du cadastre encore assez rares chez nous et même en Italie où les traditions de l'antiquité ne s'étaient cependant jamais entièrement perdues, opérations qui ne comportaient guère d'ailleurs que l'emploi de la chaîne ou de la toise et de l'équerre, on avait jusque-là considéré la Topographie presque exclusivement au point de vue pittoresque ; les cartes elles-mêmes ne renfermaient que des indications assez vagues du tracé des chemins, des distances et des positions relatives des lieux habités. On comprend bien, en effet, qu'il ne pouvait être alors question de travaux d'ensemble dirigés systématiquement, et c'était à grand'peine que les personnes les plus instruites et les plus éclairées parvenaient à se faire une idée de l'étendue des pays qu'elles parcouraient et, à plus forte raison, de ceux dont elles ne faisaient qu'entendre parler ([1]).

Les problèmes que nous avons rappelés concernant la mesure des distances ou des hauteurs de points éloignés ne se résolvaient, en général, que dans le but d'obtenir un renseignement immédiat. Il est intéressant de constater à ce propos l'influence des progrès de l'art militaire ; car c'est surtout à

([1]) Il faudra arriver au siècle de Louis XIV pour commencer à avoir des cartes exactes (voyez *Pl. B*) ; on peut se faire une idée des tâtonnements inévitables de la Cartographie en comparant les mêmes pays représentés dans les différents atlas les plus célèbres publiés depuis la Renaissance ou même en remontant aux cartes qu'Agathodemon avaient dessinées au ve siècle pour la Géographie de Ptolémée. On n'apprendra peut-être pas sans étonnement que Pétrarque, ce grand promoteur de la renaissance des lettres, fut aussi celui qui fit dessiner la première Carte moderne de l'Italie ; il avait composé lui-même un itinéraire oriental et réuni un assez grand nombre de documents géographiques. Mais, sait-on aussi que cet autre grand poète, Le Tasse, était allé, plus tard encore, jusqu'à enseigner la Géométrie! tant il est vrai que l'on ne s'était pas encore avisé de la division du travail.

partir de l'emploi des bouches à feu que l'on voit se multiplier les instruments destinés à cet usage, puis se créer le besoin

Fig. 17.

Astrolabe de Gualterius Arsenius.

d'avoir des plans de plus en plus exacts des places fortes et de leurs abords, d'où résultait la nécessité de rendre ces instruments à la fois plus précis et plus maniables...

Les premiers peut-être auxquels on se soit avisé de recourir dans ce but sont encore l'astrolabe et la boussole.

Nous avons déjà cité le Chapitre de l'Ouvrage de Galucci

L.   5

dans lequel il est dit que l'astrolabe pouvait servir à lever le plan d'une province et nous y avons aussi constaté l'emploi d'un *cercle entier* disposé horizontalement et celui de la méthode des intersections ou des triangulations.

ASSOCIATION DE L'ASTROLABE ET DE LA BOUSSOLE. — On trouve, dès le milieu du xvie siècle (de 1525 à 1565), ainsi que nous l'avons annoncé plus haut, des astrolabes munis d'une aiguille aimantée, placée près de l'anneau de suspension, construits en Hollande par Arsenius, neveu du célèbre Gemma Frisius et qui ont sans doute servi à cet usage (*fig.* 17).

CERCLE HOLLANDAIS. — Un peu plus tard, au commencement du xviie siècle, l'astrolabe se transformait tout à fait et prenait le nom de *cercle hollandais* (¹); l'araignée et le planisphère lui-même disparaissaient définitivement, l'aiguille aimantée était ramenée au centre, et, indépendamment des pinnules de l'alidade mobile, le cercle en portait quatre autres aux extré-

---

(¹) Le cercle hollandais dont nous donnons la figure (*fig.* 18) appartient aux Collections du Conservatoire des Arts et Métiers; il n'est ni signé ni daté, mais grâce à l'extrême obligeance du savant secrétaire perpétuel de la Société hollandaise des Sciences de Haarlem, M. J. Bosscha, nous savons que cet instrument est décrit dans l'Ouvrage intitulé : *Tractact vant maken ende gebruycken eens nien gheordenneerden Mathematischen Instruments* deer JAN PIETERSZOON DOU (Amsterdam, 1620), qui existe à la Bibliothèque de Leyde. (*Traité de la construction et de l'usage d'un instrument mathématique nouvellement ordonné*, par JAN PIETERSZOON DOU). D'après la préface, la première édition de cet Ouvrage était de 1612 et Jean Dou, fils de Pierre, arpenteur à Leyde, était l'inventeur de l'instrument.

Jean Dou, qui a aussi été un ingénieur distingué, était l'auteur de plusieurs autres Ouvrages dont le plus célèbre, composé en collaboration avec Johan Sems Haflinga, est le *Practijck des Landmeten*, publié à Leyde chez Jan Bonwensz, 1600, in-4°. On trouve sur ce livre et sur ses auteurs dans le *Bulletino di Bibliografia et di Storia* du prince Boncompagni, tome III, des détails très précis et d'autres renseignements intéressants. L'article rédigé par M. G. Vorsterman van Oijen a pour titre : *Quelques arpenteurs hollandais de la fin du* xvie *et du commencement du* xviie *siècle et leurs instruments.*

Le Conservatoire des Arts et Métiers possède, en outre, un *cercle entier* dont l'alidade porte la boussole et sur lequel on retrouve le quarré des ombres. Tangentiellement au cercle et parallèlement au diamètre qui porte deux pinnules fixes, il y a une règle qui pouvait servir à rapporter les angles quand l'instrument était séparé de son genou. Celui-là est daté de 1606 et signé Michael Coignet d'Anvers, et aurait précédé le cercle de Dou.

mités de deux diamètres rectangulaires, formant, par conséquent, une équerre. L'anneau de suspension était conservé et

Fig. 18.

Cercle hollandais.

permettait de laisser prendre au cercle la position verticale et
de mesurer les hauteurs comme avec l'astrolabe, mais ce qui
était nouveau et complétait l'appareil au point de vue de l'usage

auquel il était destiné, c'était le genou que l'on pouvait y adapter et qui servait à le monter sur un pied ou un bâton ferré, à le placer horizontalement ou à lui faire prendre l'inclinaison convenable pour l'amener dans le plan des deux objets dont il s'agissait de déterminer l'angle à la station.

Il suffit de jeter les yeux sur cet instrument pour reconnaître qu'il est parfaitement approprié à toutes les opérations que l'on peut avoir à exécuter sur le terrain; il peut, en effet, servir à recueillir les éléments d'un canevas trigonométrique, à lever les détails par cheminement à la boussole et par la méthode des coordonnées rectangulaires au moyen de l'équerre; il peut enfin procurer aussi les éléments du nivellement par la mesure des hauteurs positives ou négatives.

Ce cercle était si bien un dérivé de l'astrolabe qu'en 1625, Adrien Métius, dans l'un de ses excellents Ouvrages ([1]), en en décrivant un tout à fait semblable, sans aiguille aimantée toutefois, lui conservait son premier nom. Il continuait d'ailleurs à le monter sur un bâton ferré, l'employait à résoudre tous les problèmes de distances et de hauteurs et enfin à des triangulations étendues dont les côtés atteignaient plusieurs milliers de perches ([2]).

Nous ne nous attarderons pas plus longtemps au rôle si évidemment important qu'ont joué les artistes, les astronomes, les géographes et les arpenteurs hollandais dans la construction et le perfectionnement des instruments; il faudrait un chapitre

---

([1]) ADRIANI METII, *Alcmariani Arithmetica*, Libri duo, et *Geometria*, Libri VI, etc. (*Geometr. pract.*, Pars secunda, p. 129 et suiv.). Lugd. Batavorum, ex officina Elzeviriana, anno cɪɔɪɔcxxvɪ (1626). Cet Ouvrage est, à coup sûr, l'un des plus intéressants et des plus complets qui aient été publiés à cette époque. Avec l'Arithmétique et la Géométrie pratique, il comprend les éléments de la fortification, la solution des problèmes uranographiques et le tracé des cadrans solaires, le tout rédigé avec une grande simplicité et une grande clarté.

([2]) Nous devons avouer que c'est ce qui nous avait fait supposer que Snellius avait employé, de son côté, un cercle entier pour sa triangulation dont les côtés n'étaient pas plus grands que ceux dont parle Métius, et l'on ne peut qu'être étonné de voir l'usage des quarts de cercle se continuer si longtemps après les inventions (dont l'une au moins date de 1606, le cercle de Michael Coignet, d'Anvers) et les perfectionnements que nous venons de constater.

entier pour en donner une idée complète et nous ne devons ni ne pouvons entrer ici dans des détails trop minutieux qui souvent, d'ailleurs, ne rappelleraient que des tâtonnements abandonnés. Il nous suffira, pour achever de rendre hommage à l'initiative des Hollandais qui, en même temps qu'ils faisaient faire de grands progrès à la Navigation et à la Géographie, furent des premiers à reprendre les travaux de cadastre et de Topographie régulière, d'ajouter que c'est à l'un d'eux, Snellius, de Leyde, que l'on doit le premier essai fait en 1606 de la mesure d'un arc du méridien, celui d'Alkmaer, par la méthode des triangulations. Il y a lieu de remarquer toutefois que Snellius et assez longtemps après lui encore, Picard et les autres astronomes français, qui devaient faire un si habile usage de cette méthode, n'ont pas employé des cercles entiers, mais des demi-cercles ou même des quarts de cercle pour la mesure des angles des triangles et des secteurs, ou tout au plus des quarts de cercle, pour l'observation des latitudes.

Cette préférence des arcs de cercle sur la circonférence entière qui remonte à Ptolémée (Hipparque, au contraire, n'a employé que les cercles entiers des armilles) se justifiait par la nécessité où l'on était d'accroître le rayon de la circonférence pour rendre les divisions plus exactes et plus nombreuses, et, pour éviter le poids et l'encombrement, on se contentait de la partie de la circonférence strictement nécessaire pour les mesures que l'on avait en vue.

Ainsi, le quart de cercle suffisait pour mesurer les angles verticaux compris entre l'horizon et le zénith, et c'est ce qui explique la vogue persistante de tous les quadrants que l'on a même employés à la mesure des angles horizontaux, en substituant au besoin aux angles obtus leurs suppléments.

Toutefois, cette opération indirecte exigeant le prolongement souvent incommode de l'un des côtés de l'angle obtus, on alla jusqu'à la demi-circonférence; l'utilité de cette amélioration qui s'accusait de plus en plus, quand on se mit à faire de la Topographie détaillée et régulière, conduisit à la construction de l'un des instruments les plus répandus parmi les arpenteurs, pendant les trois siècles derniers, le *graphomètre*.

Comme cet instrument, qui a joué un rôle des plus considérables, comporte habituellement l'adjonction d'une boussole

Fig. 19.

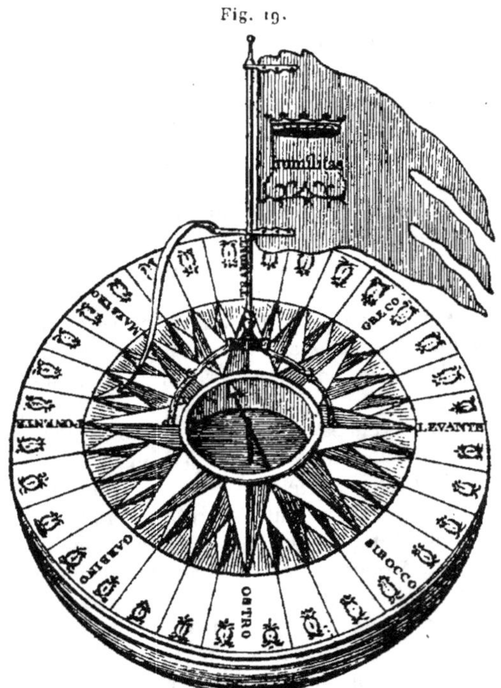

Boussole marine du XVIe siècle.

à la demi-circonférence divisée, nous devons, avant d'en donner la description, dire le parti que l'on avait déjà tiré de l'aiguille aimantée pour l'étude du terrain.

Nous ferons observer tout d'abord que les instruments dont les navigateurs et les voyageurs se servaient pour tracer leurs itinéraires et dont nous représentons deux types choisis (*fig.* 19 et 20) ne pouvaient pas être facilement utilisés en

Topographie (¹); aussi, quand on s'avisa de recourir à la boussole pour lever des plans détaillés (peut-être d'abord dans les mines où l'orientation spontanée de l'aiguille aimantée devait

Fig. 20.

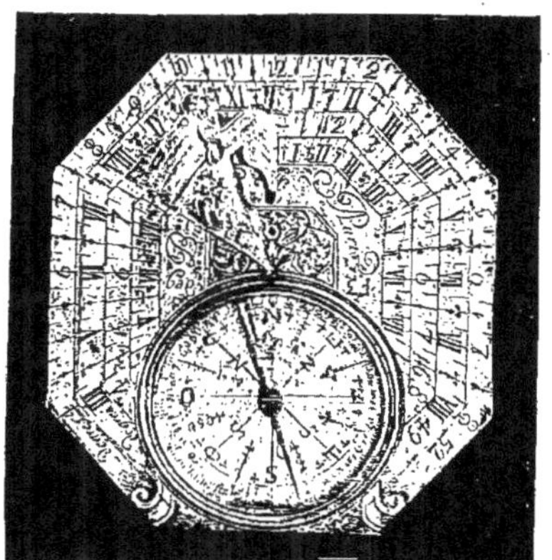

Boussole de poche avec gnomon de Butterfield.

être aussi précieuse qu'elle l'avait été en mer par les temps couverts), l'avait-on munie d'une alidade.

La Boussole topographique. — La date précise de cet important perfectionnement n'est pas bien connue ou du moins nous ne sommes pas parvenu à la découvrir, mais la description et l'usage de la nouvelle disposition de la boussole nous sont déjà donnés avec beaucoup de détails dans les *Quesiti*

(¹) La première de ces deux figures (*fig.* 19) représente une boussole nautique ou compas de mer italien portant une girouette en talc aux armes des Borromée, avec une flèche ou index parcourant la rose des vents et faisant contrepoids à la girouette; la seconde (*fig.* 20) est une boussole de poche pour voyageur avec un cadran solaire et un gnomon qui peut se mettre à la latitude du lieu de l'observation. Cette *boussole de Butterfield, à Paris,* appartient aux *Collections du Conservatoire des Arts et Métiers.*

et inventioni diverse, de Nicolo TARTAGLIA, composés à Venise entre 1520 et 1560. Le Livre V de cet Ouvrage, aussi connu d'ailleurs qu'il est intéressant, a pour titre :

Sopra el mettere over tuore rettamente in designo con el bossolo, li siti, paesi et similmente le piante delle città, con el modo de sapere fabricare el detto bossolo, et in diversi modi, la cui scientia da Ptolomeo è detta chorografia.

On y trouve, en effet, la construction des principales parties de la boussole topographique et l'exposé des deux modes d'opérer par *rayonnement* et par *cheminement*, l'instrument étant monté sur un pied ou un bâton ferré semblable à celui de l'équerre d'arpenteur et servant ensuite, après en avoir été détaché, à *rapporter* les angles, comme on le fait encore communément aujourd'hui avec la boussole de mineur.

On remarquera sur la figure que nous reproduisons d'après Tartaglia (*fig.* 21) une traverse perpendiculaire à l'alidade

Fig. 21.

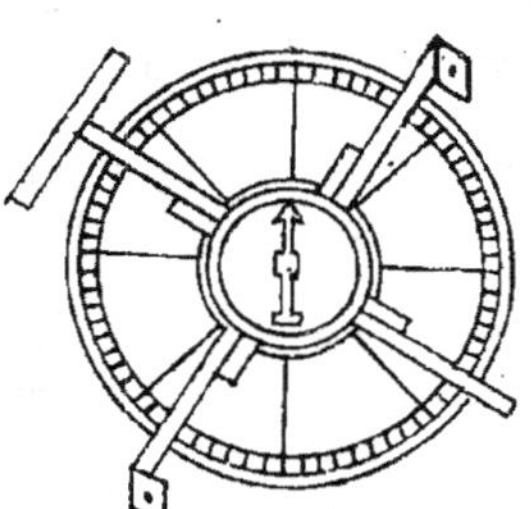

Boussole de Tartaglia.

avec laquelle elle est solidaire et terminée à l'une de ses extrémités par une règle parallèle à cette alidade. L'auteur explique comment, dans le cas de la méthode par cheminement, quand on rencontrait des murs le long des côtés du polygone à relever (par exemple, quand on faisait le plan extérieur d'une forteresse en suivant l'escarpe), on pouvait appliquer cette règle contre le mur, s'en tenir ainsi toujours à la même distance très faible et opérer par conséquent parallèlement. Et il semble bien encore que cette précaution devait avoir été prise pour utiliser la boussole dans les mines.

Pantomètre (¹). — Avant de quitter Tartaglia, ajoutons que, de même que la plupart de ses contemporains, il s'occupait beaucoup d'art militaire, en particulier d'artillerie, et qu'il avait imaginé, pour évaluer rapidement les distances, un instrument que l'on pourrait comparer à la fois au *pantomètre* et au *télémètre*. Cet instrument se composait de deux *alidades rectangulaires* pouvant tourner au centre d'un quarré dont les quatre côtés portaient des divisions, remplaçant un cercle entier, comme le quarré géométrique remplace le quart de cercle (²).

On se servait, avons-nous dit, de ce petit appareil pour évaluer rapidement les distances de points éloignés et cela par la méthode si connue et si employée du triangle rectangle dont on mesure le petit côté qui sert de base et l'angle aigu à la base, méthode qu'il faut rapprocher de celles que l'on trouve reproduites par tous les auteurs de ce temps, quel que soit l'instrument dont ils enseignent à faire usage.

Nous trouverons bientôt l'un des plus célèbres avec lequel on les a également appliquées, le *compas de proportion;* mais revenons auparavant au graphomètre qui l'a vraisemblablement précédé et qui a certainement rendu beaucoup plus de services aux topographes.

(¹) Ce nom s'applique à un instrument relativement moderne, bien connu des arpenteurs, mais l'on ne doit pas oublier que beaucoup d'inventeurs ont abusé d'expressions analogues sous le prétexte que leurs instruments pouvaient servir à tout, ainsi : *omnimètres, instruments universels,* etc. Il est également bon d'être prévenu, d'un autre côté, que des inventions, dont le principe était le même, ont reçu des noms différents plus ou moins heureux, quelques-uns bizarres. Nous avons évité, autant que possible, de les employer, en nous en tenant à ceux qui sont le plus habituellement en usage.

(²) Tartaglia, Libro terzo, propositione XII. La mention que nous faisons ici d'un instrument dont la disposition et les usages étaient les mêmes que ceux du pantomètre nous dispensera de nous arrêter à ce dernier qui en dérive évidemment ou plutôt qui lui est identique en principe.

VII. — *Époque de la Renaissance* (Suite). *Introduction d'instruments nouveaux.*

Le Graphomètre. — Cet instrument, dont le nom signifie qu'il doit servir à la fois à mesurer et à dessiner les plans (¹) paraît bien dater de la seconde moitié du xvi⁰ siècle; il venait à propos pour compléter l'outillage des arpenteurs, réduit à peu près exclusivement sur le terrain à la chaîne et à l'équerre et dans le cabinet à la règle et au compas.

Avec sa demi-circonférence divisée et son alidade (*fig.* 22), le graphomètre permettait aux opérateurs de mesurer les angles de 0° à 180° et de déterminer graphiquement, *à l'aide du rapporteur* qui l'accompagnait (*fig.* 22), ou de calculer trigonométriquement les distances des stations qu'ils avaient choisies comme premiers points de repère, en un mot il mettait à leur portée la méthode de la triangulation ou des intersections avec toutes ses ressources.

Monté sur un genou articulé, porté lui-même par un pied à trois branches, le demi-cercle du graphomètre pouvait être disposé dans un plan vertical, comme il l'est sur la figure pour permettre de mesurer les angles de hauteur, mais le plus habituellement on le ramenait dans la position horizontale et alors, la boussole dont il était muni ne servant, en général, qu'à l'orientation, on mesurait les angles *réduits à l'horizon* compris entre les objets considérés : signaux, points remarquables, etc., au moyen des deux alidades, l'une fixe et l'autre mobile.

Ainsi que nous l'avons dit plus haut, le graphomètre semble remonter à la seconde moitié du xvi⁰ siècle; nous le trouvons, en effet, décrit complétement, pour la première fois, dans un

---

(¹) « Cet instrument est dit graphomètre à raison qu'avec iceluy l'on peut décrire et mesurer toutes choses visibles que l'on peut discerner, lequel comprend deux parties principales séparées l'une de l'autre; la première d'ycelles est nommée observateur et l'autre est dite rapporteur. » (Ph. Danfrie, dans l'Ouvrage dont le titre est donné ci-après.) C'est la première fois que nous rencontrons explicitement le nom de *rapporteur* donné à un instrument spécial.

Fig. 22.

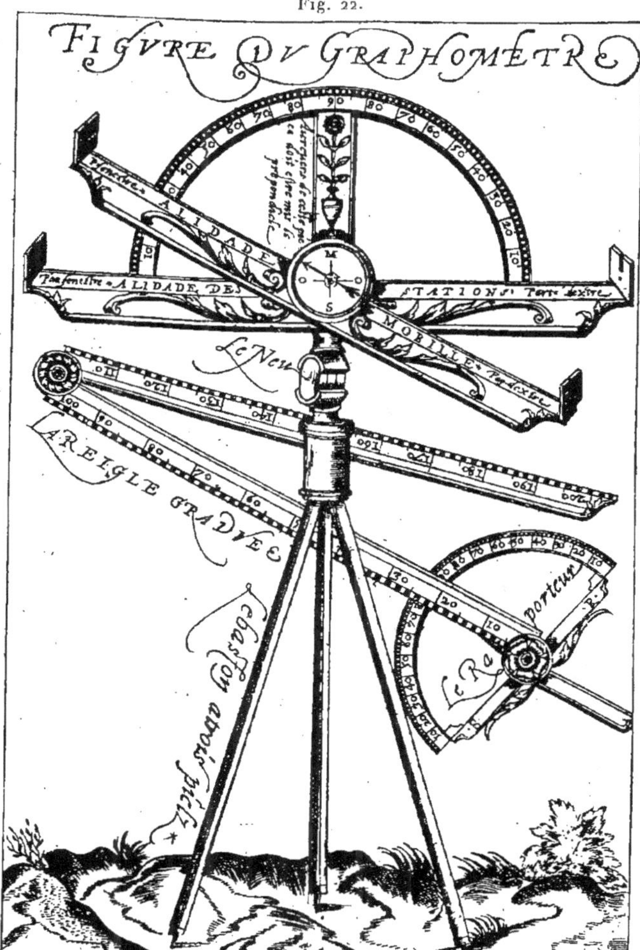

Graphomètre et rapporteur.

Ouvrage daté de 1597 et dont l'auteur, Philippe Danfrie, excel-

Fig. 23.

Emploi du graphomètre.

lent graveur, était en même temps un inventeur des plus ingénieux (¹).

____

(¹) *Déclaration de l'usage du graphomètre par la pratique duquel
on peut mesurer toutes les distances des choses de remarque qui se pourront voir et discerner du lieu où il sera posé : et pour arpenter terres,*

Fig. 24.

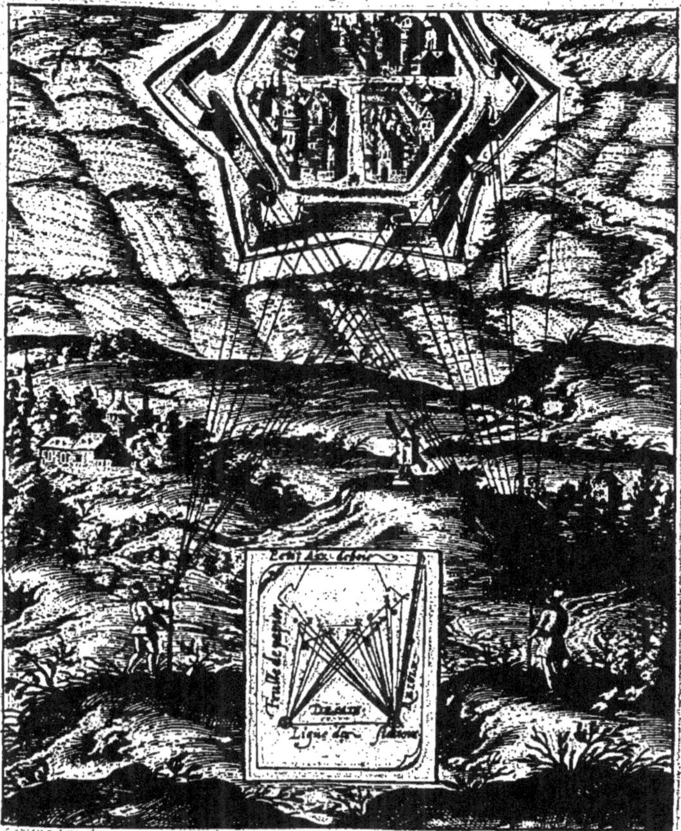

Emploi du graphomètre. — Méthode des intersections.

Jusque-là il n'a été question que de la mesure des angles,

bois, prés et faire plans de villes et forteresses, cartes géographiques et généralement toutes mesures visibles : et ce, sans reigle d'arithmétique, inventé nouvellement et mis en lumière par Philippe DANFRIE, tailleur général des monnoix de France, à Paris, chez le dict Danfrie, 1597.

mais pour *dessiner le plan, sans reigle d'arithmétique,* c'est-à-dire sans calcul, Danfrie employait le rapporteur (*fig.* 22) et il semblerait même qu'il opérât sur le terrain en se servant d'une petite planchette (*petit ais de bois*) sur laquelle était tendue la feuille de papier du dessin.

Les deux figures ci-dessus, que nous donnons d'après Danfrie, montrent les opérations à faire pour obtenir, avec le graphomètre, de deux stations dont la distance est connue, un point éloigné (*fig.* 23) ou même un ensemble de points (*fig.* 24) permettant de dessiner un plan par la méthode des intersections.

La figure suivante indique comment on peut déduire la hau-

Fig. 25.

Emploi du graphomètre.   Mesure de la hauteur d'une tour.

teur d'une tour en l'observant d'une station dont la distance au pied de la tour est connue (*fig.* 25).

Dans les deux cas, les tracés graphiques effectués au moyen du rapporteur et de sa règle sont figurés sur la planchette.

Fig. 26.

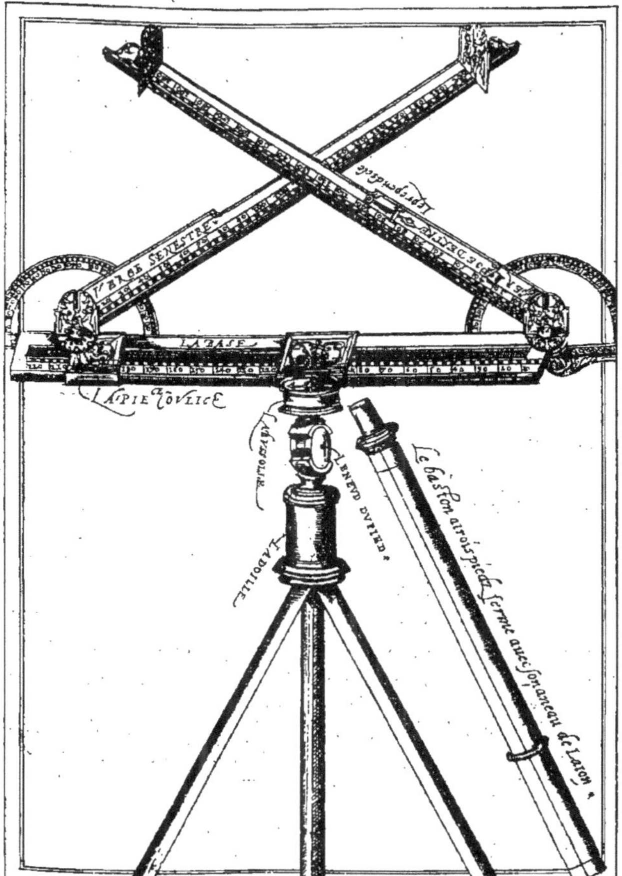

Trigomètre de Danfrie.

Trigomètre de Danfrie. — Dans le même Ouvrage, Ph. Dan-

frie décrit sous le nom de *trigomètre* (¹) un autre instrument ayant, comme il le dit lui-même, presque pareil usage
et dont nous nous contenterons de donner la figure (*fig.*26),
en y signalant sur la branche droite (la verge dextre) un petit
perpendicule, dont il est aisé de deviner l'usage, pour rendre
cette branche verticale et en faisant remarquer que, dès cette
époque, on avait cherché à construire le pied ou bâton à trois
branches de façon à le réduire au plus petit volume possible
pour le transport.

Le trigomètre, d'une construction assez compliquée, n'a
d'ailleurs jamais approché de la popularité du graphomètre.

Pied de roy géométrique. — Mais Danfrie avait construit
encore un troisième appareil dont il ne parle pas dans son
Ouvrage et dont nous avons vainement cherché la description
ailleurs, quoique nous croyions avoir découvert un instrument
analogue dans l'un des trophées de la façade méridionale de
l'Observatoire de Paris, composés par Perrault et représentés
par la *Pl. A* (²).

Le hasard en a mis entre nos mains un exemplaire en parfait état de conservation, daté de 1589 et signé *Ph. Dafrie*, que
nous reproduisons dans sa position la plus habituelle (*fig.* 27).

D'après l'inscription qu'il porte sur ses deux branches, nous
avons désigné cet instrument sous le nom de *pied de roy
géométrique*. En redressant les branches, on a, en effet, un
pied de roy divisé en pouces (l'un des pouces divisé en lignes),
et la tige médiane qui, comme les deux branches, porte une
pinnule à son extrémité extérieure guidée par deux petites
tiges articulées, devient perpendiculaire à la règle du pied de
roy. L'appareil ainsi disposé peut servir d'équerre, la pinnule

---

(¹) Certains auteurs hollandais qui ont connu cet instrument l'ont appelé *triquètre,* oubliant sans doute que ce nom appartenait depuis longtemps à l'instrument de Ptolémée avec lequel il ne saurait être confondu,
malgré son analogie, puisqu'il s'agit encore de trois tiges articulées formant
un triangle.

(²) Ces deux trophées, indépendamment de leur charme artistique, sont
particulièrement intéressants en ce qu'ils font connaître à peu près complètement les instruments dont les marins, les voyageurs et les arpenteurs
se servaient pendant la seconde moitié du XVIIe siècle.

placée au milieu de la règle pivotant autour de son centre et pouvant être rendue parallèle à celle de la tige médiane aussi bien qu'à l'une ou à l'autre de celles des deux extrémités de la règle elle-même.

Dans la position demi-fermée représentée par la *fig.* 27 et en supposant une feuille de papier posée sur une planchette qui porte l'instrument, on peut y tracer, en suivant les bords inté-

Fig. 27.

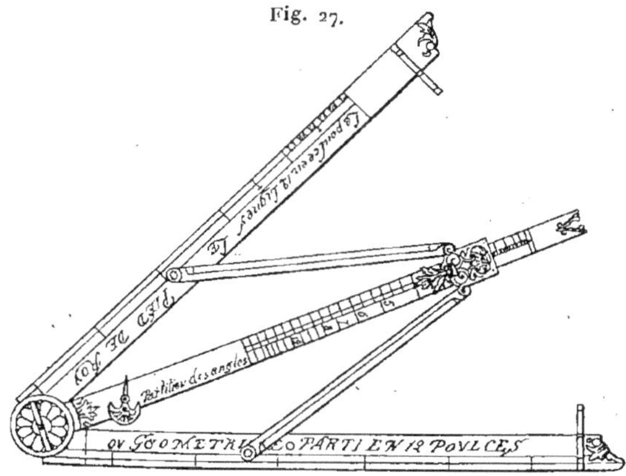

Pied de roy géométrique.

rieurs, l'angle des deux branches de la règle qui forment alidades successivement, la pinnule du sommet leur étant commune, et on lirait, au besoin, cet angle sur la tige médiane devenue la bissectrice qui porte une division le long de laquelle glisse le curseur entraîné par les petites tiges articulées. Mais le pied de roy géométrique a été visiblement destiné à être fixé par l'un de ses côtés sur la planchette et par conséquent à servir immédiatement de *rapporteur*. La branche inférieure de l'instrument (*fig.* 27) porte, à cet effet, deux trous taraudés dans lesquels s'engageaient des vis portées par la planchette habituellement horizontale.

Celle-ci devait être, d'ailleurs, montée sur un pied muni d'un genou articulé qui permettait aussi de rendre son plan vertical

L.   6

et la tige médiane de l'instrument également verticale, car on

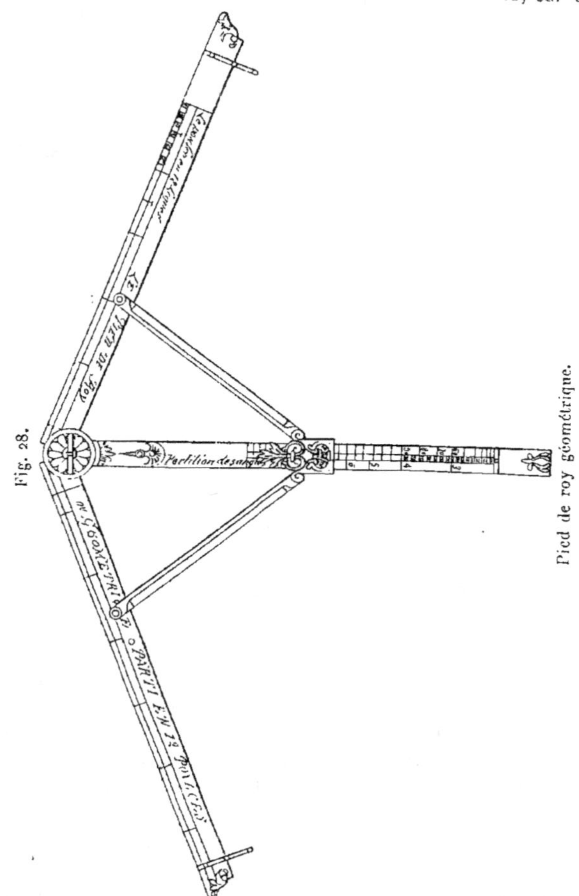

voit sur cette tige, tout près de la pinnule centrale, un petit
perpendicule très mobile encore sur notre exemplaire (*fig.* 28),

dont l'extrémité en forme de flèche ou de dard indique sur une ligne de foi la position pour laquelle la tige devient verticale. Alors, que le point visé soit au-dessus ou au-dessous de l'horizon, on en peut tracer l'inclinaison le long de celle des deux branches qui a servi d'alidade ou la lire sur la tige médiane.

Ajoutons, pour terminer la description de ce très curieux instrument, que la tige médiane porte une seconde graduation à l'aide de laquelle on peut immédiatement diviser la circonférence en parties égales depuis 3 jusqu'à 20 (¹).

L'exemplaire du pied de roy géométrique de construction très élégante que nous possédons, signé de Danfrie et daté de 1589, ne laisse aucun doute sur la nature des opérations qu'il servait à exécuter sur le terrain, à l'aide d'une planchette posée tantôt horizontalement et tantôt verticalement. En rapprochant cette circonstance de celle que laissent deviner les *fig.* 23 et 24 et de la mention qui termine le titre de l'Ouvrage de Danfrie : *et ce sans reigle d'arithmétique*, il est évident que, dès cette époque, on cherchait à éviter les calculs trigonométriques en traçant immédiatement sur une planchette (*petit ais de bois*) les angles horizontaux relevés à l'aide de deux visées successives et les angles de hauteur ou de pente dont on pouvait avoir besoin.

Nous verrons par la suite que c'est sensiblement à la même date qu'a été imaginé l'instrument perfectionné composé d'une planchette maintenue toujours horizontale et d'une alidade mobile autour d'un demi-cercle vertical divisé, portés tous les deux par une règle pouvant prendre toutes les positions sur la planchette. Mais il faut convenir que ce perfectionnement (contemporain de l'invention du théodolite), qui permettait d'obtenir à la fois les angles horizontaux et les angles verticaux, ne s'est pas répandu aussitôt comme il le méritait. Nous devons donc nous contenter, pour le moment, de décrire les planchettes plus simples qui sont restées pendant si long-

---

(¹) On trouve, à la même époque, un instrument analogue servant à diviser en parties égales la ligne droite et le cercle et qui est sans doute la première idée du compas de proportion (*Voyez* GALUCCI, Lib. otto, Cap. XXI. *Del modo di fabricare un compasso per dividere la linea et il cerchio in quante parti tu voi*).

temps en usage, particulièrement en France, ainsi qu'en témoignent les Ouvrages de Topographie du xvii° et du xviii° siècle, dans lesquels n'est pas même mentionné l'ingénieux pied de roy géométrique de Danfrie.

PLANCHETTE CIRCULAIRE. — On trouve, au contraire, dans plusieurs de ces Ouvrages (¹), la description d'une planchette procédant évidemment du cercle divisé qui y figurait pour le cas où l'on voulait évaluer les angles en degrés. Cet instrument se composait (*fig.* 29) d'un disque de bois ou de laiton

Fig. 29.

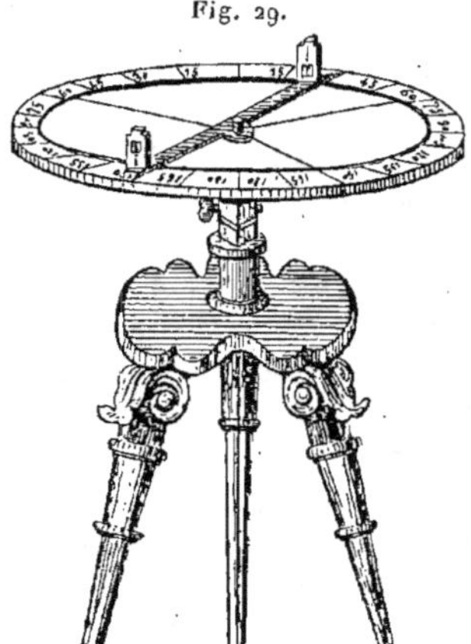

Planchette circulaire.

monté, comme le graphomètre, sur un pied à trois branches avec un genou qui servait à le caler horizontalement. Au centre du disque se trouvait un pivot sur lequel s'engageait une alidade simple dont le bord de la règle passait lui-même par le

---

(¹) *L'École des Arpenteurs;* chez Thomas Moette à Paris, 1692. — BION, *Construction et usage des instruments de mathématiques;* La Haye, 1723. — *Méthode de lever les plans et les cartes de terre et de mer, avec toutes sortes d'instruments et sans instruments;* chez Ch.-Ant. Joubert, à Paris, 1750, etc.

centre (¹). L'alidade étant enlevée, on posait sur la planchette
une feuille de papier ou de carton mince, puis on replaçait l'alidade que l'on pouvait diriger sur les différents points à déterminer et sur un point déjà connu de position par rapport à la
station que l'on occupait. On traçait sur le papier autant de
lignes qu'il y avait eu de points visés, toujours le long de la
règle de l'alidade, et l'on inscrivait à leur extrémité le nom de
l'objet, un numéro ou une lettre pour désigner ou faire distinguer les différents points les uns des autres.

La même opération étant faite, en chaque station, sur un
nouveau disque de papier, on orientait ceux-ci successivement
sur une feuille plus grande où devait être construit le plan, en
commençant par les deux extrémités d'une *base* et l'on marquait au pourtour de chacun un trait auprès duquel on repro-
duisait l'indication propre à faire reconnaître le point visé correspondant.

PLANCHETTE CARRÉE SIMPLE. — Avec la planchette circulaire,
on ne construisait donc pas sur le terrain, car si l'on pouvait
exécuter avec succès une triangulation graphique servant à
déterminer des points de repère assez nombreux, on ne devait pas songer à relever immédiatement les détails. La planchette carrée, au contraire, avec une alidade libre ou même
sans alidade, permettait de dessiner ces détails sur le terrain,
et l'on comprend que les deux systèmes aient été employés
simultanément, la planchette circulaire pour effectuer la triangulation et l'autre pour lever le plan proprement dit.

Cette dernière, c'est-à-dire la planchette carrée simple, *sans
alidade*, est décrite dans les Ouvrages du xvii⁰ siècle et en
particulier dans le *Traité de Géométrie* de Sébastien Le Clerc,
duquel nous extrayons l'indication suivante et les figures qui
en sont le meilleur commentaire.

« La planchette est un ais d'environ douze ou quinze pouces
en carré, montée sur un pied à trois branches.

(¹) Depuis l'invention des lunettes, l'alidade avait été, dans les instruments qui visaient à la précision, remplacée par une lunette terrestre et,
plus tard, par une lunette astronomique avec une croisée de fils au foyer.

» On travaille sur cette planchette comme sur une petite table, le papier y est arrêté avec un châssis qui s'emboîte au

Fig. 3o.

Planchette carrée simple.

bord et les lignes qu'on tire dessus se dirigent par des épingles qu'on fait servir de viseurs et de petits piquets. »

Fig. 31.

Emploi de la planchette simple sur le terrain.

Comme on le voit sur les *fig.* 3o à 33, la planchette simple reposait sur un cube percé de trous en dessous et latérale-

Fig. 32.

Emploi de la planchette simple sur le terrain.

ment, ce qui permettait de changer rapidement la position ordinaire de la tablette et de la rendre verticale pour obtenir

Fig. 33.

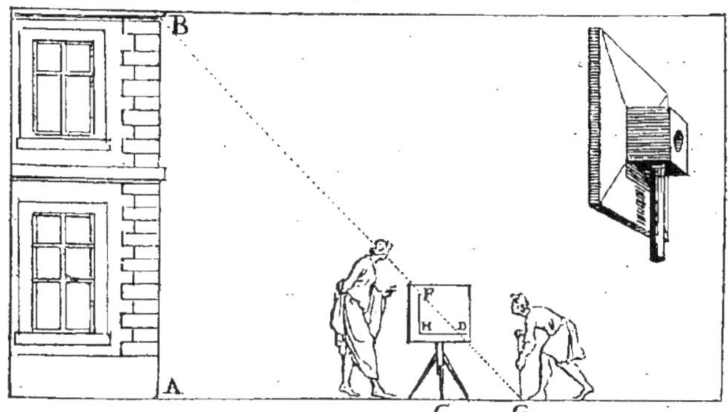

Planchette disposée verticalement.

les angles de hauteur ou de pente, ainsi que cela a été déjà indiqué à propos du pied de roy géométrique.

Enfin, on est allé jusqu'à se servir du bord supérieur de la planchette comme d'une ligne de niveau (*fig.* 34).

Il est sans doute inutile de faire remarquer le peu d'exactitude que devaient comporter des opérations faites dans de semblables conditions, mais nous reviendrons plus loin sur les

Fig. 34.

Planchette servant de niveau.

perfectionnements successifs de la planchette qui est devenue, comme on le sait, un véritable instrument de précision.

VIII. — *Digression sur les instruments de dessin ou à calculer et sur l'un des plus connus dont on a voulu faire aussi un instrument de Topographie*, le COMPAS DE PROPORTION.

L'histoire des instruments de dessin et de ceux qui servent à simplifier les calculs, en mer, sur le terrain et dans le cabinet, exigerait de longues recherches et des développements dans lesquels nous ne saurions entrer. Pour le dessin, depuis les outils, burins ou styles pour entamer la pierre, l'argile, le métal, le bois, la cire, jusqu'aux roseaux, aux pinceaux, aux plumes, aux tire-lignes, aux crayons, pour peindre ou dessiner, à l'aide de liquides de natures très diverses ou de substances sèches mais traçantes, sur des tissus, des peaux d'animaux, le papyrus, le parchemin et enfin sur le papier; d'un autre côté, après la règle, l'équerre et le compas vulgaire, tous très anciens, les règles parallèles, le compas à verge, les compas mécaniques et les systèmes articulés servant à tracer les ellipses, les spirales, les cycloïdes, les arcs de cercle de grands rayons jusqu'à la ligne droite, et beaucoup d'autres instruments encore extrêmement ingénieux mais peu en usage parmi les topographes, il faudrait signaler particulièrement les rapporteurs d'angles circulaires, rectangulaires, complémentaires, le compas de réduction, le pantographe et la Photographie qui le remplace, enfin l'instrument désigné le plus habituellement sous le nom de *compas de proportion*.

En fait d'instruments destinés à simplifier les calculs, nous avons déjà mentionné le quarré des ombres de l'astrolabe des Arabes, devenu le quadrant géométrique, dans lequel les tangentes sont substituées aux arcs, les projections stéréographique et orthographique sur un méridien des astrolabes universels qui permettent de résoudre graphiquement les triangles sphériques, puis les diagrammes imaginés pour répondre à des besoins variés qui, depuis le quartier de réduction des marins jusqu'aux abaques modernes, sont innombrables. Enfin, la règle logarithmique, les machines à calculer en général, les planimètres et les autres intégrateurs sont venus encore faciliter singulièrement les opérations numériques; mais, nous le répétons, il ne serait pas à propos d'aborder ici l'histoire et la description de tant d'appareils qui, s'ils ont effectivement servi à accélérer certaines opérations d'arpentage, de nivellement, d'études et de travaux de terrassement, n'ont eu qu'une influence indirecte sur l'art de la Topographie proprement dite (¹).

(¹) Parmi les publications déjà anciennes que l'on peut consulter à propos des instruments dont il s'agit, nous mentionnerons tout particulièrement l'Ouvrage de Bion déjà cité : *Construction et usage des Instruments de Mathématiques*, La Haye, 1723, et le Traité anglais beaucoup plus étendu et plus récent de George Adams, *Mathematical instrumentsmaker to His Majesty*, etc. (1791), corrected and enlarged by William Jones, E. Am. P. S. entitled : *Geometrical and graphical Essays containing a general des-*

Nous devions faire une exception en faveur du compas de proportion à cause de sa célébrité et des services qu'il a rendus à une certaine époque aux arts de précision, mais surtout parce que son illustre inventeur, après l'avoir imaginé pour aider les dessinateurs et les calculateurs, a voulu aussi qu'il servît sur le terrain à résoudre les problèmes de Géométrie pratique, en le qualifiant même de *compas géométrique et militaire* pour accentuer cette intention.

LE COMPAS DE PROPORTION. — On a eu pendant longtemps des doutes sur l'origine de cet instrument et certains auteurs sont allés jusqu'à dire que son invention pouvait être disputée par plusieurs pays (¹). On a cependant actuellement tous les éléments nécessaires pour éclaircir ce sujet, et nous nous faisons un devoir de les donner en entier.

Dans le tome XI des *Œuvres de Galilée*, Florence, 1854, le professeur Eugène Albèri cite un passage de la Préface du Traité publié en 1606 à Padoue, où l'auteur s'exprime en ces termes : « *La più gran parte dell' invenzioni e le maggiori,* che nel mio istromento si contegono, da altri sin qui non sono state nè tentate nè immaginate », et il en conclut que Galilée confesse ainsi indirectement qu'il y avait déjà des parties imaginées par d'autres. Mais quelles étaient ces parties? L'excellent éditeur se réfère alors à l'opinion de Venturi qui n'admet pas, avec raison, que le *compas à quatre pointes* que Commandin avait fait construire à Urbin en 1568, et qui n'est autre chose que notre *compas de réduction*, puisse être assimilé à l'instrument en question, mais qui reconnaît, au contraire, dans celui de Guidubaldo del Monte, inspiré peut-être par le premier, également construit à Urbin et par le même artiste

---

cription *of the mathematical Instruments used in Geometry, civil and military Surveying, Levelling and Perspective,* etc., London, 1813. Pour l'époque actuelle, nous renvoyons aux Catalogues illustrés des principaux constructeurs français et étrangers, aux Mémoires des inventeurs et aux Ouvrages spéciaux.

(¹) « The real inventor of this valuable instrument is unknown; yet of so much merit has the invention appeared that it was claimed by Galileo and disputed by nations. » (G. ADAMS, *Geometrical and graphical Essays,* p. 40.)

Simon Baroccio, les lignes *arithmétiques et polygraphiques* du compas de Galilée, lesquelles sont ainsi *les parties de ce compas imaginées par d'autres*.

L'Avertissement où se trouve ce renseignement se termine par une bibliographie très étendue, relative au compas de pro-

Fig. 35.

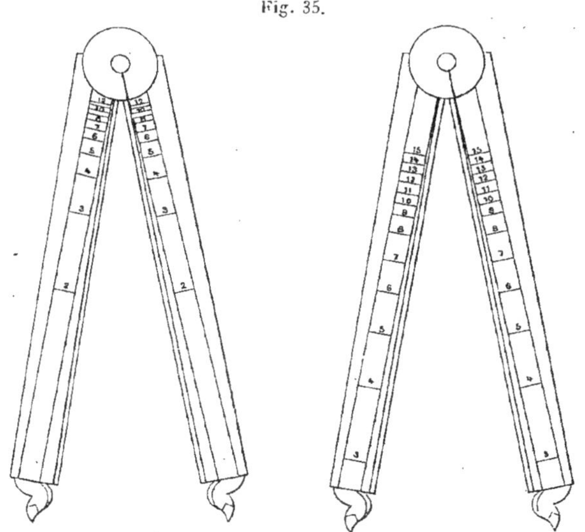

Compas de proportion de Guidubaldo del Monte.

portion sous les différents noms qui lui ont été donnés et qui va de l'année 1604 à l'année 1785. Cette bibliographie n'est cependant pas complète, car elle omet, notamment, l'Ouvrage le plus ancien, celui de Galucci, publié à Venise en 1598, et composé plusieurs années auparavant, puisque la licence d'imprimer, donnée par le Conseil des Dix, est datée du 8 mai 1595. Or on y trouve, ainsi que nous l'avons fait remarquer plus haut, la description et l'usage d'un *compas pour diviser la ligne droite et le cercle en parties égales* dont nous reproduisons (*fig.* 35) les figures représentant les deux faces de l'instrument et répondant exactement à la *définition du compas* de Guidubaldo del Monte : « Un compasso con le gambe piane a guisa di due regoli più larghi che grossi, e da ciascuna parte fece che si tirassero linee rette dal centro della snodatura alle punte; segnando quelle d'una parte col medesimo modo che aveva tenuto il Commandino nel suo, e quelle dell' altra secondo le grandezze dei lati di diverse figure equilatere ed equiangole iscritte nel cerchio ([1]) ».

Ce texte est parfaitement clair, et nous ajouterons seulement que les *lignes arithmétiques* et *polygraphiques* de Galilée (*fig.* 36) sont celles que nous appelons *lignes des parties égales* et *lignes des cordes*.

On remarquera, en comparant les *fig.* 35 et 36, que le compas de Guidubaldo avait des pointes comme le compas ordinaire, tandis que dans celui de Galilée les pointes ont été supprimées, l'instrument ayant des usages plus nombreux, devant être employé sur le terrain et recevoir des pinnules, comme on le verra ci-après, ce qui obligeait assez souvent de recourir à un compas auxiliaire. Les lignes tracées par couples sur les branches du compas de Galilée étaient au nombre de trois sur chacune des deux faces, c'est-à-dire de six en tout, dont les noms italiens sont inscrits sur les figures, et pour l'usage général desquelles nous renvoyons au Traité de Galilée ou aux traductions et aux imitations françaises plus ou moins complètes qui en ont été faites ([2]).

On voit sur la figure, à côté du compas, le quadrant qui porte plusieurs divisions et un fil à plomb pouvant s'attacher tous les deux à l'instrument, que Galilée lui avait ajoutés pour opérer comme avec le quadrant des bombardiers ou avec le

---

([1]) *Le Opere di Galileo Galilei,* prima edizione completa, tomo XI, Firenze, 1854. *Le Operazioni del Compasso geometrico e militare.* Avvertimento, p. 215.

([2]) HENRION, *Usage du Compas de proportion,* Paris, 1624; — Michel CORNETTI, *La Géométrie réduite en une facile pratique par deux instruments dont un est le Pantomètre ou Compas de proportion,* Paris, 1626; — P. PETIT, *Construction et usage du Compas de proportion,* Paris, 1634; — Nicolas FOREST DUCHESNE, *La Fleur des pratiques du Compas de proportion,* Paris, 1639; — OZANAM, *Usage du Compas de proportion,* six éditions de 1688 à 1795, Paris; — BION, *Instruments mathématiques,* Paris, 1726.

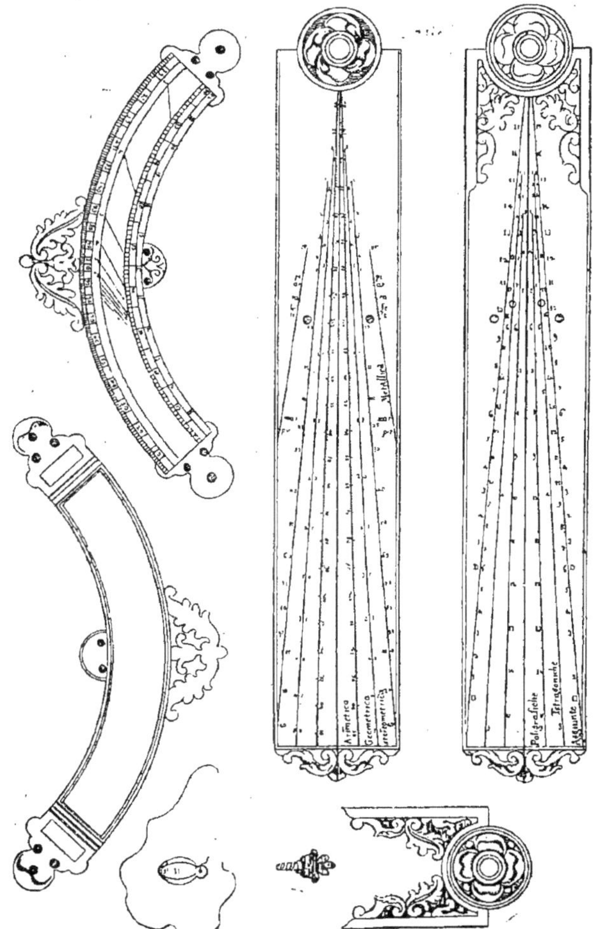

Fig. 36. — Compas de proportion de Galilée.

quadrant astronomique, enfin pour *mesurer avec la vue* les hauteurs et les distances.

Les problèmes de Géométrie pratique énumérés dans le Traité sont toujours ceux que l'on connaît et qui sont longuement développés dans tous les Ouvrages du temps et, en particulier, dans celui de Galucci; leurs solutions sont aussi les mêmes et, au fond, il n'y a rien de nouveau, si ce n'est l'emploi des lignes du compas pour obtenir plus rapidement les résultats. Il ne paraît pas, d'ailleurs, que l'addition du quadrant ait été généralement adoptée, tandis qu'au contraire le compas de proportion lui-même a eu une très grande vogue. On y a toutefois introduit ou substitué d'autres lignes jugées plus utiles, et, tout en reconnaissant le service considérable que rendait Galilée en imaginant cet instrument, on ne doit pas oublier que plusieurs de ses contemporains, particulièrement en Angleterre, parvenaient avec un succès inespéré à simplifier les calculs et les constructions géométriques par la même méthode et par d'autres encore plus puissantes.

C'est, en effet, au commencement du XVIIe siècle que Neper (Napier) découvrait les logarithmes (¹) et que Gunter construisait vers 1606, c'est-à-dire à peu près en même temps que Galilée, indépendamment et en partant sans doute comme lui du compas à diviser la ligne droite et le cercle de Guidubaldo del Monte, son *secteur* tout à fait analogue au compas de proportion, mais sur lequel, indépendamment des lignes des parties égales ou *lignes des lignes* et des cordes, on trouve celles des sinus, des tangentes, des sécantes pour faciliter les calculs trigonométriques, et d'autres encore introduites à différentes époques (²).

(¹) On doit rapprocher ici du nom de Neper ceux de Briggs, qui construisit les premières Tables des logarithmes vulgaires, et d'Oughtred, qui donnait la fameuse règle de la division abrégée.

(²) Gunter avait inventé ou modifié avantageusement nombre d'instruments utiles aux géomètres et aux navigateurs; il s'était beaucoup occupé de Trigonométrie et avait notamment construit des Tables des lignes trigonométriques naturelles pour le cercle du rayon de 10 000 000. C'est lui qui a, le premier, fait usage de l'expression de *cosinus;* enfin, il est aussi l'inventeur de cette précieuse règle logarithmique universellement en usage et qui suffirait à illustrer son nom. Le secteur de Gunter lui-même a continué à être très apprécié par les savants anglais parmi lesquels, d'après Adams et Jones (*voir* plus haut le titre de leur Ouvrage), on peut citer le Dr Priestley, le grand ingénieur Smeaton et le célèbre artiste Bird,

Sur le continent, on connaissait surtout le compas de proportion de Galilée, et la célèbre dispute de ce grand homme avec un plagiaire éhonté, le Milanais Balthazard Capra (¹), avait contribué à faire supposer que l'invention lui appartenait tout entière et exclusivement. Or, de toutes les lignes tracées sur cet instrument et de tous les nombres qui les accompagnent, les arpenteurs, les topographes et la plupart des dessinateurs n'employaient guère que la ligne des parties égales et la ligne des cordes empruntées au compas de Guidubaldo, et dont l'usage, facile à saisir, se trouve indiqué en quelques mots dans le *Traité de Géométrie* de Séb. Le Clerc :

« Le compas de proportion (*fig.* 37) a pour jambes deux

---

qui a tant contribué à perfectionner l'art de diviser les cercles ou les arcs de cercle et qui a eu recours, pour cela, au secteur de Gunter.

(¹) Dans l'Avertissement au lecteur qui précède le texte de la première édition (*Le Operazioni del Compasso geometrico e militare di Galileo Galilei*, Padova, in-f°, 1606), Galilée dit qu'il avait fait construire plusieurs compas de proportion dont il enseignait l'usage aux plus grands personnages à Padoue, dès 1598, et il ajoute qu'il avait été amené à en publier la description presque contre son gré, estimant que les explications orales et l'exercice de l'instrument étaient bien préférables aux explications écrites : « *Et questa saria stata potente cagione, che mi averrebe fatto astener dall' imprimer quest' opera, se non mi fosse giunto all' orecchie, che altri, alle mani di cui, non so in qual guisa, è pervenuto uno de' miei Strumenti con la sua dichiarazione, si apparecchiava per appropriarselo*, etc. »

Galilée ne s'était pas trompé, car un an plus tard, en 1607, paraissait un Ouvrage en latin dont voici le titre : *Usus et fabrica circini cujusdam proportionis, per quem omnia ferè tum Euclidis, tum mathematicorum omnium problemata facili negotio resolvuntur, opera et studio Balthasaris Capræ nobilis mediolanensis explicata.*

Il paraît que derrière ce Capra se cachait un des envieux les plus acharnés de Galilée, qui lui avait déjà occasionné des ennuis à propos de ses travaux sur la nouvelle étoile de 1604. Aussi celui-ci ne se contint-il plus, et, dans une plaidoirie d'une dialectique et d'une ironie incomparables intitulée : *Difesa di Galileo Galilei contro alle calumnie ed imposture di Baldessar Capra*, etc., il se donna le plaisir de confondre à la fois l'effronterie et l'ignorance du faussaire devant les réformateurs des études de Padoue, qui ordonnèrent immédiatement la destruction de tous les exemplaires du libelle en question. Mais Galilée en reproduisit lui-même le texte à côté de sa défense, en soulignant et annotant les erreurs qui y fourmillent, si bien qu'il fait partie de ses propres œuvres. Il faut avouer que l'on obtiendrait difficilement aujourd'hui, en pareil cas, une justice aussi sommaire et aussi complète, et que l'on prenait autrefois la peine de se défendre plus énergiquement que nous ne savons le faire.

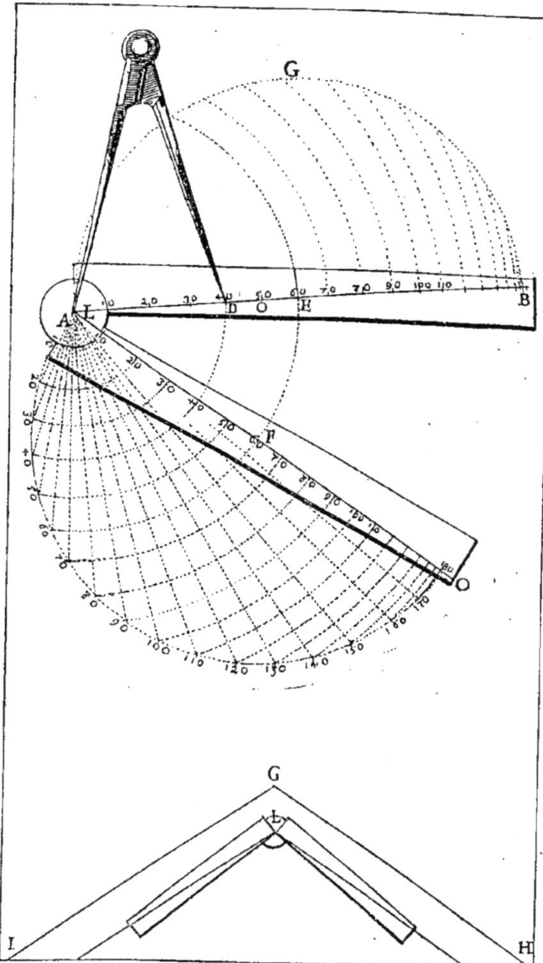

Fig. 37.

Compas de proportion d'après Séb. Le Clerc.

règles de cuivre sur lesquelles il y a d'ordinaire quatre paires de lignes gravées (au lieu des six du compas de Galilée), dont l'une, qui se nomme des cordes et qui est destinée à la mesure des angles, est celle qui sert sur le terrain.

» Les deux lignes AB, AC qui font cette paire sont divisées chacune en 180 degrez de leurs demi-cercles, comme il paraît par la *fig*. ABG.

» Aux extrémités de ces deux lignes sont des pinnules qui servent à diriger les rayons visuels, et le compas est monté sur un genouïl semblable à celui du demi-cercle (graphomètre). »

Les topographes ont abandonné depuis longtemps le compas de proportion, même réduit à cet état de simplicité, et les dessinateurs seuls ont continué, dans certains pays, à s'en servir utilement.

IX. — *Apparition des instruments de Topographie pouvant donner à la fois les angles horizontaux ou azimutaux et les angles de hauteur.*

En remontant encore à l'antiquité et aux instruments astronomiques, on reconnaît que la plupart d'entre eux, le scaphé, la sphère armillaire, les cadrans solaires, fournissaient deux indications simultanées. Les cercles de déclinaison et les cercles horaires ou les lignes qui en sont les traces sur les cadrans plans permettaient deux lectures qui déterminaient complètement la direction de l'astre considéré. Certaines sphères armillaires comportaient aussi l'emploi d'un cercle vertical mobile et ayant le zénith pour pôle, qui servait à mesurer la hauteur de l'astre tandis que le cercle de l'horizon donnait en même temps son azimut (¹).

(¹) Nous ne pouvons que signaler en passant une modification de la sphère armillaire désignée sous le nom de *Torquetum*, de l'époque de la renaissance de l'Astronomie en Allemagne, instrument dans lequel on employait deux alidades, l'une horizontale et l'autre mobile dans le vertical de l'objet considéré. (*Voyez* les Ouvrages de Régiomontanus, Apian, Galucci, etc.)

L.   7

L'astrolabe et le quart de cercle n'étaient autre chose que ce cercle vertical et servaient surtout à prendre des hauteurs, mais nous avons vu qu'on les avait aussi employés, en les couchant dans le plan de l'horizon, à mesurer les angles des objets terrestres dans ce même plan et les azimuts, quand on connaissait la méridienne du lieu de l'observation. Les instruments de Topographie dérivés de l'astrolabe et du quart de cercle, le quadrant géométrique, le cercle hollandais, qui est devenu le cercle géodésique, puis le graphomètre, le trigomètre, la planchette elle-même, avec ou sans le pied de roy géométrique de Danfrie, ont été employés de même, c'est-à-dire que le plan d'observation en était disposé tantôt horizontalement et tantôt verticalement. Il va sans dire que la boussole ne pouvait servir, quand elle était seule, qu'à mesurer les azimuts.

A la fin du xvie siècle et au commencement du xviie, tous les deux si féconds en découvertes, on imaginait, presque dans le même temps, en Angleterre le *théodolite* et en Allemagne la *planchette* dite *prétorienne* du nom de son inventeur, laquelle se distinguait de la planchette simple, sans aucun doute en usage depuis longtemps, par l'addition d'un organe destiné à faciliter la mesure des angles de hauteur.

Théodolite. — Cet instrument, si connu et si universellement en usage aujourd'hui, a été inventé, à une date antérieure à 1571, par Léonard Digges dont le fils Thomas a pris le soin de faire connaître les travaux que son père n'avait pas eu le temps de publier lui-même ([1]).

([1]) La famille Digges a compté plusieurs personnages distingués dont l'un devenu baronnet, Sir Dudley, fils de Thomas, fut un diplomate éminent. Léonard et son fils Thomas furent tous les deux géomètres et ont laissé plusieurs Ouvrages de Mathématiques estimés, parmi lesquels celui qui contient la description du théodolite et qui a pour titre : *A geometrical practical treatise named Pantometria divided into three bookes : Longimetria, Planimetria and Stereometria, containing rules manifolde for mensuration of all lines, superficies and solides : with sundry strange conclusions...* framed by Leonard Digges, Gentleman, lately finished by Thomas Digges, his sonne. London, 1571. Une seconde édition, avec de nombreuses additions, publiée en 1591, toujours par Thomas Digges, contient la note très significative que nous donnons dans le texte.

Le théodolite (¹) est destiné à mesurer « les longueurs, les

(¹) Ce nom, dont l'étymologie n'a jamais été donnée d'une manière satisfaisante, semble avoir été employé pour la première fois par Léonard Digges. Un instrument entièrement semblable, mentionné un peu plus tard par Galucci, est désigné sous celui de *visorio*, synonyme de dioptre, et par conséquent assez vague, car la partie est ainsi prise pour le tout comme cela avait été fait d'ailleurs par les Grecs pour l'instrument analogue dont nous avons parlé. Voici la figure qui représente le visorio d'après Galucci (*fig.* 38).

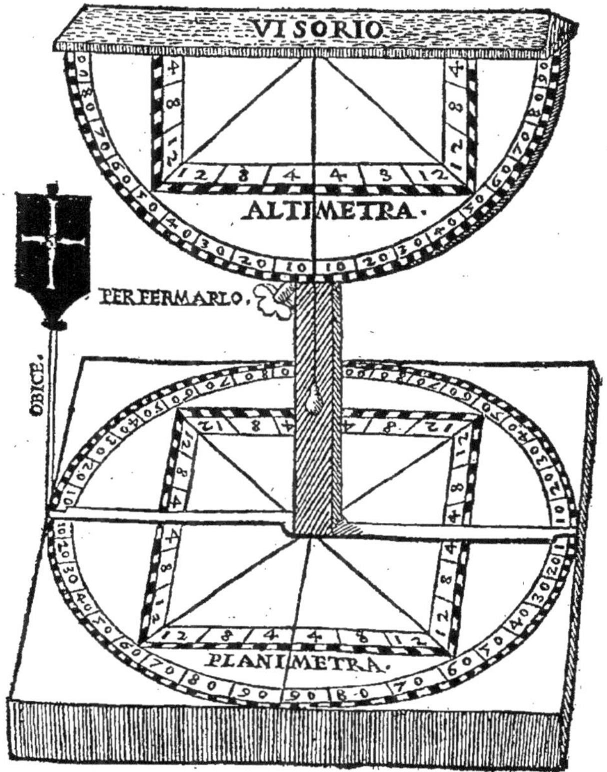

Fig. 38. — Visorio (altazimut), d'après Galucci.

Il convient aussi de rapprocher du théodolite et du visorio le quadrant

largeurs, les distances, les hauteurs et les profondeurs ». Il

de Tycho-Brahé, avec cercle azimutal (*fig.* 39), destiné aux observations

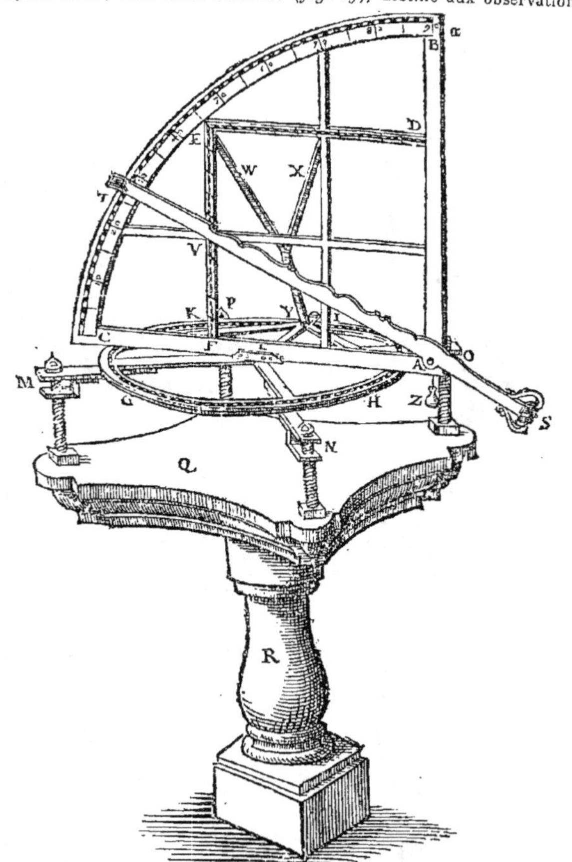

Fig. 39. — Quadrant de Tycho-Brahé avec cercle azimutal.

astronomiques, mais présentant exactement la disposition commune à tous
les instruments désignés en bloc sous le nom d'*altazimuts*.

se compose (*fig.* 40) d'un cercle horizontal et d'un demi-cercle vertical dont le centre de rotation est sur une tige ou

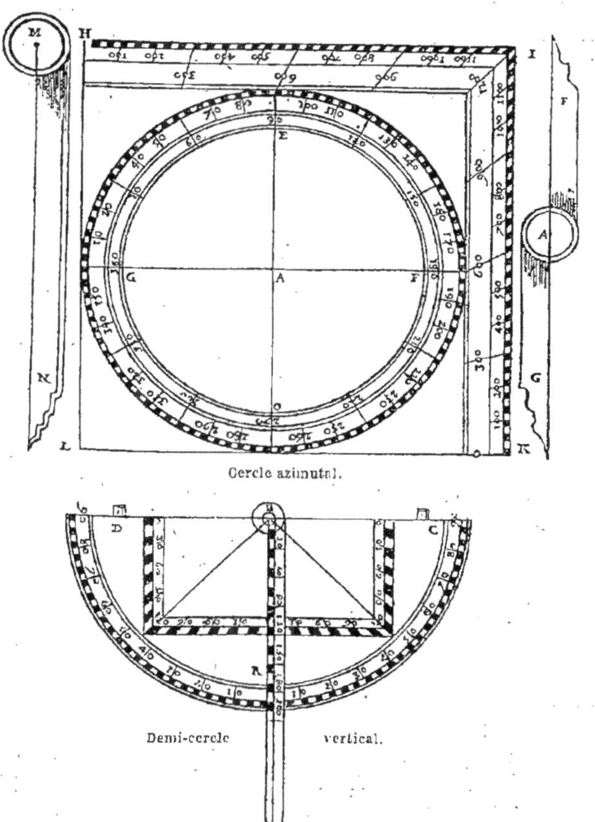

Fig. 40. — Théodolite de Léonard Digges.

un axe vertical passant par le centre du cercle horizontal. Le diamètre de ce cercle porte deux pinnules et forme alidade. On vérifie ou l'on rectifie la verticalité de la tige à l'aide d'un fil à plomb, d'où résulte l'horizontalité du cercle au centre

duquel elle est fixée. Ce dernier étant entier, on peut diriger
l'alidade dans tous les azimuts.

L'inventeur a tout d'abord songé à utiliser son instrument
dans l'attaque et la défense des places, et le premier exemple
qu'il donne de son usage se trouve indiqué sur la *fig*. 41, où
la hauteur DH, au-dessus du niveau de la mer, d'un ouvrage

Fig. 41.

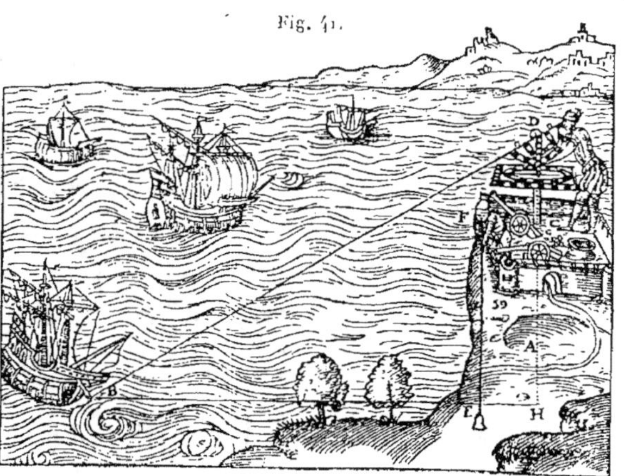

construit sur une falaise étant connue, on peut mesurer
l'angle BDH du rayon visuel dirigé sur un navire ennemi avec
la verticale et en conclure l'hypoténuse DB qui est la distance
du navire; cette distance servant à son tour à déterminer,
comme l'avait indiqué Tartaglia, à l'aide de Tables et d'après le
poids du boulet, la charge de poudre d'une bouche à feu.
L'auteur se donne et résout plusieurs autres problèmes parmi
lesquels nous signalerons celui où, d'un lieu élevé, toujours
sur une falaise, à l'aide des deux angles verticaux de dépression observés successivement et de l'angle compris sur le
cercle azimutal entre les deux plans verticaux, il détermine,
d'une part, les distances à la station des deux navires et, de
l'autre, la distance qui les sépare l'un de l'autre.

Toutefois le principal usage de ce théodolite était celui auquel il est le plus souvent appliqué actuellement, c'est-à-dire l'exécution des canevas des cartes et des plans topographiques, par la mesure des angles compris entre les signaux qui se trouvent ainsi réduits à l'horizon. Seulement, comme la plupart de ses contemporains, Digges cherchait à éviter les calculs trigonométriques et opérait des triangulations graphiques ([1]).

L'auteur n'a oublié ni les cartes marines ni les plans de mines, sans entrer d'ailleurs dans beaucoup de détails sur des questions qu'il suppose connues; il termine en disant qu'il y aurait à en faire un gros volume, mais que ceux qui ont bien saisi les principes (non pas seulement en les lisant, mais en les pratiquant) n'auront pas besoin d'autres instructions pour résoudre les cas semblables dont le nombre est en quelque sorte indéfini.

CONTEMPORANÉITÉ DU THÉODOLITE ET DE LA PLANCHETTE ALTIMÉTRIQUE. — Nous verrons un peu plus loin que l'innovation de Prætorius concernant la planchette date de 1590 et qu'elle ne comporte pas l'emploi d'un demi-cercle vertical; il est donc intéressant de constater en 1591, au plus tard, l'existence d'une planchette conjuguée avec une alidade munie d'un demi-cercle vertical. Voici, en effet, la note qui termine le premier Livre de l'Ouvrage de Thomas Digges, édition de 1591, page 55 :

« *Note relative à un instrument pour lever les plans, destinée à ceux qui sont ignorants du calcul arithmétique.* — On a pris le demi-cercle de mon instrument et on l'a placé perpendiculairement sur une longue règle droite divisée en mille parties égales ou même davantage, et, au lieu du cercle horizontal, on a une tablette plane ou planchette sur laquelle est posée une grande feuille de parchemin ou de papier. On s'en sert, quand le temps est beau, pour y tracer tous les angles de position, comme ils se trouvent sur le terrain, sans faire de calculs de degrés et de minutes.

» Si vous désirez relever un bois ou le contour et les dimen-

___

([1]) *Voir*, dans l'édition de 1591, Chapitre XXXIV, page 45, le titre suivant: *To draw a platte of any coatt or country, containing the true proportion and symetric thereof, in such sorte that you may readily tell how farre any place is distant from other, and that without arithmetike.*

sions de tout autre lieu dont vous ne pouvez pas voir la plus grande partie à la fois, vous pouvez commencer avec ce simple instrument au point que vous voulez. Et en dirigeant l'alidade du demi-cercle sur le point ou l'angle suivant aussi loin que vous pouvez aller sur la règle inférieure, vous tracez la ligne de position et, après avoir mesuré le nombre de pas ou de perches traduit à l'échelle convenable, vous marquez le point sur le papier, ainsi que cela a été vu en détail au Chapitre XXXIV (¹). Vous pouvez procéder de même d'angle en angle en tout rapportant sur le papier et vous obtenez ainsi un plan parfait : mais il y a une chose dont je dois vous avertir, c'est qu'il faut procéder avec une extrême prudence dans cette manière de lever les plans, car, si vous vous trompez de si peu que ce soit aux différentes stations, en fermant votre tracé, vous trouverez une grande et très apparente erreur. Mais par la pratique, quand vous aurez reconnu cet inconvénient, vous apprendrez aussi, à l'aide d'angles de recoupement, à examiner et à corriger ces erreurs; c'est à quoi j'emploie peu de temps parce que cela m'est devenu familier, et les raisons des principes étant bien comprises éclairciront tous les doutes sur cette manière simple et primitive de mesurer. L'instrument en question est seulement pour les ignorants qui n'ont pas l'habitude de calculer, et l'on ne doit s'en servir que dans la belle saison et quand on a assez de temps pour opérer sur le terrain et pour y construire la carte. »

Ainsi, l'auteur avait fait lui-même usage de la planchette et de ce que nous appelons l'alidade altimétrique ou nivellatrice, bien qu'il ne se préoccupât pas beaucoup du nivellement et que le but évident des nouveaux instruments fût de réduire les angles à l'horizon. Dans tous les cas, il est certain que le système qu'il décrit se rapproche plus de celui qui est actuellement en usage que la planchette prétorienne primitive dont nous allons donner la description et qui n'a pas tardé d'ailleurs

---

(¹) Ce Chapitre XXXIV est celui dont nous avons donné le titre dans la note précédente, mais la méthode qui y est indiquée est celle des intersections, tandis que les opérations dont il est ici question supposeraient plutôt l'emploi combiné des deux méthodes des cheminements et du rayonnement.

à se transformer et à s'identifier avec celle dont il vient d'être question.

Les Anglais ont eu, à diverses époques, le mérite de per-

Fig. 42.

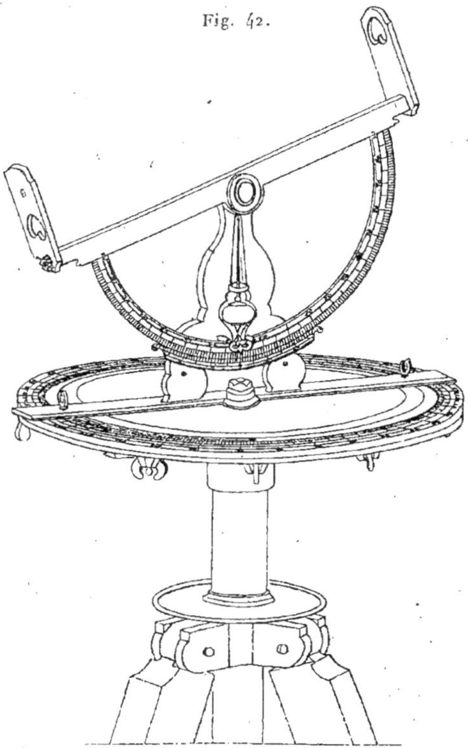

Ancien théodolite anglais.

fectionner le théodolite qu'ils ont beaucoup employé, même dans le lever des détails, mais ils n'ont pas pour cela négligé complètement la planchette, et nous pouvons en fournir une preuve par l'existence de deux modèles d'une époque antérieure à celle de l'invention du niveau à bulle d'air, l'un d'un théodolite et l'autre d'une alidade altimétrique, très bien construits tous les deux, qui existent dans les Collections du

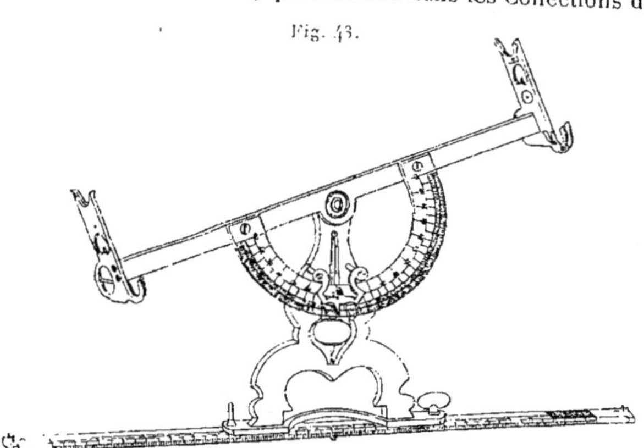

Fig. 43.

Ancienne alidade nivellatrice anglaise.

Conservatoire des Arts et Métiers et que nous reproduisons ci-contre (*fig.* 42 et 43).

Seulement, la réserve que faisait Thomas Digges pour l'emploi de la planchette dans son pays où le climat lui est, en effet, peu favorable, semble avoir subsisté et contribué pendant longtemps à faire donner la préférence au théodolite qui, moins connu sur le continent, y était remplacé par le graphomètre ou le cercle géodésique pour les triangulations d'une certaine étendue et, le plus souvent, par la planchette généralement associée à la boussole, cette dernière prenant même à la longue, particulièrement en France, le rôle le plus important.

LA PLANCHETTE PRÉTORIENNE. — Quelques auteurs ont considéré Prætorius (¹) comme étant celui qui avait eu le premier

---

(¹) Jean Prætorius (en allemand Richter), né à Joachimstal en 1537, avait été en premier lieu mécanicien de précision à Nuremberg, puis était devenu professeur de Mathématiques d'abord à l'Université de Wittenberg, de 1571

l'idée d'installer sur le terrain une planchette montée sur un pied; beaucoup d'autres ont cru qu'il était au moins l'inventeur de l'alidade altimétrique, c'est-à-dire du système composé d'une règle divisée surmontée d'une tige verticale portant le viseur mobile autour d'un axe horizontal et dont l'inclinaison est mesurée sur un arc de cercle appelé *éclimètre* ou *clisimètre*.

Nous ne nous attarderons pas trop à décrire un instrument que la figure ci-après (*fig.* 44) et la légende qui l'accompagne feront connaître jusque dans ses moindres détails de construction. Il n'y a pas lieu d'être surpris de cette circonstance tout à fait particulière quand on se souvient que Prætorius avait commencé par être mécanicien.

Il est impossible de n'être pas frappé des précautions prises par l'inventeur qui était à la fois le constructeur de cette planchette, et l'on comprend l'admiration de ses disciples et de ses compatriotes pour un instrument qui, à cette époque, pouvait être considéré comme touchant à la perfection.

Parmi les nombreux dessins très expressifs du Traité de Schwenter, nous en choisissons quatre qui suffiront sans doute à montrer que les ressources et les applications de la planchette prétorienne avaient été prévues et étudiées avec autant de soin que sa construction.

La première figure (*fig.* 45) fait voir comment, avec une distance ou base mesurée sur le rivage, on peut, en stationnant aux deux extrémités, déterminer la largeur d'une rivière par la rencontre des deux directions d'un même point du bord opposé relevées de chacune des stations sur la planchette. C'est, à proprement parler, le principe de la méthode des intersections.

La seconde (*fig.* 46) n'est autre chose que l'extension de cette méthode à autant de points du terrain, visibles à la fois des deux stations, que l'on en veut déterminer.

Les deux dernières (*fig.* 47 et 48) représentent le triangle altimétrique, détaché de la planchette et servant à mesurer

---

à 1576, et ensuite à celle d'Altdorf où il mourut en 1616. La Notice qui lui est consacrée par Doppelmayr dans son bel Ouvrage sur les Mathématiciens et les Artistes de Nuremberg (*Historische Nachricht von den nürnber-*

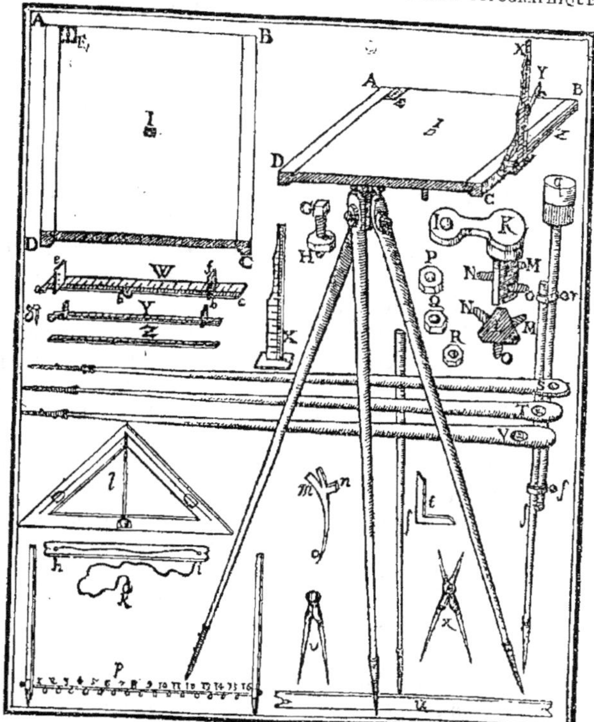

Fig. 44. — Planchette prétorienne.

gischen Mathematicis und Künstlern, etc., Nürnberg, 1730) fixe par une
note (p. 86) la date de l'invention de la planchette géométrique à l'année 1590.
A cause de l'importance que l'on a toujours attachée à la question de la
découverte de la *mensula prætoriana*, nous donnons le texte même de
cette note en allemand :

« Weil unseren mathematico aus der Erfahrung wohl bekandt wor, dass
alle Mess-instrumenta die zu seiner zeit im gebrauch gewesen, einer und
andern incommodität bey dem operiren auf dem Felde unterworffen so hat
selbiger sich um ein neues, das zu allerleyen dergleichen abmessung richtig
und bequem seyn mögte dar zu stellen dahin bemühet, und endlich nach

ABCD, planchette carrée de 15 pouces de côté. E, petite boussole logée dans le coin A de la planchette;

X, Y, Z, les trois règles divisées du triangle altimétrique placé sur le bord BC de la planchette, représentées isolément et en place;

W, alidade formée d'une règle divisée *abc* de 14 pouces de longueur et de 1 pouce de largeur, et de deux pinnules, dont l'une *e* percée de trois trous espacés en hauteur, et l'autre *f* portant un fil tendu dans une fente verticale. Ces deux pinnules peuvent se rabattre sur la règle. Au milieu de la longueur de cette règle, en *b*, et à l'une de ses extrémités *a*, sur le bord, se trouvent des œillets qui servent, tantôt l'un, tantôt l'autre, selon la position qu'on lui donne au milieu ou près de l'un des bords de la planchette, à faire tourner l'alidade autour d'une pointe ou d'une aiguille enfoncée dans la planchette;

IKMNO, support métallique coudé de la planchette, l'ouverture I correspondant au centre et traversée par la vis H dont la tête est noyée dans l'épaisseur du bois, l'écrou inférieur servant à rendre le support solidaire de la planchette;

M, N, O, oreilles de l'appendice vertical du support IK;

S, T, V, branches du trépied placé excentriquement sous la planchette;

P, Q, R, écrous pour fixer les branches à l'appendice vertical du support;

l, niveau à perpendicule pour aider à rendre la planchette horizontale en agissant sur les branches du trépied;

hih, fil à plomb engagé dans deux encoches pratiquées aux extrémités d'une règle dont la longueur permet de repérer au-dessus du point de la station le point correspondant de la planchette;

p, perche (*mesure*) avec deux jalons à ses extrémités;

f, grand jalon isolé;

qrss, signal avec une tête cylindrique peinte de deux couleurs, blanche et noire, et une tige pouvant s'allonger ou se raccourcir à volonté;

mno, petit outil formant marteau et pince pour enfoncer les aiguilles ou pour les arracher;

u, règle de bois ou de laiton pour dessiner;

t, équerre; *v*, compas ordinaire; *x*, compas de réduction.

---

an. 1590 auf veranlassung des Vitruvii, das geometrische Tischlein oder mensulam ausgefunden. »

Dans la Notice elle-même, il est dit que, pour la Géométrie, Prætorius s'appliquait aussi bien à la théorie qu'à la pratique, et qu'en particulier, pour l'avancement de cette dernière, il avait, avant le commencement du XVII⁰ siècle, mis au jour l'instrument de Topographie très utile appelé *planchette géométrique* et, après lui, *prétorienne*. Il avait aussi perfectionné l'antique bâton de Jacob, en usage de son temps, et employé plusieurs autres méthodes consignées dans différents manuscrits dont on donne la liste. Ces manuscrits formaient 34 cahiers qui échurent en héritage à Daniel Schwenter, son disciple et son successeur, lequel en fit don à la bibliothèque d'Altdorf.

Ce Schwenter était lui-même un savant distingué, mathématicien et professeur des langues dites sacrées. Il avait fait entre autres un important Ouvrage ayant pour titre : *Geometria practica nova*, en trois Parties ou Traités dont le premier est plutôt théorique, bien qu'il contienne la description de plusieurs instruments de dessin et de calcul, parmi lesquels le compas de réduction, les échelles transversales, un pantographe et un instrument qui est une sorte de compas de proportion en forme de triangle rectangle. Dans son second Traité, Schwenter enseigne à lever les plans sans autres

Fig. 45.

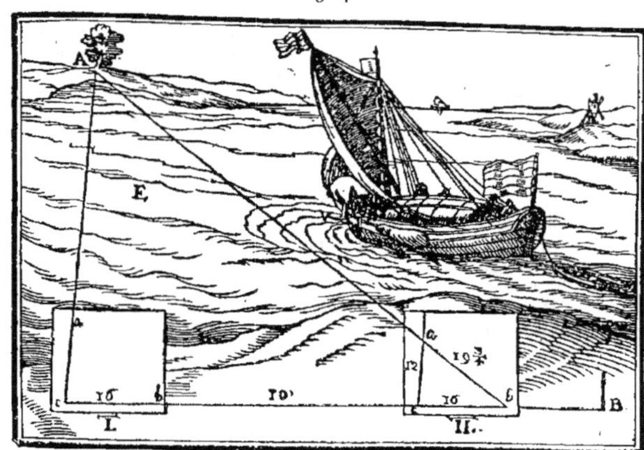

Principe de la méthode des intersections.

Fig. 46.

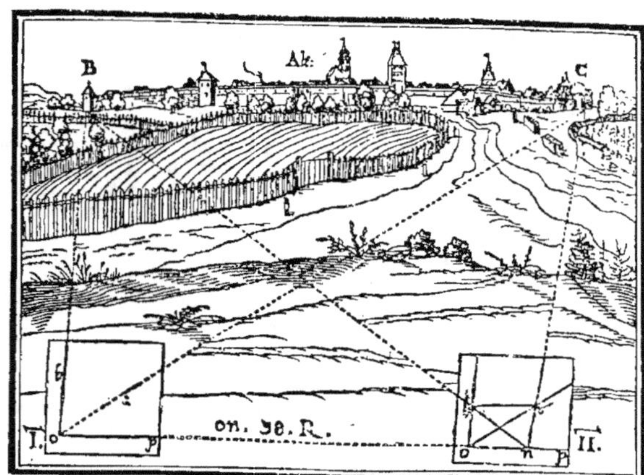

Application de la méthode.

Fig. 47.

Mesure des hauteurs par le triangle altimétrique.

Fig. 48.

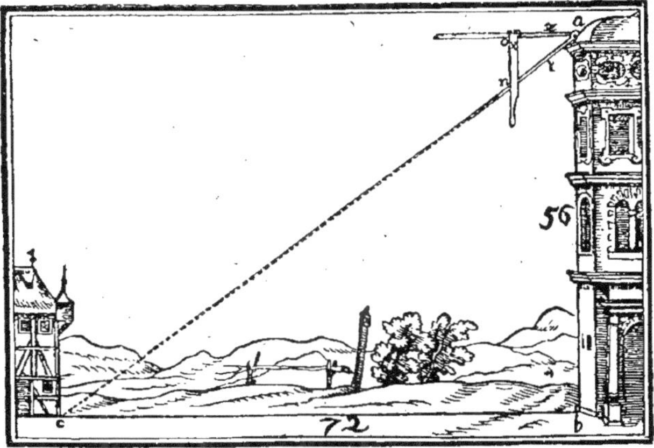

Mesure des profondeurs.

soit une distance horizontale ou inclinée, soit une hauteur ou une profondeur, selon les données de la question.

LES PRÉCURSEURS DES INSTRUMENTS DE LEVER MODERNES. — Tout en reconnaissant les remarquables propriétés, si complètement mises en lumière par Schwenter, du système inventé en 1590 par Prætorius, on ne doit pas oublier, d'une part, le pied de roy géométrique si ingénieux de Danfrie, daté de 1589 sur l'unique exemplaire que nous connaissions, et, de l'autre surtout, l'alidade munie d'un demi-cercle posée sur une planchette dont Th. Digges se servait en Angleterre avant 1591. Mais, avec le pied de roy géométrique, on était obligé de renverser la planchette pour mesurer les hauteurs et les profondeurs et, quoique nous sachions que jusqu'au xviiie siècle on ait continué en France à employer la planchette simple dans les deux positions verticale et horizontale, même sans recourir au pied de roy de Danfrie, il est vraisemblable que cette sujétion a contribué à faire négliger et oublier un procédé d'ailleurs fort ingénieux.

Cette sujétion n'existe ni avec la planchette de Prætorius ni avec celle dont parle Digges et cela suffit à justifier la popularité de la première en Allemagne et dans plusieurs autres pays, mais il n'en est pas moins vrai que l'alidade à éclimètre

---

instruments qu'une perche (*mesure*) et des jalons, et quoiqu'il n'y ait là rien de vraiment nouveau — les Grecs, et d'autres avant eux peut-être, ayant aussi opéré de même, — les problèmes de Géométrie pratique y sont exposés avec soin et dans un ordre excellent. Enfin le troisième Traité est entièrement consacré à la description et à l'usage de la planchette prétorienne, ainsi que l'indique son titre : *Geometriæ practicæ novæ et auctæ, tractatus III (mensula prætoriana) Beschreibung des geometrischen Tischleins von der Gürtrefflich und weit berühmten mathematico M. Johanne Prætorio erfünden durch M. Danielen Schwenter, professorem Altdorfinum. Nürnberg, gedruck verlagt durch Simon Halbmayern.* Cet Ouvrage a été achevé le 16 mars 1618 et publié l'année suivante. Il est devenu très rare, et avant de nous l'être procuré, nous avions dû, pour le consulter, recourir à l'obligeance de M. le Docteur Gustav von Bezold, Directeur du Musée national germanique de Nüremberg, qui a bien voulu nous communiquer l'exemplaire dans lequel nous avons puisé les renseignements précédents et ceux que nous donnons dans le texte, accompagnés d'illustrations qui les complètent. M. le Docteur von Bezold a encore eu l'amabilité de nous envoyer la photographie de l'instrument ancien dont nous parlerons à la suite de la planchette. Nous nous faisons un devoir de le remercier ici de sa courtoisie.

demi-circulaire décrite par le fils de l'inventeur du théodolite est l'ancêtre direct de l'alidade altimétrique et stadimétrique qui a fait de la planchette moderne un instrument de précision. On peut ajouter qu'elle a également donné naissance à la boussole nivelante, comme le théodolite au tachéomètre.

La *Revue des Géomètres allemands* (¹), année 1893, renferme un article de M. Schmidt intitulé : *Mensula prætoriana*, dans lequel l'auteur disait qu'il existe une planchette d'un modèle très ancien au Musée germanique de Nuremberg. Sur cette planchette, ajoutait-il, il y a un vieux livre concernant l'art de mesurer (Messbüchlein) de 1625, avec l'inscription suivante que nous laissons en allemand :

« *Eygendliche Beschreibung und Abriss eines sonderbaren nutzlichen und nothwendigen mechanischen Instruments, so auff eine Schreibtafel gerichtet, welches zum Feldmessen, zum Vestung ausstecken, zum höh und tiefen messen, zum Land und Wasser abwegen, dessgleichen zur Perspectiv gar füglich zu gebrauchen ist. Durch Andreas Albrecht von Nürnberg an 2 mayi anno 1625.* »

Le livre a été imprimé et publié à Nuremberg par Simon Halbmayer, éditeur de la *Géométrie* de Schwenter (²).

Nous donnons une vue de l'instrument d'Andreas Albrecht, d'après la photographie que nous devons à l'obligeance de M. le Docteur von Bezold.

La petite aiguille aimantée placée au centre du volet supérieur du livre aurait été remplacée au xviii° siècle et d'autres réparations peuvent y avoir encore été faites; dans tous les cas, M. von Bezold considère, avec raison, que ce n'est pas

---

(¹) *Zeitschrift für Vermessungswesen im Auftrag und als Organ des Deutschen Geometervereins* herausgegeben von D' W. JORDAN, Professor in Hannover, und C. STEPPES, Steuerrath in München, XXII Band; Stuttgart, Verlag von Konrad Wittwer; 1893.

(¹) Andreas Albrecht, de Nuremberg, mathématicien et ingénieur militaire, avait composé plusieurs Ouvrages qui furent publiés de 1620 à 1623; le premier était celui dont nous avons donné le titre et qui était un Traité de Topographie; le second contenait la description et l'usage d'un pantographe pour les architectes, et le troisième traitait de la perspective et des ombres. (Voy. *Historische Nachricht*, etc., von Johann Gabriel DOPPELMAYR, p. 168.)

L.   8

là un modèle de la planchette prétorienne. Il suffit, en effet, de comparer le dessin précédent (*fig.* 44) avec celui de la *fig.* 49

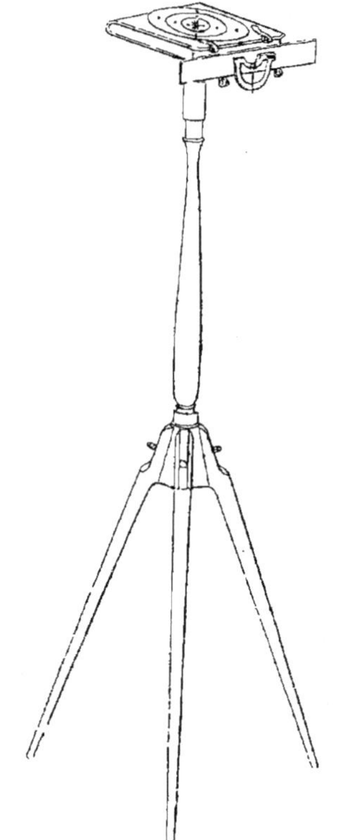

Fig. 49. — Planchette d'Andreas Albrecht.

pour constater les nombreuses différences qui existent entre les deux instruments; mais celle qui mérite, à notre avis, une attention particulière, c'est la suppression du triangle altimétrique de Prætorius et son remplacement par l'alidade munie du demi-cercle vertical de Digges, qui fait ressembler l'appareil d'Andreas Albrecht à notre boussole nivelante, ce qui n'empêchait peut-être pas de s'en servir comme d'une planchette.

Quoi qu'il en soit, l'existence de cet appareil nous semble fournir une preuve que le triangle altimétrique de Prætorius était déjà abandonné en Allemagne en 1625, et cela justifie ce que nous venons de dire de la genèse des instruments de Topographie modernes, notamment de l'influence de l'invention du théodolite et de l'alidade à éclimètre vertical.

Ce dont nous sommes obligé de convenir, c'est que ces nouveautés, si remarquables qu'elles fussent, ont été longues à pénétrer en France, et l'on en pourrait induire que nous restions en arrière, soit par ignorance, soit par esprit de routine; mais ce qui est beaucoup plus vrai, c'est que les nouveautés ne se répandent pas toujours aussi vite qu'on serait disposé à le croire, après coup, et les exemples que l'on cite à grand'peine de l'emploi de la planchette prétorienne originale ou modifiée, au xviiᵉ siècle, n'ont pas un caractère de certitude absolue (1). Sans contester que la tradition ait pu se transmettre, dans leur entourage, par les élèves de Schwenter, à Altdorf, il ne semble pas que la planchette prétorienne, dont on n'a jamais tant parlé que depuis quelques années, ait

---

(1) Une étude de M. l'Inspecteur C. Regelmann, publiée dans le *Jahrgang* 1891 *Württembergischen Jahrbücher für Statistik und Landeskunde* et dont il a donné lui-même une analyse dans le *Zeitschrift für Vermessungswesen*, etc., 1893, contient les détails les plus intéressants sur une Carte des Forêts de la Souabe (*Altwürttembergische Forstkartenwerk*) exécutée de 1680 à 1687 par le lieutenant-colonel Andreas Kieser et conservée dans les combles de la Bibliothèque royale de Stuttgart.

Quand M. Regelmann arrive à la question des instruments dont a dû se servir Kieser, qui connaissait d'ailleurs sûrement la *Nouvelle Géométrie pratique* de Schwenter, il en est réduit aux conjectures, car, dit-il, le procédé de lever n'est indiqué nulle part dans l'œuvre, et il faut le retrouver d'après des indices isolés, et les traces qu'il rencontre sur les minutes le portent à penser que les mesures fondamentales faites avec la perche ont été achevées à l'aide de « la déjà célèbre planchette géométrique de Nuremberg ou planchette prétorienne, munie, comme on sait, d'une boussole ». Cependant Kieser n'en parle pas dans son rapport au duc de Wurtemberg où, à propos de son instrument principal, il se borne à dire « qu'il renferme tout ce qui convient à un instrument géométrique tel que l'astrolabe avec ce qu'il doit comprendre en lui-même comme un cercle entier divisé en 360 degrés, pourvu d'une alidade (regul und absehen) ».

aussitôt remplacé les cercles, demi-cercles ou quadrants, la boussole et la planchette simple que l'on continue à trouver à peu près exclusivement indiqués dans les meilleurs Traités de Géométrie pratique jusqu'à la fin du xviiie siècle.

Le théodolite ne s'est également imposé qu'à la longue aux arpenteurs, aux topographes et même aux géodésiens, les premiers préférant, en général, des instruments plus simples, plus rustiques, et les autres n'ayant eu confiance pendant long-temps — c'est-à-dire jusqu'à ce que l'art de diviser les cercles ait atteint un haut degré de précision — que dans des méthodes d'observation qui étaient difficiles à appliquer avec les anciens théodolites et qui ont exigé des perfectionnements délicats dans la construction des nouveaux.

X. — Aperçu historique complémentaire sur les organes de précision.

Nous avons cherché jusqu'à présent à préciser, autant que les documents dont nous disposions permettaient de le faire, l'origine des instruments fondamentaux et des méthodes les plus répandues en Topographie : triangulations proprement dites et de divers ordres, intersections ou recoupements, cheminements polygonaux appliqués au moyen de cercles ou d'arcs de cercle divisés, de la planchette et de la boussole.

Les méthodes que nous venons d'énumérer visent, à la vérité, surtout la construction des canevas qui caractérise la Topographie régulière; mais elles facilitent aussi le lever des détails parce qu'elles permettent de multiplier, rapidement et sûrement, les lignes de ce canevas ou de ce réseau de plus en plus serré qui servent, à leur tour, de bases ou de repères aux mesures complémentaires effectuées soit par l'antique *méthode des perpendiculaires* avec la chaîne et l'équerre d'arpenteur, soit par la *méthode des alignements et des transversales* où l'on n'emploie que la chaîne et des jalons, soit enfin par celle du *rayonnement*, assez ancienne, puisque nous l'avons déjà rencontrée plusieurs fois, mais devenue peut-être la plus usuelle depuis la vogue de la Tachéométrie.

Nous n'avons encore fait allusion, dans tout ce qui précède, qu'à ce que l'on désigne sous le nom de *planimétrie* et tout au plus incidemment à l'évaluation des hauteurs et des profondeurs. Or l'on sait le rôle considérable que jouent aujourd'hui en Topographie le *nivellement* et la représentation générale du relief du terrain.

Nous traiterons en détail ce dernier sujet de la représentation du relief dans le Chapitre suivant de cette Notice, mais les instruments de nivellement doivent trouver leur place dans celui-ci et l'organe principal de ceux qui sont actuellement le plus en usage fait partie de la série que nous avions en vue, en écrivant le titre de ce paragraphe.

Les principaux organes de précision imaginés au xviiᵉ siècle, qui se sont d'ailleurs introduits assez lentement dans la construction des instruments, sont au nombre de trois, savoir :

Le *vernier*, la *lunette d'approche* et le *niveau à bulle d'air* ([1]).

Le Vernier. — Le besoin d'évaluer les angles avec une grande exactitude a été senti depuis longtemps par les astronomes qui n'y parvinrent d'abord, et toujours insuffisamment, qu'en construisant des cercles ou plutôt des arcs de cercle de très grandes dimensions, tels les quadrants de Ptolémée, ceux de quinze coudées de rayon des Arabes, leurs sextants plus grands encore, les instruments de Tycho-Brahé et ceux d'Hévélius également ([2]).

([1]) Il faudrait y joindre la *vis micrométrique* dont les applications sont si nombreuses et d'une si grande utilité, mais nous ne cherchons pas à écrire un Traité complet de Mécanique de précision et nous n'avons voulu donner qu'un aperçu du perfectionnement des instruments et des méthodes d'observation, en nous bornant à mentionner les trois organes désignés ci-dessus; nous ne renonçons pas d'ailleurs à indiquer, quand cela sera nécessaire, l'emploi et les propriétés de la vis micrométrique.

([2]) Peut-être est-ce le moment de rappeler que les instruments des Arabes étaient construits avec beaucoup plus de soin que ceux des astronomes grecs; qu'à la renaissance de l'Astronomie, à la fin du xvᵉ siècle, les astronomes allemands et polonais, depuis Purbach et Walther, l'ami et le collaborateur de Régiomontanus, jusqu'à Copernic, n'avaient que de grossiers instruments de bois et que c'est le Danois Tycho-Brahé qui, le premier, fit construire à grands frais et avec beaucoup d'art des quadrants et des cercles divisés en métal, montés sur des supports solides et même élégants dont

Vers le milieu du xvie siècle, un savant mathématicien portugais, du nom de Nunez dont on a fait *Nonius* en le latinisant, imaginait un procédé au moyen duquel, sur des quarts de cercle d'un rayon modéré dont le limbe était divisé seulement de degré en degré, il prétendait estimer jusqu'aux minutes, et même au delà, mais il se trompait singulièrement (¹).

Tycho-Brahé avait essayé d'employer ce système (*fig.* 5o) qui comportait le tracé de 44 quadrants concentriques divisés en 9o, 89, 88, ... et 46 parties égales, sur lesquels il fallait découvrir la division rencontrée par l'alidade et ensuite faire des calculs ou se servir d'une Table et il dut y renoncer (²).

Plusieurs autres moyens furent également proposés à la même époque, connus de Tycho et presque tous expérimentés par lui, parmi lesquels il convient de citer celui des *transversales* dont il avait eu connaissance, étant étudiant à Leipzig, par l'un de ses professeurs du nom de Homelius qui ne savait peut-être pas lui-même qui en était l'auteur. Le système des transversales, connu en Angleterre sous le nom d'*échelle diagonale* et qui continue à être très utilement employé pour la construction d'échelles sur les plans, est assurément très ingénieux, et c'est à son usage que Tycho dut le degré de précision qu'il a atteint dans ses mesures angulaires (voyez *fig.*14, un spécimen de diagonales ou de transversales). D'après

---

quelques-unes de nos figures donnent une idée. C'est donc seulement à partir de Tycho que les instruments des observatoires ont commencé, en Europe, à acquérir les qualités nécessaires, il faut même dire indispensables aux progrès de l'Astronomie.

(¹) Petrus NONIUS SALACIENSIS. *De Crepusculis.* V. Pars secunda, propositio III. Olyssippone (Lisbonne), 1542. Les quarts de cercle et les cercles de Tycho, encore de grandes dimensions comme nous l'avons dit et quoique divisés avec beaucoup plus de soin que ceux de ses prédécesseurs, donnaient seulement les minutes (ceux-là étaient divisés de dix minutes en dix minutes). En employant la méthode des transversales dont il est question dans le texte, il était parvenu à estimer les dix secondes. On n'a pas oublié que les Arabes avaient construit de si grands sextants qu'ils en étaient arrivés à y tracer directement des divisions de six secondes en six secondes (*voir* p. 35).

(²) TYCHONIS BRAHE *Astronomiæ instauratæ mechanica.* Noribergæ, 1602. C'est dans cet Ouvrage et dans les *Progymnasmata* du même auteur que l'on trouve les plans de son magnifique observatoire d'Uranibourg, les figures de ses instruments et les détails les plus intéressants sur ses travaux.

Fig. 5o.

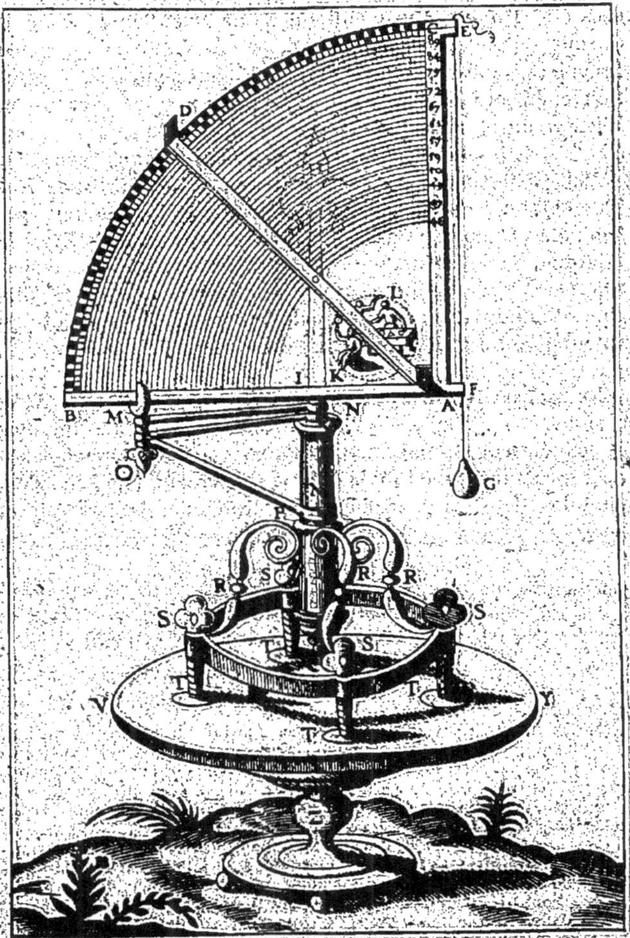

Quadrant de Tycho-Brahé avec nonius.

Thomas Digges, il aurait été inventé par Richard Kantzler, très habile constructeur d'instruments de Mathématiques à Londres (¹). Il faut enfin mentionner une invention de Jacques Curtius décrite par lui-même dans une lettre adressée de Prague à Tycho-Brahé en 1590 (²), où l'on peut, à la rigueur, trouver en germe l'idée qui s'est présentée plus tard, vers 1630, à l'esprit du Français Vernier et qu'il a réalisée sous la forme à la fois si simple et si parfaite que nous lui connaissons (³).

Malgré l'insuccès de la construction compliquée de Nonius (⁴), on a donné pendant longtemps et l'on continue par habitude et peut-être par ignorance, dans plusieurs pays de l'Europe, à donner son nom à l'ingénieuse et élégante disposition de Vernier. Nous devions rétablir la vérité sur les origines d'une invention qui a rendu tant de services aux observateurs, vérité d'ailleurs incontestée aujourd'hui (⁵).

La Lunette d'approche et la Lunette astronomique. — Nous n'avons pas à refaire ici l'histoire bien connue des lunettes et des télescopes, mais nous devons rappeler comment s'est opérée la substitution de la lunette astronomique à l'alidade à pinnules, dans les instruments d'Astronomie, de Géodésie et

---

(¹) Thomas Digges, *Alæ seu scalæ mathematicæ, capitulum nonum;* London, 1573.

(²) *Designatio subdivisionum quadrantis ab amplissimo et generoso Dno Curtio, imperii procancellario generose adinventa,* dans Tychonis Brahe *Ast. inst. mechanica.*

(³) Pierre Vernier, capitaine et chastellain au chasteau d'Ornans. *La construction, l'usage et les propriétés du quadrant nouveau de Mathématiques.* Brusselles, 1631.

(⁴) Il est extrêmement rare de rencontrer le nonius sur les anciens instruments; c'est à peine si nous avons pu, dans le grand nombre de ceux qui sont passés sous nos yeux, le découvrir sur un quart de cercle construit en 1609, à Brunswick, par Tobias Wolckmer et qui figurait dans la collection Spitzer. On peut en voir le dessin dans le Catalogue de cette collection, aujourd'hui dispersée, sous le n° 2933.

(⁵) Le grand astronome Hovel, de Dantzig, plus connu sous son nom latinisé d'Hévélius, fut l'un des premiers à appliquer le vernier à ses beaux instruments astronomiques, semblables à ceux de Tycho, mais encore mieux construits et divisés avec une plus grande précision. Hévélius avait imaginé, de son côté, la *vis tangente* pour déplacer l'alidade et pour évaluer les faibles intervalles angulaires par le nombre des tours et des fractions de tour de la vis; procédé dont il a été fait tant d'applications précieuses avec le même dispositif ou en modifiant la position de la *vis micrométrique.* Nous allons retrouver le nom d'Hévélius à propos des lunettes.

de Topographie, et les avantages considérables qui en sont résultés au point de vue de la précision des mesures.

Le premier usage scientifique qui ait été fait de la lunette d'approche a été de profiter de l'amplification des images (du grossissement) pour pénétrer la constitution physique des astres. Ce sont même les résultats ainsi obtenus qui ont contribué à immortaliser Galilée et fait tant d'honneur à plusieurs de ses contemporains et de ses successeurs, au nombre desquels il suffira de citer Fabricius, Scheiner, Hévélius, Huygens, Cassini, Herschel, pour ne pas allonger une liste devenue aujourd'hui interminable. Toutes les lunettes, tous les télescopes étaient et sont utilisables en pareil cas, mais il n'en est plus de même pour les mesures des diamètres apparents des planètes, de la distance de deux étoiles très voisines, etc., qui ne se peuvent effectuer qu'au foyer commun de l'objectif et de l'oculaire. Il avait donc fallu attendre l'invention d'abord théorique de la lunette de Képler, à deux verres convexes (dont le premier exemplaire devait être réalisé par Scheiner), où on laissait se former l'image réelle (¹), pour songer à évaluer au foyer les dimensions de cette image.

MICROMÈTRE OCULAIRE. — Les phases de l'invention du micromètre oculaire sont désormais bien connues; nous les reproduisons toutefois d'après l'excellent Ouvrage de Robert Grant (²), après être remonté à la plupart des sources qui y sont indiquées. Dès 1659, Huygens, le premier sur le continent, avait employé une petite lame métallique dont les deux bords formaient une pointe allongée qu'il faisait glisser, par exemple, devant l'image de la planète Saturne jusqu'à ce que celle-ci fût exactement couverte, puis, de la largeur de la lame en cet endroit et de la distance focale de son objectif, il concluait le diamètre apparent de la planète.

(¹) On sait que, dans la lunette de Galilée, les faisceaux convergents des rayons lumineux, après leur passage à travers l'objectif, sont interceptés par l'oculaire qui est un verre divergent et ne forment que des images virtuelles.

(²) *History of physical Astronomy*, by Robert GRANT, F. R. A. S., Chap. XVIII, *passim*; London, 1852.

En 1662, à Bologne, le marquis Malvasia (¹) avait fait faire un progrès sensible à l'idée du micromètre oculaire, en disposant au foyer un système de fils d'argent, très fins, tendus sur un châssis fixe et formant un véritable réseau quadrangulaire (d'où sûrement le nom de *réticule* généralisé depuis).

Ce réseau dont les mailles étaient serrées, mais fixes, ne permettait encore d'évaluer que par une sorte d'estime les diamètres apparents des planètes et les distances des étoiles, et c'est afin d'obtenir plus de précision que l'astronome français Auzout proposa enfin le micromètre à fil mobile universellement employé depuis lors (²).

L'invention définitive d'Auzout ayant été communiquée, en décembre 1666, à la Société Royale de Londres assez récemment créée (et l'année même de la création de notre Académie des Sciences), avait été publiée aussitôt dans les *Transactions philosophiques*. Au mois de mars 1667, on apprenait, par une lettre de Richard Townley, du Lancashire, qu'un micromètre semblable à celui d'Auzout avait été imaginé, dès 1639, par un jeune et très habile astronome anglais nommé Gascoigne, mort prématurément, à l'âge de 24 ans, pendant les guerres civiles, à la bataille de Marston-Moor, en 1644. Gascoigne avait même employé son micromètre en collaboration avec un de

---

(¹) Le marquis Cornelio Malvasia, grand seigneur, très brave soldat, habile diplomate, lettré et même poète, était aussi un excellent astronome. Il avait associé à ses observations et à ses calculs d'éphémérides le docteur Geminiano Montanari, comme lui membre de l'Académie des Gelati de Bologne. Voyez, pour la biographie de chacun de ces hommes distingués, les *Memorie, impresse e ritratti di Signori Accademici Gelati di Bologna*, etc., in Bologna, MDCLXXII. C'est en partant de la découverte du marquis Malvasia que Montanari songea à se servir de plusieurs fils horizontaux pour évaluer la distance d'une mire verticale, d'après le nombre de ces fils que couvrait l'image de la mire. On a vu là, avec raison, le principe de la *stadia*, et l'on peut même dire que ce principe était une conséquence naturelle de l'invention du *micromètre oculaire*.

(²) Les deux célèbres savants anglais Wren et Hooke avaient, de leur côté, imaginé à la même époque, des dispositifs analogues à ceux de Huygens et de Malvasia. Ajoutons que Wren, comme Hévélius, avait eu l'idée, si heureusement appliquée par Auzout et Picard, de mesurer les petits angles au moyen des révolutions d'une vis micrométrique, mais sans s'aviser de la combinaison des fils fixes et du fil mobile qui la rend si pratique.

ses amis, très distingué aussi, Crabtree, et effectué un grand nombre de mesures qui, publiées plus tard, furent trouvées remarquablement exactes.

M. Robert Grant est d'ailleurs d'accord avec Delambre qui, dans son *Histoire de l'Astronomie moderne*, a exprimé à ce sujet, l'opinion suivante absolument équitable :

« *Il faut remarquer que les observations des deux amis n'ont été publiées que quatre-vingts ans après leur date réelle. Ainsi, en accordant à Gascoigne la première idée et même la première exécution du micromètre, il est juste de réserver leurs droits aux astronomes qui, sans avoir aucune connaissance des observations anglaises, ont été conduits par leur propre réflexion à la même découverte.* »

Lunettes substituées aux alidades. — Gascoigne, d'après les correspondances posthumes que l'on a produites, n'aurait pas seulement inventé le micromètre oculaire; il aurait eu également, toujours comme Auzout, l'idée de substituer à l'alidade sur les cercles divisés, et pour déterminer la direction apparente d'un astre, la lunette astronomique portant à son foyer une *croisée de fils* (qualifiée encore si souvent et improprement de *réticule*).

Il est avéré toutefois qu'antérieurement, Morin, qui a laissé à la fois la réputation d'un astronome très intelligent, quoique réfractaire à la doctrine de Copernic ([1]), et celle de l'un des derniers astrologues les plus obstinés, avait cherché à appliquer la lunette aux cercles divisés, mais sans y introduire une croisée de fils (ce qu'il ne pouvait pas faire parce qu'il se servait de la lunette de Galilée), faute de quoi il n'obtenait pas de pointés précis.

([1]) Morin a contribué à appeler sérieusement l'attention sur le problème des longitudes, en mettant à profit les progrès déjà réalisés, quoique bien insuffisants encore, de la théorie de la Lune.

XI. — *Conséquences de cette substitution. Admirables travaux de Picard.*

Quoi qu'il en soit, il faut arriver aux travaux de Picard pour trouver la véritable consécration de cette substitution si précieuse de la lunette armée d'une *croisée de fils* à l'antique alidade ([1]).

Picard associé à Auzout avait contribué lui-même à réaliser cette innovation (après avoir coopéré à la construction du micromètre à fil mobile); il l'avait d'abord utilisée dans sa célèbre mesure d'un arc du méridien de Paris et, peu de temps après, dans les opérations de nivellement dont il sera question plus loin ([2]).

Pour la mesure des angles des triangles depuis Malvoisine, au sud de Paris, jusqu'à Sourdon, près d'Amiens, et même jusqu'à Amiens, Picard avait fait construire un quart de cercle (*Pl. B, fig.* 1) de 3 pieds 2 pouces de rayon dont le limbe était divisé en *minutes très distinctes par des lignes transversales* (on a vu qu'Hévélius avait cependant fait usage du vernier, mais cela compliquait beaucoup la construction des grands instruments de cette époque), et pour l'observation de la hauteur du pôle, à Malvoisine, à Sourdon et à Amiens, il avait employé un secteur comprenant la vingtième partie de la circonférence de

---

([1]) On ne saurait passer sous silence ce fait tout à fait extraordinaire que l'un des astronomes les plus justement célèbres de ce temps, Hévélius, sous le prétexte que les lunettes ne grossissaient pas les étoiles, ne voulut jamais consentir à renoncer aux alidades, si bien que, malgré les perfectionnements apportés à la construction de ses instruments et le soin qu'il mit à refaire le Catalogue d'étoiles de Tycho, ses observations ne furent presque d'aucune utilité à une époque où l'on pouvait déjà prétendre à une plus grande précision. Le fait, nous le répétons, était d'autant plus extraordinaire qu'Hévélius savait travailler le verre et qu'il avait construit lui-même d'excellentes lunettes dont il s'était habilement servi pour faire une étude complète de la surface de la Lune, pour examiner les planètes, les comètes et les taches du Soleil, qu'il avait employées après Scheiner pour déterminer la durée de la révolution de cet astre autour de son axe, etc.

([2]) *Voyez*, dans le Recueil intitulé *Ouvrages de Mathématique* de M. Picard (à Amsterdam, chez Pierre Mortier; MDCCXXXVI): *La Mesure de la Terre*, par M. Picard; *Le Traité du nivellement*, par M. Picard, et *Du Micromètre*, par M. Auzout.

10 pieds de rayon, divisé en tiers de minutes toujours par des lignes transversales.

La distance des deux parallèles de Malvoisine et de Sourdon ayant été trouvée de 68430 toises 3 pieds, et la différence des latitudes des deux stations de 1°11′57″, on en avait conclu pour la longueur du degré 57064 toises 3 pieds. Mais, d'un autre côté et à titre de vérification, on avait continué jusqu'à Amiens et l'on avait trouvé pour la distance des parallèles du pavillon de Malvoisine et de Notre-Dame d'Amiens 78850 toises, avec une différence des latitudes de 1°22′55″, d'où la longueur du degré de 57057 toises. Picard avait admis dès lors que la longueur du degré d'un grand cercle de la Terre pouvait être évaluée, en nombre rond, à 57060 toises, ce qui donnait pour la grandeur du rayon terrestre 3769297 toises de Paris.

On sait la célébrité acquise par ces deux nombres, d'une exactitude bien supérieure à toutes les évaluations antérieures ([1]), dès que Newton les eut connus et eut pu s'en servir pour vérifier sa loi de la gravitation universelle dont il avait ajourné la publication pendant plusieurs années dans la crainte de s'être trompé.

Ce fait suffirait à lui seul pour l'illustration de Picard; mais, bien que la mesure dont il s'agit ne fût pas encore entièrement irréprochable, il convient d'insister sur ce qui en faisait le mérite et sur les autres travaux de l'astronome éminent qui a, le premier, atteint le but que tant d'autres avaient manqué. Le choix des stations et de la base de sa triangulation, celui des instruments, les méthodes d'observation adaptées ou plutôt créées à cette occasion témoignent hautement de la sagacité et du rare talent de Picard. On peut ajouter, sans crainte d'être contredit, que le succès qui en fut la récompense inspira à l'Académie des Sciences naissante la confiance qui lui fit pour-

---

([1]) L'excellent Picard avait très bien vu par où péchaient les mesures des anciens, celles des Arabes et celles des modernes, et admiré comment Fernel, avec des moyens grossiers, avait pu trouver une longueur du degré très approchée de la véritable. Il devait rencontrer à Amsterdam un autre astronome, M. Blaeu, qui était arrivé à un résultat presque identique au sien et qui, sans le moindre esprit de jalousie pour le succès de la mesure de Picard, en était, au contraire, enchanté. *Voyez*, dans le Recueil déjà cité, le *Voyage d'Uranibourg*.

suivre ou patronner pendant plus d'un siècle et demi les opérations, à jamais mémorables, relatives à la détermination de la grandeur et de la figure de la Terre. En un mot, on doit considérer l'illustre Picard comme le véritable fondateur de la Géodésie moderne.

En lisant attentivement le récit très simple en apparence des opérations de la mesure de la Terre, on s'aperçoit assez vite que les méthodes actuellement en usage pour la rectification des instruments y sont clairement indiquées, et l'on devine l'influence qu'ont dû exercer les travaux de Picard sur la direction de tous ceux qui ont été entrepris après lui, le plus souvent à leur insu, aussi bien par les topographes que par les géodètes. Nous allons, d'ailleurs, retrouver la trace de ses méthodes générales à propos du nivellement ([1]).

([1]) La réputation de l'abbé Jean Picard n'est sans doute pas à faire et il suffirait de rappeler l'hommage que lui a rendu Arago pour être renseigné à la fois sur la supériorité de son talent et sur la rare élévation de son caractère.

Picard, qui avait eu, en effet, le mérite de convaincre Colbert de la nécessité de créer l'Observatoire de Paris, lui avait encore conseillé d'y appeler Cassini, puis Rœmer qu'il avait décidé lui-même à accepter le patronage du grand ministre. « Se créer ainsi des rivaux dans une carrière où l'on avait toute raison d'aspirer au premier rang, dit Arago, c'est le sublime du désintéressement; l'amour des Sciences ne se manifeste certainement jamais d'une manière plus éclatante. »

Nous ne saurions avoir la prétention de rien ajouter à la force de ce jugement d'un homme aussi clairvoyant et aussi pénétré lui-même des plus nobles sentiments. Nous croyons néanmoins devoir dire quelques mots des immenses services de notre grand compatriote (dont le nom est à peine cité, à la suite de celui de Cassini, dans *le Siècle de Louis XIV*, de Voltaire), qui méritent ou plutôt doivent être mis au premier rang dans une Notice, destinée à retrouver, aussi exactement que possible, la généalogie des instruments et des méthodes d'observation qui ont contribué à donner à l'art de la Topographie l'intérêt et le crédit qu'il a acquis de notre temps.

Tout d'abord, sans oublier ses précurseurs et en particulier son maître Gassendi, on peut dire que c'est à Picard plus qu'à tout autre que sont dus les progrès de l'Astronomie en France. Nous venons de rappeler que c'était lui qui avait inspiré la création de l'Observatoire de Paris; c'est lui aussi qui a inauguré la célèbre et précieuse publication de la *Connaissance des Temps*.

C'est lui qui, avec le jeune Danois Olaüs Rœmer, dont il avait deviné le génie et peut-être déterminé la vocation, installa à l'Observatoire des instruments nouveaux (sans obtenir toujours ceux qu'il demandait et qu'on y plaçait plus tard), les observations régulières des passages des astres au méridien, en associant l'horloge astronomique et la lunette, et de ceux des étoiles pendant le jour; et ce n'est pas tout, bien s'en faut, mais ce qui intéresse plus directement la Géodésie et la Topographie, c'est que Picard et son savant collaborateur et ami de la Hire [qui représentaient à eux

XII. — *Continuation de l'aperçu historique sur les organes de précision.*

LE NIVEAU A BULLE D'AIR. — Cet ingénieux petit appareil, que l'on rencontre aujourd'hui partout et qui paraît si simple, n'a

---

deux Messieurs de l'Académie des Sciences, *voir* la Carte (*Pl. I*)] ont donné, les premiers, l'exemple des voyages exclusivement consacrés à la détermination des positions géographiques et sont ainsi parvenus à démontrer l'incorrection insupportable des cartes géographiques les plus renommées jusqu'à eux.

Nous n'avons cru pouvoir mieux faire, pour que l'on touche du doigt la portée de cette entreprise et du service rendu, dès cette époque, par nos deux compatriotes, que de publier la *Carte de France corrigée par ordre du Roy sur les observations de Messieurs de l'Académie des Sciences (Pl. I).*

Nous y joignons le commentaire de de la Hire, Picard étant mort en 1682, avant l'achèvement de ce travail, à la suite d'une chute faite pendant une observation.

> « *Pour la Carte de France corrigée sur les observations de MM. Picard et de la Hire.*

» On a jugé qu'il estoit à propos de donner icy, dans la Carte suivante, un résultat des observations qui ont esté faites pour sa correction, afin que l'on pust voir dans une seule figure tout ce qu'elles contiennent; et où elles sont différentes de ce qui est posé dans la Carte que M. Sanson, l'un des plus illustres géographes de ce siècle, présenta à Monseigneur le Dauphin en 1679.

. . . .

» On a proposé icy la Carte de M. Sanson comme la plus juste de toutes les modernes qui ont esté données au public, pour faire voir seulement combien les observations sont différentes des relations et mémoires sur lesquels les plus excellents Géographes sont obligés de travailler; et que l'on ne doit pas leur imputer des fautes telles qu'on les peut voir sur cette Carte touchant la position des costes de Languedoc et de Provence, qui sont très éloignées de la vérité pour les hauteurs du pôle que l'on peut observer assez facilement. »

Nous avons eu la curiosité de comparer les latitudes et les longitudes des lieux portés sur la *Carte corrigée* et données en chiffres dans les relations des deux auteurs (les longitudes obtenues en observant les occultations et les émersions des satellites de Jupiter) à celles de l'*Annuaire du Bureau des longitudes,* et nous avons été émerveillé de la précision obtenue par ces excellents observateurs — car de la Hire ne doit pas être séparé de Picard — avec les moyens encore si imparfaits dont ils disposaient.

Nous verrons, un peu plus loin, que l'on doit encore à Picard la première théorie vraiment scientifique du nivellement, l'application de la lunette armée de la croisée de fils au niveau (sans parler du perfection-

été imaginé que vers la fin du xviie siècle, par un savant français nommé Thévenot ([1]).

---

nement des mires) et les opérations tout à fait satisfaisantes faites pour amener l'eau à Versailles.

On a parlé d'élever une statue à celui des Cassini qui a fait exécuter la Carte de France qui porte son nom et sur les mérites et les défauts de laquelle nous donnons notre opinion dans le Chapitre suivant de cette Notice; nous nous garderions bien de contester les talents de la plupart des membres de cette famille, dont la dynastie a régné pendant plus d'un siècle à l'Observatoire (dynastie est le mot, puisqu'on en était venu à les numéroter comme des princes, les Maraldi aussi bien que les Cassini); mais que l'on prenne la peine de comparer aux leurs les services de notre grand Picard et l'on reconnaîtra sans doute qu'il sera temps de penser à eux quand on aura rendu à celui-ci l'hommage qui lui est incontestablement dû, en dépit de son admirable modestie.

Comme on pourrait être tenté de nous taxer de partialité, voire de chauvinisme, nous extrayons de l'*Histoire de l'Astronomie*, de Robert Grant, le passage suivant qui contient des appréciations en tout conformes à notre propre sentiment et que nous croyons devoir laisser dans sa langue originale afin de n'en point atténuer l'effet.

« Picard's labours at the Royal Observatory of Paris extend to 1682, in the autumn of which year he died. The name of this astronomer is imperishably associated with the improvements effected in practical Astronomy in the seventeenth century. It cannot but be a matter of regret to every person who takes an interest in the progress of astronomical science, that he was not selected to direct the national Observatory of his country.

» Unfortunately his labours were not calculated to attract the attention of that class of persons whose attachment to Astronomy is founded solely on the pleasure to be derived from gazing at celestial phenomena. He appears, moreover, to have been a man of a retiring disposition, who devoted his talents to the cultivation of science for its own sake, regardless alike of the applause of the multitude or the patronage of the great.

» Hence it happened that although he was, of all the astronomers of his age, perhaps the one most qualified to superintend the duties of an observatory, he was set aside by the government of his own country and a foreigner appointed over the national Observatory, whose labours, indeed, were of a more brilliant character, but were of infinitely less importance to the progress of astronomical science than were those of Picard. It is deplorable to see the interests of a great country sacrificed to the caprices of court. The circumstance may well excite the indignation not merely of Frenchmen, but of every person who is moved by the spectacle of true merit thus contemptuously overlooked, while the individual who exhibits qualities of a more meretricious nature is caressed and favoured. »

([1]) Thévenot (Melchisédech), savant orientaliste et voyageur, d'une grande érudition, qui fut garde de la Bibliothèque du Roi, était aussi mathématicien et physicien. Peu de temps avant la création de l'Académie, les savants se réunissaient chez lui comme ils s'étaient réunis auparavant chez le P. Mersenne et chez Montmort. Il jouissait de l'estime générale, tant pour la droiture et l'aménité de son caractère que pour l'étendue de ses connaissances.

Quoique déjà précieux, dès les premiers temps de son invention, principalement à cause de son petit volume, il avait passé à peu près inaperçu en France, un peu par la faute de Thévenot qui s'était contenté d'en indiquer le principe en 1666, sans même se nommer. Plus goûté en Italie et surtout en Angleterre (l'Académie des Lyncei de Florence et la Société Royale de Londres récemment fondée s'en étaient occupées tour à tour), il reparut en France quinze ans plus tard et Thévenot se vit obligé d'en réclamer la paternité. On le trouve décrit et représenté dans certains Ouvrages de cette époque, notamment dans l'*École des Arpenteurs* que nous avons déjà cité (¹), mais seulement comme étant destiné à être attaché à une règle qui donnait ainsi une *ligne droite de niveau*. On y prévenait en outre que si le *tuyau de verre n'était pas d'égale grosseur partout, on n'opérerait pas exactement*.

Les tuyaux ou plutôt les tubes de verre que l'on employait étaient, en effet, à peu près pris au hasard parmi ceux que l'on fabriquait pour les physiciens et les chimistes. On choisissait ceux qui, tout en étant bien calibrés, se trouvaient légèrement courbés sous leur propre poids.

« Pour faire les niveaux à bulle d'air, disait plus tard l'ingénieur des Ponts et Chaussées Chézy (²) qui devait tant perfectionner cet organe, on emploie ordinairement les tubes tels qu'ils viennent des verreries; on se contente de choisir les plus droits et les plus réguliers; on les emplit presque entièrement d'esprit-de-vin, on examine quel est le côté du tube où la bulle que forme le vide se peut tenir au milieu de la longueur et où cette bulle s'écarte plus sensiblement et plus régulièrement du milieu, lorsqu'on incline très peu le tube avec une vis de rappel ou de micromètre, pour mesurer les degrés d'inclinaison : le côté reconnu le meilleur est choisi

---

(¹) *L'École des Arpenteurs*, chez Thomas Moette, à Paris, M DC XCII, p. 260.
(²) *Mémoire sur quelques instruments propres à niveler nommés niveaux*, par M. CHÉZY, ingénieur des Ponts et Chaussées; dans les *Mémoires de Mathématique et de Physique présentés à l'Académie royale des Sciences par divers savants et lus dans ses assemblées*, tome V. Paris, M DCC LXVIII.

L.

pour être le dessus; les autres côtés sont assez indifférents à la perfection de l'instrument. »

Même avec ces précautions que l'on n'avait pas toujours prises, surtout à l'époque de l'invention de Thévenot, la construction du niveau à bulle d'air ne se prêtait évidemment pas beaucoup à la précision; aussi n'y a-t-il pas lieu de s'étonner que, dans le temps où l'on s'occupait des grands nivellements à faire pour amener l'eau à Versailles, on eût recours de préférence au fil à plomb, ainsi que nous l'allons voir.

Mais nous ne devons pas moins reconnaître, dès à présent, que la découverte de Chézy (¹), qui a consisté à roder à l'intérieur les tubes de verre, au moyen d'un mandrin recouvert d'émeri et à obtenir ainsi des courbures régulières et de rayons souvent considérables, devait produire une véritable révolution dans l'art du nivellement et dans la construction des instruments. Nous aurons l'occasion de revenir sur les conséquences des inventions successives de Thévenot et de Chézy.

INTRODUCTION DES ORGANES NOUVEAUX DANS LA CONSTRUCTION DES INSTRUMENTS.

Les organes que nous venons de passer rapidement en revue devaient être d'un grand secours pour les astronomes et pour les géodésiens, mais ils ne furent pas moins appréciés par les topographes et dans les services publics où le nivellement jouait un rôle de plus en plus important. On a même vu que le perfectionnement du niveau à bulle d'air avait été suggéré surtout par le besoin de rendre les instruments ordi-

---

(¹) Antoine Chézy, né en 1718, mort en 1798, était un ingénieur du plus grand mérite qui devint directeur de l'École des Ponts et Chaussées après avoir contribué, avec Perronet, à la construction des ponts de Neuilly, de Mantes et du Tréport; il était excellent géomètre et a publié d'intéressants Mémoires de Mathématiques. C'est en étudiant le projet du canal de Bourgogne et pour opérer les nivellements nécessaires, qu'il s'attacha à perfectionner les instruments qui portent son nom et qu'il eut l'idée d'accroître la sensibilité du niveau à bulle d'air en rodant les tubes à l'intérieur, puis d'évaluer rigoureusement le rayon de courbure obtenu au moyen de *l'éprouvette*, déjà employée instinctivement, mais dont il fit aussi un instrument de précision.

naires de nivellement plus maniables sans rien sacrifier de leur précision, au contraire, et c'est par la suite seulement que les propriétés de cet organe ont été reconnues si précieuses pour les corrections des observations astronomiques. Aussi pensons-nous devoir nous arrêter pendant quelques instants sur la question des instruments de nivellement que nous avions été obligé de réserver dans les paragraphes précédents, après quoi nous essayerons de résumer, aussi sommairement que possible, les derniers progrès accomplis dans la construction des instruments de Topographie, dont nous ne saurions avoir la prétention de présenter un tableau complet.

XIII. — *Digression sur l'histoire des niveaux en général.*

L'histoire des niveaux et des méthodes de nivellement nous entraînerait toutefois trop loin si nous voulions entrer dans tous les détails que comporte le sujet. Nous en donnerons donc seulement un aperçu qui suffira, nous l'espérons, à en montrer l'intérêt.

Avec le niveau d'eau et le chorobate, les anciens étaient parvenus à exécuter des nivellements dont l'importance ne saurait être mise en doute, par exemple, pour amener les eaux potables dans leurs grandes villes. Quand on voulut reprendre cette tradition, en particulier pour amener de grandes quantités d'eau à Versailles, on ne se contenta pas du niveau d'eau ordinaire dont Riquet paraît cependant s'être encore servi dans le tracé mémorable du canal du Languedoc, et il est très vrai, ainsi que nous l'avons dit dans l'Avertissement de cette Notice, que les académiciens les plus célèbres furent mis à contribution pour faciliter les opérations du nivellement (¹).

(¹) *Voyez* dans les *Mémoires de l'Académie royale des Sciences* depuis 1666 jusqu'à 1699, tome VI, le *Traité de nivellement,* par M. Picard, p. 631 et suivantes, et la *Relation de plusieurs nivellements faits par ordre de Sa Majesté,* p. 693 et suivantes.

Le Recueil déjà cité souvent et qui a pour titre : *Ouvrages de Mathématique,* de M. Picard, renferme également le *Traité* et la *Relation des nivellements.*

On trouve, en effet, dans les *Mémoires de l'Académie royale des Sciences*, la description de quatre niveaux imaginés dans ce but par Rœmer, de la Hire, Picard et Huygens.

Nous reproduisons la planche qui représente à la fois ces quatre instruments, et, sans qu'il soit nécessaire d'entrer dans d'autres détails, on y remarquera (*Pl. C*) qu'ils se composent tous d'une lunette astronomique armée d'une croisée de fils dont l'horizontalité de la ligne de visée est généralement obtenue à l'aide d'un fil à plomb plus ou moins lourd ou de quelque chose d'équivalent, le tout porté par un bâti volumineux.

Le niveau de de la Hire se distingue des autres par la présence de deux vases communiquants qui rappelle le niveau d'eau, la lunette y flottant par ses deux extrémités.

On ignore si les autres instruments ont beaucoup servi ([1]), mais dans celui de Picard employé effectivement aux importants nivellements (*Pl. B, fig.* 2) dont nous allons dire quelques mots, il est bon de savoir que la lunette avait 3 pieds, le perpendicule 4 pieds, enfin qu'en B (voy. *Pl. C*) il y avait une plaque d'argent sur laquelle était tracé un petit arc divisé ayant le point de suspension A pour centre et dont le milieu marquait le point où devait battre le cheveu du perpendicule, quand la ligne de visée était horizontale.

Au moyen des divisions de l'arc en minutes, on pouvait évaluer les inclinaisons de la ligne de visée dirigée vers des objets situés à d'assez grandes distances et voisins de l'horizon.

Dans la *Relation de plusieurs nivellements faits par ordre du Roy*, Picard exposait une excellente théorie de la vérification des niveaux, aussi bien de ceux des autres que du sien, et du nivellement à grandes portées; il donnait enfin les résultats des opérations qu'il avait entreprises, d'après les instructions précises du Roi. Ces opérations, qui avaient eu d'abord pour but de reconnaître dans quelles conditions les eaux

---

([1]) On avait inventé encore plusieurs autres niveaux, « mais comme la plupart, dit Picard, ne pourraient pas servir à des nivellements un peu éloignés, qui est le principal objet de cet Ouvrage, on a cru qu'il n'était pas à propos d'en parler. » *De la Théorie du nivellement*, par M. PICARD, p. 672.

recueillies aux environs de Versailles arriveraient au rez-de-chaussée du château, au-dessus de la Grotte, à Trianon, ou à la Ménagerie, près de Saint-Cyr, avaient pris une bien plus grande extension, Riquet ayant proposé d'aller chercher les eaux de la Loire et de les amener par un canal au château de Versailles.

On trouve dans la *Relation* le détail des nivellements délicats exécutés pour se rendre compte de la possibilité de ce projet et celui de « quelques autres nivellements que M. Picard fit aux environs de Versailles pour faire voir jusqu'à quelle justesse on peut parvenir en nivellant de la manière que l'on a expliquée ci-dessus (¹). »

Si l'on a pu dire malicieusement, et non sans raison, que c'était surtout pour satisfaire les fantaisies de Louis XIV que tant d'hommes de mérite ou même de génie s'étaient mis à l'œuvre, il faut convenir que l'idée de s'adresser à eux, qu'elle fût du Roi ou de Colbert, avait été excellente, car elle devait avoir des conséquences on peut dire merveilleuses. C'est, en effet, à dater de cette époque des travaux de Picard [1674 environ (²)] que s'introduisent partout, et en particulier

---

(¹) Tous ces travaux étaient faits, pour ainsi dire, sous les yeux du Roi; il suffirait, pour s'en convaincre, de se reporter à la conclusion du récit de Picard :

« Il ne sera pas hors de propos de remarquer ici, que l'eau de l'étang de Trape étant lâchée avec une charge de trois pieds, employe quatre heures de tems à faire 4000 toises de chemin avec trois pieds de pente. Mais ce qui est encore plus considérable, c'est qu'aprez que les tuyaux de conduite eurent été placez depuis l'entrée de la montagne de Salaury jusques dessus la Grotte de Versailles, Sa Majesté, faisant le premier essay de ces eaux, eut le plaisir de voir qu'elles sortaient avec tant de force, qu'il n'y avait pas lieu de douter qu'elles n'eussent pu monter plus haut, conformément aux nivellemens qui en avaient été faits, et en descendant de dessus la Grotte Elle témoigna à M. Picard qu'Elle était contente.

» On ne doit pas oublier d'avertir, ajoute, en terminant, Picard, que M. Rœmer a eu beaucoup de part aux nivellemens qui ont été faits aux environs de Versailles, ayant assez souvent tenu la place de M. Picard lorsqu'il était malade, ou qu'il était obligé de s'absenter pour quelqu'autre empêchement. » (*Relation*, etc., p. 707.)

(²) Picard avait imaginé le niveau représenté sous son nom sur la *Pl. C* antérieurement et en avait déjà donné la description dans son *Traité sur la mesure de la Terre;* mais il l'avait perfectionné et il avait développé ses idées sur la manière de s'en servir dans son *Traité de nivellement.*

dans l'art du nivellement si important pour l'exécution des grands travaux publics, les principes qui ont tant contribué au perfectionnement des méthodes d'observation et à celui de la construction des instruments eux-mêmes.

XIV. — *Aperçu rapide sur l'histoire du nivellement en France.*

Sans sortir de ce sujet du nivellement, nous avons la satisfaction de constater la part considérable qui revient aux savants, aux ingénieurs et aux constructeurs français dans les progrès accomplis précisément à partir de cette grande époque. Ainsi, après les noms de Picard, d'Auzout ([1]), de Thévenot et de Chézy, dont nous venons d'indiquer les si importantes contributions, nous pouvons encore citer plus récemment ceux d'Egault, de Lenoir, de Brunner, pour les perfectionnements ou les modifications essentielles qu'ils ont apportées à la construction du niveau à bulle d'air et à lunette de Chézy. Nous devons également rappeler la part prépondérante prise par un opérateur aussi habile que modeste, Bourdaloue, au nivellement si délicat de l'isthme de Suez, son initiative toute personnelle dans cette grande entreprise du nivellement général de la France, imitée aujourd'hui dans la plupart des pays de l'Europe, les patientes vérifications du savant ingénieur en chef des Ponts et Chaussées Breton (de Champ), chargé de la première organisation de ce service, la nouvelle théorie du nivellement de M. l'ingénieur en chef des mines Lallemand, qui le dirige actuellement, et ses excellentes méthodes de contrôle et de calculs.

Sans méconnaître le mérite des constructeurs et des opérateurs étrangers, anglais, allemands, suisses, belges, hollandais, italiens, etc., nous ne craignons pas de dire que l'exemple est

---

([1]) Nous n'oublions ni celui de Huygens, ni ceux des deux illustres collaborateurs de Picard, Rœmer et de la Hire, mais les instruments qu'avaient imaginés ces grands astronomes ne diffèrent pas essentiellement de celui de Picard et n'ont pas marqué en dehors de lui un progrès décisif.

venu de chez nous et que nulle part l'art et la science du nivellement n'ont fait de progrès comparables à ceux que nous avons été obligé de résumer trop succinctement.

XV. — *Sur le principe de la symétrie dans les observations et sur la rectification des instruments.*

Il est extrêmement probable ou plutôt il est certain que le procédé de vérification du niveau de maçon encore en usage aujourd'hui et qui consiste dans le *retournement* de cet appareil primitif, a été le même de toute antiquité. Or il est intéressant de faire remarquer que l'on trouve là le premier exemple, la première application du principe de symétrie qui préside généralement à la rectification des instruments les plus délicats et même à l'élimination des erreurs résultant de leurs imperfections.

On devine et l'on sait bien que l'installation des instruments astronomiques a toujours dû être faite en recourant à ce principe, et il suffirait de citer le tracé de la méridienne par la méthode dite *du cercle indien,* c'est-à-dire par l'observation des hauteurs correspondantes, autant dire symétriques du Soleil. Mais c'est encore dans les Ouvrages de Picard et notamment dans son *Traité du nivellement* que l'on trouve les premiers exemples très nets de l'élimination des erreurs au moyen d'observations symétriques.

Ainsi, on y voit comment on peut niveler « *sans faire la vérification de l'instrument,* en plaçant celui-ci *à égales distances des termes* dont on veut marquer des points de niveau, » ou « *en faisant un double nivellement et réciproquement fait d'une première station à une seconde, puis de cette seconde à la première,* » ou mieux encore « *simultanément avec deux observateurs* (¹) ».

Nous ne voudrions rien exagérer, mais en rendant à notre illustre compatriote la justice qui lui est due d'avoir appelé

(¹) Tous les nivellements géodésiques visant à l'exactitude ont été et continuent à être exécutés par la méthode de Picard dite *des observations réciproques et simultanées.*

l'attention sur les moyens qu'il employait pour compenser les erreurs, il nous semble légitime de supposer que ceux qui sont venus après lui ont beaucoup profité de ses conseils, justifiés d'ailleurs par l'exactitude qu'il avait prévue et obtenue pour ses résultats.

Les niveaux modernes ne ressemblent assurément pas au sien, mais la manière de les rectifier et de les employer, même sans qu'ils soient rectifiés, est toujours fondée sur les observations symétriques auxquelles il avait eu recours avec tant de sagacité.

Les rectifications de tous les autres instruments de Topographie, de Géodésie et des observatoires sont également fondées sur le principe de symétrie et il en est de même des méthodes d'élimination des erreurs d'excentricité, de la division des cercles, etc.

La *répétition des angles* destinée à atténuer les erreurs de la division de la circonférence, due au géomètre allemand Tobie Mayer et appliquée par Borda aux cercles qui portent son nom, cercle répétiteur et cercle à réflexion, également répétiteur, échappait au principe de la symétrie, mais elle est généralement remplacée aujourd'hui par la méthode dite de la *réitération,* si bien étudiée en Allemagne, qui lui est préférable et s'y rattache immédiatement.

Nous n'avons pas besoin d'insister sur l'usage continuel que l'on fait du niveau à bulle d'air, le lecteur étant sûrement très au courant des services que rend cet organe dont presque tous les instruments sont désormais pourvus, tant pour faciliter leur mise en station que pour assurer l'exactitude des mesures angulaires faites, en particulier, sur les cercles verticaux.

En nous bornant à rappeler ces services, il convient toutefois de rapprocher de la sensibilité de cet appareil celle des *vis de calage* et surtout des *vis de rappel,* en ajoutant que ces derniers organes sont gouvernés par d'ingénieux systèmes qui permettent, après l'arrêt de la lunette par une *vis de pression* dans la direction très approchée qu'elle doit prendre, de lui donner un mouvement aussi faible qu'on le veut pour opérer le *pointé* le plus rigoureux.

Ces accessoires vraiment merveilleux qui caractérisent les instruments de précision modernes sont bien connus et il serait inutile de les décrire en détail, mais il ne faut pas oublier les efforts des observateurs qui en ont inspiré les principales dispositions ni ceux des artistes de talent qui les ont réalisés, quand ils ne les ont pas imaginés. Ainsi, l'on voit déjà de nombreuses vis à caler dans les instruments de Tycho; on se souvient qu'Hévélius a été le premier à recourir aux vis tangentes et qu'Auzout employait une vis micrométrique pour conduire son fil mobile; enfin, il est bon de savoir que c'est l'astronome français Louville qui eut en 1774 l'idée d'appliquer le micromètre à la lecture des cercles divisés, notamment au cercle mural de l'Observatoire de Paris. Parmi les constructeurs anglais, français et allemands qui, depuis plus d'un siècle, ont perfectionné les systèmes de vis de pression et de rappel en même temps que les autres parties des instruments de précision, on retrouve les noms de ceux qui ont également tant contribué à donner aux machines à diviser les admirables qualités dont elles sont douées et qu'elles doivent aussi en grande partie aux propriétés des vis tangentes et des vis micrométriques : Bird, Throngton, Ramsden (¹), Lenoir, Reichenbach, Ertel, Gambey, Repsold et Brunner, pour ne citer que les plus célèbres.

XVI. — *Premier aperçu des perfectionnements apportés depuis un siècle environ à la construction des principaux instruments de Topographie.*

Nous avons, à plusieurs reprises, exprimé l'intention de nous borner à l'étude des principaux instruments topographiques et d'éviter, même pour eux, d'entrer dans des détails qu'il faut chercher dans les Traités spéciaux et dans les Cata-

---

(¹) L'histoire de l'invention des machines à diviser en Angleterre est donnée avec beaucoup de détails dans l'Ouvrage intitulé : *Geometrical and Graphical essays*, etc., by George ADAMS, 4ᵗʰ edⁿ, corrected and enlarged by William JONES; London, 1813.

logues illustrés (¹) où l'on reconnaît que leur construction a souvent varié dans les différents pays, chez les différents artistes et jusque dans les différentes écoles d'un même pays.

Nous ne nous occuperons donc ni des modifications apportées à la fabrication de la chaîne d'arpenteur, avantageusement remplacée par le décamètre en ruban d'acier, ni des règles à mesurer les petites bases, ni des variétés d'équerres ou de pantomètres, pas plus que des boussoles de poche et de la foule des instruments destinés aux reconnaissances rapides, ni même des télémètres également très nombreux et souvent très ingénieux ; enfin nous laisserons également de côté les niveaux et les mires dont il existe un si grand nombre de modèles, rattachés d'ailleurs généralement aux mêmes principes, et nous nous en tiendrons à ces trois instruments fondamentaux qui se sont dégagés de nos études précédentes : la boussole, la planchette et le théodolite.

LES TROIS PRINCIPAUX INSTRUMENTS DE LA TOPOGRAPHIE MODERNE. — Le théodolite et le visorio (si tant est que l'un n'ait pas été une simple reproduction de l'autre sous un nom différent) avaient été évidemment imaginés dans le but de permettre d'obtenir, au besoin simultanément, les angles horizontaux et les angles verticaux et, dans tous les cas, de les mesurer indépendamment, sans modifier la position de l'instrument.

Avec la planchette simple on pouvait, à la rigueur, comme on l'a vu, mesurer les uns et les autres, mais alternativement et en lui donnant, pour cela, deux positions différentes ; enfin, avec la boussole on obtenait seulement l'azimut magnétique de chaque direction observée (²).

(¹) Ces Catalogues sont extrêmement nombreux aujourd'hui et souvent très intéressants. Au siècle dernier, le principal Traité de Bion et, au commencement de celui-ci, l'Ouvrage des constructeurs anglais George Adams et William Jones pouvaient être considérés également comme des Catalogues illustrés avec commentaires.

(²) M. le Docteur von Bezold, de Nuremberg, me signale une boussole construite vers la fin du xvıᵉ siècle par Levinus Hulsius (*fig.* 51), dont le limbe gradué était inscrit dans un demi-cercle de laiton pouvant se poser sur un bâton ferré de 4 pieds de longueur, que l'on enfonçait en terre. Le diamètre de ce demi-cercle, qui était de 10 pouces, était prolongé à ses

En plaçant sur le bord de la planchette son triangle altimétrique, Prætorius avait bien donné le moyen de mesurer les angles de hauteur ou de dépression sans renverser la planchette, mais la direction, différente pour chacun des points considérés, dans laquelle on devait amener ce bord pour effectuer de telles mesures, n'était pas celle qu'il convenait de donner à la planchette pour que l'opérateur y pût tracer, à l'aide de l'alidade, les directions des points à relever. L'alidade, munie elle-même d'un demi-cercle gradué, signalée par Thomas Digges, était donc bien préférable, et c'est elle qui a donné à la planchette les propriétés du théodolite.

---

deux extrémités de façon à former une alidade également de 12 pouces subdivisée en parties égales. L'envers de ce demi-cercle, au centre duquel on pouvait attacher un fil à plomb, était divisé en deux quadrants et en disposant l'instrument verticalement, on s'en servait pour mesurer les angles verticaux. Les conditions étaient donc les mêmes pour opérer que celles de la planchette simple.

Fig. 51.

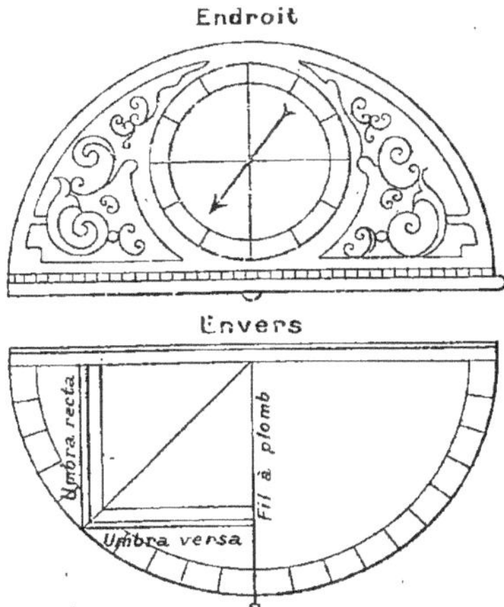

Boussole de Levinus Hulsius (XVIᵉ siècle).

On remarquera l'analogie de cette boussole avec le graphomètre qui a été imaginé vers la même époque et qui lui est supérieur en ce qu'il comporte l'emploi très commode d'une alidade mobile.

Enfin, l'on s'est avisé aussi, avec la boussole, de placer sur l'un des côtés de la boîte carrée, au centre de laquelle se trouve l'aiguille aimantée, une alidade mobile autour d'un axe horizontal, entraînant un demi-cercle divisé (comme dans l'instrument d'Andreas Albrecht qui pourrait en avoir donné l'idée) ou simplement un index qui se déplace au-devant d'un arc de cercle divisé fixé sur le bord de la boîte et que l'on a appelé *déclimètre, éclimètre* ou *clisimètre*. La boussole put alors rendre les mêmes services que le théodolite ou la planchette que l'on continue, en Allemagne et en Italie, à désigner sous le nom de *mensula prætoriana*, malgré la différence essentielle qui existe entre l'instrument de Prætorius et l'alidade nivellatrice, seule en usage aujourd'hui, qui est vraisemblablement d'origine anglaise (comparer les *fig.* 43 et 44).

L'analogie qui existe désormais entre les trois instruments ainsi disposés et que l'on peut qualifier tous les trois d'*altazimuts* est telle que les éléments recueillis à l'aide de chacun d'eux sont les mêmes, au degré de précision près.

XVII. — *La substitution du théodolite au graphomètre.*

On a beaucoup varié, dans les différents pays et selon les époques ou les besoins à satisfaire, sur la préférence à donner à la boussole ou à la planchette; quant au théodolite ou au graphomètre qui l'a remplacé en France jusqu'au commencement de ce siècle, ils n'étaient employés que pour effectuer les triangulations destinées à fournir les repères principaux aux opérateurs chargés de lever les détails.

LE THÉODOLITE ET LE GRAPHOMÈTRE. — Le théodolite inventé, ainsi qu'on l'a vu, depuis plus de trois siècles en Angleterre, était à peu près inconnu sur le continent ([1]) où l'on employait pour les triangulations le quart de cercle, le graphomètre ou

---

([1]) Le visorio de Galucci ne paraît pas, en effet, avoir été non plus très connu, même en Italie, pendant toute cette période.

Ingénieurs-géographes en train d'opérer.
(Extrait du *Traité de l'Art de lever les plans* de Dupain de Montesson.)

le cercle hollandais ([1]). Le graphomètre, très répandu en France et que les ingénieurs-géographes notamment avaient substitué au quart de cercle, s'était bien transformé en un cercle entier à lunettes plongeantes (voy. *fig.* 52, un de ces instruments avec l'opérateur qui s'en sert), mais sans changer de nom et sans qu'on ait eu l'idée de lui adjoindre un autre cercle ou un arc de cercle pour permettre la mesure simultanée des angles verticaux et des angles horizontaux.

Le théodolite proprement dit ne semble avoir été introduit chez nous dans la pratique courante — sans doute pour les motifs indiqués dans la note précédente — que vers 1820 ou 1825. M. Busset, géomètre en chef du cadastre, fit alors l'acquisition d'un théodolite *répétiteur* de Reichenbach pour exécuter une triangulation secondaire dans le département du Puy-de-Dôme, et cela lui fit, comme il le dit lui-même, gagner énormément de temps ([2]).

Aujourd'hui, le théodolite est, au contraire, sans contredit, l'instrument le plus répandu parmi les opérateurs, non seulement pour effectuer des triangulations, mais pour toutes les études de terrain faites en vue de l'exécution des grands travaux publics, sous le nouveau nom de *tachéomètre* sur l'origine duquel nous reviendrons après avoir complété l'histoire de la boussole et de la planchette, lesquelles ont subi une transformation semblable et pourraient être désignées de même.

([1]) Le nom du théodolite ne se rencontre dans aucun des Traités de Géométrie pratique les plus répandus en France jusqu'à la fin du siècle dernier, époque à laquelle le magnifique et colossal instrument construit par Ramsden pour les opérations géodésiques du major-général Roy le popularisèrent. On sait toutefois qu'à cette même époque, la méthode de la répétition des angles imaginée par Tobie Mayer et si heureusement appliquée par Borda dans la construction de son cercle répétiteur, jouissait d'une telle faveur que, malgré l'augmentation de travail qui résultait de la nécessité d'observer les distances zénithales et de réduire à l'horizon les angles mesurés dans le plan des signaux, tous les grands travaux géodésiques de Delambre, Méchain, Biot, Arago, et, plus tard encore, de Brousseaud, de Corabœuf et des autres ingénieurs-géographes, ont été exécutés exclusivement avec cet instrument. Même après les perfectionnements de la machine à diviser et la construction d'excellents théodolites répétiteurs par Gambey, on renonçait difficilement à se servir d'un instrument qui avait acquis une si haute célébrité.

([2]) *Traité pratique d'Arpentage appliqué au Cadastre*, par F.-C. BUSSET, 2ᵉ édition; Paris, 1842.

XVIII. — *Les perfectionnements de la boussole.*

Défauts de la Boussole ordinaire. — On a dû remarquer, en parcourant les paragraphes précédents, qu'à partir du xvi° siècle, la boussole avait été presque toujours associée aux autres instruments, depuis l'astrolabe, le cercle hollandais et le graphomètre jusqu'à la planchette. On s'en servait d'abord et l'on a continué de s'en servir surtout pour s'orienter rapidement, mais quand on voulut en faire un instrument indépendant, devant se suffire à lui-même, on ne tarda pas à s'apercevoir qu'il manquait de précision. La mobilité de l'aiguille, son mode de suspension qui pouvait, au contraire, la rendre paresseuse, sa désaimantation possible, sa déclinaison variable d'une contrée à une autre et avec le temps, sa variation diurne même, enfin les perturbations que pouvait lui faire subir le voisinage de masses de fer ou de certaines roches étaient autant de causes qui compromettaient la sûreté de ses indications. De là le peu de confiance qu'inspirait cet instrument à la plupart des opérateurs, jusqu'au commencement de ce siècle ([1]).

Depuis les Traités écrits pour les ingénieurs-géographes comme l'*Art de lever les plans* de Dupain de Montesson ([2]) jusqu'au Mémoire du commandant Muriel sur les *Opérations géodésiques de détail*, publié en 1803 ([3]), partout, en effet, où l'on compare la planchette et la boussole, l'avantage reste à la première. Si bien qu'en dépit des propriétés incontestables

---

([1]) Cette défiance naturelle était générale. On en trouve une preuve dans le passage suivant du Chapitre III des *Affinités électives* de Gœthe. Il s'agissait de lever le plan d'une grande propriété. « A l'aide de l'aiguille aimantée, y est-il dit, ce travail serait aussi facile qu'agréable. Si, sous le rapport de l'exactitude, il laisse à désirer, il suffit pour un aperçu général. Nous trouverons toujours plus tard le moyen de faire un plan plus minutieusement exact. »

([2]) *L'Art de lever les plans de tout ce qui se rapporte à la Guerre et à l'Architecture civile et champêtre*, par M. Dupain de Montesson, capitaine d'infanterie, ingénieur-géographe des camps et armées du Roi; à Paris, chez Joubert, MDCCLXIII.

([3]) *Mémorial du Dépôt de la Guerre*, tome Iᵉʳ, 1802-1803, p. 263-264.

qu'on lui reconnaissait, celle-ci se trouvait, au fond, discréditée jusqu'au moment où d'autres ingénieurs-géographes allaient la réhabiliter de la manière la plus éclatante.

RÉSULTATS IMPRÉVUS OBTENUS AVEC LA BOUSSOLE. — Pendant les premières années du siècle, de 1803 à 1805, trois de ces ingénieurs, Boclet, Charrier et Maissiat, chargés de continuer, sur la rive gauche du Rhin, dans le Palatinat, la Carte des Vosges de Darçon, parvenaient à lever une étendue de 1600$^{km q}$ de terrain, à l'échelle de $\frac{1}{14400}$, *sans triangulation, simplement avec la boussole*, et cette opération, vérifiée peu de temps après par l'astronome Tranchot, avait été trouvée d'une exactitude merveilleuse. La comparaison des distances calculées trigonométriquement avec la mesure des mêmes distances prises sur les minutes du lever — en tenant compte du retrait du papier accusé par le système de carreaux tracés sur les minutes — avait donné, en effet, une différence de 5^m seulement pour 20^{km}, soit $\frac{1}{4000}$ de la distance mesurée.

Il y a peu d'exemples d'un revirement aussi complet que celui qui se produisit alors dans les esprits en faveur de la boussole, considérée chez nous, depuis cette époque, comme le plus précieux et le plus indispensable des instruments que l'on puisse mettre entre les mains des militaires. Il nous a donc paru à propos de légitimer cette préférence, qui subsiste toujours, en rappelant les améliorations décisives introduites dans la disposition et l'emploi de cet instrument.

BOUSSOLE ORDINAIRE. — La boussole que l'on employait auparavant (déjà perfectionnée pourtant, si l'on se reporte à la première description que nous en avons donnée, d'après Tartaglia) se composait d'une boîte carrée renfermant un limbe divisé en 360 degrés et, en son centre, un pivot sur lequel oscillait l'aiguille aimantée dont la moitié tournée vers le Nord conservait la couleur bleue de l'acier recuit, l'autre ayant été blanchie à la lime. Le diamètre 0-180 (N.-S.) était parallèle à deux des côtés de la boîte dont l'un, celui de l'Est, portait une alidade de bois mobile autour de son milieu comme centre, les extrémités pouvant parcourir deux arcs de cercle de laiton divisés et fixés au même bord de la boîte.

L'instrument, dont l'alidade primitive avait été déjà souvent remplacée par une lunette, jouissait donc de la propriété de donner au besoin à la fois les azimuts *magnétiques* et les angles de hauteur.

Pour rapporter sur une feuille de dessin, et à partir de la station supposée elle-même représentée, la direction d'un point visé de cette station, on avait eu assez naturellement l'idée de tracer sur la feuille de dessin une série de lignes droites parallèles et équidistantes dans la direction du Sud au Nord, et l'on se servait d'un *rapporteur* en corne demi-circulaire divisé en 180 degrés, dont le rayon était au moins égal à l'intervalle des parallèles. En plaçant le centre de ce rapporteur sur l'une des deux lignes qui comprenaient la station, en amenant en coïncidence la division correspondant à l'angle marqué par l'aiguille avec cette ligne, puis, faisant glisser le rapporteur jusqu'à ce que sa *règle*, parallèle au diamètre, passât par la station, on traçait la direction cherchée le long de cette règle.

Cette opération présentait plusieurs inconvénients, et c'est pourquoi nous l'avons décrite avec quelques détails. Tout d'abord, il fallait supposer que les lignes tracées sur la feuille de dessin étaient parallèles, non au méridien astronomique mais au méridien magnétique de la localité, ou bien tenir compte de la déclinaison en l'ajoutant à la lecture faite sur le limbe de la boussole ou en l'en retranchant, et, d'un autre côté, quand l'angle à rapporter était très aigu, on pouvait ne pas atteindre la station avec le bord de la règle et il fallait tracer une direction provisoire, puis lui mener une parallèle par cette station.

Le premier de ces deux inconvénients avait été écarté de la manière la plus heureuse par Boucher, capitaine au corps des ingénieurs-géographes, qui avait imaginé de rendre le limbe de la boussole mobile dans son plan. L'instrument étant mis en station et son alidade dirigée dans l'alignement d'une méridienne tracée sur le sol (au moyen d'une observation astronomique des plus simples, hauteurs correspondantes du Soleil, Polaire à son passage au méridien ou à son élongation, etc.), on amenait le zéro du limbe sous la pointe bleue de l'aiguille, ce que l'on appelait *décliner la boussole*, et les lectures que l'on faisait ensuite aux différentes stations étaient, en effet, ainsi corrigées de la déclinaison. On pouvait, dès lors, considérer les lignes tracées sur la feuille de dessin comme des parallèles à la méridienne vraie.

Maissiat, qui a d'ailleurs contribué plus que personne à perfectionner la construction de la boussole dans toutes ses parties (¹) et à en démontrer les immenses avantages, particulièrement pour les usages militaires, tant dans les recon-

Fig. 53.

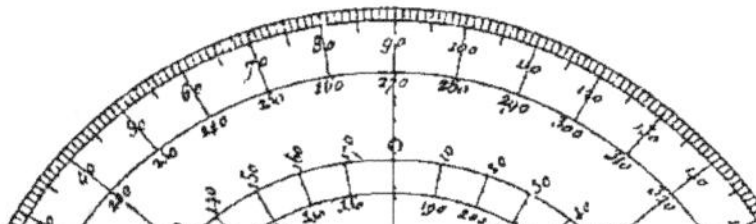
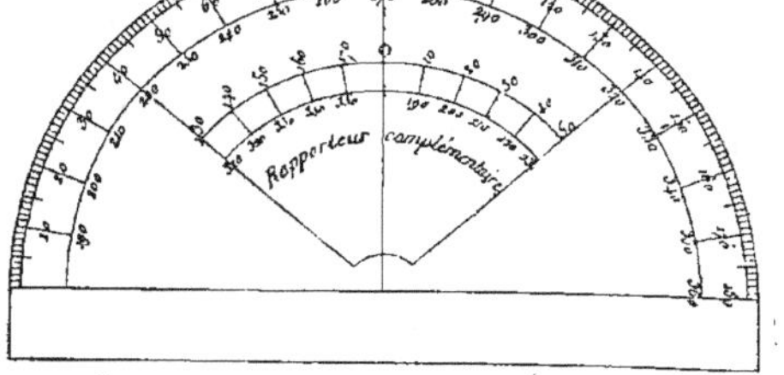

Rapporteur complémentaire de Maissiat.

naissances que dans les levers réguliers, avait mis à profit l'idée de Boucher et donné en outre le moyen d'éviter l'autre inconvénient, celui du transport des angles trop aigus sur le dessin. Ce moyen consistait à inscrire sur le rapporteur deux graduations concentriques complémentaires, d'où le nom donné par lui au nouvel instrument graphique, et à tracer sur le dessin deux systèmes de droites parallèles équidistantes (de $0^m,10$ en $0^m,10$), les unes orientées du Nord au Sud et les autres dans une direction perpendiculaire. Selon la grandeur des angles observés, on se servait de celle des graduations

---

(¹) *Voyez* son excellent Ouvrage intitulé : *Mémoire sur quelques changements faits à la boussole et au rapporteur*, par M. MAISSIAT, chef d'escadron au corps royal des ingénieurs-géographes militaires; à Paris, chez L.-G. Michaud; M DCCC XVII.

qui convenait à l'un ou à l'autre des deux systèmes de parallèles pour permettre d'atteindre immédiatement la station avec le bord de la règle (*fig.* 53 et 54).

Nous reproduisons les figures de la *boussole* et du *rappor-*

Fig. 54.

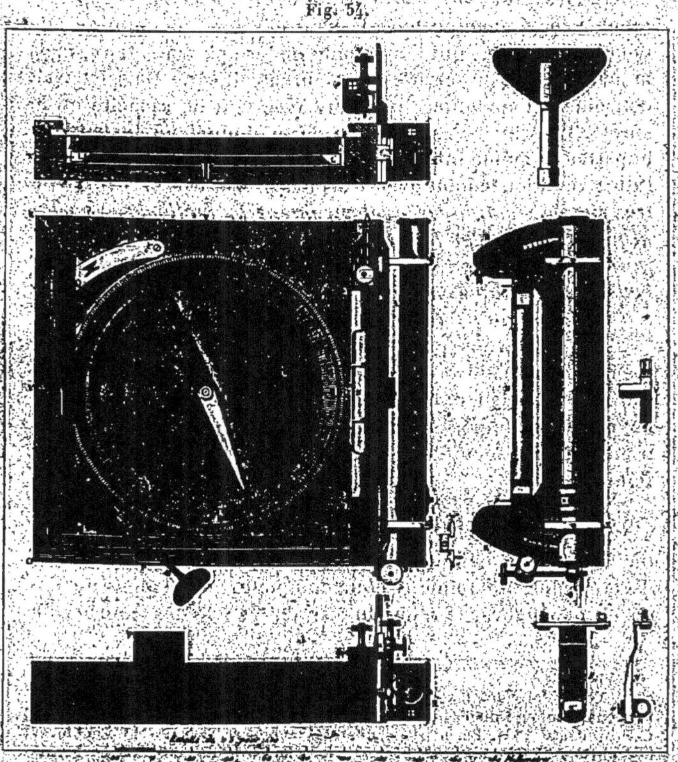

Boussole de Maissiat.

teur complémentaire de Maissiat, en nous bornant à ajouter que cette boussole, aussitôt adoptée dans nos Écoles, par les ingénieurs-géographes et par la brigade topographique du Génie dont la création et le rôle seront mentionnés au Chapitre II, a été employée avec le plus grand soin et le plus grand succès, particulièrement par les chefs et les adjoints de cette brigade ([1]).

Avec les progrès de la mécanique de précision, cet instrument a reçu, comme tous les autres, des améliorations de détail importantes qui l'ont rendu encore plus précieux, mais la manière de s'en servir est demeurée celle que Maissiat avait conseillée et appliquée lui-même avec tant de sagacité et de sûreté. Le principe essentiel en vertu duquel un instrument imparfait et même infidèle, dans certaines circonstances, a pu lutter victorieusement avec les plus précis est, en définitive, très simple : *employer exclusivement la méthode des cheminements, limiter le nombre et la longueur des côtés des polygones, qui doivent se fermer toujours presque rigoureusement, quand on opère bien et que l'aiguille aimantée n'a subi aucune perturbation anormale.*

Nous ne devons pas omettre d'ajouter que Maissiat lui-même recommandait expressément d'appuyer les polygones à des repères trigonométriques aussi multipliés que possible, l'expérience, imposée par les circonstances, du lever sans triangulation exécuté dans le Palatinat étant tout à fait exceptionnelle ([2]).

Nous ne taririons pas si nous voulions énumérer tous les services rendus par la *boussole nivelante* (c'est le nom auquel on s'est arrêté définitivement) entre les mains des officiers d'État-major, notamment pour compléter les mappes du Cadastre et y figurer le relief du terrain, à l'aide des courbes de

---

([1]) Voyez la *Notice sur la Boussole topographique*, par M. BICHOT, lieutenant-colonel du Génie, dans le n° 16 du *Mémorial de l'Officier du Génie*; Paris, 1854. En ce qui concerne l'emploi de la boussole pour lever les courbes de niveau, on ne saurait mieux faire que de consulter les leçons et les excellentes instructions données à l'École d'application de l'Artillerie et du Génie, à Metz et à Fontainebleau, par le lieutenant-colonel Clerc, le colonel Goulier et leurs successeurs.

([2]) Cette expérience a cependant été renouvelée plusieurs fois, à la vérité, sur une moindre échelle, par la brigade topographique du Génie, à Paris et à Lille, et les résultats encore très intéressants ont été publiés dans la Notice citée ci-dessus de M. le lieutenant-colonel Bichot.

niveau et, sous les formes les plus variées, entre celles des officiers de toutes armes, en campagne et dans nos possessions d'outre-mer. Les étrangers ont également employé la boussole dans les reconnaissances militaires (¹) et exceptionnellement pour des usages civils, mais, pour exécuter les minutes de leurs cartes topographiques, ils ont donné la préférence, les uns au théodolite et les autres à la planchette.

XIX. — *Les propriétés et les perfectionnements de la planchette.*

AVANTAGES PRÉTENDUS OU RÉELS DE LA PLANCHETTE. — L'un des avantages les plus incontestables de la boussole nivelante est sa légèreté et, par suite, la facilité avec laquelle on peut la transporter et l'installer partout. Ses adversaires, ou plutôt ceux qui ne voulaient pas s'astreindre à suivre la méthode de Maissiat (²), ont continué, même après la réponse qu'il leur avait faite, à prétendre qu'indépendamment de sa précision supérieure, la planchette était le seul instrument qui pût permettre de lever les détails et de les dessiner immédiatement en présence de la nature, ce qui garantissait contre les erreurs et les oublis d'une mise au net de notes et de croquis toujours incomplets. Or, quand on se sert de la boussole et du rapporteur complémentaire, les opérations de détail s'effectuent aussi bien sur le terrain où l'on emploie, non pas la lourde planchette associée à une alidade, mais une planchette légère présentant sur une feuille de papier le double système des

---

(¹) Les Anglais ont également cherché à perfectionner la boussole topographique, à laquelle ils donnent le nom de *Circumferentor*, mais c'est très indirectement, par l'addition d'un index intérieur entraîné par une alidade, qu'ils ont cherché, par exemple, à se mettre à l'abri des infidélités de l'aiguille aimantée dont le rôle se trouve ainsi considérablement réduit.

(²) L'auteur ne parle pas de cette méthode par oui-dire. Pendant les années 1847 et 1848, il l'a employée pour faire l'étude de la position militaire de Cambo, près de Bayonne, aux deux échelles de $\frac{1}{1000}$ et de $\frac{1}{5000}$, et s'il avait à recommencer le même travail, il ne s'y prendrait pas autrement aujourd'hui, sans se priver toutefois de l'emploi de la stadia, à moins de recourir à la photographie.

parallèles et des perpendiculaires à la méridienne, qui doit être considérée simplement comme une table à dessiner très portative.

Le motif beaucoup plus sérieux qui a fait adopter la planchette pour les levers topographiques de la plupart des pays de l'Europe, c'est que les opérateurs n'ont, avec cet instrument, ni à lire, ni à transcrire, ni à rapporter les angles sur le papier, pour obtenir les projections des lignes de visée, en un mot, pour la planimétrie tout au moins, l'on n'a pas à craindre d'erreurs de lecture. Une autre propriété des plus appréciables de la planchette, c'est qu'elle peut servir à résoudre graphiquement et immédiatement sur le terrain un grand nombre de questions de Géométrie pratique, autant dire de Topographie, dont la plus connue et la plus importante est celle qui porte le nom de *Problème de Pothenot* (¹) ou d'*un point par trois*

(¹) Problème de Géométrie pratique, dans les *Mémoires de l'Académie royale des Sciences, depuis 1666 jusqu'à 1699*, tome X, Paris, MDCCXXX.

Pothenot fut professeur au Collège de France et membre de l'Académie des Sciences.

Le si célèbre problème d'*un point par trois autres* avait été cependant publié antérieurement, dans l'Ouvrage de Marolois intitulé : *Œuvres ma-*

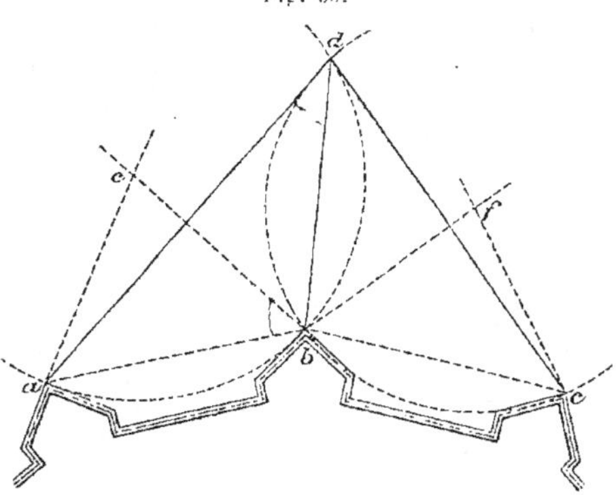

Fig. 55.

thématiques traiclans de Géométrie, Perspective, Architecture et Fortification, par Samuel MAROLOIS, de nouveau reveüe, augmentée et corrigée

autres et qui a pour but d'*orienter* la planchette partout où l'on se trouve, pourvu que l'on découvre trois points du terrain bien reconnaissables et déjà représentés sur la carte, par exemple des signaux de la triangulation.

Problème de Pothenot et méthode des recoupements. — Cette question constitue par elle-même une véritable méthode et elle a peut-être été l'origine de celle des *recoupements,* très distincte, comme on sait, de la méthode des intersections. On employait les deux méthodes bien avant les derniers perfectionnements de la planchette, à l'aide de l'alidade plongeante sans éclimètre représentée par la *fig.* 56, et qui a été en usage (le

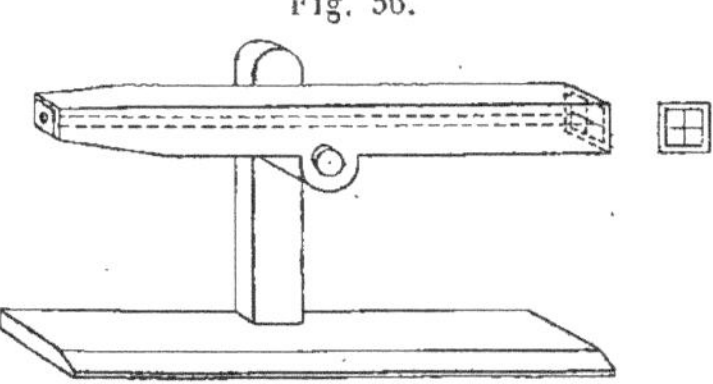

Fig. 56.

tube de bois remplacé ou non par une lunette) aussi longtemps que l'on s'est contenté de lever la planimétrie, en négligeant le

---

par Albert Girard, mathématicien. Amsterdam, chez Jan Janssen ; M DCXLVII. Nous reproduisons le texte latin de la solution donnée page 39 de l'Ouvrage et la figure (*fig.* 55) :

« Eodem modo licebit cognoscere et in tabula ponere punctum *d* quod exempli gratia erit initium cuniculi, quando in exercitu inde poterunt cerni tria loca à terra elevata quæ in urbe reperiuntur et in tabula picta sunt, qualia sunt turres, vel anguli munimentorum. Observando angulos *adb* et *bdc,* deinde subductis iisdem angulis à 90, reliquus erit angulus *eba* et *fbc,* quo poterunt inveniri centra circuli ut sunt *e* et *f*. Supra quæ, ductis arcubus, qui se invicem secant in *bd* alter cum latitudine *ca* et alter cum latitudine *fb,* tum inventum erit punctum propositum *d,* ut figura docet. »

Il est bien probable que Pothenot ignorait cette solution d'un problème qui avait dû cependant se présenter aux officiers chargés des reconnaissances à la guerre, comme dans l'exemple choisi par Marolois. Mais cette rectification est sûrement trop tardive et la question continuera sans doute à porter le nom de Pothenot. D'autres, nous le verrons, attribuent la solution à Snellius.

nivellement, c'est-à-dire jusqu'à la fin du xviiie siècle. Les cotes de niveau ne figuraient alors, en effet, et encore en petit nombre, que sur les plans des places fortes ou sur les projets de travaux publics et n'étaient déterminées systématiquement ni pour les cartes topographiques ni pour les plans de propriétés, cadastraux ou autres. Le problème des trois points (ou d'un point par trois autres) peut sans doute être résolu à l'aide d'autres instruments, par exemple du sextant ou du cercle à réflexion ou même de la boussole, et c'est l'un de ceux que rencontrent, à chaque instant, les hydrographes et les marins. On sait qu'il présente un cas d'indétermination, celui où les trois points connus et la station se trouvent sur une même circonférence. Quand on se sert de cercles divisés, la solution consiste à décrire des segments de circonférence capables des angles observés, et l'on s'aperçoit, quelquefois trop tard, de l'indétermination. Avec la planchette on est prévenu tout de suite et l'on a la ressource de changer de station.

L'orientation de la planchette, en se guidant sur trois signaux, s'effectue par tâtonnement. Après avoir tourné la planchette de manière à apercevoir ces signaux dans les directions des trois points qui y sont marqués, on fait passer la règle de l'alidade successivement par ces trois points, en dirigeant le viseur ou la lunette sur chacun des signaux, et l'on trace les projections des différents rayons visuels. Si les trois droites ainsi tracées se rencontrent en un même point, la planchette est *orientée* et le point d'intersection représente la station. Mais le plus souvent les trois droites se coupent deux à deux en formant un petit triangle, et il faut faire tourner la tablette dans un sens ou dans l'autre jusqu'à ce que, toujours par tâtonnement, on soit arrivé à réduire le triangle à un point.

Il y a toutefois une manière d'opérer plus simple qui consiste à tracer, d'un point arbitrairement choisi sur la planchette recouverte d'un papier transparent, les directions projetées des trois signaux. En enlevant ce papier et en faisant passer, par un tâtonnement très rapide, les trois lignes de visée respectivement par les points qui représentent les signaux correspondants sur la planchette, on obtient, en quelques instants, la projection de la station elle-même, et rien n'est plus facile alors que d'orienter la planchette.

Encore une fois cette méthode (comme celle des recoupements, que nous supposons bien connue) peut être employée avec les autres instruments (¹), mais nous l'avons signalée et même décrite à propos de la planchette, parce que nous la retrouverons quand nous parlerons des propriétés des photographies tout à fait assimilables à celles des tracés exécutés sur une planchette et que nous aurons l'occasion d'en indiquer une autre, très intéressante, qui en dérive et n'est applicable qu'aux épreuves photographiques.

Nous n'avons pas plus à expliquer comment on lève les détails du terrain avec la planchette que nous ne l'avons fait en parlant de la boussole, et nous ne nous arrêterons pas davantage à présenter les considérations qui, selon les circonstances, peuvent déterminer à préférer l'un de ces instruments à l'autre. Ce qu'il y a de certain, c'est que la planchette a joui et continue à jouir d'une plus grande faveur dans la plupart des autres pays qu'en France.

Depuis que l'on a entrepris avec cet instrument la construction des grandes cartes topographiques, et surtout depuis que l'on figure sur ces cartes le relief du terrain à l'aide de ce que l'on appelle les *courbes de niveau*, les anciennes alidades ont été remplacées par celle dont nous avons indiqué l'origine et qui est munie d'un niveau et d'un arc de cercle ou même d'un cercle entier divisé.

On s'est beaucoup préoccupé, d'un autre côté, des moyens de mettre rapidement et exactement la planchette en station et de sa stabilité. En un mot, comme nous l'avons annoncé plus

---

(¹) La méthode des trois points est la base de toutes celles que l'on emploie en Hydrographie et que l'on trouve exposées avec les plus grands détails dans l'Ouvrage de Beautemps-Beaupré intitulé : *Méthodes pour la levée et la construction des Cartes et Plans hydrographiques* (Paris, Imprimerie impériale, 1811). C'est aussi dans ce Traité fondamental, qui a suivi de près l'invention du *cercle à réflexion de Borda,* que se trouve le principe des levers topographiques au moyen de vues pittoresques dont nous nous occuperons dans le Chapitre III.

haut, on en a fait un instrument de précision comparable, sous bien des rapports, au théodolite.

LA PLANCHETTE DE PRÉCISION. — La planchette dite *de précision* se compose essentiellement de la tablette ou planchette proprement dite avec niveau à bulle d'air, d'un pied à trois branches, d'un mécanisme intermédiaire souvent désigné sous le nom de *genou* ou de *mouvement*, d'une part, et, de l'autre, d'une alidade à lunette nivellatrice indépendante ([1]). On y joint fréquemment une boussole appelée *déclinatoire*, dont l'aiguille de o^m,14 à o^m,15 de longueur est enfermée dans une boîte rectangulaire et indique seulement le Nord et le Sud magnétiques.

La disposition du mécanisme intermédiaire destiné à orienter la planchette, à la mettre de niveau et à amener le point de la carte directement au-dessus du point correspondant du terrain, c'est-à-dire à la mise en station de l'instrument, a beaucoup varié, et il en existe de nombreux modèles dont nous ferons connaître plus loin les plus intéressants.

L'un des premiers mécanismes substitués à la rotule est le *genou de Cugnot* ([2]), qui date du siècle dernier. Il consiste en un système de deux axes horizontaux et à angles droits l'un sur l'autre, la planchette pouvant se mouvoir successivement autour de chacun d'eux, recevoir en outre un mouvement de rotation autour d'un axe vertical et se déplacer latéralement. Tout ingénieux qu'il fût, le genou de Cugnot avait l'inconvénient de manquer de stabilité. Il y a également assez longtemps déjà que l'on avait imaginé un autre mécanisme connu sous le nom de *calotte sphérique* ([3]), à l'aide duquel on met rapidement la planchette de niveau. Cette planchette repose

---

([1]) Quelques inventeurs ont voulu réunir l'alidade à la planchette et sont retombés alors presque nécessairement sur l'antique planchette circulaire, renonçant ainsi à la méthode des intersections sur le terrain pour ne recourir qu'à celle du rayonnement.

([2]) Officier du Génie auquel est dû le premier essai d'une *voiture à vapeur*, laquelle fait partie des Collections du Conservatoire des Arts et Métiers.

([3]) Le modèle de ce mécanisme avait été établi vers 1825, dans les ateliers de l'École d'application de Metz, par Budin, adjoint du célèbre artiste mécanicien Savart.

directement sur un plateau évidé à sa partie centrale en forme
de came, et la calotte sphérique traversée par deux axes concentriques à longues tiges est, de son côté, munie d'une bielle
à rainure dans laquelle glisse un bouton circulaire placé au

Fig. 57.

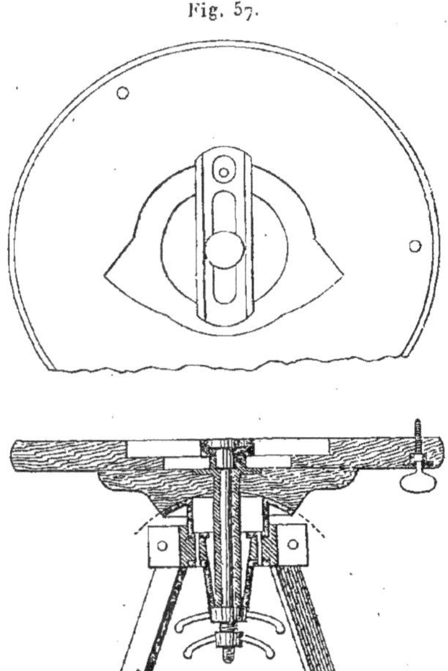

Calotte sphérique de Bodin.

centre de la planchette, tandis que la bielle glisse elle-même
sur les bords de la came.

Grâce à ces divers mouvements, très doux quand l'appareil
est bien construit, on amène aisément par rotation et par
translation un point quelconque de la planchette au-dessus
du *piquet* de la station. Ce dernier mécanisme est toujours
très goûté en France, où l'on n'a pas cessé d'utiliser la planchette, notamment dans les terrains très découverts, et pour

exécuter des triangulations secondaires, en partant de sommets trigonométriques déterminés par le calcul ([1]).

Nous n'entreprendrons pas de décrire les nombreux moyens de réglage et de mise en station de la planchette dans les autres pays, basés pour la plupart sur l'emploi d'un trépied à vis calantes analogue à celui du théodolite, avec des systèmes de chariots plus ou moins simples, plus ou moins délicats; les figures des planchettes les plus répandues et les explications données dans les Paragraphes XXVI à XXVIII suffiront pour faire apprécier les avantages et, dans certains cas, les inconvénients des dispositions adoptées.

Ces instruments, dont le poids total dépasse 18^{kg} en Allemagne et atteint encore plus de 8^{kg} aux États-Unis où l'on s'est attaché à le réduire le plus possible, sont, en réalité, selon l'expression d'un ingénieur anglais, M. Pierce ([2]), qui s'est beaucoup occupé de cette question, des théodolites dont le cercle azimutal est remplacé par une planchette, et le vernier ou l'index (le cercle alidade) par une règle qui porte la lunette et le cercle vertical. Nous nous trouvons ainsi, on le voit, ramenés en quelque sorte au point de départ de l'invention du théodolite par Digges et de l'application que l'on avait faite aussitôt de son idée pour obtenir à la fois les hauteurs et les azimuts avec une alidade posée sur une planchette. On conçoit d'ailleurs aisément que les résultats auxquels on parvient aujourd'hui, grâce à la perfection des organes des instruments altazimutaux, sont bien supérieurs à ceux que l'on pouvait obtenir à l'époque où ils ont été imaginés.

([1]) La planchette n'a jamais été très appréciée par nos géomètres du Cadastre et, surtout depuis la vogue du tachéomètre, elle paraît être abandonnée par eux aussi bien que par les ingénieurs des travaux publics. On est allé jusqu'à en proscrire rigoureusement l'emploi par le Service topographique en Tunisie, chargé des opérations du Cadastre entreprises depuis 1886. Mais ces jugements ne sont pas sans appel.

([2]) Voyez : *The economic use of the plane-table in topographical Surveying*, by Josiah PIERCE Jun. M. A. Assoc. M. Inst. C. E., *with an abstract of the discussion upon the paper. Excerpt minutes of proceedings of the Institution of civil Engineers*. Vol. XCII, session 1887-88, part II, p. 9; London, 1888.

Nous allons voir, d'un autre côté, comment ces instruments ont été, en dernier lieu, mis en état de procurer immédiatement la distance du point visé, et par conséquent de déterminer d'une manière complète les positions relatives de tous ceux que l'on découvre de chaque station. D'où le triomphe de la méthode du rayonnement substituée, dans la plupart des cas, à celle des intersections qui semblait pour ainsi dire inséparable de la planchette.

XX. — *Premiers essais entrepris pour mesurer immédiatement les distances terrestres sans les parcourir.*

MICROMÈTRE OCULAIRE COMBINÉ AVEC UNE MIRE VERTICALE. — On a vu, au Paragraphe X de ce Chapitre, que le micromètre oculaire introduit pour la première fois par Huygens, en 1659, sous une forme rudimentaire, dans la lunette astronomique, fut perfectionné de la manière la plus heureuse, en 1662, par le marquis de Malvasia qui lui donna celle d'un *réseau* de fils d'argent, d'où le nom de *réticule* toujours en usage, ainsi que nous l'avons fait remarquer. Ce réticule était destiné à évaluer les diamètres apparents des planètes ou la distance angulaire de deux astres très voisins, une comète et une étoile de comparaison, par exemple.

Geminiano Montanari, qui s'en était servi chez Malvasia, eut un peu plus tard, en 1674, l'idée de l'employer, en remplaçant les fils d'argent par des cheveux, à la mesure des distances terrestres ([1]). Ces cheveux ou fils étaient au nombre de douze à quinze, parallèles et équidistants; l'étalonnage du système était fait, au préalable, sur les images d'une *mire verticale de grandeur constante* transportée à des distances successives que l'on mesurait exactement à la chaîne et qui devaient croître proportionnellement au nombre des fils embrassé par l'image de la mire. Dès lors, quand cette mire était placée ensuite

______

([1]) *La Livella diottrica del Dott. Geminiano Montanari.* Bologna, per li Manolessi, 1674.

en un point quelconque dont on voulait déterminer la distance, il suffisait évidemment de compter le nombre des intervalles et, au besoin, d'évaluer la fraction d'intervalle complémentaire que couvrait son image, pour en conclure la distance cherchée.

Ce procédé ne différait pas, en principe, de celui qui est habituellement en usage et dans lequel *c'est la grandeur de la mire qui varie, celle de l'image restant constante* (il y a même des exemples récents du retour à l'emploi d'une mire de grandeur constante). Voici, au surplus, depuis cette première tentative et d'après un auteur allemand (¹) qui a bien étudié les origines de la mesure des distances au moyen du micromètre oculaire (²), si généralement pratiqué aujourd'hui, les phases de la découverte de cette importante méthode.

Le célèbre mathématicien Tobie Mayer avait eu, vers 1748, à Göttingue, l'idée de construire, pour les observations astronomiques, un micromètre oculaire formé de lignes fines et parallèles tracées à l'encre de Chine sur une lame de verre qui ne pouvait pas être d'une grande précision, même après que le procédé eut été amélioré par Georg Friedrich, mécanicien à Augsbourg.

Mais un autre constructeur, Brander, en ayant eu connaissance, avait tracé les lignes micrométriques sur verre au moyen

---

(¹) Schmidt, *Mensula prætoriana* dans la *Zeitschrift für Vermessungs-wesen im Auftrag und als Organ des deutschen Geometervereins,* — XXII Band, 1893.

(²) Nous continuerons à nous servir de cette expression consacrée par le temps et l'autorité des inventeurs. Les Allemands n'ont pas hésité à composer, dans leur langue agglutinante, des mots interminables pour désigner *les instruments pourvus de lunettes avec micromètres destinés à la mesure des distances.* Les savants français et italiens ont eu recours, comme ils le font habituellement, au grec. Ils ont adopté par exemple l'épithète *diastimométrique,* d'autres disent *diastimétrique,* pour qualifier les instruments propres à la mesure des distances, au lieu de *diastasimétrique* ou *diastémamétrique.* Mais ce ne sont pas les seules expressions qui prêtent à la critique, et la manie de forger des mots, le plus souvent mal conformés, pour désigner des choses très simples ou des séries d'instruments qui diffèrent à peine les uns des autres, a fait de notre vocabulaire topographique une sorte d'argot à peine intelligible pour les initiés.

d'un diamant ou d'une pointe de silex et était ainsi parvenu à obtenir des divisions visibles à l'œil nu, n'ayant cependant que $0^{mm},01$ de largeur. De 1764 à 1773, Brander publia des Mémoires sur la construction et l'usage de son micromètre appliqué à divers instruments et notamment à l'alidade (*Distanzenmesstubs*) d'une *nouvelle planchette pour une station*, qui obtint le prix de l'Académie royale des Sciences de Danemark, en 1778. Le micromètre sur verre (*Glasskala*) avait 2 degrés d'amplitude et l'intervalle de ses divisions était de 2 minutes; il était placé dans une lunette (*Kippelregelfernrohr*) d'un pied de distance focale et grossissant 6 fois.

Brander recommandait déjà, pour simplifier le calcul des distances, l'emploi d'une *règle logarithmique* qu'il avait construite et dont il avait expliqué la disposition et l'usage dans sa publication de 1772. Il avait montré, en outre, comment on pouvait mesurer les angles de hauteur avec sa *planchette universelle;* on doit donc le considérer comme le précurseur de la Tachymétrie ou Tachéométrie par la planchette (*Messtisch-Tachymetrie*) et même de ce que les Italiens ont appelé la Célérimétrie (*Celerimensura*).

Il existe un grand nombre d'instruments originaux de ce constructeur dans les collections des principaux établissements publics de Bavière, notamment à l'Académie royale des Sciences de Munich, dont Brander était membre. Il paraît qu'ils sont admirables au point de vue de l'exécution mécanique et du travail du métal.

Des lunettes à micromètre oculaire formé de *deux ou trois traits horizontaux* seulement et d'*un trait vertical* tracés sur verre avaient été construites en 1777, à Augsbourg, dans l'atelier de Brander et Höschl. Cette disposition réalisait donc déjà *l'angle micrométrique* ou *parallactique constant* dont l'idée est généralement attribuée à l'opticien et mécanicien anglais Green.

La Stadia. — Green avait, en effet, dès 1770, paraît-il, conçu et exécuté une lunette pour mesurer les distances qui se trouve décrite dans une publication ayant pour titre : *Descrip-*

*tion and use of an improved reflecting and refracting teles-
cope and scales for Surveying;* London, 1778.

Il y avait peut-être là une coïncidence, mais l'honneur de
l'invention n'en appartient pas moins à Green qui l'a décrite
de la manière la plus complète. Dans ses réflecteurs comme
dans ses réfracteurs, au lieu de traits gravés sur verre (¹), il
employait deux fils parallèles tendus au foyer de l'instrument
entre lesquels il observait l'intervalle intercepté sur une
échelle divisée (*Scale*). On ne pouvait pas encore, comme sur
nos *mires parlantes*, faire la lecture immédiate, mais il y avait
sur celle de Green deux voyants que le porte-mire manœu-
vrait séparément, selon les indications de l'opérateur, de façon
que leurs images vinssent chacune sur l'un des deux fils et
leur intervalle était lu sur l'échelle par le porte-mire qui l'in-
diquait à l'opérateur (²).

Dans un Ouvrage qui peut être considéré comme un catalogue illustré et raisonné des instruments de lever et de
nivellement, récemment publié en Angleterre (*Surveying and
levelling instruments theoretically and practically descri-
bed,* by William Ford Stanley, optician-manufacturer, London,
E. et F. N. Spon, 1895), l'auteur affirme que la méthode de
Green se répandit en Angleterre et qu'elle continua toujours
à y être en usage, quoique modérément (*his method conti-
nued in limited use in this country ever since*). Cependant
il n'en est fait mention, à notre connaissance, non plus que
de celle de Brander, ni dans les Ouvrages anglais ni dans les
Ouvrages allemands du commencement de ce siècle (³), et

(¹) En revenant aux traits gravés sur verre, plusieurs constructeurs
modernes ont pu croire qu'ils imaginaient un procédé qui, on le voit,
remonte au siècle dernier. On sait d'ailleurs qu'à part leur fragilité, les
fils d'araignée qui ont remplacé les cheveux et les fils de soie sont préférables aux traits gravés sur verre dont les astronomes et les géodésiens
n'ont jamais fait usage. Nous trouverons plus loin des échelles micrométriques sur verre obtenues photographiquement disposées au foyer de
certaines lunettes.

(²) Cette méthode des deux voyants a été employée assez récemment et
est encore employée quelquefois en Belgique, aux États-Unis, en France
et sans doute ailleurs.

(³) Il est fait allusion, au contraire, assez indirectement à la vérité, dans le
Traité de la construction et des principaux usages des instruments de

c'est seulement à l'occasion des travaux d'arpentage entrepris
en Bavière en 1810 que l'on paraît avoir commencé à la mettre
à profit.

Il résulte aussi d'un souvenir de Poncelet que, vers la
même époque, en 1812, les officiers et les gardes du génie
français se servaient de la stadia, à Flessingue. On ne sait pas
comment ni par qui avait été introduit cet instrument et pourquoi on y avait renoncé, car un peu plus tard, sous la Restauration, c'était à l'exemple des ingénieurs bavarois qui l'em-

---

Mathématique de BION (Paris, 1716), p. 229 et 235, à l'emploi du micromètre
pour évaluer de faibles distances *entre deux objets terrestres;* mais il est
certain, d'un autre côté, que ce même micromètre était employé depuis
assez longtemps, dans tous les cas avant la fin du siècle dernier, à la mesure
de distances bien plus grandes que celles que l'on évalue ordinairement en
Topographie. Ainsi Beautemps-Beaupré cite des mesures de grandes bases
effectuées de 1791 à 1793, à l'aide d'un micromètre et de mires attachées à
un mâtereau bien vertical, comparées aux mesures de ces mêmes bases
faites avec une chaîne et ayant le même degré de précision. L'une de ces
vérifications qui eut lieu dans la *baie de l'Adventure* ne donna pas même
une toise de différence sur la distance de 1731 toises.

Sans compter toujours sur une telle approximation, comme le dit l'auteur
lui-même, cette méthode encore en usage, croyons-nous, parmi les hydrographes, mérite d'être signalée et recommandée pour la construction des
cartes qui doivent être levées rapidement, par exemple, dans les colonies.
(*Voyez* BEAUTEMPS-BEAUPRÉ, *Méthodes de levée et construction des cartes
et plans hydrographiques.*)

Mais cette application si précieuse du micromètre paraissait alors ré-
servée à la mesure des grandes distances, tandis que sa généralisation
avait été très nettement formulée par Green qui était allé jusqu'à en faire
remarquer l'utilité dans les nivellements, car, disait-il, « on peut obtenir
en même temps l'inclinaison et la distance », et il ajoutait : « Le point de
station d'où sont faites les observations est le centre de cercles dont chaque
rayon est la distance cherchée, laquelle distance s'obtient en mesurant la
longueur, autant dire la *tangente ou la corde de petits arcs* dont les limites sont définies en regardant leur image entre deux points situés dans
le plan focal de la lunette, et en déplaçant ces points vers le haut ou vers
le bas, jusqu'à ce qu'ils correspondent exactement à ces limites. La manière
d'observer est naturelle ; avec de la pratique, on s'y habitue et elle tend
toujours à devenir plus parfaite. Par ce procédé, un opérateur quelconque
peut, en moins de deux heures, prendre toutes les mesures nécessaires
pour obtenir l'aire d'un polygone irrégulier de 80 ou 100 acres (35 à 45 *hectares*) et limités par vingt à trente côtés inégaux. » (*Surveying and Levelling instruments,* by W. T. STANLEY, p. 324-326). Toutes les conséquences
de la méthode se trouvaient prévues; on le voit, dans ces quelques lignes;
mais, encore une fois, il ne paraît pas que l'exemple et les conseils de
Green, pas plus que ceux de Brander, aient beaucoup frappé leurs contemporains.

L.

ployaient à Germesheim pour les levers de fortification et des environs, que le capitaine du génie Morlet s'était avisé de s'en servir.

Quoi qu'il en soit, toujours à la même époque ou à peu près, les officiers piémontais s'en servaient également sur la frontière de la Savoie et précisément sous ce nom de *stadia* (de στάδιον, mesure itinéraire) qu'ils paraissent avoir été les premiers à lui donner.

Le chevalier de Lostende, capitaine d'état-major, qui avait eu l'occasion de les voir opérer, faisait aussitôt construire un appareil composé d'une boussole semblable à celle de Maissiat avec un micromètre au foyer de la lunette et une mire de 3^m de hauteur, ingénieusement divisée de manière à permettre facilement la lecture dans la lunette. Les *fils mesureurs* horizontaux du micromètre, au nombre de trois, étaient également espacés et, jusqu'à la distance de 200^m, on observait avec les deux fils extrêmes dont l'écartement était de $\frac{1}{67}$ de la longueur focale de la lunette.

A 200^m, l'angle micrométrique de ces deux fils embrassait donc toute la hauteur de la mire et pour les distances supérieures, entre 200^m et 400^m, on se servait du fil du milieu et de l'un des extrêmes.

Une commission composée du colonel Bonne et du commandant Maissiat, chargée en 1822 d'expérimenter l'instrument et la méthode, avait fait un rapport des plus favorables, dont la conclusion était que les mesures obtenues avec la stadia avaient le même degré d'exactitude que celles faites avec la chaîne.

« Entre six distances mesurées sur un terrain uni, d'abord à la stadia, puis avec la chaîne, était-il dit dans le rapport de Maissiat, on constate la coïncidence suivante :

	m	m	m	m	m	m
A la stadia...	14,6	44,8	95,0	169,0	221,5	291,0
A la chaîne..	14,5	44,7	94,9	169,0	221,1	291,2. »

En conséquence, et sur la proposition du Directeur général du Dépôt de la Guerre, le Ministre avait prescrit l'usage de la stadia à **MM**. les ingénieurs-géographes et fait rédiger une instruction qui porte la date de mars 1822 ([1]).

Mais tout cela fut platonique et, pendant plus de vingt-cinq ans, la stadia fut ignorée en France ou plutôt écartée et considérée simplement comme une curiosité plus ou moins intéressante ([2]).

Les résultats des expériences comparatives que l'on vient de rapporter et qui comprenaient des mesures de distances depuis 15^m jusqu'à 300^m étaient cependant de nature à inspirer confiance aux topographes, mais nous l'avons déjà constaté, à plusieurs reprises, les nouveautés sont presque toujours suspectes et, dans le cas actuel, les récalcitrants pouvaient objecter, — et objectèrent en effet, — que la mise au point de la lunette pour des distances différentes de la mire faisait varier l'angle micrométrique, ce qui entraînait une erreur dans l'évaluation de ces distances.

XXI. — *Premiers perfectionnements de la nouvelle méthode pour la mesure des distances.*

CORRECTIONS PAR LE CALCUL. — Il était aisé, à la vérité, de calculer ces erreurs pour chaque instrument, d'en dresser une Table ou de tracer une Échelle de corrections graphiques, et l'on constatait la faiblesse de ces corrections pour les lunettes employées, les plus grandes atteignant à peine de 2 à 3 décimètres, — ce qui explique l'accord entre les mesures faites par les deux

---

([1]) *Mémorial du Dépôt général de la Guerre*, tome IV, année 1826; Paris, 1828. Rapport sur la Stadia, pages 70 à 77.

([2]) Pendant des travaux topographiques dont il était chargé de 1846 à 1848, dans les Pyrénées, l'auteur de cette étude ayant vu la stadia recommandée par le chef de bataillon (depuis colonel) Leblanc, dans le n° 14 du *Mémorial de l'Officier du Génie*, année 1844, avait fait construire une mire spéciale et disposé un micromètre au $\frac{1}{100}$ au foyer de la lunette de l'une de ses boussoles; mais, en dépit d'expériences très encourageantes qu'il avait communiquées à son chef immédiat, il avait reçu pour toute réponse de celui-ci la défense formelle de se servir d'*un procédé qui ne pouvait donner que des résultats inexacts*.

procédés de la stadia et de la chaîne, dont on vient de donner les résultats. — Toutefois, on pouvait opérer plus aisément et d'une manière rigoureuse, d'après la remarque du célèbre artiste Reichenbach, de Munich, qui, selon Bauernfeind (¹), avait construit, dès 1809, une lunette pour mesurer les distances, étudié l'importance de l'erreur de la mise au point et montré que l'on pouvait réduire toutes les corrections à une constante.

C'est donc avec raison que le professeur Hammer (²) et, après lui, M. N. Jadanza (³), ce dernier en cherchant loyalement à reconnaître les mérites de chacun de ceux qui ont perfectionné la nouvelle manière de mesurer les distances, ont considéré que Reichenbach avait donné à la méthode de Green tout le degré de précision désirable, ceux qui sont venus après lui ayant seulement rendu plus élégante, sinon plus simple, la solution du problème.

THÉORÈME DE REICHENBACH. — En négligeant la variation de la distance focale de la lunette, on admettait que l'intervalle intercepté sur la mire par l'angle micrométrique était proportionnel à la distance de la mire au *centre optique* de l'objectif; en tenant compte de cette variation, Reichenbach fit voir que *la proportionnalité entre l'intervalle intercepté sur la mire et la distance de cette mire existait pour le foyer antérieur de l'objectif*, c'est-à-dire pour un point différent, mais très voisin du premier.

Soient (*fig.* 58) :
AB l'intervalle intercepté sur la mire $= M$,
$ab = m$ la distance (constante) des fils du micromètre,
D la distance de la mire au centre optique de l'objectif,
$OF = f$ la distance focale principale (constante) de l'objectif,
$Om = f'$ la distance focale conjuguée de la distance de la mire.

(¹) BAUERNFEIND, *Elemente der Vermessungskunde*, Stuttgard, 1879.
(²) HAMMER, *Zeitschrift für Instrumentenkunde*, 1892.
(³) N. JADANZA, *Per la Storia della Celerimensura* (*Rivista di Topografia e Catasto*); Roma; 1894.

On a les deux équations :

$$(1) \qquad \frac{1}{D} + \frac{1}{f'} = \frac{1}{f},$$

$$(2) \qquad \frac{M}{m} = \frac{D}{f'},$$

et, en éliminant f',

$$\frac{M}{m} = \frac{D - f}{f},$$

d'où

$$(3) \qquad M = \frac{m}{f}(D - f).$$

Ce qui démontre le *théorème de Reichenbach*, le rapport $\frac{m}{f}$ étant constant.

On peut encore écrire la relation (3)

$$D = M \frac{f}{m} + f;$$

or le rapport $\frac{m}{f}$, qui n'est autre chose que la tangente trigonométrique de l'angle micrométrique ou *stadimétrique*, est

Fig. 58.

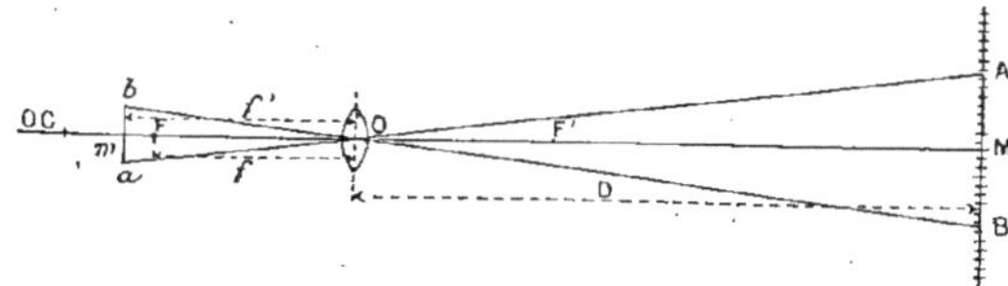

fait égal tantôt à $\frac{1}{67}$ (comme ci-dessus), tantôt à $\frac{1}{50}$, $\frac{1}{60}$, $\frac{1}{100}$, $\frac{1}{200}$, etc.

Après avoir multiplié l'intervalle M intercepté sur la mire par 67, ou 50, ou 60, etc., ce qui se fait d'ailleurs immédiatement par la lecture des divisions de la mire tracées convenablement, il suffit donc d'ajouter la distance focale constante f

qui varie généralement de $0^m,15$ à $0^m,35$, et si l'on veut rapporter les distances au centre de l'instrument, il faut ajouter une seconde constante qui est à peu près la moitié de l'autre.

On voit déjà que la correction, très facile à faire, était sinon négligeable, du moins bien peu sensible aux grandes échelles, car elle atteignait tout au plus $0^m,50$ et dans les opérations de détail il eût été impossible d'en tenir compte graphiquement, à partir de l'échelle de $\frac{1}{10000}$ ou même de $\frac{1}{5000}$.

Vers 1850, le capitaine (depuis colonel) Goulier, dont nous aurons à citer souvent les travaux, avait imaginé un moyen mécanique très ingénieux d'éviter l'addition de la quantité constante.

Ce moyen consistait à diminuer la hauteur de l'une des divisions de la mire d'une quantité facile à calculer pour chaque instrument (^{1}).

Enfin, dans plusieurs pays où l'on avait adopté d'assez bonne heure l'emploi de la stadia associée à l'alidade de la planchette, en Suisse et naturellement en Bavière, où l'on connaissait bien la correction indiquée par Reichenbach, on ne s'en préoccupait pas outre mesure et les opérations graphiques effectuées en recourant à la stadia avaient autant de précision que celles qui étaient exécutées avec la chaîne, dans les mêmes conditions.

En Italie, il en était de même à l'époque où le chevalier de Lostende avait vu les officiers piémontais opérer sur les frontières de la Savoie avec une boussole topographique (^{2}). D'après M. Jadanza, ces officiers se nommaient Bagetti, Ne-

---

(^{1}) *Mémoire sur la stadia et sur les instruments servant conjointement avec elle au mesurage des distances,* par M. GOULIER, capitaine du génie, dans le n° 16 du *Mémorial de l'Officier du Génie,* Paris, 1854. Le colonel Goulier reconnaissait toutefois lui-même qu'il y avait des inconvénients à avoir ainsi des divisions inégales sur une mire qui, dès lors, *ne pouvait plus servir à exécuter des nivellements précis par ressauts horizontaux.*

(^{2}) Nous ferons remarquer que, dans ce cas, la lunette n'ayant guère que $0^m,15$ de distance focale, la correction des distances n'eût été que de $0^m,20$ à $0^m,25$. Ajoutons, d'ailleurs, que la manière de régler l'écartement des fils micrométriques, en pointant sur la mire portée à une distance mesurée avec la chaîne, contribuait encore à réduire cette correction, ce qui explique les faibles différences constatées entre les mesures faites avec la stadia et avec la chaîne dans les expériences citées plus haut.

gretti et Melano, et c'était Negretti (¹) qui avait initié le chevalier de Lostende, comme il devait initier plus tard son compatriote Porro (²), dont le nom est beaucoup plus connu comme
étant celui sinon du créateur, tout au moins du propagateur
le plus actif de la *Célérimétrie* ou de la *Tachéométrie*, dont
nous allons nous occuper.

XXII. — *Célérimétrie ou Tachéométrie,*
d'après l'ingénieur italien Porro.

INVENTION ET INFLUENCE DE PORRO. — L'usage de la stadia tardait toutefois à se répandre, jusqu'au moment où un homme,
d'un mérite incontestable, dont nous serons cependant obligé
de combattre les prétentions et les exagérations, vint faire
connaître en France, vers 1849, une nouvelle et brillante solution du *problème de la parallaxe* qu'il avait imaginée, affirmait-il, vingt-cinq ans auparavant.

L'inventeur dont il s'agit, Ignazio Porro, né à Pignerol, en
1801, avait été officier du génie dans l'armée piémontaise et,
parvenu au grade de major, il avait pris sa retraite en 1847.

De son propre aveu, ainsi que le fait remarquer M. Jadanza,
il devait beaucoup à Negretti. Ainsi, en parlant de la lunette à
mesurer les distances, dans l'Ouvrage qu'il fit publier à Turin,
en 1850 :

« C'est aussi à l'extrême obligeance de M. Negretti, disait-il,
que je dois la connaissance de ce diastimomètre tel qu'il l'em-

---

(¹) Negretti serait aussi celui qui avec Bagetti aurait fait adopter le nom
de stadia pour désigner la mire parlante. M. Jadanza cite encore, sans
insister, un autre Piémontais nommé Gatti qui aurait employé la lunette à
mesurer les distances, dès 1803. (*Voyez* JADANZA, *Per la Storia della
Celerimensura.*)

(²) Quelques auteurs ont supposé, par erreur, que c'était Porro qui avait
donné au chevalier de Lostende des renseignements sur la stadia. Or Porro
était né en 1801, et n'avait, par conséquent, que quinze ans en 1816. Ce qui
est malheureusement plus vrai, c'est qu'avec son caractère violent et sans
avoir pris la peine de lire le Mémoire du chevalier de Lostende, il accusait
ce galant homme de s'être attribué l'invention de la stadia. (*Voyez* JA
DANZA, *Per la Storia della Celerimensura*, page 15.)

ployait lui-même; et sentant, comme il les avait sentis, les inconvénients optiques signalés plus haut, je me suis dévoué à la recherche des causes qui avaient arrêté M. Negretti; j'ai eu le bonheur de les découvrir et je suis arrivé à une nouvelle combinaison de lentilles, formant une lunette achromatique susceptible de la plus haute perfection et exempte de tous les inconvénients que l'on remarquait encore dans l'application des micromètres à la mensuration des longueurs, lunette à laquelle convient l'épithète de *stéréogonique*, c'est-à-dire *à angle invariable* » (¹).

Voici le principe de cette découverte, tel qu'il est exposé par Porro dans sa première publication citée par M. Jadanza (²) :

« En O (*fig.* 59) est un objectif achromatique, R est un verre convexe dont le foyer existe au centre optique de l'ob-

Fig. 59.

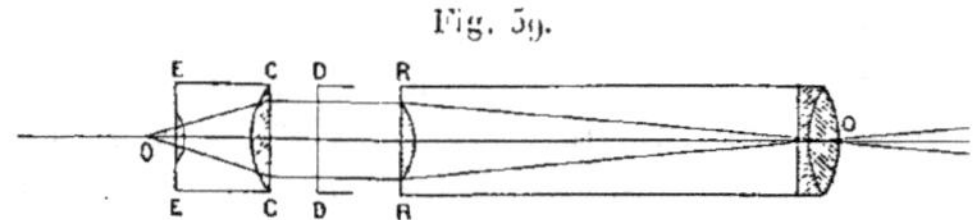

jectif; les lentilles C, E constituent ensemble un oculaire de Ramsden.

» La distance OR est rendue invariable et forme avec l'objectif O un système qu'on appellera le *système objectif;* le diaphragme D portant le réticule peut se mouvoir longitudinalement dans les tubes, par rapport au système objectif ainsi que le système oculaire par rapport au réticule.

» On voit que, par cette disposition, les axes des faisceaux lumineux qui ont passé par le centre optique de l'objectif et se sont croisés sans se réfracter, se trouvent parallèles entre eux et à l'axe de la lunette, après avoir traversé le second verre, et durant la portion de leur trajet qui a lieu dans l'es-

---

(¹) *La Tachéométrie ou l'art de lever les plans et de faire les nivellements avec une économie considérable de temps,* par J. PORRO, major du génie militaire, en retraite; Turin, 1850, impr. Zecchi et Bona.
(²) *La Tachéométrie,* etc., page 15.

pace de longueur variable, compris entre le système objectif et le système oculaire et que, par conséquent, l'angle micrométrique émergeant de l'objectif se trouve rendu constant, malgré la variation focale de la lunette, due à la variation de distance de l'objet observé et malgré la variation dans la force visuelle de l'observateur. »

Porro était donc ainsi parvenu à rendre au centre optique de l'objectif la propriété dont jouissait auparavant le foyer antérieur ou de première espèce. L'épithète de *stéréogonique* donnée à sa lunette est à peine connue et on lui a substitué celle d'*anallatique*, Porro ayant qualifié de *centre d'anallatisme* le point de l'axe optique pour lequel *les distances de la mire deviennent proportionnelles aux intervalles interceptés sur cette mire par l'angle micrométrique* (¹).

L'inventeur n'avait pas tardé d'ailleurs à reconnaître que le centre optique de l'objectif n'était pas le point qui convenait le mieux comme centre d'anallatisme, et après avoir assez aisément démontré que ce centre pouvait être transporté en un point quelconque de l'axe optique, il avait choisi naturellement celui qui correspondait à l'axe de rotation de la lunette.

Le point de départ des recherches de Porro avait été sûrement le théorème de Reichenbach, bien qu'en en faisant usage il ait négligé d'en citer l'auteur. Celui qu'il a si habilement résolu lui-même est le suivant :

THÉORÈME DE PORRO. — *Dans tout système optique convergent, on peut déterminer sur l'axe central un point tel que tous les objets qui, vus de ce point, sous-tendent le même angle, auront leurs images conjuguées de même dimension* (²).

(¹) On a remarqué avec raison (Breton de Champ) qu'il existait déjà un centre d'anallatisme dans les lunettes ordinaires qui sont, par conséquent, elles-mêmes anallatiques.

(²) *Voyez* dans les *Annales des Mines*, 4ᵉ série, tome XVI, Paris, 1849, la savante Notice de H. DE SÉNARMONT, ingénieur des Mines, *Sur quelques instruments imaginés par M. Porro, pour abréger et simplifier les opérations de la Géodésie, de la Topographie, du Nivellement et de l'Arpentage.*

Les essais faits dès 1824, en Piémont, avec la lunette stéréogonique ou anallatique avaient donné les résultats les plus satisfaisants et, d'après Porro, ses instruments étaient éprouvés par vingt-cinq ans d'usage pratique, lorsqu'il vint en France solliciter l'approbation des savants et de l'administration. Il présentait, en effet, à la fois, à l'Académie des Sciences et au Ministre des Travaux publics un Mémoire très développé sur le sujet qui nous occupe et sur un apapreil à mesurer les bases.

Ce Mémoire fut renvoyé par l'Académie à une Commission composée de MM. Binet, Faye et Largeteau, et par le Ministre à une autre Commission composée d'ingénieurs des Ponts et Chaussées et des Mines, MM. Marie, de Sénarmont, Grenet et Lalanne. Il fut publié, en 1852, dans les *Annales des Ponts et Chaussées* avec un résumé du Rapport de M. Lalanne, qui était des plus élogieux ([1]). La Commission des ingénieurs concluait, dans son Rapport, en priant le Ministre de faire déposer aux Écoles des Ponts et Chaussées et des Mines le modèle principal du *théodolite olométrique* avec ses accessoires y compris la stadia et celui du système complet des appareils propres à la mesure des bases ([2]), *enfin de commander trois*

([1]) *Mémoire sur de nouveaux instruments et procédés de Géodésie, de Nivellement et d'Arpentage*, par M. PORRO, officier du génie piémontais (*Annales des Ponts et Chaussées*, 3ᵉ série, 2ᵉ année, 6ᵉ cahier, Mémoires, t. IV).

([2]) L'appareil dont il s'agit se composait d'une règle unique en sapin de 3ᵐ,07 de longueur, à chacune des extrémités de laquelle une languette métallique divisée était incrustée dans l'axe de la règle. On opérait avec cette règle portée successivement sur la direction de la base jalonnée, comme on le fait généralement aujourd'hui, surtout depuis que Porro eut appelé l'attention sur un moyen qui avait l'avantage de simplifier la construction d'appareils composés auparavant de plusieurs règles portées bout à bout comme celles de Borda. Seulement Porro aurait dû dire, car il ne pouvait pas l'ignorer, qu'il avait été devancé par notre compatriote d'Aubuisson des Voisins, ingénieur des Mines, qui s'était servi d'une *règle à traits* absolument semblable à la sienne et avait employé la même méthode pour mesurer, en 1810, une base précisément dans *la plaine de Turin*, c'est-à-dire dans le pays de Porro. Nous avons eu déjà l'occasion de signaler ailleurs cet oubli en donnant un extrait du Rapport de la Commission, composée de Laplace, Biot et Arago, sur le Mémoire lu par d'Aubuisson *à la classe des Sciences mathématiques et physiques de l'Institut de France*, le 26 mars et le 9 avril 1810.

D'un autre côté, Hassel, qui avait employé en 1816 la règle unique pour

autres théodolites de dimensions différentes destinés à être suivis et étudiés par les ingénieurs ayant un grand nombre d'opérations à faire sur le terrain. Mais ces excellentes dispositions aussi bien que les anciennes instructions du Ministre de la Guerre, en 1822, eussent encore tardé longtemps sans doute à être suivies d'effets, sans l'initiative indépendante, il faudrait dire audacieuse, d'un praticien distingué qui parvint rapidement, comme nous le verrons bientôt, à donner au tachéomètre la popularité dont il jouit.

Nous n'entrerons pas dans de longs détails sur tous les perfectionnements proposés ou introduits par Porro dans la construction et l'emploi de l'instrument qu'il a désigné sous le nom de *théodolite olométrique*.

Le premier, que l'on a naturellement considéré comme le plus important, parce qu'il avait l'attrait de la nouveauté, était celui de la lunette anallatique qui, comme il le pressentait et l'espérait, pourrait être appliquée aux autres instruments. « *La lunette diastimométrique* rendue anallatique, disait-il, est susceptible d'être appliquée avec avantage à la boussole, au graphomètre, à l'alidade pour planchette, aux niveaux à lunette, aux théodolites, à la condition d'en proportionner les dimensions à la grandeur et à la stabilité des instruments. »

Ce pressentiment s'est, en effet, en grande partie réalisé, mais on en est un peu revenu, et c'est seulement avec les instruments d'une certaine importance et pour les levers à grandes échelles que les lunettes anallatiques, d'une construction toujours délicate, peuvent encore être recommandées, quoique l'on soit assez disposé à s'en passer actuellement.

Le principe de l'équilibre ou de la proportionnalité entre les puissances des différents organes d'un instrument est d'ailleurs

---

mesurer une base en Amérique, annonçait dans une publication faite en 1824, à Philadelphie, qu'il avait fait usage du même procédé en collaboration avec Tralles dans la mesure d'une base exécutée en 1791, près d'Aarberg (Suisse). Nous devons faire remarquer que la date de cette publication laisse tout le mérite de l'idée à d'Aubuisson, tandis que celle du Mémoire de ce dernier (1810) ne permet pas de l'attribuer à Porro, comme on l'a fait pendant trop longtemps et comme ses compatriotes les plus sincères sont encore disposés à l'admettre.

très juste et Porro l'avait invoqué pour placer sa lunette sur un théodolite. Sa tendance avait même été tout d'abord d'exagérer les dimensions de ses instruments et de les compliquer (¹).

Ainsi, la lunette du théodolite olométrique, c'est-à-dire de l'instrument le plus puissant qu'il ait construit, avait une ouverture de 60^{mm} de diamètre, mais comme cela eût entraîné, dans les conditions ordinaires de la construction des lunettes, une longueur de plus de 60^{cm}, Porro avait cherché et était parvenu, en même temps qu'Amici, à diminuer de moitié environ cette longueur. En imaginant des objectifs à quatre verres, le grossissement supporté par une telle lunette pouvait atteindre 80, ce qui permettait d'effectuer les mesures de distances avec une approximation de $\frac{1}{2000}$, décidément supérieure à celle qu'on obtenait avec la chaîne. Pour atteindre cette précision, Porro employait *trois oculaires* et *sept fils horizontaux*, ce qui rendait les lectures plus nettes, procurait des moyens de vérification et permettait d'augmenter considérablement la portée de l'instrument, non sans fatiguer toutefois l'observateur.

Lunette autoréductrice. — Quand on a à mesurer une distance suivant la pente, on peut disposer la stadia perpendiculairement à la direction de l'axe optique de la lunette ou la maintenir verticale. Dans le premier cas, la réduction à l'horizon s'effectue en multipliant la distance observée par le cosinus

---

(¹) Le véritable intérêt de quelques-unes des idées de Porro, de celles entre autres qui se traduisaient par la solution ingénieuse de problèmes d'Optique nouveaux, avait beaucoup frappé le savant si éclairé et si bienveillant qu'était de Sénarmont et, en général, la Commission dont Lalanne était le rapporteur. L'approbation presque sans réserve donnée par eux à tout ce que proposait l'inventeur n'a cependant pas toujours été justifiée dans la pratique. Porro lui-même abandonnait souvent celles de ses idées auxquelles il avait paru tout d'abord attacher une grande importance et sa vie s'est passée à chercher des modèles d'instruments qu'il modifiait sans cesse et sans trop de succès. « Alle sue idee continuamente variabili, sebbene geniali, non potera corrispondere la pratica della costruzione. La storia della costruzione dei suoi strumenti, che trovasi a pagina 101 del suo libro : *Applicazione della Celerimensura*, sotto il titolo : *Forme, combinazioni e progresso negli strumenti di Celerimensura dal 1824 al 1870* è là ad attestarlo. » (Jadanza, *loc. cit.*, p. 13.)

de l'angle de pente mesuré sur l'éclimètre ; dans le second cas, la distance doit être multipliée par le carré du cosinus. Pour éviter cette sujétion, Porro imagina, le premier, une lunette *autoréductrice* ou, comme il l'appelait, *sthénallatique,* avec guidage mécanique d'un verre intérieur faisant varier l'angle micrométrique, de façon que chaque distance évaluée fût celle de la *stadia verticale* à l'instrument multipliée par le carré du cosinus de l'angle de pente.

Ce dernier artifice était employé dans l'instrument qui venait après le théodolite olométrique et qui avait reçu spécialement le nom de *tachéomètre,* lequel devait bientôt se généraliser.

Pour les autres instruments que proposait encore l'inventeur, les lunettes devaient être plus simples et de moindres dimensions.

En résumé, Porro était, en effet, parvenu à accroître la précision et la portée du système du micromètre oculaire et de la stadia. Mais il avait la prétention d'avoir créé ce qu'il appelait la *Célérimétrie* (*Celerimensura*), devenue la *Tachéométrie,* et c'est encore à son compatriote Jadanza que nous laisserons le soin de régler ce point délicat.

« Come conclusione del nostro discorso possiamo dunque ritenere provato storicamente che il Porro non fu il creatore della Celerimensura, ma soltanto il regeneratore e l'apostolo della medesima.

. . . .

» La Celerimensura, comunque la si voglia definire (¹), non

(¹) Les adeptes de la Célérimétrie ne sont même pas d'accord sur sa définition, dit M. Jadanza, et il reproduit celle qu'en donne Giuseppe Porro, neveu d'Ignace : « *La Celerimensura è quel sistema di rilevamento mediante il quale si determina la posizione di un punto qualunque del terreno per mezzo delle sue tre coordinate referite ad una origine nota senza l'aiuto della misura directa delle distanze.* » Mais M. Jadanza ajoute :

» Non possiamo però fare a meno di far conoscere al lettore le defizioni date dal Porro in tre epoche differenti della sua vita.

» La Celerimensura (nel 1850) è l'arte di far le levate dei piani e le livellazioni con un risparmio notevole di tempo.

» La Celerimensura (nel 1858) è l'arte di far le levate dei piani e le livellazioni con molta precisione e con risparmio notevole di tempo.

» La Celerimensura (nel 1868) per definirla in brevi parole, non è altro

è che un bel capitolo della Geometria pratica, avvero della Topografia, e non la Topografia stessa, come da alcuni si
vorebbe. » (M. Jadanza, *loc. cit.*, p. 15).

Orientateur magnétique. — Indépendamment d'ailleurs des
perfectionnements optiques dont il vient d'être question, il
convient encore de signaler une innovation importante dans la
construction du tachéomètre. C'est la disposition destinée à
donner aux indications de l'aiguille aimantée une précision de
beaucoup supérieure à celle des boussoles ordinaires. Porro
admettait que, pour chaque station, l'aiguille aimantée ne serait
observée qu'une fois, mais, pour que cette observation donnât
des résultats d'un degré de précision comparable à celui des
lectures faites sur les cercles divisés, il avait adopté l'aiguille
suspendue à un fil de soie sans torsion et le petit réflecteur de
Gauss avec une échelle d'ivoire ou un collimateur.

Il serait inutile d'insister sur la manière d'opérer avec ce
système qui n'est plus en usage à cause de sa fragilité et qui a
été remplacé par un autre d'une construction plus inalté-
rable (¹), mais le principe posé par Porro a été conservé et
rend les mêmes services.

« Cette combinaison, disait-il, n'est pas d'une utilité directe
pour les opérations du lever, mais elle permet de déterminer
exactement la déclinaison de l'aiguille aimantée ; elle permet
aussi de régler l'instrument avec son zéro dans le nord terrestre, quand la déclinaison est connue. »

---

che *la Geodesia, tutta la Geodesia, niente altro che la Geodesia,* inteso
pero il vocabolo geodesia nel suo significato il più ampio e considerata la
scienza che cosi se chiama nello stadio il più avanzato di suo progresso.
Questa è la Celerimensura (!!) » (N. Jadanza, *loc. cit.*, p. 16 et 17.)

(¹) Les aiguilles ordinaires supportées par un pivot avaient été maintenues ou reprises par divers constructeurs, mais leurs dimensions, leur
poids et celui de leur chape présentaient encore des chances de détério-
ration qui ont été évitées par l'emploi d'une petite aiguille très légère et
très sensible dont le colonel Goulier a étudié la disposition et le mode
d'observation avec un soin extrême, en même temps que toutes les questions
relatives aux lois du magnétisme terrestre et aux précautions qu'elles imposent à l'observateur, comme on peut le voir dans son Ouvrage cité plus
loin : *Études théoriques et pratiques sur les levers topométriques,* etc.
(p. 401 et 402) auquel nous renvoyons le lecteur.

En un mot, avec les nouveaux instruments, l'aiguille n'est plus employée comme dans la boussole ordinaire, mais simplement comme un *orientateur magnétique* de l'appareil, théodolite ou planchette, la Tachéométrie embrassant désormais ces deux instruments, et le *déclinatoire* étant, comme on sait d'ailleurs, très anciennement en usage avec la planchette.

ÉCHELLES LOGARITHMIQUES. — Enfin, Porro avait cherché (comme autrefois Brander) à faciliter les calculs en partant des nombres, distances et angles, qu'il avait observés et qu'il appelait *nombres générateurs*, desquels il tirait d'abord les *coordonnées polaires* proprement dites, puis les *coordonnées rectangulaires* de chaque point, par rapport aux trois axes orthogonaux ordinaires, la verticale, la méridienne et la perpendiculaire. Il se servait, pour opérer ces transformations, d'une règle logarithmique adaptée à cet usage spécial et désignée sous le nom d'*échelle logarithmique centésimale*, ses instruments étant divisés en grades.

Les instruments et les méthodes dont nous avons cherché à donner une idée exacte, d'après le Mémoire de Porro, publié en 1852, ont été grandement perfectionnés, principalement en France où, après quelques hésitations, ils ont été mis en pratique et étudiés avec autant de soin que de succès. Porro, comme nous l'avons vu, ne cessait, de son côté, de construire des modèles différents qu'il ne réussissait guère à faire adopter (¹) et dont le dernier, qui date de 1867, est un tachéomètre

---

(¹) Porro avait créé, vers 1855, à Paris, boulevard d'Enfer, un *Institut technomatique* destiné au *perfectionnement des instruments géodésiques*. Plusieurs personnes distinguées l'avaient encouragé et même aidé de leurs deniers; mais l'entreprise avait échoué et devait échouer, Porro ne pouvant pas lutter avec les excellents constructeurs de cette époque. Il s'était hasardé pourtant à entreprendre d'exécuter, pour l'Observatoire de Paris, un objectif de 0ᵐ,52 de diamètre, mais s'était vu obligé de reconnaître que la tâche était au-dessus de ses forces. L'auteur de cette Notice en sait quelque chose; chargé par le Ministre de l'Instruction publique, M. Rouland, de se rendre compte de l'état d'avancement du travail de cet objectif, et après une longue visite dans les ateliers de Porro, il avait conseillé à celui-ci de ne pas continuer un travail auquel il était mal préparé. Sur son rapport dans lequel il faisait ressortir le mérite du sa-

(*fig.* 60) avec des cercles d'un très petit rayon (32^{mm}) recou-
verts d'une enveloppe de bronze, qu'il désigna sous le nom

Fig. 60.

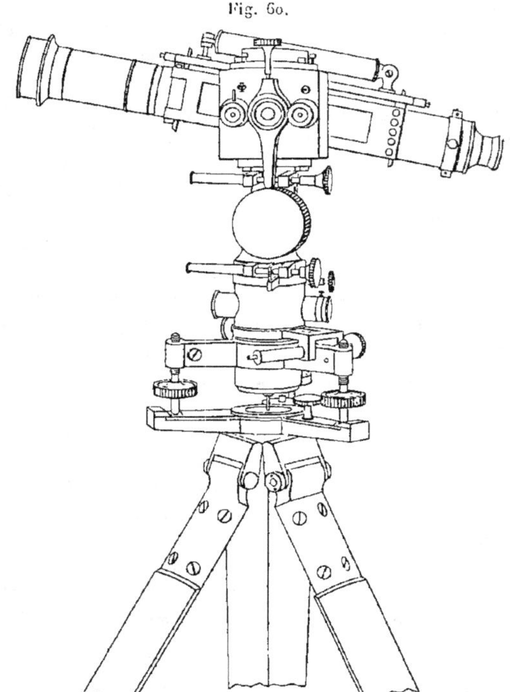

Tachéomètre de Porro, dit *cleps*.

de *cleps* (de κλέπειν, cacher) et qu'il considérait comme le *roi*

---

vant ingénieur, bien supérieur à celui de l'artiste, le Ministre avait consenti
à exonérer Porro des engagements qu'il avait pris et lui avait même accordé
une indemnité pour l'outillage dont il avait fait l'acquisition et pour le
temps qu'il avait passé à travailler le verre, qu'il rendit d'ailleurs à l'Observatoire, à peine ébauché. Il retournait en Italie après 1860 et fondait à
Milan un nouvel Institut qui paraît avoir mieux réussi que celui de Paris.

des instruments (*il Re degli strumenti*). Le modèle dont nous donnons la figure sans autre commentaire, amélioré par le successeur de Porro à l'officine philotechnique de Milan, l'ingénieur Salmoiraghi (1), est en usage en Italie, mais ne paraît pas destiné à être adopté ailleurs, les inconvénients qu'il présente n'étant pas compensés par les avantages dont Porro avait voulu le pourvoir.

XXIII. — *Progrès de la Stadimétrie et en particulier de la Tachéométrie en France.*

LA TACHÉOMÉTRIE EMPLOYÉE A L'OCCASION DES ÉTUDES DE CHEMINS DE FER. — Il était réservé, avons-nous dit, à un habile praticien de mettre à profit, sur une grande échelle, les idées de Porro, en les modifiant souvent heureusement pour les adapter aux opérations qu'il avait en vue.

Tandis, en effet, que les services publics restaient indifférents et que les essais faits par quelques officiers étaient plutôt blâmés qu'encouragés, M. Isidore Moinot, ingénieur civil, ancien ingénieur des études du réseau central de la Compagnie d'Orléans, se mettait résolument à l'œuvre et démontrait, d'une manière convaincante, qu'aucune autre méthode ne pouvait être comparée à celle de la Tachéométrie, tant pour la rapidité que pour l'exactitude, dans les études entreprises, pour asseoir les projets de chemins de fer.

Dans l'Introduction à la première édition de son livre, intitulé : *Levés des plans à la stadia* (2), M. Moinot qui employait le tachéomètre de Porro, plus ou moins modifié, depuis près de dix ans, donnait des extraits du Rapport de M. Lalanne, daté de 1852, et il ajoutait : « Il y a douze ans que ce rapport est publié et, malgré les termes flatteurs dans lesquels il est conçu, il est resté une lettre morte. En dehors des opérations

---

(1) *Voyez* SALMOIRAGHI, *Aperçu sur les nouveaux tachéomètres dits les Clebs.* Milano, 1884.

(2) J. MOINOT, ingénieur civil, *Levés des plans à la stadia; notes pratiques pour études de tracés.* 1ʳᵉ édition. Limoges, 1864. 3ᵉ édition, revue et améliorée. Paris, Dunod, 1877.

L.

que j'ai faites moi-même ou qui ont été faites par des employés que j'ai formés, je crois qu'il serait difficile de citer une application importante de la stadia aux études de projets. »

Après s'être rendu compte de ses imperfections, M. Moinot

Fig. 61.

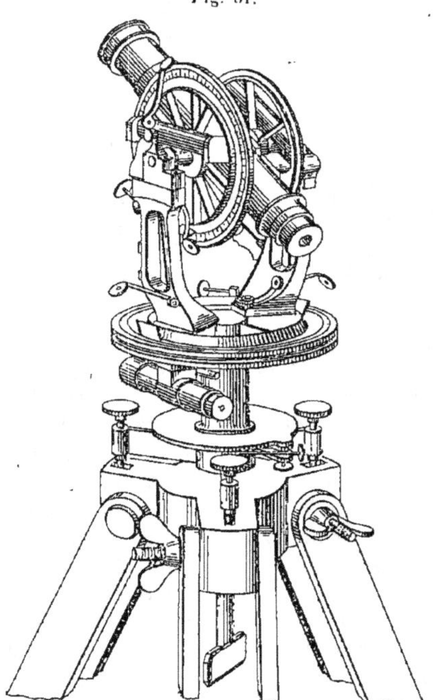

Tachéomètre de Moinot.

n'avait pas adopté tel quel l'instrument de Porro dont la construction était compliquée, l'emploi délicat et la stabilité insuffisante. Il y avait remédié assez simplement en plaçant la lunette micrométrique sur un théodolite de forme symétrique bien établi, auquel il avait d'ailleurs apporté peu à peu plu-

sieurs modifications essentielles (*fig.* 61). Il s'était même créé
une méthode, un peu différente de celle de l'inventeur, qui
en 1864 avait été déjà mise en pratique « sur plus de 1500^{km} de
tracés » et que les employés qu'il avait formés étaient en train
d'appliquer à d'importantes études en Espagne et en Italie. « La
sanction de la pratique est donc acquise, ajoutait M. Moinot,
car les tracés arrêtés sur les plans d'études, puis appliqués sur
le terrain, ont rarement donné *une différence de un mètre
par kilomètre* entre les longueurs prises graphiquement sur
le plan et celles qui ont été chaînées avec tous les soins que
l'on met à mesurer une base. Le profil en long sur l'axe et nivelé au niveau à bulle d'air n'a jamais présenté d'écart appréciable quand on l'a comparé au résultat fourni par les cotes
du plan d'étude. »

C'est à partir de ce succès répété et désormais incontesté du
tachéomètre que son usage s'est généralisé et, pour ainsi dire,
imposé, en dépit de la négligence des uns et de la résistance
obstinée des autres, et que l'on vit un peu partout, notamment
en France, les ingénieurs et les artistes rivaliser pour perfectionner la construction des différents appareils : tachéomètres
proprement dits, alidades avec éclimètres pour planchettes de
précision, stadias et règles logarithmiques.

Déjà les instruments de M. Moinot avaient été exécutés avec
beaucoup de soin et de talent par un constructeur distingué,
M. Richer (¹), mais d'autres encore s'en occupaient presque
aussitôt, parmi lesquels il convient de citer Gravet, l'un des
plus habiles de son temps, qui parvint à donner à l'instrument
principal une portée considérable.

Plusieurs inventeurs allaient d'ailleurs entrer en lice, les uns
pour éliminer ou atténuer les erreurs inhérentes à l'emploi de
la stadia, c'est-à-dire de la mire graduée jouant le rôle d'une
très petite base, relativement à la grandeur des distances à
mesurer, d'autres pour tourner la difficulté de la construction
des lunettes anallatiques, d'autres enfin, assez nombreux

(¹) Ce qui n'avait pas empêché Porro de critiquer ces instruments et de
traiter dédaigneusement les travaux de Moinot.

aussi, pour obtenir automatiquement la plupart des résultats des mesures et même pour les rapporter sur le terrain.

ERREURS DUES A L'EMPLOI DE LA STADIA. — Les erreurs à craindre, quand on emploie la stadia à la mesure des distances, peuvent provenir des causes suivantes : un étalonnage imparfait de la mire, l'inégalité des divisions, l'évaluation à l'estime des fractions de ces divisions, enfin le défaut de verticalité de cette mire pendant la lecture qui peut altérer très sensiblement les résultats, particulièrement dans les fortes pentes.

La plupart d'entre elles dépendent donc de la construction plus ou moins imparfaite de la stadia et de grands efforts ont été faits pour s'en garantir (¹). De nombreux essais furent tentés, notamment pour rendre la lecture des divisions plus facile et plus sûre; ainsi l'on étudia avec le plus grand soin la forme et les dimensions des divisions et des chiffres, leur groupement, l'alternance de ces divisions et de leurs couleurs blanches, noires, jaunes ou rouges, etc. Nous ne pouvons toutefois, à ce sujet, que renvoyer le lecteur aux Mémoires originaux ou aux Ouvrages où l'on a réuni les principaux types de stadias (²).

STADIA HORIZONTALE OU STADIMÈTRE. — Mais, pour ce qui concerne le défaut de verticalité de la mire et les incertitudes du pointé, nous avons à mentionner tout particulièrement la substitution d'une règle divisée, placée horizontalement à la stadia verticale, proposée pour la première fois par deux officiers du Génie du plus grand mérite, les capitaines Peaucellier et Wagner (³).

(¹) Le défaut d'étalonnage, qui est une erreur constante positive ou négative, est mis en évidence dans les fermetures des cheminements opérés entre des repères déterminés trigonométriquement et l'on peut en corriger les effets en répartissant systématiquement les erreurs observées.

(²) *Voyez* le *Mémorial de l'Officier du Génie*, nᵒˢ 14, 23, 24 et 26, et le *Handbuch der Vermessungskunde* von Dʳ W. JORDAN (Stuttgart, J.-B. Metzlerscher Verlag), Band II, 1893, Seite 614.

(³) Le capitaine Peaucellier, dont le merveilleux mécanisme du *losange articulé* porte le nom et a été couronné par l'Académie des Sciences, en même temps que l'ensemble des *systèmes articulés à liaison complète* qu'il a

Cette idée si simple faisait tout d'abord disparaître spontané-

Fig. 62.

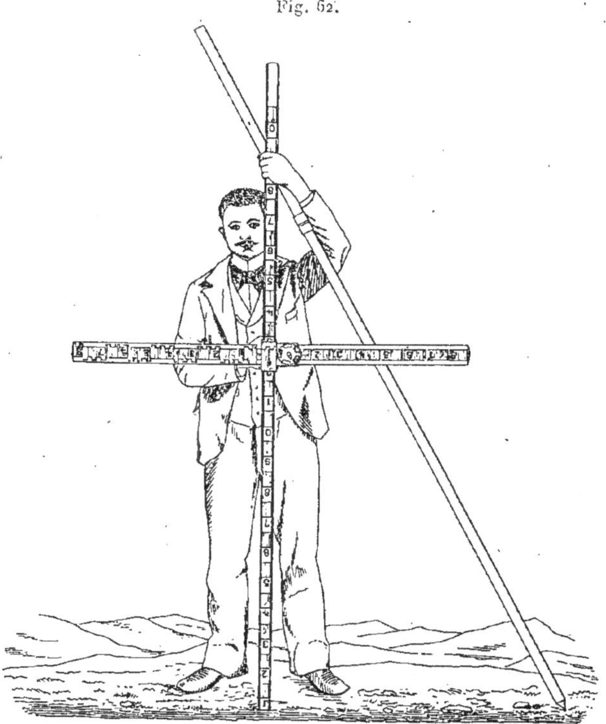

Stadimètre de Peaucellier et Wagner.

ment l'erreur à craindre, par suite du défaut de verticalité de la stadia.

---

imaginés postérieurement, est devenu général de division et président du Comité technique du Génie. Le capitaine Wagner, parvenu au grade de lieutenant-colonel et mort prématurément, était à la fois un excellent géomètre, un opérateur d'une rare habileté et un dessinateur de grand talent. Sa place était marquée et son rôle eût pu et dû être considérable dans la réorganisation des services géographiques de l'armée.

Pour détruire ou tout au moins atténuer, autant que possible, l'erreur de pointé et celle de l'estimation des fractions de division, la règle (*fig*. 62) est composée de deux parties divisées par une série de lignes de foi blanches sur fond noir, symétriques de part et d'autre, d'un montant vertical, également divisé, contre lequel elle est arrêtée à la même hauteur que la lunette de l'opérateur au-dessus du sol, l'ensemble étant maintenu par un arc-boutant. L'une des parties de la règle est fixe et l'autre mobile au moyen d'une manivelle conduisant une crémaillère liée à la pièce mobile et pourvue d'un index extérieur qui tourne sur un cadran, d'où le nom de *stadimètre à cadran* adopté par les auteurs pour désigner cet appareil. Le plan de visée est alors rendu lui-même horizontal, c'est-à-dire que les fils mesureurs sont verticaux; la graduation des deux règles est d'ailleurs symétrique, comme nous l'avons dit, par rapport au montant. En pointant sur les lignes de foi qui portent les mêmes numéros et en indiquant par un geste au porte-mire le sens dans lequel il doit faire marcher la partie mobile pour obtenir une bissection parfaite des lignes de foi, l'opérateur parvient à déterminer très sûrement par la lecture des chiffres peints près des lignes de foi le nombre de *décamètres* de la distance cherchée; celui des *mètres* se lit sur une échelle que découvre la partie mobile en se déplaçant et celui des *décimètres* sur le cadran où l'on peut même estimer les *centimètres*.

S'inspirant, d'un autre côté, de l'une des idées de Porro, les deux ingénieux inventeurs, pour simplifier le travail de l'opérateur, construisirent une *lunette autoréductrice* ou *sthénallatique* qui répondait au cas d'une mire perpendiculaire à la direction de l'axe optique de la lunette. La solution élégante qu'ils donnèrent de ce problème était rigoureusement exacte, tandis que celle de Porro n'était qu'approchée.

LUNETTE AUTORÉDUCTRICE DE PEAUCELLIER ET WAGNER (¹). — La réduction immédiate à l'horizon des distances lues sur le sta-

(¹) *Voyez* la *Notice sur deux appareils diastimométriques nouveaux*, par MM. PEAUCELLIER et WAGNER, capitaines du Génie (Paris, Gauthier-

dimètre s'obtient par l'emploi d'un *système objectif,* composé de deux lentilles, l'une convexe et l'autre concave, liées chacune à des bielles articulées qui les rapprochent, quand la

Fig. 63.

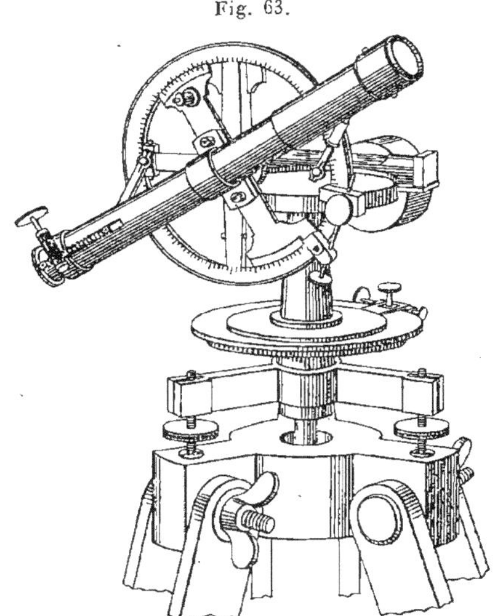

Boussole à lunette réductrice de Peaucellier et Wagner.

lunette s'incline, de telle sorte que l'image du stadimètre, pour

Villars, 1868) ou, dans le n° 18 du *Mémorial de l'Officier du Génie,* le *Mémoire sur un appareil diastimométrique nouveau dit « appareil autoréducteur »,* et encore, dans le n° 23 du même recueil, le Mémoire du chef de bataillon du Génie Wagner, intitulé : *Des Méthodes de levers en usage à la brigade topographique du Génie et de l'emploi d'un nouvel instrument (Appareil homolographique* de MM. Peaucellier et Wagner). Dans la première de ces Notices on trouve encore la description d'un autre instrument désigné sous le nom de *Métrographe mesurant par un seul pointé les distances suivant leurs pentes, leurs longueurs réduites à l'horizon et les différences de niveau correspondantes sans mesures d'angles et sans le secours de Tables.* Nous nous bornerons à signaler au passage ces deux instruments, nous réservant de revenir un peu plus loin sur l'appareil homolographique.

une même distance, change de dimensions avec l'angle de pente. Les choses sont disposées de telle sorte que cette grandeur de l'image interceptée entre les fils mesureurs diminue comme le cosinus de l'angle de pente.

Le stadimètre (*fig.* 63) a été construit de façon à permettre de mesurer les distances jusqu'à 140^m. Avec une lunette auto-réductrice du grossissement de 12 fois seulement, l'approximation, quelle que soit la nature du terrain, est de $\frac{1}{3000}$, de beaucoup supérieure à celle des mesures à la chaîne ou à la stadia ordinaire, si bien que, par des opérations répétées et en prenant les précautions suffisantes, on peut se servir de ce procédé pour mesurer des bases de triangulations secondaires en pays de montagnes.

L'un des auteurs, le capitaine Wagner, avait ainsi mesuré trois fois, à Nice en 1868, la *promenade des Anglais*, qui avait alors près de 1800^m de longueur et avait trouvé 1759^m,34 avec un écart moyen de $\frac{1}{10000}$; la moyenne des trois résultats n'étant erronée elle-même que de 0^m,03, soit $\frac{1}{60000}$ de la distance.

Ce résultat tout à fait remarquable et que le capitaine Wagner obtenait couramment, aurait dû contribuer à répandre l'usage du stadimètre; mais on a prétendu que cet instrument était trop délicat, et l'on se contente d'employer la stadia ordinaire couchée horizontalement. Le colonel Goulier, notamment, a adopté cette disposition pour son *euthymètre*, « instrument moins exact que le stadimètre, dit-il lui-même, mais aussi moins fragile et qui peut être sans danger mis entre les mains d'un porte-mire improvisé ».

Cela ne nous empêche pas de souhaiter que l'on continue à construire des stadimètres pour les confier à des opérateurs exercés qui en pourraient tirer un excellent parti, dans les circonstances indiquées par les inventeurs et dans d'autres encore (¹).

(¹) On pourrait rapprocher les expériences du capitaine Wagner à Nice, de celles de Beautemps-Beaupré dans la baie de l'Adventure. Les mesures expéditives de bases peuvent être, en effet, très précieuses dans bien des cas.

DIMINUTION DU CRÉDIT DE LA BOUSSOLE. — On aura sans doute remarqué qu'il s'agissait, dans ce cas, d'appliquer une stadia perfectionnée à la boussole ordinaire, depuis si longtemps en usage à la brigade topographique du Génie. La même préoccupation avait guidé le colonel Goulier alors qu'il proposait pour le service du Génie, en général, une boussole nivelante entièrement en métal qu'il avait créée en 1857 et pourvue en 1859 d'une lunette anallatique moins puissante que celle de Porro et de Moinot, mais donnant néanmoins autant de précision.

Les besoins auxquels répondait la boussole nivelante subsisteront vraisemblablement encore pendant longtemps, quoiqu'il y ait eu à ce sujet bien des divergences et même des changements d'opinion. Déjà, en faisant connaître la manière d'employer l'aiguille aimantée simplement comme orientateur magnétique du tachéomètre, de Sénarmont ravivait l'ancien préjugé qui avait régné autrefois à propos de la boussole.

« La boussole ordinaire, disait-il (¹), employée très fréquemment dans les travaux topographiques et les levés souterrains, est certainement l'*instrument le plus infidèle* qui soit entre les mains des géomètres. »

Les mêmes officiers auxquels étaient dus les perfectionnements apportés à la stadia appliquée à la boussole nivelante critiquaient, à leur tour, l'emploi de l'aiguille aimantée pour le lever du canevas, même avec la méthode des cheminements, et lui avaient substitué celui d'un goniomètre, en s'astreignant à des cheminements aussi tendus que possible (²) entre des points déjà connus et au calcul numérique des sommets du canevas par abscisses et ordonnées qui, selon eux, donne des résultats plus exacts que l'emploi du rapporteur.

Le lever et le nivellement des détails pouvaient alors s'effectuer par la méthode très avantageuse du rayonnement, grâce

---

(¹) *Annales des Mines*, 4ᵉ série, tome XVI, page 409 de la *Notice sur quelques instruments imaginés par M. Porro*, etc.

(²) « Lorsque le cheminement se rapproche de la forme rectiligne, la répartition de l'écart de fermeture proportionnellement à ces distances ramène chaque sommet à peu près à sa véritable position. » (Mémoire de M. WAGNER dans le n° 23 du *Mémorial de l'Officier du Génie*, p. 162).

surtout à la précision du stadimètre. Toutefois, les opérations
étaient encore longues, minutieuses et, par conséquent, coû-
teuses ([1]), et nous verrons que les deux inventeurs ont été des
premiers à chercher à les abréger en imaginant un instrument
destiné à substituer aux lectures et au calcul des procédés
purement mécaniques.

Voici comment le commandant Wagner justifiait la préférence qu'il accordait au goniomètre comparé à la boussole
pour lever le canevas par cheminement :

« En supposant qu'on opère avec une boussole parfaite, et
ne tenant pas compte des variations diverses ni des influences
locales, les azimuts des côtés qu'on est obligé d'estimer à vue
avec l'aiguille aimantée sont à peine exacts à 5 minutes près
(5 minutes de degré ou 10 minutes de grade). Les angles que
font entre eux les côtés successifs du cheminement peuvent,
par suite, être erronés de 10 minutes, tandis que le vernier du
goniomètre les donne directement à 1 ou 2 minutes près.

» Quant aux erreurs accumulées par l'addition des angles
lus sur le goniomètre, ajoutait-il, elles ne produiront qu'une
déviation générale de tout le cheminement, déviation qui, pour
les cheminements sensiblement droits, est complètement
détruite par une répartition de l'écart de fermeture sur tous
les sommets ([2]). »

Le colonel Goulier, dans la *Note sur une boussole nivelante en métal organisée en vue du service du Génie*, publiée dans le numéro suivant du *Mémorial de l'Officier du
Génie* (n° 24, 1875), répondait à ces critiques et concluait :

« 1° Que l'emploi de l'aiguille aimantée *a été, est et sera* encore pendant longtemps sans doute le moyen le plus avantageux

---

([1]) Les anciens levers faits sous la direction du commandant Bichot, à
Lyon comme dans les Pyrénées, à l'échelle de $\frac{1}{1000}$, accusent une moyenne
de 1 demi-hectare par journée de travail du topographe sur le terrain.
Après l'adoption de la boussole réductrice et du stadimètre, la moyenne
s'était élevée à 1 hectare, mais le prix de revient était encore de 10ᶠʳ à 11ᶠʳ
par hectare, non compris la triangulation et la mise à l'encre du dessin.

([2]) Mémoire du commandant WAGNER, dans le n° 23 du *Mémorial de
l'Officier du Génie*, page 166.

dans les levers par cheminement; 2° que, toutes les fois que cet emploi est possible, on doit en conseiller l'usage *à l'exclusion de tout autre procédé*, surtout aux personnes qui ne font de la Topographie qu'accidentellement et qui, par conséquent, ne peuvent pas avoir acquis, par une longue pratique, le tact nécessaire pour éviter les dangers de ces autres procédés. »

Et plus loin, après avoir indiqué les conditions générales de l'instrument et de la méthode qui conviennent aux levers à grande échelle, il insistait sur les avantages de la méthode des cheminements et sur ceux de la boussole à éclimètre *ou du tachéomètre*.

« Le cheminement étant habituellement le procédé le plus naturel, le plus direct, le plus simple et souvent le seul que l'on puisse employer pour le canevas de la planimétrie d'un lever de terrain, l'instrument doit comporter une aiguille aimantée dont l'emploi *facilite et assure l'exactitude* du lever des *cheminements*.

» Il résulte de ces principes que l'instrument qui convient le mieux au service courant du Génie, pour les levers à grande échelle, est soit *une boussole à éclimètre*, soit *un tachéomètre* [cercle horizontal orienté avec un déclinatoire et muni d'un éclimètre (¹)]. »

PRÉDOMINANCE ACTUELLE DU TACHÉOMÈTRE. — On voit, par ces citations, que les savants et les opérateurs les plus exercés étaient loin d'être d'accord sur les propriétés et les défauts de la boussole. Il est intéressant toutefois de constater que, sauf les cas très rares où les masses minérales voisines peuvent influencer sérieusement l'aiguille aimantée, on a continué à se servir, avec les précautions nécessaires, de cet auxiliaire si précieux par les indications spontanées qu'il fournit, soit en prenant directement et fréquemment les indications sur le limbe divisé de la boussole ordinaire, soit en se bornant à les utiliser pour orienter d'autres instruments comme la plan-

---

(¹) Note du lieutenant-colonel GOULIER, dans le n° 24 du *Mémorial de l'Officier du Génie*, pages 277, 278, 279 et 280.

chette de précision ou le tachéomètre, au moment de leur mise en station.

Il n'est pas moins vrai que, même en France où la boussole a rendu, depuis un siècle surtout, tant de services aux topographes, son prestige a été atteint, tandis que la vogue allait au tachéomètre.

Le colonel Goulier, tout le premier, dès qu'il eut connaissance des remarquables résultats obtenus par Moinot, entreprit l'étude raisonnée et minutieuse de cet instrument, dans l'intérêt du service du Génie en général, autant que dans celui de son enseignement à l'École d'Application. Avec le concours d'excellents artistes qu'il dirigeait habilement et mettant à profit, en les modifiant souvent à son gré, les idées des inventeurs, il parvint à améliorer la plupart des organes du tachéomètre, y compris la stadia. Enfin, après avoir discuté les différentes méthodes d'observation et d'opération proposées ou employées et indiqué celles qu'il considérait comme les meilleures à suivre, il formula des règles pour atténuer celles-ci autant que possible.

Nous ne saurions, sans sortir des limites que nous devons nous imposer, rendre compte en détail des nombreuses recherches du savant et laborieux officier et de leurs résultats, traduits le plus souvent sous forme de Tables, qui sont autant de répertoires à consulter selon les circonstances dans lesquelles on opère, ainsi : selon l'instrument ou les instruments que l'on emploie, la méthode suivie, l'échelle du dessin et jusqu'à *l'habileté du dessinateur*. Nous ne pouvons donc mieux faire que de renvoyer le lecteur à l'Ouvrage posthume du colonel, publié par les soins de sa famille et par ceux de l'un de ses élèves les plus dévoués, M. le capitaine (depuis chef de bataillon) du Génie L. Bertrand (¹).

(¹) *Études théoriques et pratiques sur les Levers topométriques et en particulier sur la Tachéométrie,* par C.-M. GOULIER, colonel du Génie en retraite (Paris, Gauthier-Villars et fils; 1892).

On verra, dans ce Livre, combien le colonel Goulier s'est donné de peine pour perfectionner les méthodes d'opération, le tachéomètre, la stadia dont il a changé le nom en celui d'*Euthymètre*, la suspension de l'aiguille du déclinatoire, l'alidade à éclimètre qu'il a qualifiée de *holométrique*, les

Les principes essentiels concernant les tachéomètres dérivés de celui de Porro et les méthodes auxquelles se prêtent ces instruments se trouvent d'ailleurs suffisamment indiqués, croyons-nous, dans le précédent et dans le présent paragraphe. Mais il nous reste à mentionner d'autres instruments, destinés aux mêmes usages, fondés sur des principes différents, qui méritent de fixer l'attention autant par leur exactitude que par l'ingéniosité de leur construction (¹).

---

règles à calcul spéciales à la Topographie, en général tout ce qui se rapporte à la Tachéométrie. Il avait d'ailleurs auparavant introduit bien d'autres améliorations dans la construction de la plupart des instruments en usage à l'École d'Application et dans le service du Génie. Nous avons déjà indiqué sa boussole nivelante en métal dont il paraît d'ailleurs avoir eu l'idée en même temps qu'un autre inventeur, et nous pourrions citer encore une série d'autres instruments qu'il ne cessait de modifier, des échelles de réduction, abaques, diagrammes destinés à simplifier les calculs et les opérations graphiques; il avait aussi inventé un remarquable télémètre à l'usage de l'artillerie. Enfin, pendant la durée de sa longue carrière de professeur, il avait rédigé des instructions sur la manière de se servir de tous ces instruments, qui sont restés des modèles du genre et dont beaucoup d'autres que ses élèves ont profité.

Toutes ces qualités réunies faisaient du colonel Goulier un chef d'école autorisé dont le rôle a été légitimement considérable, mais auquel on peut malheureusement reprocher des tendances exclusives et un défaut d'équité envers les autres qui l'a conduit, dans certains cas, à commettre des erreurs graves ou même des incorrections regrettables; on en verra des exemples dans le Chapitre III de cette Notice.

(¹) Le lecteur qui désirerait se renseigner sur la nature et la construction des tachéomètres en Allemagne, où l'on a conservé la boussole avec son limbe circulaire, en se contentant souvent d'une lunette ordinaire avec micromètre oculaire, sur les méthodes adoptées, les échelles et Tables de réduction destinées à faciliter les opérations, n'aurait qu'à consulter le *Handbuch der Vermessungskunde von* Dr W. JORDAN, *professor an der technischen Hochschule zu Hannover*. Cet excellent Ouvrage, que l'on ne saurait trop recommander à tous ceux qui s'occupent de Géodésie et de Topographie, contient d'assez nombreux détails historiques. Nous profitons même de l'occasion qui se présente, en le citant de nouveau, pour compléter l'observation que nous avons faite à propos de la solution du problème des trois points ou d'un point par trois autres, pendant si longtemps attribué à Pothenot (*voir* p. 150). Jordan, d'après plusieurs auteurs hollandais, restitue cette solution au célèbre Snellius (Snell), de Leyde, et cite encore plusieurs géomètres qui s'en sont occupés bien avant Pothenot et sans doute aussi avant Marolois. (*Handbuch der Vermessungskunde,* zweiter Band, S. 306 et 307). Nous avons toujours pensé nous-même qu'elle était très ancienne, le problème ayant dû se présenter fatalement aux ingénieurs militaires chargés de faire des reconnaissances, dans les conditions spécifiées par Marolois et la théorie du segment capable datant d'Euclide.

XXIV. — *Tachéomètres autoréducteurs par simple déplacement d'une lunette astronomique ordinaire.*

PRINCIPE DU TACHÉOMÈTRE SANGUET. — Il y a plus de trente ans que M. Sanguet, ingénieur-topographe, prenait un brevet d'invention pour un instrument qu'il avait d'abord désigné sous le nom de *longimètre* ('), et auquel il a donné plus tard, après l'avoir transformé et perfectionné, celui de *tachéomètre autoréducteur*, parce qu'il sert, en effet, à obtenir immédiatement les distances réduites à l'horizon au moyen de pointés successifs et de lectures faites sur une stadia verticale. L'angle stadimétrique, au lieu d'être déterminé par le micromètre oculaire des autres tachéomètres, résulte d'un mouvement de bascule de faible amplitude et convenablement réglé de la lunette, armée d'une simple croisée de fils, autour de ses tourillons.

Nous donnons la figure du modèle le plus répandu du tachéomètre autoréducteur de M. Sanguet, en y joignant une description de ses principaux organes et de leur fonctionnement.

Les parties inférieures de cet instrument étant tout à fait analogues à celles des tachéomètres ordinaires, il n'est pas nécessaire de les décrire; mais celles qui viennent ensuite en diffèrent essentiellement et exigent même quelques explications détaillées dont l'inspection de la figure ne saurait tenir lieu.

Le cercle alidade azimutal est solidaire avec une sorte de

(') Le premier modèle du longimètre a été présenté à la Société d'Encouragement pour l'Industrie nationale en 1866 et a été l'objet d'un rapport très favorable en date du 27 juin de la même année (*voir* le Bulletin de cette Société). L'idée fondamentale et la disposition principale de cet instrument ont été reprises récemment par M. Charnot, qui les a utilisées habilement dans le tachéomètre qui porte son nom et qui est construit avec beaucoup de soin par la maison Morin. (*Voir* le Catalogue général des instruments de précision de la maison H. Morin.) On peut encore consulter à ce sujet l'intéressant article de M. E. PRÉVOT, conducteur des Ponts et Chaussées, intitulé : *Les Tachéomètres autoréducteurs,* dans la *Revue pratique des Travaux publics,* n° 1; 1895.

double équerre composée d'une règle et de deux montants verticaux, dont l'un en forme de fourche ou de V supporte les tourillons de la lunette, et l'autre, d'une hauteur double, pré-

Fig. 64.

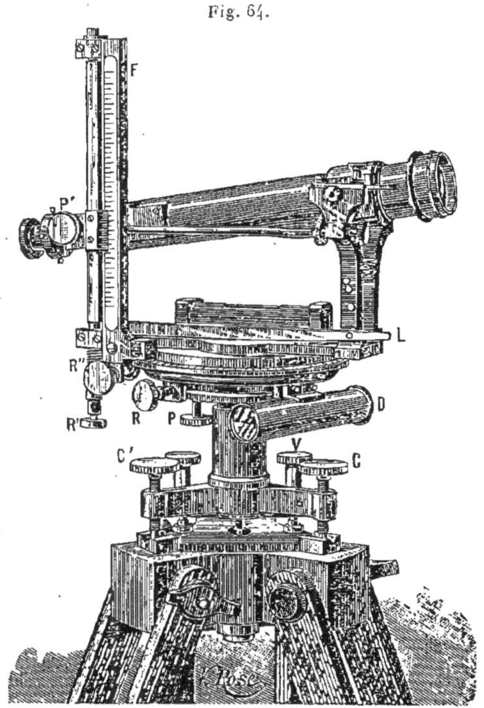

Tachéomètre autoréducteur Sanguet.

sente une échelle divisée F (*fig.* 64) le long de laquelle peut se déplacer un vernier lié à la lunette par un mécanisme composé d'un couteau d'acier porté par la pince et glissant sur une réglette, également d'acier, portée par la lunette.

Pour viser sur la mire placée au point dont on veut mesurer

la distance, on desserre la vis de pression P', voisine de l'oculaire et du vernier, et l'on peut alors faire basculer la lunette dans un sens ou dans l'autre en soutenant la pince du vernier. On achève le pointé au moyen des vis de rappel R du cercle alidade et R' placée à la partie inférieure d'une glissière prismatique embrassée par la pince du vernier parallèle à l'échelle et terminée par des coulisseaux cylindriques engagés dans des douilles fixées au bâti de l'échelle. Un ressort assez fort R" sert à maintenir les contacts nécessaires et à éviter les temps perdus.

Quand le vernier est au zéro de l'échelle, la lunette est horizontale, mais, quelle que soit d'ailleurs son inclinaison, la mesure de la distance s'effectue de la même manière et comme nous allons l'expliquer. Un levier, dont le bras de manœuvre est marqué par la lettre L et dont l'axe de rotation est implanté dans le bâti de l'échelle, permet de soulever ou d'abaisser l'oculaire de la lunette en entraînant la glissière et le vernier le long de l'échelle, à l'aide d'une bielle attachée à l'autre extrémité du levier et à l'écrou de la vis R'. Plusieurs butoirs distribués à des intervalles bien déterminés, extérieurement à l'un des montants de la fourche, servent de points d'arrêt au long bras du levier que l'on peut déclencher pour le faire passer de l'un à l'autre, en changeant ainsi l'inclinaison de la lunette qui suit le mouvement.

Si donc celle-ci est dirigée sur une mire verticale, placée exactement à 1^m en avant de l'axe des tourillons, l'intervalle observé sur les divisions de la mire déterminera, avec cette distance de 1^m, un rapport qui servira à évaluer la *distance réduite à l'horizon* de la mire, transportée en un point éloigné quelconque.

Dans ce cas, en effet, ce n'est plus l'angle micrométrique qui est constant, mais le déplacement vertical du vernier le long de l'échelle. Par conséquent, les *lectures proportionnelles* sont les mêmes pour toutes les hauteurs de la mire, c'est-à-dire pour toutes les inclinaisons du terrain.

Le schéma suivant (*fig.* 65) met en évidence cette propriété très précieuse du tachéomètre de M. Sanguet.

$n_b - n_a$ est une quantité constante choisie à l'avance, $0^m,01$

par exemple, la position relative des deux butoirs étant réglée en conséquence avec une grande exactitude.

Il est évident alors que la différence des lectures $m_b - m_a$ faites sur la mire éloignée doit être multipliée par 100 pour donner la distance D, puisque $D = \dfrac{m_b - m_a}{0,01} = 100\,(m_b - m_a)$.

Nous avons prévenu qu'il y avait plusieurs butoirs pour re-

Fig. 65.

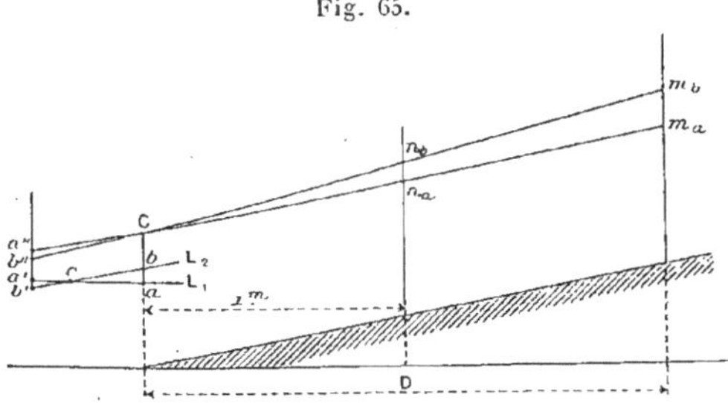

C, axe de rotation de la lunette;
c, axe de rotation du levier L;
a, premier butoir; b, second butoir;
a', première position de l'extrémité opposée du levier;
b', seconde position de cette extrémité;
$a''b'' = a'b'$, déplacement vertical du vernier;
$n_b - n_a$, intervalle observé sur la mire placée à 1ᵐ de C;
$m_b - m_a$, intervalle observé sur la mire placée à la distance D;
$\dfrac{m_b - m_a}{n_b - n_a} = D$.

cevoir le levier L. On voit sur la figure qu'ils sont au nombre de quatre. Si nous les désignons par les lettres a, b, c et d, en passant successivement de a en b, en c et en d, le levier déplace la lunette de telle sorte que les lectures sur la mire placée à 1ᵐ donnent pour différences 10ᵐᵐ, 18ᵐᵐ et 22ᵐᵐ ou les rapports $\frac{10}{1000}$, $\frac{18}{1000}$ et $\frac{22}{1000}$ de la distance.

Comme on peut combiner les arrêts du levier deux à deux, il en résulte les six rapports suivants classés par ordre de grandeur : $\frac{4}{1000}$, $\frac{8}{1000}$, $\frac{10}{1000}$, $\frac{12}{1000}$, $\frac{18}{1000}$ et $\frac{22}{1000}$, très utiles pour se procurer des vérifications, accroître la précision des opérations par des moyennes et, enfin, pour avoir à sa disposition ceux de ces rapports qui répondent le mieux à tel ou tel besoin de la pratique.

« Le rapport de $\frac{1}{1000}$, dit M. Sanguet ([1]), convient aux levers à grande portée devant être rapportés à l'échelle de $\frac{1}{5000}$ ou à une échelle plus petite. Employé avec une mire dont les divisions ont $0^m,04$ de hauteur, le tachéomètre permettra de lever les points visibles dans un rayon de 700^m à 800^m; les divisions de la mire représentant des décamètres, les mètres seront estimés à $\frac{1}{2}$ ou une unité près, c'est-à-dire avec une erreur insensible à l'échelle du plan.

» Le rapport $\frac{10}{1000}$ (ou $0^m,01$ par mètre) est surtout avantageux pour lever des plans devant être rapportés aux échelles de $\frac{1}{1000}$ ou de $\frac{1}{2000}$. La mire divisée en centimètres (division normale) permet de lire les mètres et d'estimer les décimètres jusqu'à 200^m ou 250^m. »

Il convient de remarquer que l'anallatisme devenant inutile, puisque le mode d'observation est fondé sur un déplacement mécanique de l'axe optique de la lunette ([2]), le grossissement et par conséquent la portée de cette lunette peuvent être augmentés sans entraîner l'exagération de ses dimensions, la clarté y étant supérieure à celle des lunettes anallatiques, à égalité d'ouverture.

Le nivellement des points visés s'effectue aussi très aisément par la méthode des échelles de pente. F est une telle échelle dont les divisions principales sont des différences de niveau exprimées en mètres pour une distance horizontale de 100^m; les divisions secondaires correspondent au demi-mètre et le double vernier qui donne le $\frac{1}{10}$ des petites divisions de l'échelle permet de lire les centimètres de cinq en cinq.

([1]) *Le Tachéomètre Sanguet (autoréducteur)*, par l'inventeur, J.-L. SANGUET, ingénieur-topographe, 29, rue Monge, à Paris.

([2]) Comme les distances observées sont comptées à partir de l'axe des tourillons, pour les ramener au centre de l'instrument il y a lieu de les augmenter d'une quantité constante ($0^m,08$). La mire est construite elle-même de telle sorte qu'il convient aussi de tenir compte d'une légère différence ($0^m,02$) entre la face divisée de la mire et la pointe de fer posée sur le point à lever. La correction constante totale est donc de $0^m,10$ dans l'instrument décrit.

Cet instrument est maintenant entre les mains d'un grand nombre de géomètres, arpenteurs et topographes de notre pays qui, grâce à la simplicité de son emploi en même temps qu'aux garanties d'exactitude qu'il offre, ont obtenu des résultats on ne peut plus satisfaisants ([1]).

Longi-altimètre. — Malgré ses propriétés qui, sous bien des rapports, donnent à l'instrument que nous venons de décrire de sérieux avantages sur la plupart de ceux qui l'ont précédé, on pouvait encore désirer que sa lunette prît de plus fortes inclinaisons. C'est ce qui paraît avoir décidé l'inventeur à imaginer un autre tachéomètre autoréducteur, qu'il a désigné sous le nom de *longi-altimètre*, dont le principe est le même, en ce sens que la lunette ne comporte encore qu'une simple croisée de fils et que les mesures s'effectuent au moyen de deux visées successives; mais il y a dans la construction du nouvel instrument des dispositions particulières tout à fait originales qui lui donnent un véritable intérêt et permettent de le rendre au moins aussi facile à employer que le précédent.

La figure suivante (*fig.* 66) montre tout d'abord que la lunette du longi-altimètre peut prendre les plus fortes inclinaisons pratiques (60^{GR} au moins au-dessus et au-dessous de l'horizon).

L'axe de rotation de la lunette est terminé à ses deux extrémités par de petites sphères qui remplacent les tourillons et peuvent tourner en tous sens entre des coquilles qui remplacent de leur côté les coussinets en forme de V.

Ajoutons que la lunette elle-même peut tourner autour de

([1]) La *première Commission du Comité central des Géomètres de France*, chargée d'examiner les instruments de précision exposés en 1889, avait fait un rapport des plus favorables sur le tachéomètre de M. Sanguet. La *Sous-Commission du Service géographique de l'Armée*, à cette même Exposition universelle de 1889, l'avait également remarqué et reconnu qu'il donnait « d'excellents résultats par des moyens très simples et très pratiques ». Nous avons sous les yeux des plans, des carnets d'opérations et des rapports officiels de plusieurs géomètres-topographes qui ont expérimenté le tachéomètre Sanguet en le comparant à d'autres instruments dérivés du tachéomètre Porro et qui lui donnent la préférence à tous les points de vue.

son axe de figure, dans l'intérieur d'un manchon cylindrique

Fig. 66.

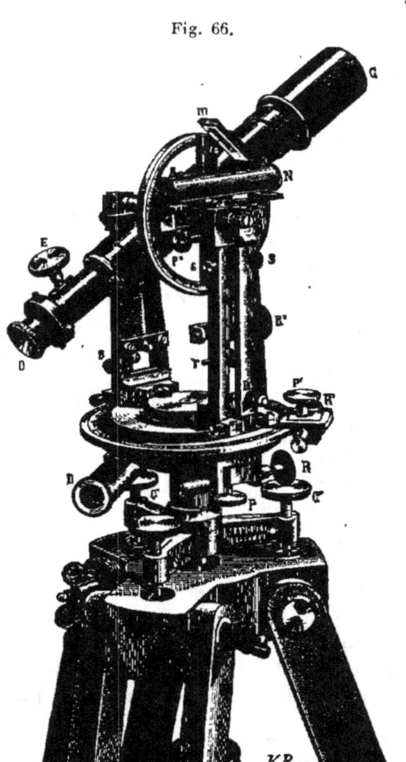

Longi-altimètre Sanguet.

qui porte les tourillons, enfin que la stadia employée est une mire tenue horizontalement.

Les coquilles ou coussinets sphériques font partie de leviers de formes différentes disposés à gauche et à droite du bâti de l'instrument et dont les points fixes sont déterminés par des axes cylindriques ou tenons en saillie à la partie supérieure des deux montants de ce bâti. Les longs bras de ces leviers peuvent venir buter alternativement contre deux vis réglables situées à la base des montants. Chacun de ces leviers permet séparément de déplacer la lunette, l'un pour opérer la mesure des distances réduites à l'horizon, et l'autre pour opérer le nivellement. Le premier, situé à gauche de la figure, est un levier droit et a son point fixe situé verticalement au-dessous du prolongement de l'axe de rotation de la lunette, réglé horizontalement.

Quand on agit sur ce levier, il est aisé de voir que l'axe de rotation pivote autour du centre de la petite sphère de l'extrémité opposée en restant horizontal, passant, par exemple, pour les deux positions extrêmes du bras de levier, de la position AA_1 (*fig.* 67) à la position AA_2. Le plan vertical de visée

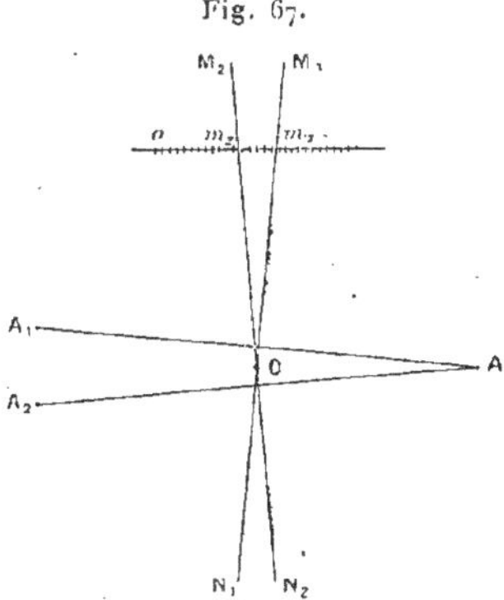

Fig. 67.

$M_1 N_1$ correspondant à la première, rencontre la stadia horizontale en m_1 et le plan de visée $M_2 N_2$, correspondant à la seconde, la rencontre en m_2. La différence des deux lectures $m_1 - m_2$ déterminées par deux plans verticaux, qui forment un angle dièdre constant dont l'arête passe par le même point O de l'instrument, donne, évidemment, la distance réduite à l'horizon.

Il suffit de régler l'écartement des vis butantes et, par suite, l'amplitude de l'angle dièdre pour déterminer le coefficient qu'il convient d'appliquer à la lecture des divisions métriques de la stadia. Pour l'instrument destiné à des levers à grande échelle, comme celui dont il s'agit, c'est le coefficient 100 qui a été adopté.

Mesure des différences de niveau. — Le second levier que l'on voit à droite de la figure est coudé et son point fixe est à gauche du coussinet et de l'axe de rotation de la lunette. En agissant sur le long bras de ce levier et en le faisant passer d'un butoir à l'autre, l'instrument est construit de telle sorte que l'axe de rotation pivotant autour du centre de la petite sphère opposée, l'extrémité voisine qui forme le coude du levier prend une position symétrique par rapport à l'horizontale du point fixe, dans le plan de ce levier.

Aux positions successives de l'axe correspondent deux plans de visée pour la lunette, dont le fil vertical du réticule sert encore à lire les divisions de la mire tenue toujours horizontalement et la différence des deux lectures mesure la différence de niveau cherchée.

Il y a tout d'abord quelque chose de paradoxal, au moins en apparence, à chercher une différence de niveau sur une mire

Fig. 68.

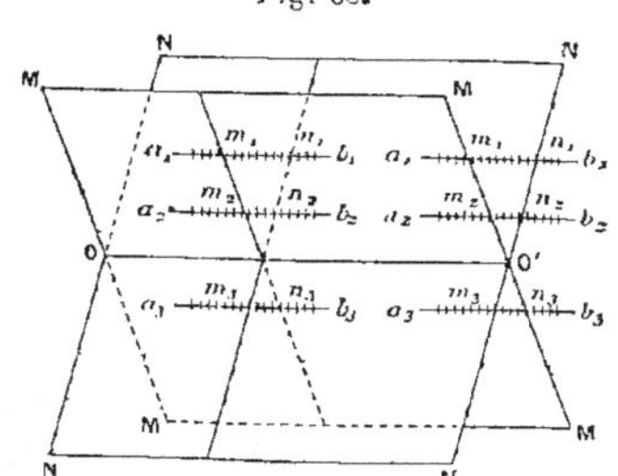

horizontale, et l'idée, avons-nous dit plus haut, est, à coup sûr, originale. Elle est d'ailleurs facile à justifier.

Imaginons, en effet, un angle dièdre, dont l'arête OO' (*fig.* 68) est horizontale, coupé par une série de plans verticaux, et une règle horizontale appliquée dans ces différents plans et à différentes hauteurs au-dessus ou au-dessous de OO'. Il est clair que les longueurs interceptées par les faces de l'angle dièdre seront proportionnelles aux hauteurs positives ou négatives de la règle par rapport au plan horizontal passant par OO' et que, sur les différents plans plus ou moins éloignés de O, pour des hauteurs égales les longueurs interceptées seront égales.

Or les deux positions de l'axe de rotation de la lunette déterminées par le jeu du levier coudé étant représentées en AA_1 et AA_2 (*fig.* 69), les deux plans de visée correspondants

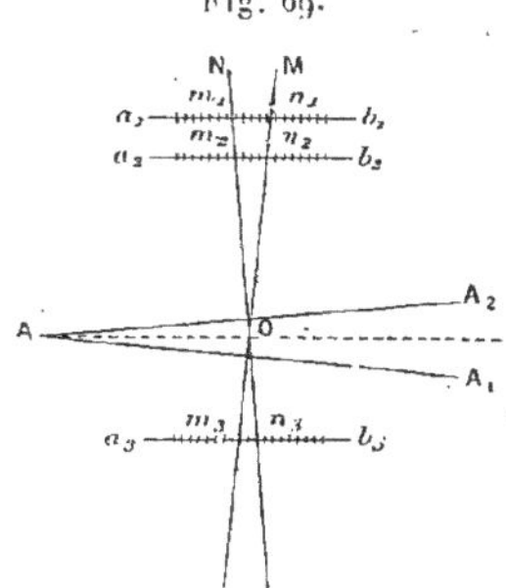

Fig. 69.

ont pour traces OM et ON, dont l'arête passant par le point O est horizontale. On voit immédiatement que la différence de niveau entre le centre de l'instrument et la mire se trouve mesurée par le nombre des divisions interceptées, c'est-à-dire par la différence des lectures faites sur la mire dans les deux positions successives prises par la lunette.

Il y aurait encore plusieurs autres détails à donner à propos des moyens de vérification et d'usages éventuels (par exemple la détermination de la méridienne ou d'un azimut et, par suite, celle de la déclinaison de l'aiguille aimantée) d'un instrument dans la construction duquel M. Sanguet a mis à profit toutes les ressources de son ingéniosité et de sa longue expérience. Nous pensons en avoir dit assez pour en faire apprécier les mérites et, quoiqu'il soit encore peu connu, nous ne doutons pas de son succès (¹).

TACHÉOMÈTRE dit AUTOCALCULATEUR DE M. A. CHAMPIGNY. — Ce tachéomètre, autoréducteur comme les précédents, par déplacement de la lunette, est fondé sur un principe absolument nouveau et l'on pourrait dire imprévu. Aussi, la combinaison de ses organes a-t-elle exigé de longues et patientes études de la part de l'inventeur et des soins particuliers de la part du constructeur. Il ne serait pas possible, à moins d'entrer dans de très longs développements, d'en donner ici une description complète; nous avons donc dû nous contenter d'indiquer la disposition générale de l'instrument autant que la vue d'ensemble (*fig.* 70) le permettait, puis le principe géométrique et mécanique du déplacement de la lunette pour le cas de la mesure des distances seulement, celui de la mesure des différences de niveau étant analogue.

Le lecteur qui désirerait étudier les détails de construction, dont plusieurs sont nouveaux et intéressants, les trouverait dans le brevet que M. Champigny, ingénieur civil des Mines, a pris en 1892 (²).

Le tachéomètre de M. Champigny, qui a l'aspect d'un théodolite de grandes dimensions, peut être employé aux opérations géodésiques dans les mêmes conditions que les instruments de ce genre les plus parfaits.

La lecture des divisions et des verniers du cercle vertical s'opère comme à l'ordinaire, à l'aide de loupes portées par des bras qui rayonnent du centre de ce cercle ou plutôt d'un anneau concentrique jouant librement pour permettre à l'observateur de chercher la coïncidence des traits du limbe et de

---

(¹) Nous savons qu'il vient d'être expérimenté par d'habiles géomètres-topographes qui ont pu immédiatement en tirer un très grand parti et qui le considèrent comme destiné à faire gagner beaucoup de temps aux opérateurs.

(²) *Voir* dans la *Description des machines et procédés pour lesquels des brevets d'invention ont été pris sous le régime de la loi du 5 juillet 1844*, t. LXXXIII, 2ᵉ partie (nouvelle série), année 1892, *Instruments de précision*, page 53 (Paris, Imprimerie Nationale, MDCCCXCV), le brevet en date du 24 octobre 1892 délivré à M. Champigny pour un tachéomètre.

Tachéomètre dit autocalculateur de M. Champigny.

chaque vernier. Mais la lecture des divisions du cercle azimutal, généralement plus incommode, est grandement facilitée par l'emploi de microscopes allongés et articulés, portant des prismes à réflexion totale qui peuvent glisser en tournant sur d'autres prismes portés par le cercle alidade et dont la face inférieure est maintenue au-dessus des divisions du limbe et des verniers.

Les organes de mise en station et de rectification, niveau à bulle d'air, vis calantes, de pression et de rappel, sont les mêmes que dans les autres théodolites et l'instrument comporte aussi un tube magnétique ou déclinatoire.

Ce qui distingue essentiellement le tachéomètre Champigny, c'est le mode d'opérer pour la lecture d'une stadia verticale, placée sur le point du terrain à déterminer, de façon à obtenir sa distance réduite à l'horizon et sa différence de niveau avec la station.

Principe de la mesure des distances réduites à l'horizon. — Soient MN (*fig.* 71) la stadia verticale posée sur le point M qu'il s'agit de déterminer, A et B deux de ses divisions sur lesquelles la lunette sera pointée successivement, O l'axe de rotation de la lunette, OU sa hauteur au-dessus du point de la station sur le terrain, OC une horizontale allant rencontrer la mire en C.

Le problème à résoudre consiste à faire en sorte que l'intervalle AB soit toujours proportionnel à OC et dans un rapport déterminé comme $\frac{1}{50}$, $\frac{1}{100}$, etc., et que nous désignerons par $\frac{1}{n}$.

Sur la direction de la première visée, prenons une longueur constante OD, inférieure à la distance de l'objectif de la lunette, et au point O élevons à OD une perpendiculaire OI égale à $\frac{OD}{n}$. Du point I, abaissons la perpendiculaire IP sur le prolongement de OC; les deux triangles OIP et ODH sont semblables et, par conséquent, IP $= \dfrac{OH}{n}$.

Si l'on parvient à faire tourner OA autour de O, de telle sorte que la nouvelle ligne de visée OB rencontre la verticale du point D en E, à une distance DE = IP, le problème sera

Fig. 71.

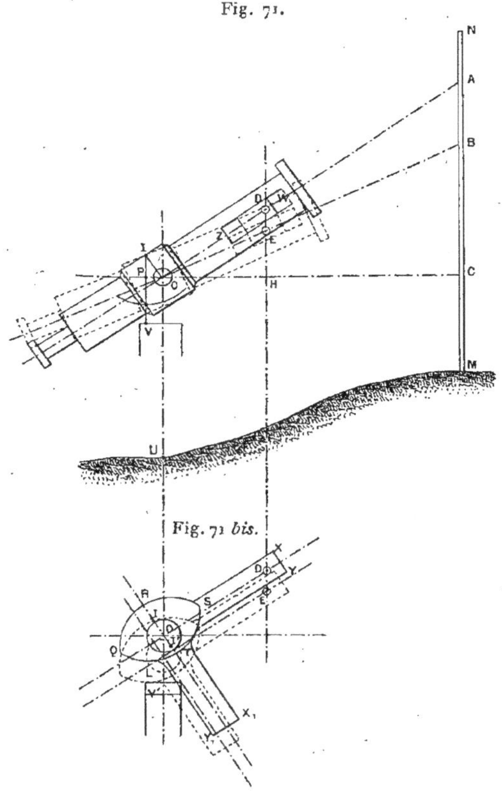

Fig. 71 bis.

résolu, car, si $DE = IP = \dfrac{OH}{n}$, on aura aussi $AB = \dfrac{OC}{n}$ ou $OC = n \times AB$.

Le mécanisme dont s'est servi M. Champigny pour obtenir

ce résultat se compose principalement d'une sorte de manivelle QRSTXY (*fig.* 71 *bis*) qui peut s'enclancher dans une coulisse ZW, parallèle et reliée à la lunette, et prendre un mouvement de glissement le long du montant vertical du tachéomètre, entraînant alors la partie antérieure de la lunette qu'elle fait tourner autour de son axe de rotation O (*fig.* 71 et 71 *bis*).

Le glissement vertical de la manivelle est obtenu en agissant sur le bouton de manœuvre (*fig.* 70) que l'on fait tourner jusqu'au refus et limité par le butoir V que rencontre l'espèce de came QRST (*fig.* 71 et 71 *bis*).

Voici comment est tracée la came pour atteindre le but proposé. Du point I (*fig.* 71 *bis*), dont la position est bien définie sur la lunette, et avec un rayon convenable mais arbitraire, on décrit un arc de cercle QLS et au-dessous de l'axe de rotation O, à une distance égale à ce rayon, on dispose le butoir horizontal V. Il résulte évidemment de cette construction que, quelle que soit l'inclinaison de la lunette, la distance LV de la came au butoir est égale à IP et par conséquent à DE, c'est-à-dire au déplacement voulu de la lunette, mesuré sur la verticale du point D.

Comme on n'a besoin que d'une partie de l'arc de cercle décrit du centre I, pour toutes les inclinaisons utiles de la lunette au-dessus et au-dessous de l'horizon, on a pu, en prenant un autre centre I' sur le prolongement de OI et à une distance $OI' = \dfrac{OI}{2}$, construire avec le même rayon une seconde moitié de la came, dont on se sert encore pour mesurer les distances, en employant le rapport $\dfrac{1}{2n}$. On n'a, pour cela, qu'à inverser la lunette autour de son axe et à faire tourner l'instrument de 180° en azimut pour la ramener dans la direction de la stadia.

Dans le modèle exécuté et représenté sur la figure, $n = 100$ et, par conséquent, les deux rapports déterminés par la came sont $\dfrac{1}{100}$ et $\dfrac{1}{200}$.

La mesure des différences de niveau s'obtient également par deux pointés de la lunette et deux lectures de la mire. A cet effet, la lunette porte perpendiculairement à sa longueur une seconde coulisse dans laquelle peut s'enclancher un autre bras de la manivelle, perpendiculaire au premier. Les opérations s'effectuent d'une manière analogue et se justifient de même que celles de la mesure des distances.

L'enclanchement de l'un ou de l'autre des bras, qui est naturellement successif, s'opère à l'aide d'un mécanisme du genre des engrenages, et l'on voit sur la figure (*fig.* 70) l'aiguille à laquelle on fait prendre alternativement la position verticale et la position horizontale pour produire l'enclanchement nécessaire soit pour la mesure des distances (longueurs), soit pour la mesure des différences de niveau (hauteurs).

De tous les tachéomètres connus, celui que nous achevons de décrire est sûrement l'un des plus intéressants et des plus délicats, sous le rapport de la conception aussi bien que de l'exécution. Nous croyons savoir qu'il doit être soumis prochainement à l'examen de la Commission supérieure du Cadastre et nous souhaitons qu'il soit apprécié par elle comme il le mérite.

XXV. — *Tachéomètres et tachéographes autoréducteurs par projections rectangulaires.*

PRINCIPE GÉNÉRAL DE CES INSTRUMENTS. — Indépendamment des tachéomètres autoréducteurs, fondés sur les ingénieux procédés mécaniques qui viennent d'être exposés, il existe encore une classe d'instruments dont le but est analogue et même plus étendu (en ce sens que l'on a voulu, avec certains d'entre eux, rapporter graphiquement les opérations sur le terrain), et qui ont pour organe commun une équerre à deux branches verticale et horizontale, sur lesquelles se projette la longueur proportionnelle à la distance estimée suivant la pente. Ces deux branches portant, à cet effet, des divisions, sont à rainures et languettes pour permettre les déplacements nécessaires, et la branche verticale est liée avec une règle parallèle à l'axe optique de la lunette d'observation qui peut être elle-même divisée.

TACHÉOMÈTRE DE KREUTER. — Le plus simple ou même le plus

Fig. 72.

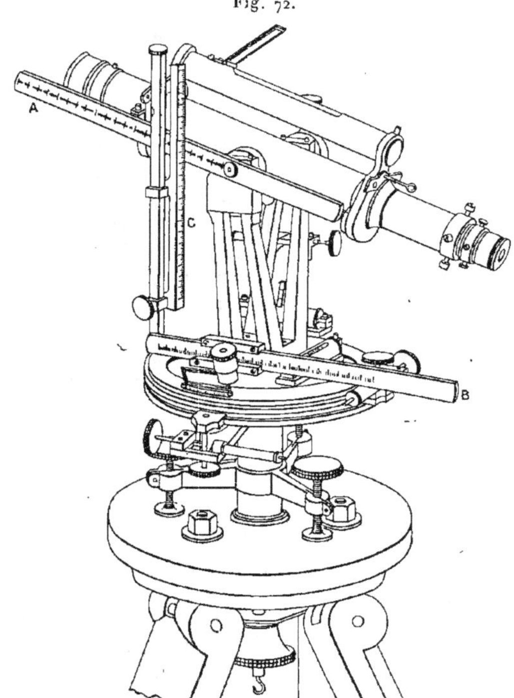

Tachéomètre de Kreuter.

rudimentaire de ces instruments est celui de Kreuter (¹)

(¹) *Patentiertes Quotier Instrument für generelle aufnehmen in koupiertem Terrain*, von FRANZ KREUTER, ingénieur; Wien, 1874. Nous

(*Schiebe-Tachymeter*). La *fig.* 72 représente cet instrument dont la lunette porte un micromètre oculaire ordinaire à fils horizontaux. La distance du point visé est évaluée sur une mire ou stadia verticale, présentée perpendiculairement à la direction de la ligne de visée. On prend cette distance sur la division de la règle A, le long de laquelle on déplace la branche C de l'équerre, dont la branche B glisse elle-même dans un guide à rainure porté par le cercle azimutal. Des index convenablement placés permettent alors de lire immédiatement la distance horizontale et la différence de niveau cherchée.

TACHÉOMÈTRE DE WAGNER-FENNEL ([1]). — La figure suivante (*fig.* 73) du tachéomètre qui porte les deux noms de l'inventeur C. Wagner et du constructeur Fennel, répond presque identiquement à l'explication qui vient d'être donnée pour l'instrument précédent. Les seules différences que l'on peut relever tiennent à une construction plus soignée, et à l'emploi de verniers au lieu de simples index.

L'auteur et le constructeur ont d'ailleurs varié les dispositions de leur appareil auquel ils ont associé successivement un cercle répétiteur, une boussole et enfin une planchette, réalisant ainsi un modèle qui permet de rapporter graphiquement les opérations sur le terrain et qu'ils ont appelé *tachéographomètre* ([2]).

Mais le principe essentiel est resté le même, et il faut toujours que l'opérateur *lise* exactement la distance évaluée selon la pente et manœuvre l'équerre pour l'ajuster le long de la règle AA′, parallèle à l'axe optique de la lunette.

---

empruntons la figure qui représente cet instrument au *Handbuch der Vermessungskunde* du Dʳ W. JORDAN, tome II, page 609.

([1]) D'après un article publié dans la *Zeitschrift des Œsterreich Ing. und Arch. Vereins,* 1876, il paraît que l'ingénieur C. Wagner avait réalisé son tachéomètre depuis 1868, que jusqu'en 1871 il avait apporté diverses améliorations et, depuis cette époque, il est exécuté par le mécanicien Fennel à Cassel. L'invention semblable de Kreuter était faite dans le même temps et sans doute indépendamment.

([2]) *Voyez* la brochure publiée en français et intitulée : *Les Tachéomètres Wagner-Fennel de l'Institut mathématique-mécanique Otto Fennel, à Cassel (Allemagne);* 1887 (Paris, Gauthier-Villars et fils).

Il n'en est plus ainsi avec les deux instruments imaginés par

Fig. 73.

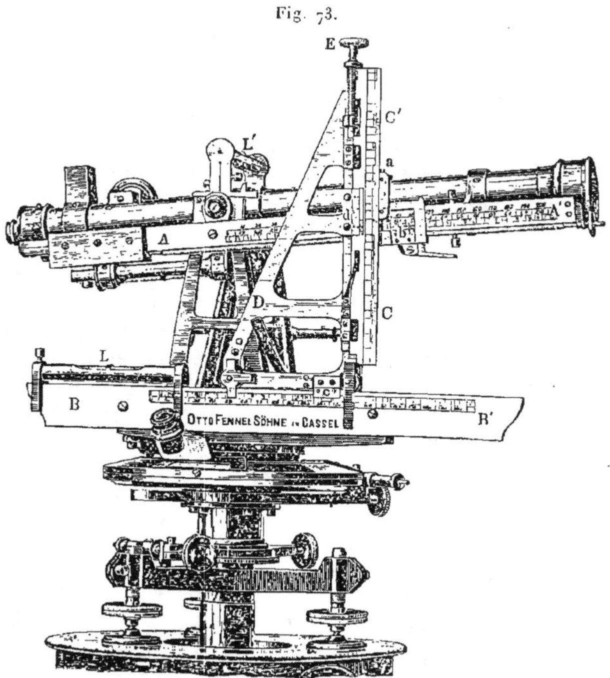

Tachéomètre de Wagner-Fennel.

deux inventeurs français : l'*homolographe* de Peaucellier et Wagner et le *tachéographe* de Fr. Schrader.

HOMOLOGRAPHE DE PEAUCELLIER ET WAGNER. — Cet appareil qui comprend une planchette circulaire sur laquelle on rapporte immédiatement les opérations, est encore muni d'une équerre de réduction (il est également à remarquer que les inventeurs n'avaient eu aucune connaissance des tentatives faites en

Allemagne, qui furent publiées postérieurement à l'exécution et même à l'emploi effectif de leur instrument), mais il renferme d'ingénieuses dispositions qui le rendent, à coup sûr, plus intéressant que les deux précédents.

Description de l'instrument. — En premier lieu, pour ramener l'image de l'objet visé dans le plan du réticule qui doit

Fig. 74.

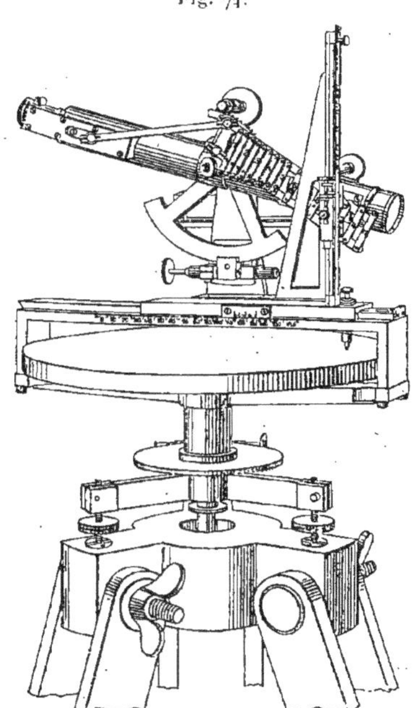

Homolographe de Peaucellier et Wagner.

rester invariable, c'est en déplaçant l'objectif dans le sens longitudinal, au moyen d'une vis et d'une crémaillère représentées sur la figure (*fig.* 74), que l'on y parvient. Ce réticule est composé d'un fil horizontal et de trois fils verticaux, dont les

L.   14

deux premiers sont fixes, et le troisième, porté par un coulisseau maintenu d'un côté par un ressort *r* et de l'autre par un coin allongé NN' (*fig.* 75), peut se rapprocher ou s'éloigner du fil médian.

Un système articulé, formé de deux bielles égales et d'une manivelle, se voit aussi *fig.* 74. La manivelle a son centre tout près de l'axe de rotation de la lunette, et son bouton, commun aux deux bielles, est porté par un arc de cercle denté avec lequel engrène un pignon fixé au bâti de l'instrument.

Quand on agit sur ce pignon au moyen de son bouton, la manivelle et les deux bielles sont donc mises en mouvement.

Fig. 75.

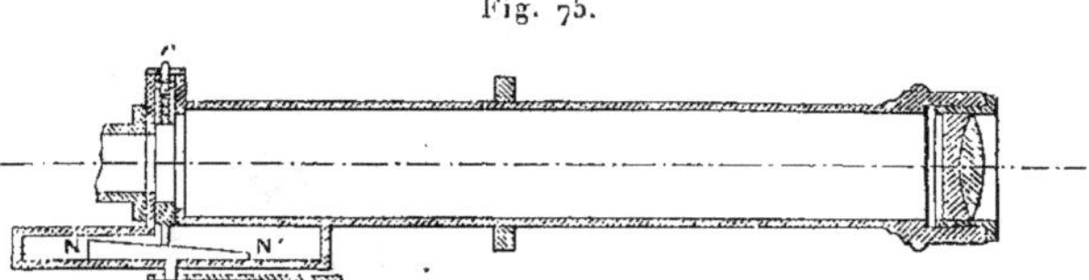

La bielle de gauche est liée, à son autre extrémité, par une articulation, au coin qui gouverne le fil mobile du réticule. Celle de droite fait marcher tous les organes d'un parallélogramme articulé multiple dont elle forme l'un des longs côtés et dont les petits côtés, également espacés et parallèles à la manivelle, ont leur seconde articulation sur une parallèle à l'axe optique de la lunette passant par le centre de cette manivelle qui termine le parallélogramme.

La stadia dont on se sert est une mire tenue horizontalement, analogue au stadimètre, mais d'une seule pièce, sans cadran ni aiguille. Elle porte des lignes de foi blanches sur fond noir, également espacées et numérotées de 0 à 12, de part et d'autre du montant auquel correspond la division 0.

Manière d'opérer. — La planchette étant en station exactement orientée, lorsque la stadia est placée au point qu'il s'agit de déterminer, l'opérateur, après avoir dirigé le fil médian du réticule sur le zéro de la mire et vu quelles sont les lignes de foi les plus voisines des fils latéraux, accroche l'équerre au pivot du parallélogramme articulé qui porte le même chiffre, puis il amène le fil fixe au milieu de la ligne de foi correspondante par le mouvement de rappel du bâti de l'instrument [dont on voit la vis au bas de la figure (*fig.* 74), près des branches du triangle de réglage] et le fil mobile au milieu de la ligne de foi symétrique, en agissant sur le pignon central et par conséquent sur l'arc denté et sur le parallélogramme articulé, la bielle de gauche et le coin allongé. Il suffit alors d'appuyer sur le bouton d'un piquoir disposé près du sommet de l'équerre pour marquer sa position sur le plan. D'un autre côté, en accrochant l'équerre, on a entraîné un vernier qui glisse le long de sa tige verticale divisée et la différence de niveau se lit comme dans les instruments précédents. On peut même, en disposant à l'avance le vernier, pour tenir compte de la cote de la station, lire immédiatement celle du point visé que l'on inscrit aussitôt sur la planchette.

Justification et degré de précision du procédé. — On démontre facilement que, lorsqu'on met le système articulé en mouvement au moyen du pignon qui l'actionne, les quantités dont se déplacent les extrémités opposées des deux bielles parallèlement à l'axe de la lunette sont en raison inverse l'une de l'autre. On sait, d'un autre côté, que l'écartement e des fils du micromètre correspondant à l'intervalle de deux lignes de foi de même chiffraison de la mire est inversement proportionnel à la distance D de cette mire au foyer antérieur de l'objectif (théorème de Reichenbach). Or, cet écartement dépend ici de l'angle α du coin qui déplace le fil mobile et de la distance d de l'articulation de la bielle au centre de la manivelle (on s'arrange, par construction, de façon à avoir simplement $e = d \tan\alpha$), laquelle distance est inverse, avons-nous dit, de celle de l'extrémité de l'autre bielle à ce même centre.

En disposant de l'angle α, le constructeur peut faire en sorte, par exemple, que, pour la division 10-10 de la mire, on ait D $= 1000 d'_{10}$ (les deux rapports inverses ramenant à un rapport direct), c'est-à-dire que l'intervalle d'_{10} exprimé en millimètres représente alors la distance métrique de la mire au foyer antérieur de l'objectif. Cela étant, pour une visée sur deux lignes de foi quelconques m-m de la mire, il suffira évidemment de multiplier la longueur d'_{10} exprimée en millimètres et fractions de millimètre par le rapport $\dfrac{m}{10}$.

Pour ramener les mesures au centre de leur instrument dans lequel le foyer antérieur de la lunette en était éloigné de $0^m,40$, et pour le rapport qui vient d'être indiqué, il a suffi aux inventeurs de déplacer le centre de la manivelle de $0^m,0004$ en avant du centre de la lunette.

On voit, d'après les explications qui précèdent, quelles étaient les propriétés de l'homolographe, dont la construction, confiée aux frères Brunner, ne laissait rien à désirer. Nous devons ajouter que des expériences nombreuses et répétées, notamment dans les environs de Paris, par la brigade topographique, avaient pleinement justifié les prévisions des inventeurs.

Nous nous contenterons de citer quelques passages des conclusions du Mémoire du commandant Wagner auquel nous renvoyons le lecteur, en rappelant qu'il s'agit encore d'opérations exécutées à l'échelle de $\frac{1}{1000}$ (¹).

« On a obtenu, dans le détail, une vitesse moyenne de $\frac{9}{10}$ d'hectare par heure, soit 5 hectares $\frac{4}{10}$ par séance de six heures.

» En terrain découvert présentant, outre les courbes de niveau, quelques chemins et des lignes d'arbres, on a obtenu jusqu'à 8 hectares par séance, pendant qu'avec les procédés actuels on n'eût obtenu, dans le même terrain, que de 2 à 2 hectares $\frac{1}{2}$ au plus. »

HOMOLOGRAPHE A ANNEAU POSÉ SUR UNE PLANCHETTE RECTANGULAIRE. — Le but principal à atteindre à la brigade topographique, pour laquelle avait été imaginé l'homolographe, était, indépendamment des détails ordinaires, de tracer immédiate-

---

(¹) *Des Méthodes de levers en usage à la brigade topographique et de l'emploi d'un nouvel instrument destiné à substituer aux opérations habituelles des procédés purement mécaniques*, par M. WAGNER, chef de bataillon du Génie (Extrait du *Mémorial de l'Officier du Génie*, n° 23).

ment sur le plan les courbes de niveau. En terrain accidenté,
en employant plusieurs porte-mire ou bien un aide niveleur
et un ou deux porte-mire seulement et en s'attachant, autant
que possible, à déterminer les points à cotes rondes, un topo-

Fig. 76.

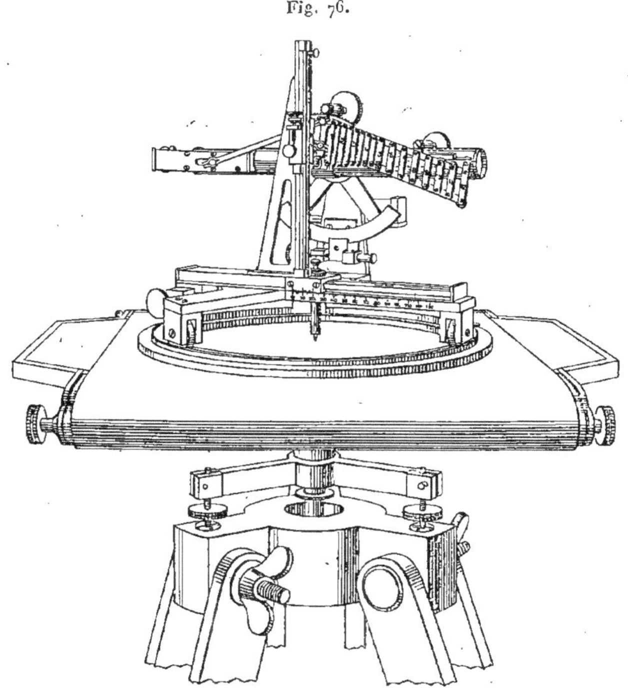

Homolographe à anneau de Peaucellier et Wagner.

graphe exercé parvenait, avec l'homolographe, à filer les
courbes plus rapidement que par les procédés ordinaires et
avec les autres instruments. On pouvait ensuite décalquer tous
les détails dessinés sur chaque planchette circulaire et les
reporter sur la feuille minute.

Les inventeurs ont encore voulu se dispenser de ce travail de copie, en faisant construire un instrument (*fig.* 76) entièrement semblable au premier pour toute sa partie supérieure, mais porté par un bâti à trois branches, terminées chacune par un galet pouvant tourner dans la rainure circulaire d'une couronne plate en cuivre posée elle-même sur la planchette.

Celle-ci, qui reprend alors la forme carrée ou rectangulaire, et, au besoin, des mouvements de translation pour amener un de ses points verticalement au-dessus de celui du terrain qui lui correspond, est munie de deux rouleaux sur lesquels s'enroule la feuille minute.

Les expériences faites avec ce nouvel appareil, dans les circonstances les plus variées, notamment pour le lever de plusieurs hectares, avec l'indication des points de raccord des différentes planchettes, du nombre de points relevés et du temps employé, ont démontré :

1° Que la plus grande erreur commise dans la lecture de la distance est de 0^m,20, et cela seulement pour les grandes distances de 120^m à 140^m ;

2° Que généralement l'erreur est inférieure à 0^m,10 ;

3° Que l'erreur moyenne n'est que de 0^m,055 pour une distance moyenne de 90^m.

Nous avons indiqué plus haut les résultats de la comparaison de la vitesse atteinte précisément avec cet instrument à celle des opérations faites par les anciens procédés et renvoyé le lecteur au Mémoire détaillé du commandant Wagner qui contient les détails numériques des nombreuses expériences dont il s'agit.

TACHÉOGRAPHE DE SCHRADER. — L'habile géographe de la maison Hachette, M. Schrader, a repris depuis quelque temps, l'étude du même problème et il en a donné une solution un peu différente qui mérite également d'être connue.

En jetant les yeux sur la figure qui représente son tachéographe (*fig.* 77), on reconnaît tout d'abord l'organe essentiel des instruments que nous avons rapprochés sous le même titre, c'est-à-dire l'équerre avec ses deux branches verticale

Fig. 77.

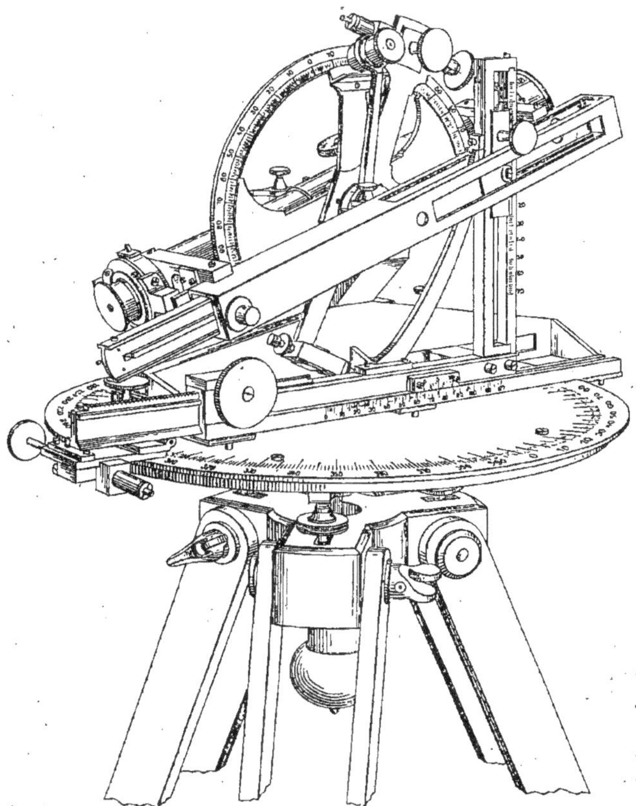

Tachéographe de Schrader.

et horizontale et la règle à coulisse parallèle à l'axe optique de la lunette ou règle hypoténuse.

Comme dans l'homolographe, il y a au foyer de la lunette un

fil vertical fixe et un fil mobile, et l'image de la stadia est amenée dans le plan focal par le déplacement longitudinal de l'objectif.

Le stadia n'est plus une mire parlante, c'est-à-dire avec des divisions numérotées; elle rentre dans la catégorie des mires à deux voyants fixes; tenue horizontalement comme le stadimètre, elle porte bien plusieurs voyants, chacun avec une ligne de foi blanche sur fond noir, mais ces voyants se combinent deux à deux pour l'observation, comme cela sera expliqué tout à l'heure, selon les distances des points à relever.

Pour déplacer le fil mobile, au lieu du coin guidé par le mécanisme de MM. Peaucellier et Wagner, M. Schrader fait usage d'une came [dont la forme calculée très simplement doit être exécutée avec le plus grand soin (¹)] liée à la règle hypoténuse et pouvant glisser dans un sens ou dans l'autre, entraînée par le mouvement de l'équerre. Ce mouvement est déterminé par l'opérateur à l'aide d'un bouton, très apparent sur la figure (*fig.* 77), et qui est celui d'un pignon engrenant avec une crémaillère vissée sur la branche horizontale de l'équerre. Tandis, d'un côté, que la came, en glissant dans la règle hypoténuse qui est parallélépipédique et creuse, fait avancer ou rétrograder, sous l'effort d'un ressort antagoniste, le chariot du fil mobile de la lunette, la branche horizontale de l'équerre, portant un vernier, coulisse dans une rainure de la règle divisée, qui fait partie du bâti de l'instrument, en entraînant le porte-crayon ou piquoir placé en face du sommet de l'équerre. Il suffit alors d'appuyer sur la tête de ce piquoir pour marquer la projection horizontale du point visé sur la feuille de papier portée par la planchette.

Comme sur les autres instruments du même genre, un vernier porté sur la règle hypoténuse sert à mesurer la différence de niveau entre l'axe de rotation de la lunette et la position de la règle de la stadia au-dessus du sol par une lecture faite sur la branche verticale de l'équerre.

Il est bien entendu que les divers mouvements que nous venons de décrire sont subordonnés à ceux de l'ensemble de

---

(¹) Le profil de cette came est un arc d'hyperbole.

l'appareil et de la lunette autour de leurs axes de rotation et que l'opérateur termine par le double pointé qu'il effectue sur deux des voyants de la mire en agissant sur le bouton du pignon.

L'écartement des deux voyants extrêmes est réglé d'après l'échelle adoptée pour le plan. Ainsi, pour un plan qui doit être exécuté à l'échelle de $\frac{1}{1000}$, le grossissement de la lunette étant de 20, un écartement de $1^m,30$ à $1^m,50$ suffira pour les distances de 100^m à 120^m qui sont les plus grandes à évaluer avec le tachéographe dont le diamètre de la planchette circulaire ne dépasse pas $0^m,25$.

Dans l'instrument que nous avons examiné, l'écartement des deux voyants extrêmes, réglé pour la distance de 100^m, était de $1^m,36$ et le rapport $\frac{1}{75}$ qui en résultait correspondait sensiblement à un angle micrométrique de 1 grade; en rapprochant la mire à 60^m, l'angle micrométrique augmente et atteint une limite qui ne peut pas être dépassée, eu égard au grossissement; on remplace donc l'un des voyants extrêmes par un autre placé à la moitié de l'intervalle primitif; une nouvelle came succède alors à la première pour l'évaluation des distances comprises entre 60^m et 30^m; enfin, pour celles qui sont comprises entre 30^m et 20^m, on emploie deux voyants espacés du quart du premier intervalle et une troisième came qui succède à la seconde. Le tachéographe ne permet pas, avec sa construction actuelle, de relever des points plus rapprochés de la station.

Il résulte d'expériences faites dans la grande salle des Machines, au Champ de Mars, par M. Schrader, en présence de M. l'Ingénieur en chef des Mines Lallemand, membre de la Commission supérieure du Cadastre, avec le premier tachéographe construit d'après ces principes, que sur vingt-cinq distances comprises entre 22^m et 85^m, mesurées d'abord avec un décamètre en ruban d'acier, puis évaluées à l'aide du tachéographe, les différences constatées sont du même ordre que celles que nous avons signalées en parlant de l'homolographe. Nous croyons savoir que l'auteur travaille encore à perfectionner les détails de cet instrument.

XXVI. — *Tachéomètres graphiques non réducteurs.*
Échelles de réduction.

TACHYMÉTROGRAPHE TIXIDRE ([1]). — Quoique l'instrument
désigné sous ce nom ne soit pas autoréducteur, il appartient
à la même famille que les deux derniers qui viennent d'être
décrits, et c'est pourquoi nous le mentionnons à cette place.
Comme l'homolographe et le tachéographe, il se compose,
en effet, essentiellement d'une planchette circulaire et d'une
alidade munie d'une lunette stadimétrique, mobile autour du
centre de la planchette (*fig.* 78). Il en diffère toutefois, en ce
que les fils du micromètre oculaire conservent leur intervalle
comme dans le tachéomètre. Il en diffère surtout d'ailleurs
en ce que l'instrument peut être déplacé sans que la feuille de
papier qui recouvre la planchette soit changée, de telle sorte
qu'au lieu de rester à la station centrale et unique d'où il
déterminait par rayonnement tous les points du plan avec les
deux instruments précédents, l'opérateur peut changer de
station pour mieux découvrir ceux de ces points qui pourraient lui échapper et se trouve ainsi à même de mieux voir
et de plus près tous les détails. A cet effet, contre la règle de
l'alidade formant l'un de ses côtés est disposé un parallélogramme articulé qui permet de mener rapidement par chacune
des stations marquées sur la planchette des parallèles aux
directions prises par l'alidade, qui continue à passer par le
centre, pour déterminer les positions des différents points visés.

On pourrait craindre que, pour les directions de l'alidade rapprochées de la ligne qui va du centre de la planchette au point
qui y représente la station, la manœuvre du parallélogramme
articulé devienne impossible. On remédie facilement à cet
inconvénient en faisant faire une demi-révolution à l'alidade
et en retournant en même temps la lunette bout pour bout.

____

([1]) *Voir* le *Catalogue général* de la maison H. Morin et Gousse, 3, rue
Boursault, à Paris, 25ᵉ édition, 1ᵉʳ fascicule : *Instruments de précision,*
page 31 (janvier 1897).

L'inventeur, M. Tixidre, qui est un praticien consommé, a fait lui-même usage de son tachymétrographe pendant plusieurs années, en réalisant une grande économie de temps, comparativement à celui qu'employaient des collègues également

Fig. 78.

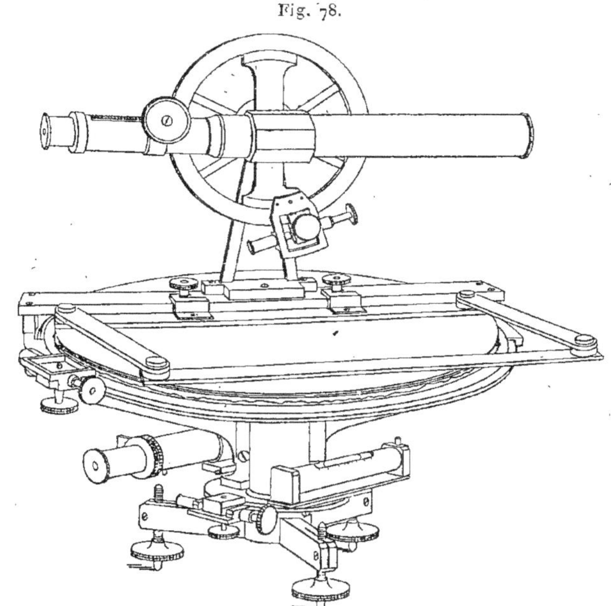

Tachymétrographe Tixidre.

exercés, mais qui se servaient des instruments ordinaires pour exécuter des travaux de même nature, souterrainement aussi bien qu'à la surface du sol.

Le tachymétrographe est employé en ce moment même avec beaucoup de succès et une grande habileté par M. Branciard, conducteur des Ponts et Chaussées, au lever d'une zone de 700^m à 800^m de largeur du bassin de la basse Seine, à l'échelle de $\frac{1}{2000}$. Nous avons eu sous les yeux les feuilles dessinées et gravées à Paris, d'après la triangulation et les minutes

communiquées au fur et à mesure de leur exécution par
M. Branciard, et nous avons pu nous convaincre de la simplicité et de la parfaite exactitude de ce travail aussi bien que de
la rapidité des opérations.

PLANCHETTE TACHÉOMÉTRIQUE CIRCULAIRE DE M. BARTHOUD. — A
propos de la réfection du Cadastre, une autre planchette tachéométrique de forme circulaire a été proposée par M. J. Barthoud,
sous-ingénieur des Ponts et Chaussées (¹). Cet instrument
ne présente aucune particularité qui mérite d'être signalée ;
les avantages que lui attribue son auteur sont ceux qui caractérisent la planchette en général et sur lesquels nous aurons
bientôt l'occasion d'insister.

Nous verrons aussi plus loin que l'idée de revenir à cette
forme si ancienne de la planchette circulaire s'est présentée encore à l'esprit d'autres inventeurs, notamment en Angleterre.

DIAGRAMME POUR LA SIMPLIFICATION DES CALCULS. — Que l'on
emploie le tachymétrographe ou tel autre instrument altazimutal et non autoréducteur, il est avantageux, toutes les fois
que l'on opère à d'assez grandes échelles, de $\frac{1}{1000}$ à $\frac{1}{5000}$, par
exemple, de substituer aux calculs numériques, c'est-à-dire
aux Tables trigonométriques et à la règle à calcul, de simples
lectures sur des diagrammes convenablement tracés. Nous
croyons donc devoir, à propos des instruments destinés à accélérer toutes les opérations, rappeler qu'il existe des échelles
de réduction depuis longtemps en usage dans le Service du
Génie et, plus récemment, dans le Service forestier où l'on en
tire un grand parti avec la boussole nivelante et le tachéomètre. Les planchettes de précision dont il sera question dans
le paragraphe suivant se trouvent dans des conditions tout
à fait semblables ; ceux qui les emploient pourront donc également recourir aux échelles dont nous allons indiquer la construction et l'usage.

(¹) *Méthode pratique de lever les plans à la planchette tachéométrique*, par M. J. BARTHOUD, sous-ingénieur des Ponts et Chaussées (Tarbes,
imp. Émile Crohare; 1893).

Réduction a l'horizon. — Il y a, comme on sait, plusieurs manières de mesurer et de réduire à l'horizon la distance de deux points situés à des hauteurs différentes ; on peut employer la chaîne tendue horizontalement par ressauts ou appuyée sur le terrain en suivant la pente, ou bien, en recourant à la stadia, présenter celle-ci perpendiculairement à l'axe optique de la lunette, soit horizontalement, soit inclinée dans un plan vertical, ou enfin verticalement. Dans le premier cas, la réduction est faite spontanément ; quand on mesure suivant la pente ou avec la stadia perpendiculaire à l'axe optique de la lunette, il faut déterminer l'inclinaison i de la pente, et la longueur mesurée ou observée l doit être multipliée par le cosinus de cette inclinaison ; enfin, quand la distance est évaluée sur la stadia tenue verticalement, il est aisé de voir que le résultat doit être multiplié par le carré du cosinus de l'inclinaison i.

Construction de la première échelle de réduction a l'horizon $l' = l \cos i$. — Dans le cas où la distance mesurée ou observée l doit être multipliée par $\cos i$, au milieu C de la ligne AB

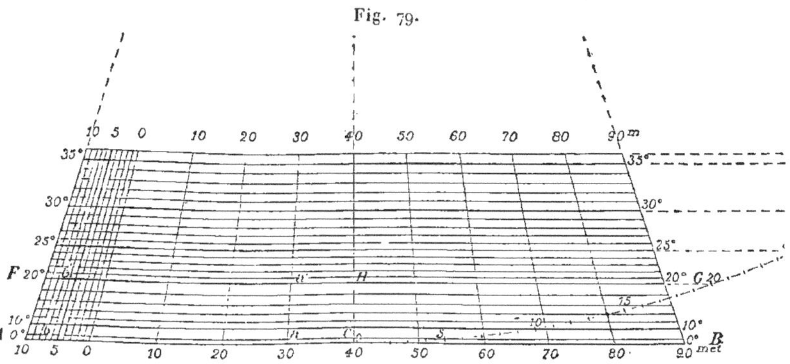

Fig. 79.

($fig.$ 79) de 0ᵐ,10 de longueur divisée en centimètres, la division de gauche subdivisée en millimètres, élevons une perpendiculaire d'une longueur suffisante, 0ᵐ,15 par exemple, et joignons tous les points de division à l'extrémité O de cette droite (située hors de la figure). De ce point O comme centre décrivons tangentiellement à la droite AB un arc de cercle que nous diviserons de degré en degré à partir du point de contact C, et par les points de division menons des parallèles à AB. Ces parallèles seront divisées par les obliques concourantes en parties proportionnelles aux divisions de la ligne AB et, si cette dernière est prise pour l'échelle des distances horizontales sur le plan, les autres seront évidemment les échelles de réduction à l'horizon pour l'inclinaison correspondante.

Ainsi, pour l'inclinaison de 20°, les divisions de l'échelle FG sont à celles de AB dans le rapport de OH à OC, c'est-à-dire de cos 20° à 1, le rayon OC étant pris pour unité.

CONSTRUCTION DE LA SECONDE ÉCHELLE DE RÉDUCTION A L'HORIZON $l' = l\cos^2 i$. — Dans le cas où la distance l évaluée sur la stadia verticale doit être multipliée par $\cos^2 i$ pour donner la distance réduite à l'horizon l', en transformant $l\cos^2 i$ en $l\left(\dfrac{1 + \cos^2 i}{2}\right)$ on parvient encore aisément à tracer les échelles de réduction pour les différentes inclinaisons par la construction suivante.

Sur la ligne AB (*fig.* 80) de 0^m,10, échelle des distances horizontales, et en son milieu C élevons comme précédemment une perpendiculaire de 0^m,15 ou de 0^m,16, puis joignons les divisions de l'échelle à l'extrémité O′ (située hors de la figure). Sur CO′ décrivons une demi-circonférence tangente en C à AB et, après avoir divisé sa partie inférieure en degrés ([1]), menons des parallèles à AB par les points de division, mais à leur rencontre avec les obliques convergentes inscrivons une graduation moitié moindre.

Ainsi, la parallèle à AB menée par le point E de l'arc de 60° est cotée 30° sur les obliques et il a été fait de même pour les autres qui deviennent autant d'échelles de réduction pour les inclinaisons indiquées par leur graduation.

([1]) Cette division se fait facilement et avec exactitude au moyen des Tables des sinus et des cosinus ou des sinus verses naturels. On trouve d'ailleurs ces échelles dans le commerce, gravées sur papier fort ou même sur métal. (*Voyez* le Catalogue de H. Bellieni, constructeur à Nancy.)

Prenons pour exemple la parallèle FG cotée 20° et qui passe

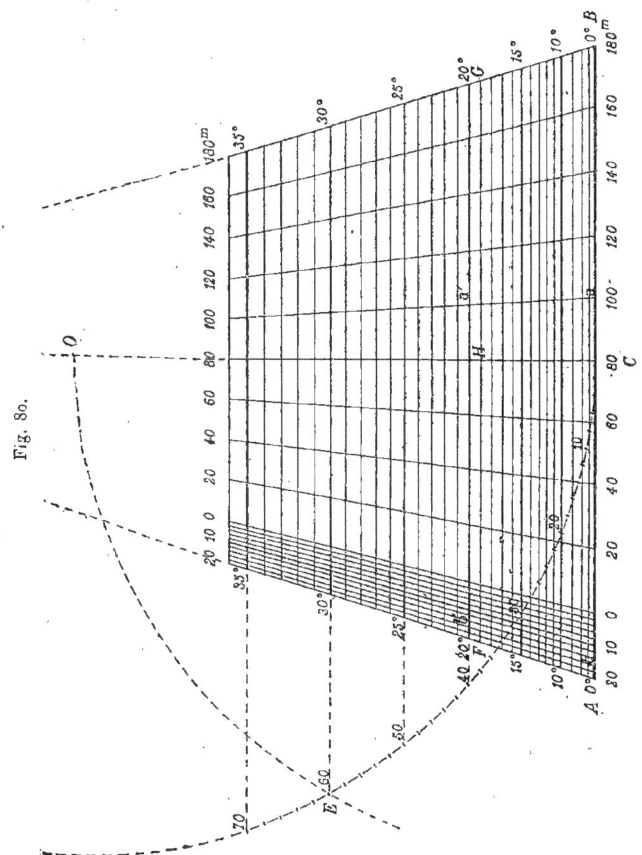

par la division 40° de l'arc de cercle. On a évidemment

$$\frac{FH}{AC} = \frac{O'H}{O'C} = \frac{r + r\cos 40°}{2r},$$

en appelant r le rayon OC.

Entre 0° et 10°, on remarquera sur les deux figures que les échelles sont resserrées et que, en général, on ne les a tracées que de deux en deux degrés. Mais, dans la pratique, on reconnaît que ces indications suffisent et, pour les inclinaisons intermédiaires, on opère par interpolation ([1]).

XXVII. — *Digression sur les courbes de niveau et sur l'emploi des échelles des pentes pour les lever.*

LES COURBES DE NIVEAU EN PAYS DE PLAINES ET EN PAYS ACCIDENTÉS. — La manière dont le relief du terrain est représenté conventionnellement par des courbes de niveau ou sections horizontales verticalement équidistantes est devenue désormais assez familière à tous ceux qui s'occupent de Topographie pour qu'il soit inutile de rappeler ici une définition qui se présentera d'ailleurs d'elle-même dans le Chapitre II, où l'on fait connaître l'invention de ces courbes. Nous devons toutefois indiquer quelques-unes de leurs propriétés essentielles dans le but de justifier les procédés rapides que nous conseillons d'employer, pour les tracer sur les plans, dans les cas surtout où elles deviennent nombreuses.

En ce qui concerne l'équidistance à adopter, exprimée en mètres, elle dépend naturellement de l'échelle du plan et l'on est à peu près d'accord, dans les pays où le système décimal est en vigueur, pour l'égaler graphiquement et uniformément à 1^{mm}. Elle représente donc alors, aux échelles de $\frac{1}{1000}$, $\frac{1}{2000}$,

---

([1]) On a donné différentes formes aux échelles de réduction. Ainsi, pour satisfaire à la formule $l = l'\cos i$, on avait d'abord construit les lignes de division en les rapportant à deux axes rectangulaires, les échelles successives étant également espacées pour des arcs égaux, et les obliques concourantes se trouvaient alors remplacées par des sinusoïdes. [*Voyez* dans le n° 14 du *Mémorial de l'Officier du Génie*, Paris, 1844, l'excellent Mémoire *Sur le lever expéditif d'une position militaire*, par le chef de bataillon du Génie (depuis colonel) LEBLANC.] Mais la construction que nous avons indiquée, adoptée à l'École d'application de l'Artillerie et du Génie, et plus facile à exécuter, est, nous le répétons, bien suffisante, et il en est de même de celle qui correspond à la formule $l = l'\cos^2 i$ conduisant d'ailleurs à une forme plus allongée et à un espacement plus sensible des échelles, même pour les plus faibles inclinaisons.

$\frac{1}{5000}$, $\frac{1}{10000}$, etc., des intervalles de 1^m, 2^m, 5^m, 10^m, etc.

Dans les pays de montagnes, cette équidistance peut être augmentée pour éviter de trop multiplier les courbes. Dans les pays de plaines, au contraire, on a besoin quelquefois de la diminuer. Nous admettrons, dans ce qui va suivre, l'équidistance la plus habituelle de 1^{mm}. Quelle que soit d'ailleurs cette équidistance, on conçoit aisément que les courbes seront plus rapprochées ou plus espacées sur le plan selon que les pentes du terrain seront plus ou moins fortes. Il est également facile de se rendre compte de ce fait que, dans les pays de plaines où cet espacement devient très grand, les formes des courbes successives, peu accusées en général, deviennent souvent indépendantes les unes des autres. Aussi les détermine-t-on alors isolément par points plus ou moins rapprochés, au niveau d'eau ou avec un niveau à main et suivant des méthodes, très simples et très faciles à imaginer, auxquelles nous ne nous arrêterons pas.

Mais il n'en est plus de même dans les pays accidentés où les courbes plus nombreuses, en se rapprochant, conservent dans bien des cas les mêmes allures au point de paraître s'emboîter les unes dans les autres. Pour les tracer assez rapidement, souvent plusieurs à la fois, comme nous le verrons, on a été conduit à la considération de lignes et de formes plus ou moins aisément reconnaissables qui jouissent de propriétés caractéristiques, servent de guides au topographe niveleur et ont donné naissance à un vocabulaire d'un usage général. Tels sont les lignes de faîte, les plateaux, les mamelons, les contreforts plus ou moins arrondis ou allongés, les arêtes, les gouttières, les inflexions, les cols, les crêtes, les escarpements, les arrachements, les rochers saillants, les ravins, les gorges, les talus d'éboulement ou de comblement, les commencements, changements et fins de pente, les étages des vallées, les bermes, les berges, les cuvettes, les thalwegs, etc.

Sans entrer dans le détail des opérations fondamentales de nivellement qui font partie de celles que l'on désigne sous le nom de *canevas général du lever* et sur lesquelles nous aurons occasion de revenir, nous pouvons supposer que le topographe niveleur a à sa disposition des repères assez nombreux

L.

sur les lignes de faîte, les mamelons, dans les fonds de vallées ([1]), vérifiés, numérotés et enregistrés sur un carnet.

En partant alors, par exemple, d'un repère situé sur un mamelon, après avoir levé par rayonnement, et le plus souvent par lignes de visée horizontales, les courbes supérieures inégalement espacées jusqu'à ce que l'on ait atteint un commencement de pente, on choisit, pour y stationner avec l'instrument altazimutal, l'un des points de cette ligne d'où l'on plonge avec l'éclimètre, par rayonnement, dans toutes les directions qui présentent des pentes sensiblement continues jusqu'aux lignes de changement de pente. Pour chaque direction et pour chaque point, où le porte-mire laisse des piquets, les pentes sont données par l'éclimètre et les distances mesurées à la chaîne suivant la pente ou évaluées sur la stadia verticale sont réduites à l'horizon au moyen de l'une des deux échelles précédentes.

Quand l'instrument est une planchette comme le tachymétrographe ou la planchette de précision dont il sera bientôt question, ou bien lorsqu'il est simplement accompagné d'une planchette à dessiner, comme c'était le cas avec la boussole nivelante du Génie ou ses analogues, on rapporte immédiatement la direction et la distance réduite de chaque point que l'on cote comme nous allons l'expliquer, en indiquant en même temps comment on peut tracer les courbes de niveau entre la station et la ligne de changement de pente.

ÉCHELLE DES PENTES. — C'est pour atteindre ce double but graphiquement qu'ont été construites les échelles de pente dont le principe est le suivant :

Soient A et B (*fig.* 81) deux points, dont l'un A est la station et B le point à déterminer; AB la distance des deux points mesurée suivant la pente, AA' leur différence de niveau.

On a

$$(1) \qquad AA' = A'B \tang i$$

----

[1] Ou dans leur voisinage, ces repères étant surtout placés sur les bords des chemins ou des sentiers que l'on suit généralement quand on exécute au niveau à bulle d'air le canevas du nivellement.

ou

$$(2) \qquad A'B = AA' \cot i.$$

Admettons que l'on opère à l'échelle de $\frac{1}{1000}$; la réduction A'B de la distance AB mesurée ou observée est obtenue à l'aide de l'une des deux échelles précédentes.

Maintenant, au lieu de calculer la différence de niveau AA' par la formule (1), supposons-la connue ainsi que la cote 31,7 du point A et marquons sur AA' les cotes rondes 31, 30, 29, ..., 25, A' se trouvant coté 25,3; on voit sur la figure

Fig. 81.

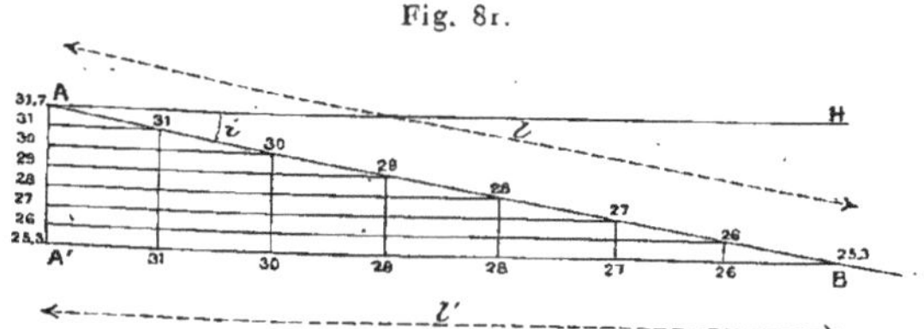

comment les plans horizontaux menés par les points à cotes rondes diviseront AB et par projection A'B. C'est cette dernière division correspondant à la pente i que l'on trouve sur ce que l'on appelle l'*échelle des pentes* qui sert à supprimer les calculs de différence de niveau et à déterminer rapidement les points de passage des courbes sur les différentes directions dont les pentes ont été mesurées.

La construction du diagramme sur lequel se trouvent réunies les échelles de pente jusqu'à 45° a d'abord été effectuée en portant sur l'axe des coordonnées des divisions égales de degré en degré, l'horizontale correspondante portant des divisions déduites par le calcul de la formule (2) ou plutôt prises dans une Table des tangentes et des cotangentes naturelles rapportées au cercle de 1^{mm} de rayon (1). Les lignes qui réunissaient les divisions semblables des mêmes échelles étaient

---

(1) *Voyez* le Mémoire déjà cité du colonel Leblanc dans le n° 14 du *Mémorial de l'Officier du Génie.*

Fig. 82.

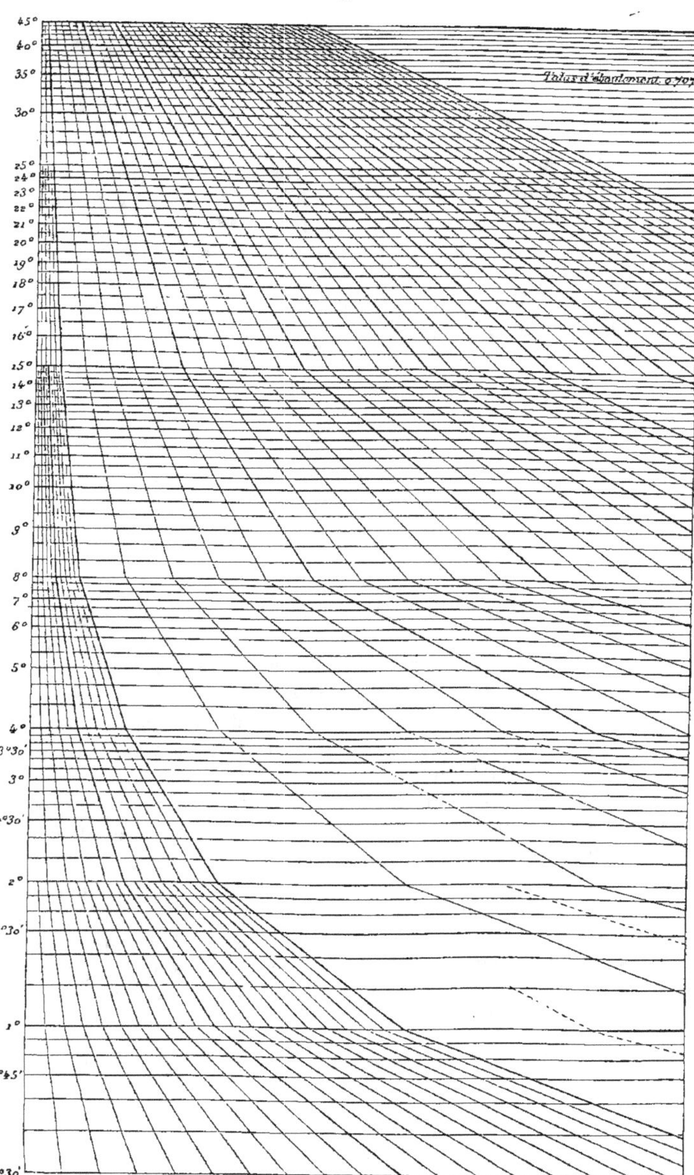
Talus d'éboulement 0.707

alors des arcs d'hyperboles. En faisant varier convenablement les intervalles de ces échelles, on a pu substituer aux courbes une série de lignes droites beaucoup plus faciles à tracer avec précision, et le diagramme de la *fig.* 82 est celui dont on se sert depuis un grand nombre d'années à l'École d'application de l'Artillerie et du Génie, où il a été introduit par le colonel Goulier qui lui a donné cette disposition plus commode et l'a fait imprimer sur du papier transparent, ce qui permet de porter chacune des échelles sur les droites rapportées sur le plan, qui représentent les distances réduites des points observés dans leurs directions et dont la pente a été mesurée. Il est à peine besoin d'expliquer l'usage de ce diagramme si l'on a saisi le principe de sa construction. Qu'il s'agisse de trouver la différence de niveau d'une station A dont on connaît la cote et de l'un des points visés B rapporté sur le plan et dont la pente a été observée ; il suffira évidemment de prendre avec l'ouverture d'un compas la distance réduite du point B au point A (A'B) et de la porter sur la ligne du diagramme correspondant à la pente observée, comme on le ferait sur une règle divisée avec une subdivision à sa gauche, en tenant compte, pour l'évaluation de la différence de niveau, de l'échelle du plan. Toujours en tenant compte de cette échelle, les divisions marquées par les lignes obliques donnent aussi l'espacement des courbes à cotes rondes sur la ligne A'B du plan, et c'est, comme nous l'avons dit plus haut, pour faciliter le report de ces intervalles successifs que le colonel Goulier a fait tirer le diagramme sur papier transparent.

XXVIII. — *De la planchette stadimétrique et du rôle qu'a rempli et que peut encore remplir la planchette en général.*

PERFECTIONNEMENTS ANCIENS ET RÉCENTS DE LA PLANCHETTE. — La vogue dont jouit à bon droit aujourd'hui le théodolite transformé en tachéomètre ne doit pas faire perdre de vue les autres instruments auxquels ont été et sont encore appliqués les principes de la Stadimétrie.

En France, où Maissiat et son fervent disciple Clerc [1] étaient arrivés à faire préférer pendant plus d'un demi-siècle la boussole nivelante à la planchette, les ingénieurs militaires avaient, comme nous l'avons vu, appliqué tout d'abord la stadia à leur instrument favori. En Angleterre, c'était dans la lunette d'un théodolite que Green avait introduit son micromètre, mais dans la plupart des pays du continent, on employait beaucoup la planchette aux levers réguliers, et c'est ainsi que, reprenant la tradition de Brander, on avait commencé à faire de la stadimétrie en Bavière, avec cet appareil, dès les premières années du siècle.

L'histoire de la planchette que nous avons essayé de reconstituer [2], en indiquant successivement les principaux

[1] Cet officier, dont toute la carrière a été consacrée au perfectionnement de la Topographie, et dont nous retrouverons plus loin le nom à propos du lever des *courbes de niveau*, avait enseigné l'usage de la boussole nivelante à l'École Polytechnique et à l'École d'application de Metz et l'avait fait adopter à peu près exclusivement par la brigade topographique du Génie. L'influence de Maissiat s'était, d'un autre côté, fait sentir dans le corps des ingénieurs-géographes auquel il appartenait, et plus tard dans celui de l'Etat-major jusqu'à l'étranger, en Italie et en Belgique notamment.

[2] Le Docteur W. Jordan, dans un paragraphe de son *Handbuch der Vermessungskunde*, § 197, tome II, page 687, après avoir rappelé le nom de Prætorius, cite celui de l'un des contemporains de cet inventeur, le Souabe Schickhardt, qui avait parlé de la planchette dans les termes suivants :

« *Wer im Raisen die Schiebe (geteilte grad Schiebe) mit bey sich hatt, oder Sonsten übereilt, den Compass mit brauchen möchte der Köndte dannoch im Nothfall, ohn all Instruments, zu diesem Vorhaben, Solchergestalt gelangen : er heffte nur ein Papier auff ein Brettlin oder Teller, und statt as unbeweglich nider, stecke darnach ein Paar Nadeln auff ein Lineal, Zihle damit auff die Thürne, and reisse dere Linien alle auss eim Puncten.* »

Et le docteur Jordan ajoute :

« Le principe de la planchette présenté sous cette forme naïve date peut-être de deux mille ans, car ce sont sans doute des opérations analogues à celles que l'on exécute avec la planchette qui ont mis sur la voie des théorèmes d'Euclide concernant la similitude des triangles. »

Au lieu de deux mille ans, on peut, sans hésiter, en admettre le double et même davantage, si l'on veut bien se reporter aux *plans dessinés à l'échelle* par les Chaldéens sur des tablettes d'argile ou sur pierre, et à ceux des Egyptiens qui, avant d'être gravés sur le marbre ou sur le granit, avaient été tracés en vue des monuments et du terrain sur des peaux de gazelle ou sur des papyrus tendus soit sur des planches, soit sur d'autres surfaces planes tout à fait comparables à une planchette. (*Voyez*, à ce sujet, la note I à la fin de cet Ouvrage.)

perfectionnements qu'elle a reçus, a donc besoin d'être reprise et complétée. Nous venons même de retrouver, en dernier lieu, cet instrument associé à la stadia dans des conditions tout à fait spéciales sous les noms d'*homolographe*, de *tachéographe* et de *tachymétrographe*, mais cela ne nous dispense pas de revenir sur les propriétés dont il jouit quand on se contente de le munir d'une alidade stadimétrique, simplement et librement posée sur une planchette carrée, puisque c'est sous cette forme qu'on le rencontre le plus habituellement et qu'il lutte avec le tachéomètre.

Pour obtenir toutefois la précision que l'on s'efforçait de plus en plus d'atteindre, on avait apporté un peu partout, et particulièrement en Allemagne, d'importantes modifications à la construction de la planchette, au nombre desquelles nous avons signalé la substitution du trépied à vis calantes déjà employé pour les instruments de précision, théodolite, niveaux, etc., au genou à rotule et à coquilles ou même à la calotte sphérique qui avait été un perfectionnement très appréciable.

LES PARTISANS DE LA PLANCHETTE STADIMÉTRIQUE. — Grâce à cette transformation, la planchette devenait, à son tour, un instrument de précision et prenait définitivement chez plusieurs de nos voisins la place qui lui avait été disputée par la boussole. Cette préférence s'accentua surtout quand le micromètre fut introduit dans la lunette de l'alidade de la planchette, généralement plus puissante que celle de la boussole. C'est ainsi, par exemple, que dès le début des travaux de la belle Carte topographique de la Suisse, en 1838 (ces travaux avaient été entrepris en 1832), on appliquait le principe de la stadia aux levers à la planchette. On peut constater ce fait dans les *Instructions* du général Dufour, ancien élève de l'École Polytechnique de Paris, pour l'exécution des minutes de cette carte à l'échelle de $\frac{1}{25000}$ ([1]); mais un Mémoire très détaillé sur la planchette de précision, désignée en Suisse sous le nom

---

([1]) *Geschichte der Dufourkarte, herausgegeben von eidg. topographischen Bureau,* page 143 (Bern, Buchdruckerei Stampfli und C°; 1896).

de *stadia topographique*, publié en 1884 dans les *Comptes rendus des travaux de la Société des Ingénieurs civils de France* (¹), contient sur l'instrument des indications plus précises auxquelles nous ne saurions mieux faire que de nous référer.

« La stadia topographique, dit M. Meyer, diffère du tachéomètre en ce que, au lieu d'appliquer l'appareil micrométrique de la stadia à la lunette d'un théodolite, on l'applique à la lunette de l'alidade d'une planchette d'arpenteur. Les points sont observés d'une station, la distance en est réduite à l'horizon et les hauteurs ont été calculées sur place au moyen d'une règle logarithmique spéciale. Elles sont immédiatement rapportées, à l'échelle choisie, sur la feuille étendue sur la planchette, et les points sont cotés. Quand on a un nombre suffisant de points d'altitude cotés, on trace les courbes de niveau ou courbes équidistantes, *en ayant le terrain sous les yeux;* on peut dire qu'*on les dessine d'après nature.*

» Cette méthode a été indiquée et appliquée *pour la première fois* par les ingénieurs qui ont procédé, sous les ordres du général Dufour, au levé de la Carte topographique de Genève en 1838-1839 (²); puis perfectionnée par M. J. Wild, ingénieur et professeur de Topographie et de Géodésie à l'École Polytechnique de Zurich, depuis 1855. M. Wild, qui a pris une grande part à l'établissement de la Carte topographique suisse et a spécialement dirigé celle du canton de Zurich, a, de 1843 à 1851, appliqué cette méthode au lever de la Carte au $\frac{1}{25000}$. Il l'a décrite dans des Conférences faites à la Société technique de Zurich, les 8 *octobre* 1845 et 7 *mai* 1847. »

(¹) *Mémoire sur la Stadia topographique et son application aux levés des plans et aux études de chemins de fer, routes, canaux, etc., etc.,* par M. Jean MEYER, ingénieur en chef des chemins de fer de la Suisse occidentale et Simplon. Dans le recueil cité.

(²) Pour la première fois et d'une manière suivie, en Suisse, devrait-on dire, car il paraît bien avéré que c'est la même méthode qui était appliquée en Bavière, au moins pour la planimétrie, plus de vingt-cinq ans auparavant. Mais, d'un autre côté, il faut reconnaître qu'en 1838 les ingénieurs suisses devançaient ceux des autres pays où la stadia n'était employée qu'avec hésitation et encore peu étudiée.

Et plus loin : « Tous les ingénieurs formés à cette école (le Polytechnikum), depuis bientôt trente ans, sont familiarisés avec cette méthode et ont beaucoup contribué à la répandre en Suisse et à l'étranger, soit pour les travaux de la Carte topographique et ceux du Cadastre, soit surtout pour les levers destinés aux études de chemins de fer, routes, canaux, etc. Toutes les études des nombreuses lignes de chemins de fer construites en Suisse depuis plus de quinze ans, et notamment celle du Gothard, ont eu ces levers pour base. »

M. Meyer ajoutait encore que l'exactitude obtenue était aussi grande que celle que donnent les tachéomètres proprement dits, que les opérations étaient plus rapides et la dépense moindre. Enfin, il revenait, à plusieurs reprises, sur ce qu'en dessinant les courbes de niveau sur le terrain, on a plus de garantie d'une représentation fidèle du relief qu'en attendant qu'on ait perdu de vue des formes que l'on ne saurait retrouver sur les carnets où sont inscrites les distances et les cotes des seuls points levés et nivelés des différentes stations. « C'est dans ce fait, concluait-il, qu'avec la planchette *on dessine d'après nature*, que nous constatons une grande supériorité sur la méthode dite *tachéométrique*. »

Nous avons donné ces détails pour montrer l'importance acquise depuis longtemps en Suisse par la planchette de précision et nous eussions pu les compléter en indiquant, toujours d'après M. Meyer, les grands travaux publics dans lesquels il a été fait usage de cet instrument, ainsi que les prix de revient des opérations de levers qui en font ressortir les avantages.

DES PLANCHETTES ADOPTÉES EN SUISSE. — Le Mémoire de M. Meyer est accompagné d'une théorie de la *stadia topographique* et de détails concernant son emploi, rédigés par M. Stambach, professeur à l'École technique de Winterthur, et contient des résultats d'expériences de nature à rassurer sur les qualités des lunettes ordinaires (non anallatiques) d'un grossissement de quinze à vingt fois, pour la mesure des distances, beaucoup plus faciles à construire, à égalité de puissance.

M. Meyer fait enfin la description des différents types de planchettes de précision avec alidade stadimétrique construites d'après les indications du professeur Wild, principalement et excellemment par la maison J. Kern et Cie, d'Aarau. Ces modèles, au nombre de trois, petit, moyen et grand, varient par les dimensions de la planchette elle-même et par la disposition de l'alidade qui porte un quart de cercle, un demi-cercle ou un cercle entier (¹). Ils répondent à tous les besoins de la pratique : Cadastre, cartes à diverses échelles, études de travaux publics, etc.

Nous donnons la figure de l'instrument le plus complet (*fig.* 83), comprenant la planchette du grand modèle, l'alidade avec un cercle entier, un déclinatoire, des niveaux à bulle d'air, une règle logarithmique spéciale disposée sur la règle de l'alidade, enfin un compas d'épaisseur avec fil à plomb pour amener un point de la planchette exactement au-dessus du point correspondant du terrain.

Cet appareil très complet, comme on le voit, jouit évidemment de toutes les propriétés du tachéomètre, en y joignant l'avantage de permettre à l'opérateur de rapporter immédiatement sur le terrain les mesures et tous les détails qui doivent figurer sur le plan.

Ce n'est pas seulement en Suisse d'ailleurs que la planchette de précision a été employée avec succès, et l'on trouve, dans une Notice publiée, il y a quelques années, en Angleterre et que nous avons déjà mentionnée (²), des renseignements circonstanciés sur les services qu'a rendus cet instrument, notamment en Allemagne et aux États-Unis, et sur le rôle que quelques ingénieurs anglais seraient disposés à lui voir

---

(¹) *Voyez* le Mémoire de M. Meyer ou mieux encore le *Preis courant der mathematischen geodætischen und astronomischen Instrumente* von KERN et Cie, Aarau (Schweiz), nachfolger von J. KERN gegrundet 1894, et la nouvelle édition en français du même Catalogue : *Ateliers de construction d'instruments de Topographie, de Géodésie et d'Astronomie.* KERN et Cie, successeurs de J. KERN, Aarau (Suisse). Catalogue et prix; 1897.

(²) *The economic use of the plane-table in topographical Surveying,* by Josiah PIERCE, Jun. Assoc. M. Inst. C. E. etc., with an abstract of proceedings of the Institution of civil Engineers, vol. XCII, Part. II. London, published by the Institution; 1888.

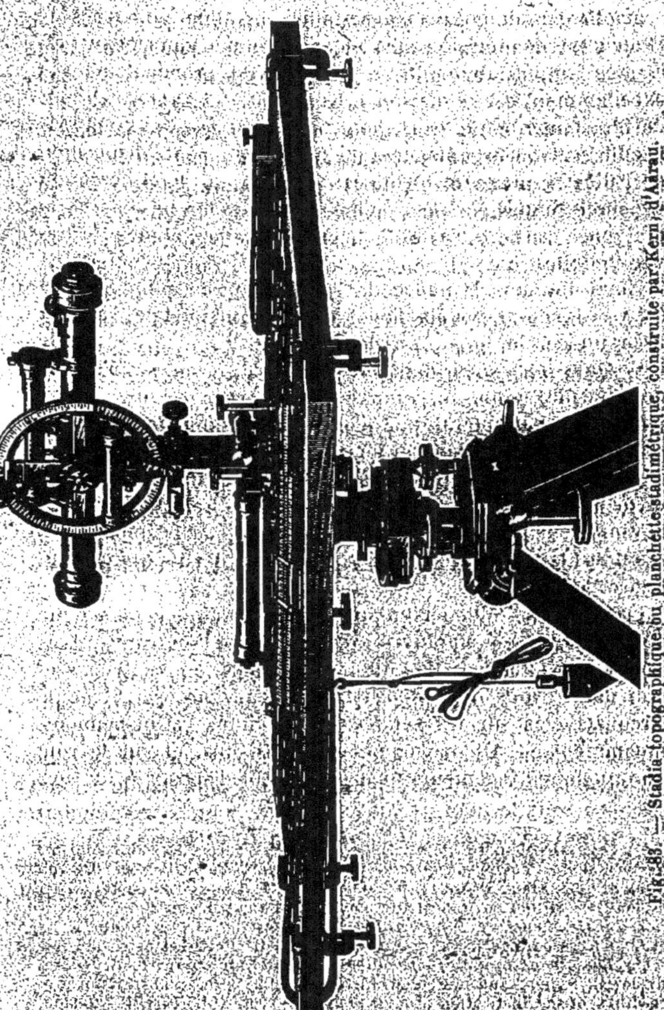

Fig. 85. — Stadia topographique ou planchette stadimétrique, construite par Kern, d'Aarau.

remplir dans leur pays et notamment dans leurs colonies où l'on s'est contenté jusqu'à présent de la planchette simple qui a suffi, par exemple, à la confection du Cadastre dans l'Inde.

D'un autre côté, en France également, depuis un certain nombre d'années, le service du Génie, se relâchant de sa fidélité à la boussole nivelante (¹) déjà compromise par l'introduction du tachéomètre, a fait usage de planchettes qui se rapprochent de celles dont il s'agit par l'addition d'alidades stadimétriques combinées par le colonel Goulier.

ALIDADES HOLOMÉTRIQUES ET RÈGLE A ÉCLIMÈTRE (²). — Ces alidades sont, au nombre de trois, désignées sous les noms d'*alidade holométrique à lunette coudée*, d'*alidade holométrique à lunette droite* et de *règle à éclimètre*. Comparées aux alidades à éclimètre ordinaires, elles ont, d'après leur auteur, l'avantage de faciliter les mesures sans rien sacrifier de leur exactitude. Pour cela, dans les deux premiers instruments, le diamètre de l'éclimètre est déjà suffisant pour donner les demi-grades et au moyen du vernier, *quand il existe*, les cinq centigrades à la lecture et les centigrades à l'estime; mais dans le troisième ce diamètre est réduit à $0^m,05$ et l'éclimètre est formé d'un limbe denté d'un système imaginé par Porro et ne permettant de donner à la lunette que des inclinaisons discontinues de cinq grades en cinq grades.

Dans les trois instruments d'ailleurs, on trouve un organe complémentaire pour parfaire la lecture des angles de pente ou de hauteur, qui consiste en un micromètre oculaire gradué et photographié sur une plaque de verre désigné par le colonel Goulier sous le nom de *tableau focal*, dont l'idée première appartient au colonel Leblanc qui employait de même un micromètre divisé en dixièmes de millimètre, gravé et reporté

____

(¹) Peut-être aussi de la rigueur qu'il apportait dans l'exécution des levers des plans des environs des places fortes dont il a fallu agrandir le rayon en diminuant l'échelle.

(²) *Études théoriques et pratiques sur les levers topométriques et en particulier sur la Tachéométrie*, par C.-M. GOULIER, colonel du Génie en retraite (Paris, Gauthier-Villars et fils; 1892).

sur gélatine ou sur papier pelure, huilé et collé sur une lame de verre ([1]).

Les micromètres des nouvelles alidades comportent deux séries de divisions verticales et même une troisième série de divisions horizontales dans le cas de la règle à éclimètre, la première série servant à évaluer les inclinaisons jusqu'au $\frac{1}{50}$ et par estime au $\frac{1}{100}$ de grade, c'est-à-dire à la minute centésimale, et l'autre ou les deux autres à la mesure des distances avec la stadia verticale ou horizontale.

Les lunettes des deux alidades dites *holométriques* sont accompagnées de chercheurs et la première est coudée pour rendre plus faciles les visées faites dans des directions très

Fig. 84.

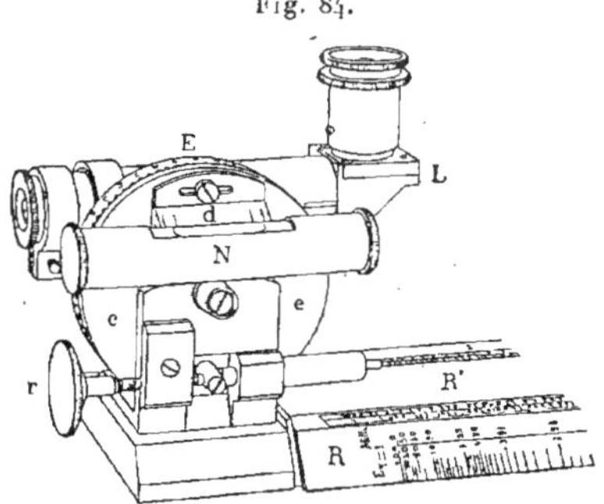

Règle à éclimètre du colonel Goulier.

inclinées, l'instrument lui-même étant principalement destiné aux triangulations graphiques et au nivellement par pente en pays de montagnes.

Le troisième instrument, appelé *règle à éclimètre,* qui comporte aussi une lunette coudée, a été employé par les officiers détachés à l'ex-brigade topographique du Génie, pour exécuter les levers des environs des places fortes à l'échelle de $\frac{1}{10000}$.

([1]) *Topographie*. Cours de M. le lieutenant-colonel du Génie LEBLANC à l'École Polytechnique, 2ᵐᵉ année d'études, 1ʳᵉ division, 1848-1849, feuilles autographiées, page 9.

Nous donnons la figure de la règle à éclimètre et la légende qui l'accompagne, d'après l'Ouvrage cité du colonel Goulier, ainsi que celle du tableau focal de la lunette.

On y remarquera (*fig.* 84 et 85) la règle à calcul (d'où le nom de l'instrument) dont la coulisse ou réglette porte la

Fig. 85.

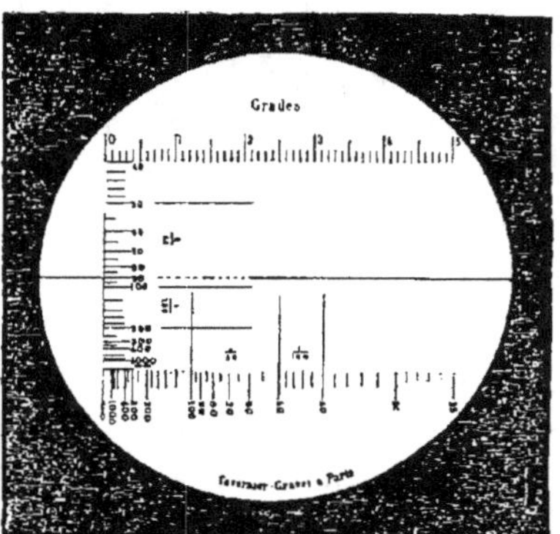

Tableau focal de la règle à éclimètre.

lunette et l'éclimètre, d'une disposition analogue à celle que nous avons trouvée dans l'instrument de M. Wild.

La planchette dont on se sert avec ce petit appareil est la planchette ordinaire à calotte sphérique de l'École d'application, de forme carrée; mais, pour l'alidade holométrique, l'auteur a été conduit à adopter la forme moins simple et moins pratique d'un octogone régulier de $0^m,5o$ à $0^m,6o$ de diamètre pour permettre, dans tous les cas, à l'opérateur d'approcher son œil de l'oculaire de la lunette.

Les lunettes de ces alidades ne sont pas anallatiques, et, pour la première, la correction nécessaire est faite par la graduation de la règle; celle-ci a une longueur de $0^m,5o$, une largeur de $0^m,o25$ et une épaisseur de $0^m,oo1$ seulement, ce qui la rend flexible et permet de l'appliquer très exactement sur la surface de la planchette, même quand celle-ci serait voilée.

Il y aurait d'autres particularités, quelquefois bien minutieuses, à signaler dans la construction et l'emploi de ces instruments, des stadias et des jalons-mires qui les accompagnent, mais nous avons suffisamment indiqué ce qui les caractérise essentiellement et nous renvoyons pour le surplus à l'Ouvrage du colonel.

XXIX. — *Faits généraux relevés dans l'enquête ouverte en Angleterre sur les propriétés de la planchette.*

OPINION DE **M. PIERCE**. — Arrivons à l'enquête dont la planchette de précision a été l'objet en Angleterre, en 1888, et au cours de laquelle il a été également question de la planchette ordinaire ([1]).

Nous allons passer rapidement en revue les points principaux de la communication de M. Pierce, faite à la Société des Ingénieurs civils de Londres, et nous donnerons ensuite un aperçu de la discussion provoquée par cette communication qui a mis en lumière un certain nombre de faits et d'opinions utiles à recueillir, concernant l'emploi de la planchette en général.

« *Les conditions de construction de la planchette de précision, dit M. Pierce, sont les mêmes que celles de tout autre type d'instrument de lever altazimutal.*

» *Le cercle inférieur du théodolite à lunette centrale est élargi et devient une tablette ou une planchette; le vernier ou l'index est remplacé par le bord rectiligne d'une règle qui, avec une lunette et un arc de cercle vertical, est désigné sous le nom d'*alidade (*Kipp Regel* des Allemands). »

M. Pierce estime que *le lever à la planchette est la mé-*

([1]) *The economic use of the plane-table*, etc.

*thode la plus commode, la plus rapide et la plus écono-
mique pour lever les plans.* Il fait seulement quelques ré-
serves pour les climats humides, les effets hygrométriques
produits sur le papier ou sur la planchette elle-même pouvant
entraîner des déformations qui altèrent les positions relatives des points considérés. Mais partout ailleurs, et c'est en
se fondant sur des expériences récentes et concluantes qu'il
soutient sa thèse, l'auteur considère l'instrument dont il
s'agit comme propre à fournir, *par simple triangulation
graphique,* des points de repère en nombre suffisant pour la
construction d'une carte, avec une économie beaucoup plus
grande qu'en employant tout autre procédé. Il conclut de là,
en particulier, que les ingénieurs coloniaux devraient s'intéresser davantage à une méthode et à un instrument tellement
commodes « qu'un opérateur peut, seul et sans aide, construire une carte topographique à n'importe quelle échelle,
avec un degré de précision limité seulement par cette échelle
elle-même. »

M. Pierce insiste notamment sur ce que, la triangulation
devant habituellement s'effectuer à l'aide de signaux apparents,
la planchette peut être mise rapidement en station par la méthode dite de *Pothenot* (ou de *Snellius*), sans méconnaître
d'ailleurs l'utilité de l'adjonction d'un déclinatoire.

« On associe toujours, en définitive, fait-il remarquer, l'aiguille aimantée à la planchette, mais elle est aussi associée au graphomètre et elle l'est également aujourd'hui au
tachéomètre. *Au fond, la lutte est donc simplement entre
le carnet et la feuille de papier à dessiner, entre les
notes et croquis et le dessin immédiatement exécuté sur
place* ([1]). »

([1]) Cette lutte ou cette rivalité entre les instruments divisés sur lesquels
on relève les angles que l'on inscrit sur un carnet et la planchette au moyen
de laquelle on évite les lectures d'angles et les erreurs de transcription est
très ancienne. D'après M. Pierce, « The Rivalry between the theodolite and
the plane-table existed in England three hundred years ago and could be
formed in the old folio the *Pantometria* of Leonard Digges, published in
1591. » Nous connaissons la *Pantometria* et ce qui y est dit de la planchette.

Remarque. — C'est aussi sur cette distinction que nous appelons l'attention du lecteur. Il y a lutte, en effet, selon l'expression de M. Pierce, entre les deux systèmes du carnet et de la feuille de dessin et il est vraisemblable que la divergence des opinions n'est pas près de finir, car il y a là tout à la fois des questions d'habitudes contractées, d'amours-propres d'auteurs et d'intérêts commerciaux mises en jeu. Nous ne saurions prétendre de notre côté que la méthode photographique si contestée, en grande partie pour les mêmes motifs, finira par mettre tout le monde d'accord en se substituant complètement aux deux autres; mais il est permis de prévoir que, les images remplaçant le carnet et les opérations dans le cabinet se faisant comme si l'on se retrouvait sur le terrain, *en présence de la nature,* cette méthode pourrait donner souvent satisfaction aux partisans des deux systèmes (¹).

Quelques détails sur les instruments. — L'enquête de M. Pierce a porté sur les principaux modèles de planchette réalisés dans les différents pays. En constatant la stabilité et les autres garanties de précision des instruments construits en Allemagne, dont la planchette de Bauernfeind (*fig.* 86) donne une idée très nette, mais où l'on a été jusqu'à employer des planches de cuivre et des plaques de glace pour remplacer la planchette de bois, afin d'éviter les déformations, l'auteur

---

(¹) On rencontre, dans un appendice (correspondance) à la discussion provoquée par M. Pierce, l'emploi de la Photographie, proposé dès 1869 en Angleterre, pour aider aux reconnaissances militaires faites avec la boussole, et soutenu par une autorité en Géographie, le major Parker, qui pensait que l'on devrait l'appliquer avec la planchette. « Major F.-G.-S. Parker remarqued that in 1869 a very suggestive paper had been read by lieutenant-colonel J. Baillie at the royal united service Institution (*Journal of the royal Institution,* vol. XIII, p. 449), *on Photography applied to military Science,* in which the employement of photography or an adjunct to military sketching with the prismatic compass was advocated. He had often thought it could been applied to plane-table surveys out door photographic Work, but so far as he was aware no action had been taken by military authorities upon colonel Baillie's suggestions. »

Il est intéressant, sinon consolant, de constater ainsi l'indifférence avec laquelle étaient partout reçues ces suggestions qui troublaient nécessairement les habitudes des topographes officiels.

L.

trouve exagéré le poids de ces appareils (¹); il fait encore
d'autres critiques auxquelles nous ne nous arrêterons pas, les
perfectionnements utiles devant seuls nous intéresser.

Ainsi, parmi les particularités que présentaient les nombreux

Fig. 86.

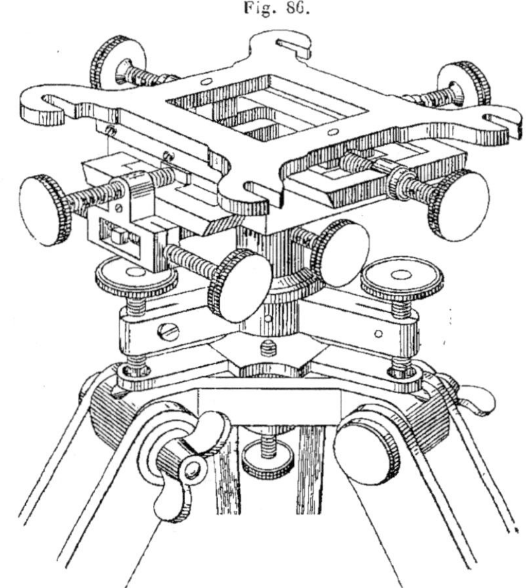

Planchette de Bauernfeind.

appareils exposés devant la Société des Ingénieurs civils de
Londres, par les soins de M. Pierce, et ceux dont il avait
donné seulement la description (*voir* la liste des instruments
exposés à la page 71 de la brochure et la planche à la suite,
ainsi que le texte de la communication), il convient de signaler
les *mouvements à emboîtures sphériques* adoptés en Prusse
et que l'on retrouve aux États-Unis dans les instruments em-

____

(¹) Il y en a eu, en effet, qui atteignaient de 18 à 25 kilogrammes.
« Comme l'alidade peut peser elle-même plusieurs livres et qu'elle est le

ployés par le *Coast and geodetic Survey*. Nous donnons ci-après les deux figures de la planchette américaine ordinaire dont on fait usage dans les pays de plaines et de celle dont le mouvement, proposé successivement par Gurley et par Johnson, est adopté pour les pays de montagnes ([1]). Ces plan-

---

plus souvent indépendante, il est essentiel, dit M. Pierce, que le support de la planchette soit aussi rigide que possible.

» Toutefois, il existe un type de planchette, le stadiomètre d'Edgeworth (*fig.* 87) portant une alidade qui lui reste attachée, de sorte que chaque

Fig. 87.

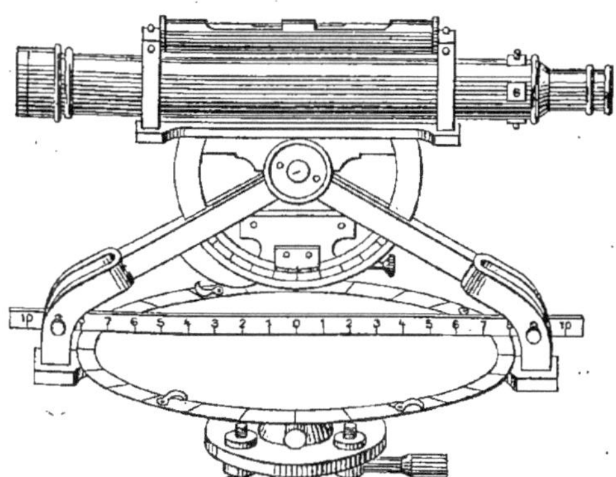

Stadiomètre d'Edgeworth.

feuille de papier est, en fin de compte, le registre du travail exécuté à chaque station. »

On voit que la planchette circulaire connue et employée depuis si longtemps pour enregistrer les angles à chaque station et que nous avons retrouvée en France sous plusieurs formes reparaît également en Angleterre avec des divisions à sa circonférence, comme le cercle azimutal du théodolite.

([1]) *Voyez* dans le *Report of the superintendant of the United States coast and geodetic Survey*, June 1880, Appendice n° 13 : *A Treatise on the plane-table and its use in topographical Surveying*, by E. BERGESHEIMER, assistant; Washington, 1882. Ce Mémoire très développé contient une description complète de la planchette américaine et de son mode d'emploi, ainsi que la solution de plusieurs problèmes de Géométrie pratique à l'aide de cet instrument.

chettes (*fig.* 88 et 89) et leur alidade méritent une attention particulière, leurs excellentes qualités se trouvant consacrées

Fig. 88.

Planchette américaine ordinaire.

par de longues années d'expérience. On remarquera que le mouvement dela seconde est du même genre que notre calotte

Fig. 89.

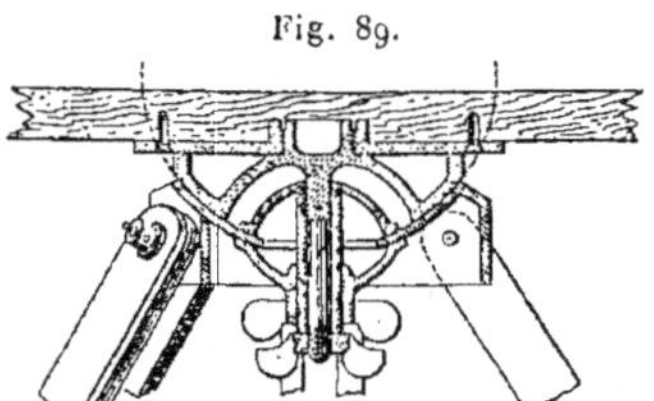

Planchette de Johnson pour les pays de montagnes.

sphérique, mais tourné en sens inverse et d'une plus grande amplitude.

« La construction de l'alidade de Hilgard, dit M. Pierce,

est telle que, par une double observation, les angles de hauteur peuvent être mesurés avec une grande exactitude sans avoir à craindre d'erreurs instrumentales. Les fils micrométriques du diaphragme procurent un moyen rapide de déterminer la hauteur (différence de niveau) et la distance par une observation unique sur une mire verticale, avec un degré d'approximation suffisant pour les travaux topographiques, dans des cas où la chaîne et le niveau ne sauraient être employés (¹). »

M. Pierce connaissait la règle à éclimètre du colonel Goulier : « Une alidade militaire, relativement nouvelle, de dimensions réduites pour les travaux à la stadia, dit-il, a été imaginée en France et sera probablement une acquisition utile pour les ingénieurs. »

LEVERS A LA PLANCHETTE EFFECTUÉS DANS DES CIRCONSTANCES EXCEPTIONNELLES. — La brochure de laquelle nous extrayons ces indications sur les instruments en renferme d'autres que nous négligeons comme moins importantes, ou faisant double emploi avec celles que nous avons données antérieurement, pour signaler quelques moyens peu ordinaires d'utiliser la planchette.

A propos des triangulations graphiques dont on se sert pour multiplier les repères auxquels se rattachent les détails, M. Pierce citait un lever de la région du lac Mono, aux États-Unis, au cours duquel, pour déterminer les profondeurs du lac dans toute son étendue, deux opérateurs munis de planchettes, l'un en une station fixe et l'autre se déplaçant sans cesse, dirigeaient leurs alidades, *à des intervalles de temps égaux* mesurés à l'aide de chronomètres bien réglés, sur le bateau d'où les sondes étaient pratiquées également

---

(¹) L'alidade de Hilgard est une alidade stadimétrique, et les planchettes américaines sont, en définitive, analogues à la planchette suisse et, en général, à celles auxquelles on a associé la stadia. Elles ne s'en distinguent que par certains détails de construction très bien étudiés, et notamment par la légèreté, qui en rend l'usage facile, même dans les pays les plus accidentés.

au même instant où étaient faites les deux observations (¹).

L'étendue de la région levée, est-il dit dans la Notice, comprend 4320^{kmq} de 72^{km} de longueur, sur 60^{km} de largeur.

Le nivellement, obtenu à l'aide d'angles de hauteur et de baromètres anéroïdes, a permis de tracer les courbes de niveau de 200^{pi} en 200^{pi}, les principales hauteurs variant de 6500^{pi} à 13500^{pi} (1800^m à 3600^m environ). Le travail extérieur, qui a duré quatre mois, a été effectué à la planchette par la méthode des intersections. Ce lever, exécuté à l'échelle de $\frac{1}{101825}$ (1^{po} pour $1^{mille},6$), a été réduit pour être publié aux échelles de $\frac{1}{125000}$ et de $\frac{1}{250000}$.

Le lac Mono occupe exactement le centre de la Carte ; il est de forme circulaire et son plus grand diamètre a 24^{km} environ ; sa surface est de 220^{kmq} et sa plus grande profondeur de 61^m.

M. Pierce annonçait encore qu'une méthode que l'on peut rapprocher de celle dont il venait d'être question avait été employée pour étudier la surface de contrées découvertes, mais coupées de ravins où il eût été difficile, sinon impossible, de recourir à la méthode ordinaire des intersections.

« Une base bien choisie ayant été mesurée, deux opérateurs, chacun avec une planchette, se plaçaient à ses extrémités. Un

---

(¹) « Positions of soundings were recorded by means of two plane-tables operated in concert. One of a single central station, on an Island near the centre of the lake, and other from a series of stations around the lake shore. On account of the size of the lake and the mirage, communication between the boat and the stations, by signalling, was not attempted, but the position of the boat was noted at equal-time intervalls, by line of direction on each table (taken of course simultaneously), from which the course of the boat was afterwards plotted by intersection (on a third sheet) of the two systems of lines.

» A time record was also kept of the soundings in the boat, and these were then interpolated between the time-marked intersections. » (*Lake Mono region Survey*, by WILLARD, D. JOHNSON U. S. geological Survey, dans PIERCE, *On the use of the plane-table*, p. 31.)

L'emploi simultané de deux planchettes pour relever des sondes sur les côtes date au moins du siècle dernier, comme on peut le voir dans l'*Art de lever les plans* de DUPAIN DE MONTESSON, 1re Partie, Chap. X. Mais l'exemple cité par M. Pierce a un autre intérêt, car il montre d'un seul coup toutes les ressources de la planchette et le très grand parti que l'on en peut tirer pour lever en peu de temps de grandes étendues de terrain en pays très accidenté où la méthode des intersections conservera toujours, en effet, sa supériorité.

cavalier, portant un pavillon fixé au haut d'une hampe (*staff*), allait alors se placer successivement en des points convenablement espacés (souvent même sans doute assez rapprochés les uns des autres) et les deux opérateurs visaient à la fois ce signal mobile. On obtenait ensuite les points correspondants en reportant les lignes de visée de l'une des planchettes sur l'autre. Des surfaces de plusieurs milles carrés ont été reconnues et relevées très rapidement par ce procédé, avec des détails qui eussent exigé de longues et pénibles opérations par toute autre méthode. »

EMPLOI SIMULTANÉ DU DESSIN PITTORESQUE ET DU THÉODOLITE OU DE LA PLANCHETTE. — Nous reproduisons enfin le passage suivant de la communication de M. Pierce, qui fait ressortir l'utilité du dessin pittoresque, en même temps qu'il confirme l'opinion déjà émise, à tant de reprises, sur les avantages du lever à la planchette.

« Parmi les diagrammes exposés, on trouvera une série de profils esquissés ou de croquis panoramiques extraits d'un carnet de notes de campagne pour le lever des sources du Mississipi. Dans le lever des grandes surfaces pour la Carte américaine, *une série continue de ces croquis est prise de chacune des stations où l'on installe le théodolite et, auprès des différents points remarquables, on inscrit les angles observés. Ces croquis, quoique imparfaits, sont d'un grand secours pour la construction de la Carte, non seulement parce qu'ils servent à enregistrer les observations, mais pour rappeler les formes du terrain.*

» Celui qui opère avec la planchette a incessamment devant les yeux le panorama naturel, d'après lequel il peut représenter sûrement et de la manière la plus saisissante les accidents du relief du sol, en les contrôlant et en les corrigeant au besoin. *Lorsque plusieurs objets naturels sont pris pour repères, un croquis est le meilleur moyen de les distinguer et vaut mieux que toutes les descriptions écrites pour éviter les erreurs d'identité.* Comme compléments du dessin topographique, les croquis pris de points élevés sont très précieux. »

Et plus loin : « Dans les levers récents du Yellowstone Park, on a trouvé avantageux de dessiner *des croquis panoramiques continus sur des planchettes légères.... Ces croquis constituent, en réalité, une reconnaissance de toute l'étendue du terrain levé et sont bien préférables à ceux que l'on trace à la hâte sur les feuillets d'un carnet de notes* ([1]). »

XXX. — *Suite de l'enquête. Observations présentées par plusieurs assistants, particulièrement en ce qui concerne l'emploi de la planchette dans les colonies.*

On a vu que M. Pierce avait parlé des services que la planchette pouvait rendre aux ingénieurs coloniaux; il est donc intéressant de connaître, à ce sujet, l'opinion des personnages les plus compétents qui assistaient à sa communication. Deux d'entre eux, M. le général J.-T. Walker, C. B., et le lieutenant-colonel E.-H. Holdich, R. E., se trouvaient précisément dans ce cas, le premier ayant dirigé pendant longtemps les travaux topographiques dans l'Inde ([2]) et le second ayant été chargé d'importantes opérations de délimitation sur la frontière de l'Afghanistan.

Le général Walker, familiarisé pourtant, depuis trente ou quarante ans, avec la planchette, convenait tout d'abord que

---

([1]) Le lecteur retrouvera au Chapitre III de ces Recherches les idées émises dans les passages soulignés, exprimées presque dans les mêmes termes, appliquées depuis plus d'un siècle par l'illustre Beautemps-Beaupré et que nous n'avons cessé de recommander depuis près de cinquante ans à l'attention des topographes, en leur montrant le parti si avantageux qu'ils pouvaient tirer des perspectives exactes obtenues à l'aide de la chambre claire et plus facilement encore par la Photographie.

Les ingénieurs de la Carte topographique et de la Carte géologique des États-Unis, de leur côté, n'ont pas seulement fait usage de croquis panoramiques, mais aussi, depuis plusieurs années, de vues photographiques du plus grand intérêt et d'une rare perfection, prises dans les parties les plus pittoresques des Montagnes-Rocheuses, du Colorado, du Yellowstone Park, etc. Il en sera également question au Chapitre III.

([2]) Les belles Cartes de l'*Atlas indien* à l'échelle de $\frac{1}{63500}$ ont été publiées sous la direction du général Walker, qui en avait réuni les éléments par la méthode indiquée ci-après.

M. Pierce lui avait appris beaucoup de choses qu'il ignorait.
« Dans l'Inde, ajoutait-il, où le lever à la planchette est pratiqué
depuis un siècle environ, on se sert d'une simple tablette de
$0^m,60$ sur $0^m,75$, avec un écrou en laiton encastré en dessous
et dans lequel pénètre une vis portée par l'embase d'un pied
à trois branches, et c'est tout. On reconnaît, au contraire,
dans les descriptions qui viennent d'être faites, l'intention de
convertir la planchette en *instrument universel;* or, dans
l'Inde, rien de semblable n'avait été tenté, l'instrument étant
simplement destiné à relever sur le terrain les détails qui
n'avaient pas été obtenus trigonométriquement. Il y avait eu
cependant deux systèmes d'opérations : un lever topographique
pur et simple appuyé à un réseau trigonométrique et un autre
à plus grande échelle qui correspondait au Cadastre et s'éten-
dait sur les riches plaines de l'Inde. Pour ce dernier, le territoire d'un village étant limité, ce qu'il importait de déterminer,
c'était l'exacte périphérie de chaque territoire.

» Cela était fait en cheminant avec le théodolite et la chaîne
et en fixant les points de repère qui devaient fournir des
bases pour le lever à la planchette. Celui-ci était effectué
aux échelles de 16^{po} et de 32^{po} pour un mille usitées pour le
Cadastre ($\frac{1}{8000}$ ou $\frac{1}{4000}$ environ). Dans ces opérations, l'alidade
employée était simplement une règle armée de deux pinnules,
les alidades à lunette n'ayant même pas été utilisées. Le nivellement principal était obtenu à l'aide d'un niveau à bulle
d'air et à lunette formant un instrument séparé, et pour le
tracé des courbes de niveau (dans les plaines) on se servait
d'un simple niveau d'eau ([1]).

» La planchette est un admirable instrument de lever qui
fait faire une grande économie de travail, disait encore le général Walker. Au lieu de dessiner des croquis et d'inscrire
sur un carnet les mesures prises sur le terrain pour les rapporter ensuite dans le bureau, toutes ces mesures sont immédiatement rapportées sur place, ce qui évite du travail et
permet de représenter des détails qui ne pourraient pas

([1]) Notons, en passant, que ces véritables plans cadastraux portaient des
courbes de niveau.

être consignés sur le carnet. L'instrument lui-même paraît avoir acquis une grande importance en Amérique; dans l'Inde on a toujours limité son emploi à l'exécution des détails et cela constitue une différence essentielle au point de vue de la précision ([1]). »

Le lieutenant-colonel Holdich confirmait tout ce que le général Walker avait dit des levers ordinaires à la planchette et de ceux du Cadastre dans l'Inde. « Mais depuis vingt-cinq ans (vers 1860), disait-il, on s'est avisé d'une planchette peut-être encore plus simple, que l'on pourrait qualifier de *géographique.* Après une première exploration d'un pays, pour avoir quelque chose de plus complet que ce qui est consigné sur les *itinéraires* de ceux qui l'ont parcouru rapidement, on a eu recours à la méthode régulière du lever à la planchette, pratiquée dans l'Inde, et l'on a reconnu qu'elle pouvait se plier encore à ce genre d'opérations. On ne prétendait sûrement pas atteindre autant d'exactitude que pour le Cadastre des plaines de l'Inde, mais il s'agissait cependant encore d'une sorte de lever régulier, avec une triangulation faite à l'aide du théodolite et les détails topographiques exécutés à la planchette. En définitive, les principes restent les mêmes dans tous les cas et, ce qu'il faut préciser, c'est la ligne de démarcation entre la triangulation faite avec des instruments divisés (le canevas trigonométrique) et la triangulation graphique (suffisante pour le lever des détails). Dans l'Inde, par exemple, la première était poussée plus loin qu'en Amérique. Or, quand la planchette porte un grand nombre de repères, le topographe devient, comparativement, indépendant; il peut donc se contenter d'un instrument moins parfait et c'est ce qui explique et justifie la simplicité de la planchette dont a parlé le général Walker.

» Dans les travaux poursuivis sur la frontière Afghane par les Russes et les Anglais, les opérateurs, avec des instruments rudimentaires composés d'une tablette de bois blanc portée par un pied à trois branches, ont cependant employé les deux systèmes. Les topographes russes faisaient exclusivement

---

([1]) *Discussion of the use of the plane-table,* pages 33-34.

usage de la triangulation graphique, mais en vérifiaient l'exactitude, en déterminant les latitudes astronomiquement et les longitudes par le transport de chronomètres aux points extrêmes de leurs levers, tandis que les topographes anglais effectuaient une triangulation précise au moyen du théodolite depuis l'Inde jusqu'à la frontière de l'Afghanistan, en traversant la frontière de Perse à l'Hindou-Kousch et en revenant dans l'Inde. Le long de la frontière à déterminer, les opérateurs anglais avaient des points triangulés en assez grand nombre pour pouvoir travailler sur leurs planchettes, selon le système indien. »

Le général Walker avait affirmé que l'on pouvait assez rapidement dresser des topographes, même en recourant à des personnes peu instruites; le colonel Holdich l'a prouvé, de son côté; la triangulation seule était faite par des officiers exercés et c'est avec des opérateurs improvisés et peu nombreux (trois ou quatre) qui les secondaient que l'on est parvenu à couvrir en deux ans une étendue de territoire qui mesurait 120000 milles carrés (300000^{kmq}). « Les Cartes ainsi construites n'étaient sans doute pas aussi achevées que celles des Américains, mais il n'y avait rien de négligé, au point de vue topographique, de ce qui avait une importance militaire ou politique. »

XXXI. — *Suite de l'enquête. Opinions diverses concernant l'usage de la planchette de précision.*

Parmi les autres assistants qui ont pris part à la discussion provoquée par M. Pierce, un certain nombre et ceux surtout qui avaient été attachés à la grande Carte topographique du Royaume-Uni (*Ordnance Survey*), sans contester l'utilité de la planchette, étaient d'avis que c'est avec raison qu'elle n'a pas été adoptée en Angleterre pour les opérations cadastrales. Ils pensaient, en général, qu'il vaudrait toujours mieux, quand on emploie cet instrument, ne pas chercher à atteindre une très grande exactitude et se contenter alors d'une planchette légère (du poids de 10 à 15 livres au plus) plutôt que de recourir aux planchettes de précision dont le poids atteint de 4o à 5o livres.

Ils n'ignoraient pas cependant que ces instruments avaient été couramment employés sur le continent et aux États-Unis, mais l'un d'eux, M. Brough, faisait remarquer que presque partout on leur préférait aujourd'hui le tachéomètre (*transit theodolite and stadia*). Cette préférence se manifestait depuis quelques années, selon lui, même aux États-Unis où le professeur J.-B. Johnson a levé, au tachéomètre, rien qu'en Pennsylvanie, 3ooo milles carrés (75ooo$^{km q}$). M. Brough avait expérimenté lui-même la planchette dans les montagnes du Harz et en Suède où de fréquents orages ont lieu, et il avait été amené à conclure que l'avantage résultant de ce que l'on construit le plan sur le terrain se trouve contrebalancé par une augmentation de dépense, le travail sur le terrain étant beaucoup plus cher que celui que l'on exécute dans le bureau.

D'autres membres défendaient, au contraire, énergiquement la planchette de précision. Ainsi, M. T.-G. Gribble, faisant allusion à ce que l'on était allé jusqu'à contester les avantages économiques de la planchette dans les études de chemins de fer, rappelait que M. Walrond Smith s'en était servi avec un succès incontestable dans des cas où l'on était pressé par le temps. « Une fois, entre autres, où l'on avait à craindre que le personnel qui opérait ne pût pas parvenir à faire le travail en temps utile, M. Smith arrivait avec sa planchette, se mettait à l'œuvre, en dépit de la plus vive opposition, et terminait seul, dans le délai fixé, le lever impatiemment attendu. »

QUELQUES RENSEIGNEMENTS COMPLÉMENTAIRES A PROPOS DES INSTRUMENTS QUE L'ON PEUT ASSOCIER A LA PLANCHETTE, NOTAMMENT LA CHAMBRE NOIRE ET LA CHAMBRE CLAIRE. — Un autre interlocuteur, M. Kilgour, qui avait exécuté de nombreux levers topographiques dans les Alpes, en Égypte, dans l'Afrique du Sud, citait les instruments qu'il avait été conduit à employer conjointement avec la planchette. Tout d'abord, il donnait un aperçu des conditions variables dans lesquelles il avait dû opérer selon les pays, les climats, le but à atteindre, etc., expliquant, par exemple, par quel tour de force il était parvenu (¹) à relever les bords du Nil entre la première et la

---

(¹) Nous ignorons si M. Kilgour, qui était en possession de tant de ressources, s'est servi de *l'omnimètre* d'Eckhold, mais nous saisissons l'occasion qui se présente de signaler un instrument permettant, paraît-il, de mesurer avec une très grande précision les distances et les différences de niveau de points assez éloignés de celui que l'on a choisi pour station.

L'omnimètre, imaginé par Eckhold, en Angleterre, de la famille et de la forme des instruments de Géodésie dits universels et pouvant, en effet, s'adapter comme eux aux différents usages du théodolite et du cercle méridien, est pourvu en outre de deux organes conjugués qui constituent un micromètre particulièrement délicat, savoir : un puissant microscope dont l'axe optique est perpendiculaire à celui de la lunette et qui est entraîné par celle-ci dans son mouvement de rotation, et une échelle horizontale placée immédiatement au-dessus du cercle azimutal (à 6ᵖ° au-dessous de l'axe de rotation de la lunette) dont les divisions sont lues à l'aide du microscope. Cette échelle peut se mouvoir micrométriquement devant un index porté par une monture rectangulaire fixe, à l'une des extrémités de laquelle se trouvent un écrou, la vis micrométrique et son tambour. L'échelle a une longueur de 4ᵖ° et est divisée en 200 parties numérotées de deux en deux, et le pas de la vis est égal à l'une de ces divisions. Le tambour est lui-même divisé en 100 parties égales dont on apprécie le cinquième au moyen d'un vernier; en sorte que l'on peut considérer l'échelle de 4ᵖ° (0ᵐ,1016) comme divisée en 100000 parties égales par ce mécanisme, ce qui correspond à peu près, pour l'une des divisions, à un millième de millimètre (*un micron*).

Le principe de la mesure des distances et de celle des différences de niveau, à l'aide de cet instrument, est facile à saisir (*fig.* 90).

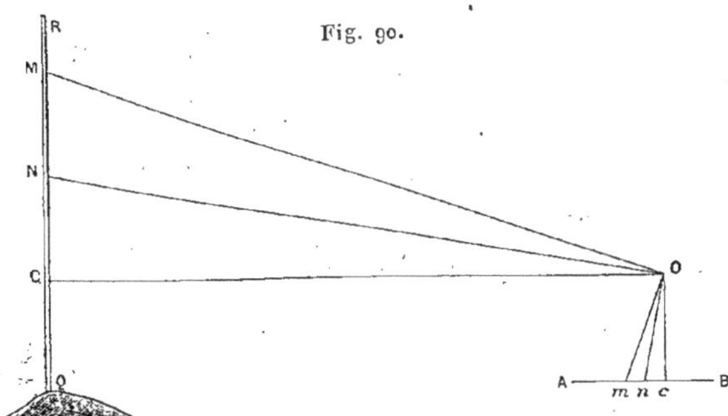

O est le centre de rotation de la lunette et du microscope;

AB l'échelle divisée horizontale, et c le pied de la perpendiculaire abaissée du point O;

QR est une mire verticale placée au point Q dont on veut déterminer la distance horizontale OC;

seconde cataracte, *avec une planchette installée sur le pont d'un bateau.*

---

m et n sont les deux divisions de l'échelle correspondant aux positions OM et ON de la lunette, Om et On du microscope.

On a évidemment

$$\frac{OC}{Oc} = \frac{MN}{mn},$$

et l'on en conclut tout d'abord que si l'on a mesuré avec soin, à la chaîne ou avec des règles, une première distance OC, l'intervalle MN des deux voyants étant connu et mn observé, on pourra calculer très exactement la constante Oc. Cela fait une fois pour toutes, la même formule donnera

Fig. 91.

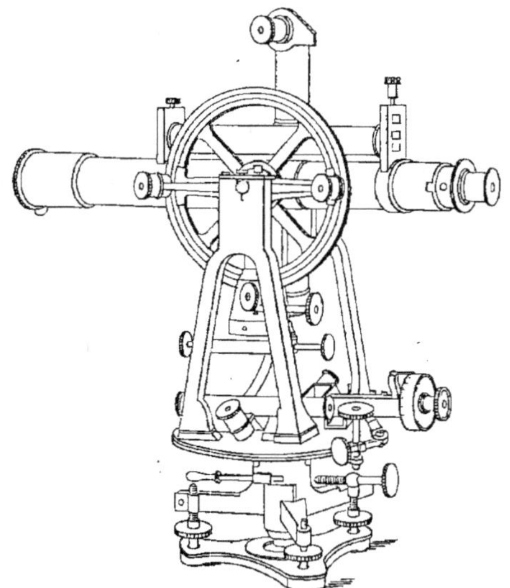

Omnimètre d'Eckhold.

les distances de l'instrument disposé à une station quelconque aux différents points où l'on enverra le porte-mire, et les différences de niveau, QN étant connu, se déduiront de la formule $\frac{CN}{CO} = \frac{Cn}{Oc}$.

Nous ne savons pas si cet instrument (*fig.* 91) est très répandu en Angleterre (il figure cependant au Catalogue d'*Elliott brothers* de Londres, avec

Nous ne suivrons pas M. Kilgour dans ses voyages ni dans les détails qu'il donne sur ses différentes manières d'opérer, qui intéresseraient surtout les explorateurs, et nous nous contenterons de dire qu'indépendamment de mires spéciales très hautes pour mesurer de grandes distances avec un micromètre (à la manière de Beautemps-Beaupré), de niveaux de précision, de la boussole associée à la planchette, du baromètre anéroïde, enfin du théodolite employé particulièrement pour faire des déterminations de longitudes et de latitudes, cet observateur expérimenté avait eu des occasions de recourir à la *chambre noire* et à la *chambre claire*.

Ainsi, pendant l'hiver de 1866-1867, comme il était employé à faire des études de tracés au col du Saint-Gothard, dans le but d'abréger la longueur du tunnel à percer entre les vallées de la Reuss et du Tessin, son collègue, Amadeo Gentili, ingénieur autrichien distingué, qui avait l'expérience des levers de ce genre, avait pensé que la première chose à faire était d'obtenir des *panoramas photographiques pris pendant l'hiver*. Le travail fut poursuivi, par tous les temps, dans les régions les plus difficiles, et il fut exécuté si promptement que, selon l'expression de feu M. Scott Russell, qui y avait aussi pris part, on en était à se demander s'il y avait eu ou non de la neige. Malheureusement, l'auteur ne donne aucun renseignement sur la manière dont on se servait de ces panoramas et il explique, au contraire, longuement comment, les triangulations et l'usage de la planchette devenant impossibles, on y avait suppléé par des mesures directes de distance à la stadia, des relèvements à la boussole et des nivellements au baromètre anéroïde, puis avec le niveau d'Abney ([1]).

Dans une autre partie de son argumentation où il revient sur l'emploi de la planchette avec une alidade munie d'une lunette

----

le tachéomètre breveté de ces constructeurs, dont le prix varie de 40 à 70 livres sterlings, sans les accessoires) ou dans d'autres pays, mais il est à peine connu en France où l'on juge avec raison, pensons-nous, qu'il vaut mieux distinguer les instruments de Géodésie des instruments de Topographie, et laisser à ces derniers le caractère de simplicité, on pourrait dire de rusticité, nécessaire pour les usages auxquels ils sont destinés.

([1]) PIERCE, *On the use on the plane-table*, page 42.

puissante et d'un micromètre, c'est-à-dire de la planchette de précision, M. Kilgour ajoute :

« *Le seul instrument spécial adjoint à cette planchette, dans diverses circonstances, fut la chambre claire. Au moyen de ce petit appareil, des panoramas peuvent être dessinés à chaque station et les angles des détails omis dans le relevé ordinaire peuvent y être mesurés, puis rapportés très rapidement.* Cet instrument sert aussi à amplifier ou à réduire les plans sans que l'on ait à craindre les déformations produites par la chambre obscure. Sa tablette est posée sur un pied à trois branches ordinaire et peut en être séparée. On la règle au moyen d'un niveau sphérique et de vis calantes (¹). »

Il nous sera sans doute permis de nous féliciter de ce que des instruments et une méthode que nous recommandions depuis si longtemps aient été utilisés par des opérateurs étrangers tout à fait compétents en matière de levers rapides, qu'ils eussent eu ou non connaissance de nos recherches et de nos travaux.

XXXII. — *Conclusions de l'enquête.*

En résumant les diverses opinions émises, M. Pierce a pu conclure qu'en définitive tout le monde s'accordait à reconnaître les nombreuses et précieuses propriétés de la planchette. Il était, en effet, démontré que celle-ci avait été employée avec succès tour à tour à l'état d'instrument de précision, de planchette simple ou même de tablette très portative dans les levers réguliers, à la construction de plans cadastraux, de cartes topographiques et même de cartes géographiques, enfin dans les reconnaissances rapides.

Quelques objections avaient été faites seulement à l'emploi de la planchette de précision, particulièrement par les officiers attachés à l'*Ordnance Survey*. Il y en avait de fondées et l'on en devait tenir compte, mais il était facile de répondre aux

---

(¹) PIERCE, *On the use one the plane-table*, page 46.

autres en montrant les résultats obtenus, par exemple, aux États-Unis.

« La perfection des Cartes topographiques et géologiques de ce pays, disait M. Pierce, est due à *l'esprit de corps* d'une élite d'ingénieurs instruits et exercés qui savent employer la planchette de précision dans les meilleures conditions, en tenant compte du climat et de l'état de l'atmosphère.

» La question de l'hygrométricité du papier n'est même pas insoluble, si l'on veut bien prendre quelques précautions assez simples, parmi lesquelles le choix du papier lui-même, les moyens de le mettre à l'abri de l'humidité en dehors des heures où il est porté sur le terrain, la vérification fréquente de l'égalité des différents diamètres d'une circonférence de grand rayon tracée sur le papier tendu sur la planchette, celle des *distances linéaires* des points trigonométriques qui y sont rapportés, etc. »

Voici enfin quelques-unes des conclusions que M. Pierce a cru pouvoir formuler et par lesquelles nous terminerons nous-même des citations que nous n'avons pas craint de multiplier en raison de l'importance d'une question qui n'avait pas encore été soumise, comme elle l'a été en Angleterre, à une enquête contradictoire des plus sérieuses.

« La nécessité quelquefois gênante de placer l'instrument rigoureusement au-dessus du point de la station s'impose seulement dans le cas des levers à de très grandes échelles et diminue d'importance à mesure que l'échelle diminue elle-même.

» Aux plus grandes échelles employées en Topographie, de $\frac{1}{1200}$ à $\frac{1}{2400}$ (nous dirions de $\frac{1}{1000}$ à $\frac{1}{2000}$), la planchette ne suffit plus pour effectuer les triangulations et le nivellement trigonométrique doit être remplacé lui-même par des opérations plus précises. En s'arrêtant à l'approximation de $0^m,30$, la stadia peut alors être employée pour évaluer les distances jusqu'à 200^m ou 300^m.

» Il ne serait pas possible de se faire une idée de la dépense d'après des expériences isolées, mais l'on sait que, sur le même

L.

terrain, elle varie sensiblement comme le carré de l'échelle. Ainsi, le prix du *pouce carré* des cartes topographiques levées à la planchette sur le continent a été à peu près uniformément en moyenne de 10 shillings (environ 200^{fr} par décimètre carré), quelle que soit l'échelle.

» L'emploi de la planchette a des limites pratiques; on a reconnu, par exemple, qu'il n'est pas économique dans les levers détaillés des pays de plaines ou très boisés, tandis qu'il atteint son maximum d'effet dans les levers topographiques embrassant d'assez grandes étendues de terrain accidenté. »

Il serait sans doute hors de propos de soutenir plus avant une thèse qui avait, pensons-nous, pour objet de mettre en garde les ingénieurs et les topographes contre la tendance à négliger un excellent instrument qui, sous ses diverses formes, peut toujours rendre de grands services. Nous n'irons pas jusqu'à prétendre que la planchette de précision sera toujours préférable au tachéomètre, mais il n'y a rien d'exagéré à lui accorder le même degré de confiance, car les organes essentiels des deux instruments sont identiques : la lunette stadimétrique pour la mesure des distances et le cercle ou le secteur vertical divisé pour celle des pentes et des différences de niveau. Seules les directions sont déterminées graphiquement avec la planchette, tandis qu'elles le sont par des lectures et des rapports d'angles avec le tachéomètre. On retombe donc ainsi sur l'antique lutte entre la méthode du tracé et du rapport immédiat des mesures sur le terrain et celle des mesures inscrites sur un carnet et rapportées dans le cabinet, que l'invention de la Tachéométrie n'a fait que raviver.

XXXIII. — *Sur les noms donnés, à d'autres époques, à la Topographie et sur les différentes manières de rapporter les plans.*

DÉFINITIONS ET DISTINCTIONS A ÉTABLIR. — Les mots dont le sens nous semble le plus précis et définitivement fixé ont cependant été diversement interprétés selon les temps, et il arrive, même à présent, que sous le prétexte de préciser davantage, mais en réalité par amour du néologisme, on en altère la signification.

Le nom de *Topographie* (¹), par exemple, est dans ce cas. On verra, au Chapitre suivant, qu'il a été pendant longtemps appliqué, à juste titre d'ailleurs, à la représentation pittoresque des localités et en particulier des lieux habités, châteaux, villes, etc., se confondant ainsi avec ce que l'on appelle plus communément à présent *une vue en perspective cavalière, panoramique,* etc., ou bien encore, à une autre époque, avec l'expression de *Scénographie* (conservée dans le mot anglais *scenery,* paysage), liée systématiquement à ces deux autres, l'*Ichnographie* et l'*Orthographie,* qui désignaient l'une le plan géométral et l'autre l'élévation ou le profil proprement dit, également géométral, quand on les appliquait toutes les trois à la fois au dessin d'un édifice ou d'un ensemble d'édifices et par extension aux paysages, aux plans et aux profils, coupes ou sections verticales du terrain (²).

Actuellement (et dans tout ce qui précède nous l'avons admis sans restriction), on désigne sous le nom de *Topogra-*

(¹) Il est bien entendu que nous ne parlons ici que de la Topographie dessinée. On sait bien, et nous le rappellerons plus loin, que pour la description écrite ou parlée des localités, on se sert de la même expression.

(²) Voici ces définitions telles qu'elles sont données dans un excellent Ouvrage du milieu du XVII⁰ siècle :

« Scenographia aut pictura est repræsentatio apparentiæ objecti, in superficie plana, quam sectionem vocamus. Quemadmodùm geometria dividitur in tres partes principales, velut in longimetriam, planimetriam et stereometriam (in quà stereometriæ reliquæ duæ partes continentur) ita quoque scenographia aut pictura dividitur in tres partes, in ichnographiam, orthographiam et scenographiam, in quà scenographia duæ precedentes partes similiter comprehendentur, quarum singulas suo loco definiemus. Ac perindè uti longimetria et planimetria plerumque geometria vocantur. Ita ichnographia et orthographia quoque communiter dicuntur pictura aut scenographia omnes autem simul perspectiva. » (SAMUELIS MAROLOIS, *Opticæ sive Perspectivæ,* Pars prima. — MAROLOIS, complété par Albert GIRARD. Grand in-4°; 1647).

On doit remarquer la relation étroite dans laquelle les auteurs de ce temps maintenaient le dessin géométral (plans, coupes et élévations : *Ichnographie* et *Orthographie*) et le dessin pittoresque (vues en perspective : *Scénographie*). C'est, du reste, ce qu'ont continué à faire les architectes, beaucoup plus que les topographes.

phie l'art de lever les plans et de dessiner ou de dresser les cartes à d'assez grandes échelles pour que l'on y puisse représenter *géométriquement* les principaux accidents du terrain avec plus ou moins de détails.

Dans une Note placée au commencement de ses *Études théoriques et pratiques*, etc., le colonel Goulier a introduit un mot nouveau pour distinguer « les levers *topométriques*, dans lesquels on définit les éléments de la carte par des mesures géométriques, des levers *topographiques*, dans lesquels beaucoup de ces éléments, et en particulier la figure du terrain, sont dessinés à vue ».

Nous ne croyons vraiment pas nécessaire d'amoindrir la signification du mot *topographie* (¹) et de recourir à celui de *topométrie*. Il y a, en effet, la topographie rigoureuse dans toutes ses parties, la topographie avec planimétrie rigoureuse et figurée du terrain approximatif, la topographie exécutée plus ou moins rapidement et plus ou moins régulièrement, enfin les simples reconnaissances toujours topographiques. Toutes ces nuances sont bien établies et personne ne s'y trompe.

Il serait, à coup sûr, beaucoup plus à propos de distinguer nettement les différentes manières dont on s'y prend pour rapporter les plans et spécialement celles qui s'appliquent aux levers réguliers, pour lesquels a été créé l'art de la Topographie. C'est ce que l'on n'a pas manqué de faire, nous l'avons vu, au cours de l'enquête sur la planchette de précision et sur quoi nous sommes tenu de revenir, après la remarque qui termine le Paragraphe précédent.

Des relèvements numériques. — Ce procédé (très communément employé dans les arts mécaniques sous le nom de *croquis cotés*) consiste à mesurer tous les éléments, angles et distances, à les inscrire sur un carnet en y joignant des *croquis visuels* en nombre suffisant, puis à rapporter toutes ces mesures dans le cabinet. C'est celui que l'on applique néces-

---

(¹) Faudrait-il remonter à l'origine de cette expression et rappeler la division classique et très satisfaisante qui date au moins d'Aristote en *Cartes géographiques, chorographiques* et *topographiques.*

sairement avec le tachéomètre et qui a peut-être suggéré l'idée de chercher un mot nouveau.

Porro avait pourtant déjà fait remarquer que cette méthode, suivie par les Anglais bien avant la vogue de la stadia, tendait de son temps à se répandre parmi les géomètres, c'est-à-dire à se substituer à cette autre, plus généralement répandue, des *levers rapportés sur le terrain*.

« En Angleterre, écrivait-il (¹), dans toutes les opérations, notamment dans celle du *Survey of Land's office*, on a adopté depuis longtemps la méthode des *relèvements numériques* et les instruments gradués sont employés concurremment avec les mesures à la chaîne, avec l'équerre à réflexion et autres moyens semblables pour le relèvement des cartes du Cadastre paroissial.

» La tendance générale des géomètres à employer des instruments gradués se montre de plus en plus parmi nous, et déjà il en est beaucoup qui emploient des équerres graduées ou des boussoles dans lesquelles on place des *verniers* et où l'aiguille aimantée ne fournit plus qu'une *orientation primitive* (²). Ces géomètres y trouvent leur compte, quoique cela les force à enregistrer des éléments numériques et à ne construire le plan que dans le cabinet et d'après ces éléments, non sans avoir tracé, s'ils le jugent convenable, *une esquisse à vue* du terrain sur lequel ils ont opéré. Ils obtiennent ainsi, quoique graphiquement, un tracé beaucoup plus exact, dans le calme du cabinet, qu'ils n'auraient fait en campagne, aux alternatives de l'ardeur du soleil, des vents et de l'humidité, qui tendent, distendent et font boursoufler parfois considérablement le papier, tout en rendant fatigante et pénible la condition de l'opérateur qui achète bien cher, sur le terrain,

---

(¹) *Loc. cit.*, page 294.
(²) Porro reconnaît ainsi que l'idée de l'orientateur magnétique, d'une précision supérieure à celle du déclinatoire ordinaire, était pratiquée avant qu'il ne l'eût introduite dans son tachéomètre. Cette idée se trouve, en effet, indiquée et le perfectionnement (addition d'un vernier) décrit dans l'Ouvrage de G. ADAMS : *Geometrical and graphical Essays*, page 210 ; elle est toujours appliquée dans la construction de certaines boussoles anglaises.

l'avantage de n'avoir plus rien à faire quand il est rentré chez lui ni durant le temps où l'atmosphère ne lui permet pas de tenir la campagne. »

LEVERS RAPPORTÉS SUR LE TERRAIN. — L'opinion exprimée dans le passage précédent, laquelle a surtout régné en Angleterre où le théodolite n'a pas cessé d'être très employé depuis bientôt trois siècles, et que Porro avait naturellement adoptée dans l'intérêt du succès de son tachéomètre, est contestable sous bien des rapports, et la préférence accordée jusque dans ces derniers temps sur le continent à l'autre méthode se justifie très facilement.

Rappelons, en effet, sans craindre les redites, que celle-ci consiste à rapporter immédiatement les mesures que l'on prend et à dessiner les plans sur place, en employant la planchette et son alidade ou la boussole et une simple planchette à dessiner. On procède d'ailleurs ainsi, aussi bien pour les levers réguliers, comprenant le nivellement et le figuré rigoureux du relief du terrain, que pour les levers expédiés et les reconnaissances plus ou moins détaillées.

Les avantages de cette méthode directe ont été mis en lumière dans les Paragraphes précédents, tant à propos de la communication faite par M. Meyer devant la Société des Ingénieurs civils de France, que celle de M. Pierce, soutenu par d'autres orateurs, devant celle des Ingénieurs civils de Londres, et il n'y a pas lieu d'insister davantage sur les preuves et les arguments invoqués par chacun d'eux. Tâchons donc de démêler les motifs qui peuvent déterminer les opérateurs à préférer l'une des deux méthodes à l'autre.

DU CHOIX A FAIRE ENTRE LES DEUX MÉTHODES PRÉCÉDENTES ET LES INSTRUMENTS APPROPRIÉS. — Il est à remarquer tout d'abord que la question du *plus ou moins grand nombre* de mesures effectuées ou estimées (habituellement rattachées d'ailleurs à des triangulations de divers ordres) ne change rien au fond de ces méthodes; aussi les meilleurs topographes sont-ils ceux qui, selon les circonstances et le but à atteindre, savent choisir l'échelle convenable, les détails qui doivent être représentés avec plus de soin, ceux qui peuvent être négligés ou seulement indiqués, et, ces différentes conditions remplies, opèrent le plus rapidement avec les instruments les mieux appropriés.

Pour devenir habile dans un art plus délicat qu'on ne le suppose généralement, il faut avant tout s'être exercé à faire des levers réguliers à grande échelle, c'est-à-dire des plans exacts et des nivellements rigoureux par courbes de niveau; c'est seulement après cette solide initiation que l'on peut entreprendre avec succès les levers expédiés et les reconnaissances dont on doit d'ailleurs toujours s'attacher à assurer l'exactitude suffisante en vue de la construction d'une carte et d'après les mêmes principes que pour les levers réguliers.

Pour les levers expédiés, il serait à peu près impossible de s'en tenir à la méthode des relèvements numériques, à moins de multiplier les croquis visuels, ce qui est une manière indirecte de revenir à celle des levers rapportés sur le terrain. Ceux qui sont exercés à faire usage de cette dernière ont donc sûrement l'avantage sur les autres, ce qui explique pourquoi, sur le continent, avant l'introduction du tachéomètre, elle était à peu près exclusivement employée par les militaires. On n'avait pas moins encore à faire un choix entre les deux instruments avec lesquels on l'appliquait, la boussole et la planchette, et ce choix avait une très grande importance, car il arrive presque toujours que les opérateurs s'inféodent à l'appareil qu'ils ont adopté au point de n'en vouloir plus changer. C'est même là en grande partie l'explication des résistances aux innovations.

En France, depuis Maissiat et Clerc, la boussole nivelante a joui, comme nous l'avons dit et répété, de la plus grande popularité dans l'armée, car en même temps que la brigade topographique du Génie exécutait des levers *nivelés* aux échelles de $\frac{1}{1000}$, $\frac{1}{2000}$, $\frac{1}{5000}$, avec une perfection telle qu'on pouvait les qualifier d'*épures du terrain*, c'est en suivant les mêmes principes et avec des instruments analogues, quoique variés dans leur construction, que la plupart des levers et reconnaissances aux échelles de $\frac{1}{10000}$, $\frac{1}{20000}$ et au-dessous, étaient exécutés par les officiers, en temps de guerre comme en temps de paix.

En Allemagne, en Suisse et dans d'autres pays encore, à la même époque, on donnait, comme nous l'avons vu, la préférence à la planchette, et cette préférence a subsisté, même après le triomphe du tachéomètre. Nous savons d'ailleurs que le micromètre avait été tour à tour introduit dans la lunette de l'alidade de la planchette et dans celle de la boussole, en sorte que les instruments qui se prêtent aux levers réguliers immédiatement rapportés sur le terrain offrent, en effet, les mêmes ressources que le tachéomètre avec lequel on n'emploie que la méthode de l'enregistrement des éléments numériques.

Pour les études de terrain destinées aux projets des travaux publics, ainsi que pour le Cadastre dont nous allons nous occuper tout à l'heure, on peut hésiter, selon les climats et les saisons, entre la planchette de précision et le tachéomètre; mais pour les cartes topographiques, nul doute que la boussole nivelante et la planchette simple ou perfectionnée ne soient encore appelées à rendre les plus grands services, et c'est pourquoi nous avons tant insisté sur les avantages de la méthode des levers rapportés sur le terrain.

XXXIV. — *Méthode mixte des alignements en usage dans le Cadastre pour les levers réguliers.*

Indépendamment des deux méthodes générales précédentes qui supposent l'existence d'instruments plus ou moins délicats. il en existe une troisième, depuis longtemps adoptée par les géomètres du Cadastre, qui comporte simplement l'emploi de la chaîne ou de règles et de l'équerre d'arpenteur.

Avec cette méthode dite des *alignements*, on inscrit les longueurs mesurées — sans s'occuper, pour les détails, d'autres angles que les angles droits — non dans un carnet, mais sur une feuille de papier où l'on trace en même temps, et autant que possible à l'échelle, toutes les lignes qui doivent figurer sur le plan (¹).

(¹) Dans les premières opérations du Cadastre, en France, au commencement du siècle, on a employé à peu près toutes les méthodes connues

Cette méthode suppose d'ailleurs, comme toutes celles qui visent à l'exactitude, qu'une première grande triangulation ait été exécutée, puis que des triangulations d'ordres inférieurs, mais toujours effectuées avec soin, aient permis de multiplier assez les points de repère pour que l'on puisse jalonner facilement les côtés des derniers triangles. Les différents sommets étant rapportés à une échelle déterminée, sur une grande feuille de papier fort que l'on peut enrouler et dérouler, plier et déplier selon l'endroit du terrain où l'on se trouve, l'opérateur, assisté d'un seul aide, après les avoir convenablement jalonnés, parcourt successivement les côtés qui unissent ces sommets, en mesurant avec la chaîne ou le décamètre en ruban d'acier ou enfin avec des règles, quand on vise à une grande précision, et cote en longueur, chaque fois qu'il les croise, les limites des parcelles, haies, fossés, etc., les chemins, les sentiers, les rigoles, les ruisseaux, etc., en rapportant les points d'intersection sur sa minute, à l'aide d'un double décimètre.

Quand, sur le parcours, il rencontre des alignements de têtes de parcelles, il y laisse un jalon et plus tard il opère, entre deux jalons ainsi placés sensiblement sur le même alignement de parcelles et formant une transversale de l'un des triangles ou *traverse*, comme sur les côtés des triangles eux-mêmes.

---

et les instruments correspondants : graphomètre, cercle dit *géodésique*, boussole, planchette, sans parler de la chaîne et de l'équerre. (*Voyez* le *Manuel de l'Ingénieur du Cadastre*, par M. POMMIÈS. Paris, Imprimerie impériale; 1808.) Dès la fin du siècle dernier, cependant, on avait cherché à les simplifier, notamment en Angleterre où Emerson en avait indiqué une assez analogue à celle dont il est question dans le texte, mais qui exigeait des mesures d'angles pour les détails; on la trouve décrite dans le Dʳ HUTTON's, *Mathematical Dictionary*, 1796, sous le titre de *Method of Surveying a large State*.

Un autre auteur, RODHAM, dont la méthode (*New Method of Surveying and Keeping a field book*) est également exposée dans le *Mathematical Dictionary*, proposait, en effet, d'inscrire dans un carnet à trois colonnes les mesures de longueurs successives faites sur des alignements avec des croquis pris à droite et à gauche des différents points relevés. Mais la méthode perfectionnée des alignements devenue si populaire en France et ailleurs, sans contredit la plus simple de toutes, a été formulée avec une grande clarté par un géomètre en chef du cadastre français, qui l'avait publiée dès 1827 dans un excellent Ouvrage dont la seconde édition est intitulée : *Traité pratique d'Arpentage appliqué au cadastre* (Paris, Carillon-Gœury et Victor Dalmont).

La *Pl. II* permet de se rendre compte, d'un seul coup d'œil, de la simplicité de cette méthode et d'en pressentir l'exactitude et la rapidité, pour peu que l'opérateur soit exercé. Ce qui la caractérise, c'est l'emploi à peu près exclusif de la chaîne ou des règles, l'équerre venant toutefois efficacement en aide pour le lever des chemins, sentiers, cours d'eau, pièces d'eau et; en général, les limites non rectilignes, enfin de différents détails, au premier rang desquels il faut placer les bâtiments et les constructions de toute nature.

Si l'on se représente que ces détails, aussi bien que le tracé du *parcellaire*, sont immédiatement rapportés sur le plan sensiblement à l'échelle, sans négliger pour cela de tout coter, on reconnaîtra que cette méthode participe des avantages des deux autres, en ayant en outre celui de n'exiger, en dehors des triangulations exécutées à part, l'emploi d'aucun appareil délicat, coûteux et trop souvent exposé à des accidents qui peuvent le mettre hors de service.

En dépit de la simplicité, nous allions dire de la modestie des moyens qu'elle emploie, il est évident que la méthode des alignements, généralement appliquée à des levers qui exigent beaucoup de précision, serait digne, si l'expression de topométrie était admise, de figurer au premier rang de celles auxquelles il a été fait ainsi allusion.

XXXV. — *Renseignements sur l'emploi qui a été ou pourrait être fait des méthodes et des instruments décrits dans les Paragraphes précédents.*

Les levers les plus importants et les plus considérables entrepris ou à entreprendre dans les pays civilisés sont ceux qui se rapportent au cadastre, aux projets de travaux publics, d'exploitation industrielle, agricole ou forestière, enfin à la construction des cartes topographiques aux échelles de $\frac{1}{10\,000}$, de $\frac{1}{20\,000}$ ou de $\frac{1}{25\,000}$ ou à celles de $\frac{1}{50\,000}$ ou de $\frac{1}{100\,000}$, auxquelles on s'arrête généralement, ces dernières étant même souvent déduites de minutes exécutées à l'une des échelles précédentes.

A. Cadastre. — Pour le cadastre, on ne s'est occupé, habituellement, que de la planimétrie (¹). Alors, c'est-à-dire quand on renonce au nivellement, la méthode des alignements est non seulement la plus simple et, pensons-nous, la plus expéditive, peut-être aussi la plus sûre dans les pays très morcelés. Mais dans les pays accidentés où la propriété est moins divisée et quand on veut aussi exécuter le nivellement, les autres méthodes s'imposent, en quelque sorte, par la facilité avec laquelle elles permettent d'obtenir à la fois les directions, les distances et les cotes des différents points à relever.

Les renseignements suivants, que nous devons pour la plupart à l'obligeance de M. l'ingénieur en chef des Mines Ch. Lallemand, directeur du service du *Nivellement général de la France,* qui les a recueillis sur place, donneront une idée des différentes manières de voir qui ont présidé de notre temps au choix des méthodes et des instruments dans plusieurs des pays où l'on a repris ou continué les opérations du cadastre.

« 1º **Alsace-Lorraine.** — Échelles de $\frac{1}{500}$ pour les lieux habités; $\frac{1}{2000}$ pour les bois; $\frac{1}{1000}$ pour le reste. Plans d'assemblage à $\frac{1}{10000}$.

» La planchette, la boussole et le tachéomètre sont interdits.

» La méthode employée est celle des alignements s'appuyant sur des cheminements polygonaux, reliés à leur tour à une triangulation assez serrée.

» Les longueurs sont mesurées avec des règles en bois de 5^m et les angles au théodolite.

» *Les plans sont reproduits par la lithographie et mis en vente. Il n'y a pas de nivellement sur les plans cadastraux.*

» Les conditions sont à peu près les mêmes dans le **Grand-Duché de Hesse** et dans le **Grand-Duché de Bade**, avec cette différence que, dans le dernier, *les croquis mêmes des géo-*

(¹) On verra cependant un peu plus loin qu'il y a déjà quelques exemples de plans cadastraux sur lesquels les courbes de niveau ont été levées régulièrement avec l'exactitude que comportent les échelles de $\frac{1}{2500}$ et de $\frac{1}{1000}$ adoptées, la première, pour le Wurtemberg et, la seconde, pour les nouveaux plans de la Suisse.

mètres-arpenteurs sont reproduits photographiquement et livrés au public.

» 2° WURTEMBERG. — Cadastre exécuté de 1818 à 1840.

» Réseau trigonométrique de quatrième ordre, déterminé graphiquement à la planchette et s'appuyant sur des réseaux du premier, du deuxième et du troisième ordre, établis par les moyens ordinaires.

» Emploi combiné de la planchette, de l'équerre d'arpenteur et des règles pour l'exécution du parcellaire par la méthode dite *des parallèles*.

» Échelle des plans $\frac{1}{2500}$, exceptionnellement $\frac{1}{500}$ et $\frac{1}{1250}$.

» *Plans reproduits lithographiquement.*

» *Le relief du sol est figuré par des courbes de niveau.*

» 3° BAVIÈRE. — Levers exécutés en principe à la planchette (1810-1863), d'après la méthode wurtembergeoise; distances mesurées à la stadia pour le détail.

» Échelle du parcellaire : généralement $\frac{1}{5000}$; exceptionnellement $\frac{1}{2500}$ pour le PALATINAT et la FRANCONIE INFÉRIEURE, et même $\frac{1}{1000}$ pour les villes.

» *Plans reproduits par la lithogravure ou par la zinco-gravure.*

» 4° ITALIE. — Levers exécutés le plus généralement suivant la méthode d'Alsace-Lorraine (alignements appuyés sur des cheminements). Les règles de 5ᵐ sont souvent remplacées par des tiges de bambou de 3ᵐ de longueur.

» Le tachéomètre (*cleps* de la maison Salmoiraghi, de Milan, ou tachéomètre de la maison Troughton et Simms, de Londres) n'est employé d'une manière un peu suivie que dans le compartiment de Bologne. Les avis sont d'ailleurs très partagés quant à ses avantages.

» Échelle du plan parcellaire, $\frac{1}{2000}$; exceptionnellement $\frac{1}{1000}$ pour les lieux habités et $\frac{1}{1000}$ pour les bois et les terrains de peu de valeur.

» La planchette n'est employée que pour cette dernière échelle.

» *Pas de nivellement sur les plans cadastraux.*

» 5° Suisse. — Dans la première moitié de ce siècle, la planchette était exclusivement employée et les levers s'appuyaient sur une triangulation graphique. Depuis on se sert généralement du théodolite et de la méthode polygonale, avec alignements et perpendiculaires, la planchette n'étant plus autorisée que pour le lever des forêts, sauf dans les cantons de Fribourg, de Neuchatel et de Vaud, où elle est encore d'un usage général, concurremment avec la mesure à la chaîne ou à la règle.

» L'emploi combiné de la stadia et de la planchette est interdit.

» *Les nouveaux plans* (échelle $\frac{1}{4000}$) *sont couverts de courbes de niveau définissant le relief du terrain.* »

6° En Angleterre où le cadastre est terminé, la méthode des alignements (*the straight-line method*) a été seule employée et y est encore considérée comme la meilleure à suivre, à ce point que le théodolite lui-même a été abandonné dans le lever des détails ([1]). Échelle $\frac{1}{2500}$.

7° Belgique. — Enfin le cadastre de la Belgique, commencé en 1807 et 1808, fut continué à partir de 1814 et terminé en 1834, sauf pour le Limbourg et le Luxembourg ; celui de ces deux dernières provinces fut entamé en 1839 et achevé en 1844.

Il fut levé par commune au moyen de l'équerre d'arpenteur et de la chaîne (par la méthode des alignements et par celle des coordonnées rectangulaires universellement employée pour les détails). La petite triangulation qui lui servait de base était faite au graphomètre. Ph. Van der Maelen, autorisé à prendre copie du cadastre, a publié, de 1837 à 1847, des atlas des plans cadastraux pour 137 communes, partie à l'échelle de $\frac{1}{2500}$, partie à celle de $\frac{1}{5000}$.

Popp entreprit, vers 1850, la *publication des documents*

([1]) *Voyez* dans Pierce, *On the use of the plane-table*, pages 36-39, la déposition du capitaine H.-R. Sankey, R. E., où il compare la méthode des alignements et le lever à la planchette dans des circonstances différentes pour démontrer que l'emploi de la planchette n'est pas toujours avanta-, geux, à cause du grand nombre de stations qui peuvent être nécessaires ce qui a fait abandonner l'emploi du théodolite pour le lever des détails.

cadastraux de toutes les communes de la Belgique. Les plans des communes étaient dressés à l'échelle de $\frac{1}{5000}$ (avec cartouches à $\frac{1}{1000}$ ou à $\frac{1}{1250}$ pour les villes). Cette publication fut arrêtée à la mort de Popp, en 1878. Le travail est effectué pour les six provinces de la FLANDRE OCCIDENTALE, de la FLANDRE ORIENTALE, du BRABANT, d'ANVERS, du HAINAUT et de LIÈGE ([1]).

Ces renseignements que l'on pourrait encore multiplier prouvent, comme nous l'avions fait pressentir, que la méthode des alignements a de nombreux partisans ; ils laissent apercevoir néanmoins que les méthodes et les instruments préférés pour le cadastre ont changé assez souvent dans le courant de ce siècle, mais ce qui est particulièrement à noter, c'est que, malgré les avantages reconnus de la stadia associée à la boussole, au tachéomètre ou à la planchette de précision, on est revenu, dans la plupart des pays où l'on a repris ou entrepris récemment les travaux du cadastre, à cette méthode des alignements.

En France, où la question si grave de la réfection complète du cadastre est à l'étude depuis plusieurs années, des expériences nombreuses faites sur des terrains très variés doivent servir à déterminer le choix à faire, selon les cas, entre la Tachéométrie dont les instruments ont été non seulement perfectionnés, mais simplifiés, et par conséquent entre la méthode des relèvements purement numériques et la méthode mixte des alignements. On est même allé jusqu'à faire quelques essais de levers par la méthode photographique (qui exigerait, dans ce cas plus que dans tout autre, un doigté particulièrement délicat), ce qui prouve tout au moins, de la part de la Commission supérieure et de celle de la Direction générale des Contributions directes, un judicieux désir de ne rien négliger pour s'éclairer sur tous les côtés de la question.

Nous ferons encore remarquer deux faits des plus importants consignés dans quelques-uns des documents précédents,

---

([1]) Nous devons ces renseignements sur le cadastre de la Belgique, à l'obligeance de M. le commandant Gillis, par l'intermédiaire de son savant chef de service, M. le général Hennequin.

concernant l'un le nivellement par sections horizontales, trop rarement effectué en même temps que le lever proprement dit ou la planimétrie, et l'autre la publication, déjà assez fréquente, au contraire, des plans cadastraux. Nous ne pouvons que souhaiter vivement la réalisation de ces deux mesures à l'occasion de la réfection du cadastre de notre pays, dont la première aurait une grande influence sur le choix des moyens à adopter, tant dans les pays de plaines que dans les pays mouvementés et dans les pays de montagnes où le nivellement acquiert même plus d'importance que la planimétrie.

Ainsi que nous l'avons dit plus haut, nous sommes porté à croire que, dans les plaines généralement très morcelées, la méthode des alignements resterait la plus sûre et la plus économique à la fois, le lever des lignes de niveau très espacées pouvant s'y effectuer également à peu de frais, à l'aide d'instruments très simples. Mais il ne semble pas douteux, au contraire, que le tachéomètre et la planchette de précision reprendraient l'avantage dans les pays mouvementés et, à plus forte raison, dans les pays de montagnes (¹).

B. Études de terrain faites en vue d'avant-projets de travaux publics. — Si les plans du cadastre étaient couverts de courbes de niveau, gravés et mis dans le commerce, on peut dire que les études de terrain seraient faites à l'avance, au moins en ce qui concerne la Topographie (planimétrie et nivellement), car les travaux postérieurement exécutés de main d'homme et les accidents naturels (géologiques ou météorologiques), à de rares exceptions près, n'entraînent pas de modifications

---

(¹) Dans quelques colonies dont on a entrepris le cadastre et où le parcellaire est encore à mailles si larges, on a jugé à propos de recourir exclusivement au tachéomètre. Ainsi, en Tunisie, les autres instruments sont interdits et le tachéomètre de Goulier est imposé à tous les géomètres. Dans le Congo indépendant, le service cartographique belge a de même adopté le tachéomètre, celui de Richer. En pareil cas, en effet, les détails de la planimétrie à relever sont généralement si peu nombreux, que la méthode des relèvements numériques devient partout applicable. Il paraît pourtant que certains géomètres, en Tunisie, se plaignent de l'interdiction qui leur est faite, dans tous les cas, d'employer des instruments moins compliqués que le tachéomètre, dont l'usage devient souvent fatigant pour la vue.

sensibles dans le relief du sol considéré dans son ensemble. Les avantages si aisés à prévoir et notamment l'économie que procurerait l'existence de documents exacts, dont le prix d'acquisition serait insignifiant comparé à celui d'opérations isolées et fréquentes, entreprises expressément pour obtenir des renseignements de même nature, sont tels que les pays civilisés ne devraient pas reculer devant une dépense forcément très importante, mais faite *une fois pour toutes*.

Nous ne pourrions pas nous étendre ici sur tous les autres avantages auxquels nous venons de faire allusion, mais on sait bien, par exemple, que les géologues surtout, les agriculteurs éclairés, les hygiénistes dans les grandes agglomérations et jusque dans le moindre village pourraient et sauraient sans doute tirer un grand parti de ces plans cadastraux *nivelés* ou des cartes à grandes échelles qui en seraient des réductions suffisantes (¹).

Les géomètres de la fin du siècle dernier, collaborateurs de

(¹) En Angleterre, on a commencé depuis longtemps à publier, à très bon marché, les plans cadastraux des paroisses (*parish maps*) à l'échelle de $\frac{1}{2500}$, dont la liste comprend actuellement plus de 700 pages in-8° du Catalogue de l'*Ordnance Survey of England and Wales;* London, 1896. Ces plans ne sont pas nivelés, mais ils répondent déjà à de nombreux besoins. Il en est de même des plans de Londres et de ses environs, aux échelles de $\frac{1}{10560}$ (6ᵖᵒ pour un mille) et de $\frac{1}{1056}$ (5ᵖⁱ pour un mille) et de ceux de **425** villes toujours de l'Angleterre et du pays de Galles, aux échelles de $\frac{1}{1056}$, $\frac{1}{528}$ et $\frac{1}{500}$. Ajoutons, en passant, que sur quelques-unes des feuilles de la Carte des comtés d'Angleterre et d'Écosse, à l'échelle de $\frac{1}{10560}$, où le nivellement par courbes horizontales a été effectué, on a conservé la trace des opérations; certaines de ces courbes ayant été levées par points au moyen du niveau, d'une mire de hauteur constante et d'une chaîne de 10 yards, les points nivelés sont marqués de 10 yards en 10 yards sur la Carte. Entre les courbes levées, d'autres sont intercalées à vue à des équidistances verticales qui varient de 50 à 100 pieds anglais (de 15ᵐ à 30ᵐ environ).

J'ai choisi l'exemple de l'importante publication des plans cadastraux des paroisses et des villes d'Angleterre parce que, dès 1851, pendant un voyage de plusieurs mois dans ce pays, je me suis trouvé à même de constater le fréquent et précieux usage que l'on y savait faire de ces documents. Ainsi, il m'est arrivé de trouver dans une grande ville (à Portsmouth) chez un pharmacien, membre du Conseil d'hygiène, plusieurs plans à différentes échelles de la ville et du district destinés à guider ce Conseil et la Municipalité dans le tracé des rues nouvelles, la rectification des anciennes, l'assainissement par le drainage des eaux ménagères, etc. Sur l'un d'eux, sorte de plan d'ensemble, on ne s'était pas contenté d'inscrire

Verniquet, étaient incontestablement mieux inspirés et plus au courant des principes de leur art que ceux du nouveau plan de Paris, si soigné qu'il soit matériellement, et si, de leur temps, l'usage des courbes de niveau avait été aussi répandu que du

---

les cotes de nivellement relevées par les agents voyers, mais on s'était servi de ces cotes éparses pour tracer des sections horizontales continues par interpolation.

Quelques années plus tard, mon savant camarade et ami Delesse avait entrepris de tracer de la même manière des courbes de niveau sur un plan de Paris à l'échelle de $\frac{1}{5000}$: je l'avais aidé dans ce travail de patience souvent inextricable et nous avions saisi tous les deux l'occasion de la construction du nouveau plan de Paris, entreprise sous l'administration de M. Haussmann, pour suggérer l'idée de figurer sur ce plan, exécuté à l'échelle de $\frac{1}{1000}$, le relief du sol à l'aide de courbes levées rigoureusement à l'équidistance de 1^m et, dans certains cas, avec des courbes intercalaires. Nous nous étions efforcés en même temps de démontrer que la dépense qu'entraînerait ce travail serait couverte et au delà par l'économie que l'on pouvait faire en évitant d'édifier, à grands frais, ces échafaudages gigantesques en charpente, pompeusement décorés du nom de *pylônes,* dont tous les Parisiens d'un âge mûr se souviennent, qui couvraient les quais et les boulevards intérieurs et extérieurs, s'étendaient jusque dans la banlieue et devaient servir d'observatoires pour la triangulation.

J'avais été appelé à m'expliquer, à ce sujet, devant le Préfet de la Seine, à qui je fis remarquer que ces châteaux branlants étaient peu propres à leur destination et qu'il était inouï que l'on en eût l'idée dans une ville couverte de monuments élevés et solides sur lesquels les opérateurs chargés de la triangulation du beau plan de Verniquet avaient eu grandement raison de s'installer. J'avais même cité à M. Haussmann le scrupule des géomètres anglais qui, dans l'Inde, *au milieu des forêts,* avaient fait construire de *hautes tours en maçonnerie* pour servir de signaux et de stations, *afin d'éviter les inconvénients des oscillations des charpentes de bois* (^{a}). En dépit de l'intelligente initiative que l'on est accoutumé à entendre louer chez le célèbre administrateur, la proposition si raisonnable formulée par Delesse et par moi dans un Mémoire détaillé que je lui remis sur sa demande, ne fut pas prise en considération. Tout se réduisit à une lettre courtoise de M. Haussmann, dans laquelle il m'annonçait qu'il serait tenu compte de l'une de mes critiques concernant les pylônes. Ceux-ci étant, en effet, destinés à disparaître ne devaient, contrairement aux règles les plus élémentaires de la Géodésie et du sens commun, laisser aucune trace de la triangulation, et j'avais conseillé de marquer au moins d'un signe visible la projection sur le sol de chacun des sommets. C'est ainsi que l'on peut découvrir encore, çà et là, des disques de bronze scellés sur les trottoirs ou sur la chaussée, le long des quais et des boulevards, sur la place de la Madeleine, etc.

(^{a}) Les pylônes étaient sans doute incomparablement moins élevés que la tour Eiffel dont on a pu mesurer les oscillations, mais il est aisé de prévoir que des charpentes de bois, au haut desquelles l'observateur était obligé de se déplacer autour de son instrument, ne présentaient pas les conditions de rigidité nécessaires.

L. 18

nôtre, nul doute qu'ils en eussent profité pour achever l'œuvre si remarquable qu'ils ont laissée.

En attendant la réalisation de ce vœu (et il faut bien convenir que d'autres pays voisins sont déjà beaucoup plus avancés que nous dans cette voie, voyez dans la note précédente ce que nous disons de l'Angleterre à titre d'exemple, et il en faudrait citer bien d'autres), nous devrons encore peut-être pendant longtemps recourir aux études partielles ayant un objet déterminé, sans pouvoir éviter de revenir cent fois sur le même terrain, faute d'en avoir une représentation définitive, authentique (*standard*, diraient les Anglais) et pouvant répondre à tous les besoins. Fort heureusement, quoi qu'il arrive, nos géomètres, nos ingénieurs-topographes civils, désormais très exercés, en général, à l'emploi du tachéomètre et qui sauraient également bien se servir de la planchette de précision, sont en état d'entreprendre et d'exécuter les travaux dont il s'agit, soit par la méthode des relèvements numériques, soit par celle des levers rapportés sur le terrain, car depuis un certain nombre d'années cette corporation a fait de grands efforts pour se mettre à la hauteur de sa mission et elle y a réussi, ses excellentes publications périodiques en font foi ([1]).

C. Construction des Cartes topographiques. — Nous verrons au Chapitre II que, déjà pour l'établissement de la Carte de Cassini, le lever des plans de détails (de la planimétrie) avait été confié à des géomètres civils, improvisés à la vérité pour la plupart, chargés en outre de représenter le figuré du terrain, tâche dont ils s'acquittèrent très médiocrement, sans que l'on puisse leur en faire un crime ([2]).

([1]) En France aussi bien qu'à l'étranger.

([2]) Nous verrons aussi dans le Chapitre II avec quelle supériorité les ingénieurs-géographes militaires s'acquittaient de tâches analogues et combien il est à regretter que l'on n'ait pas songé à utiliser leur expérience et leur talent, en leur donnant la direction de ce grand travail. Disons toutefois que le principal mérite de l'œuvre dont il s'agit, indépendamment de ce qu'elle constituait une entreprise hardie, sans précédent, la représentation et la publication à une grande échelle, $\frac{1}{86400}$, d'un pays aussi étendu que la France, c'est le soin avec lequel avaient été exécutées, par les Cassini eux-mêmes, les grandes triangulations qui étaient, à cette époque, des opérations pleines de difficultés.

On sait, d'un autre côté, que la Carte dite de l'*État-major*, qui a remplacé celle de Cassini, a été exécutée, en effet, par les officiers du corps de l'État-major dans lequel on avait fait entrer les derniers ingénieurs-géographes qui étaient généralement d'excellents observateurs et avaient effectué, à la suite d'éminents astronomes, les triangulations des différents ordres et les nivellements géodésiques non moins importants pour atteindre le but que l'on s'était proposé. Il s'agissait, en effet, d'indiquer sur la nouvelle Carte, non plus seulement un figuré plus ou moins expressif, mais le relief même du terrain au-dessus du niveau de la mer.

L'élément fondamental remis entre les mains des officiers d'État-major était la réduction, convenablement effectuée, des plans des communes (¹), souvent désignés sous le nom de *mappes cadastrales*, qu'ils assemblaient en se conformant aux indications des triangulations qui leur procuraient des repères en nombre suffisant. Le travail sur le terrain consistait à vérifier, à rectifier au besoin et à compléter les détails de la planimétrie ; mais d'un autre côté on devait, en partant des repères de nivellement fournis par les géodésiens (²), procéder au tracé de courbes horizontales équidistantes qui, sur les minutes, répondaient immédiatement à l'objet qui vient d'être défini et qui étaient en outre destinées à servir de guides aux graveurs chargés de faire ressortir, d'après certaines conventions, tous les mouvements du terrain au moyen de hachures sur la carte définitive.

Ce que nous venons de dire des opérations qui ont précédé et préparé la construction de notre Carte d'État-major s'applique à celles qui ont été faites dans les autres pays, dont le cadastre était assez avancé. Mais pour l'exécution des détails, ou plutôt pour leur revision et pour le lever des courbes de

---

(¹) Ces réductions étaient faites avec une grande exactitude, mais assez péniblement à l'aide du pantographe, que l'on peut remplacer aujourd'hui avantageusement, sous tous les rapports et surtout sous celui de la rapidité des opérations, par les appareils photographiques.

(²) Ces repères seraient aujourd'hui bien plus nombreux et de la plus grande exactitude dans tous les pays où est organisé l'important service du Nivellement général de précision.

niveau, on sait que l'on a eu recours tantôt à la planchette avec alidade à éclimètre, tantôt à la boussole nivelante et que cette dernière a été exclusivement adoptée en France. La marche à suivre était cependant toujours la même et nous allons la rappeler en quelques mots.

La minute étant préparée comme on vient de l'expliquer plus haut, et en supposant la revision et les corrections de la planimétrie achevées, l'opérateur trouvait les cotes des points du terrain qu'il avait choisis pour s'y installer, ou bien il rattachait ces derniers à ceux dont les cotes figuraient sur la minute. A chacune de ses stations il déterminait les distances et les cotes d'autant d'autres points qu'il le jugeait nécessaire pour lui faciliter le tracé des courbes de niveau qu'il effectuait et qu'il se bornait même le plus souvent à amorcer, en s'inspirant des formes du terrain, et c'est en vue de se bien rendre compte de ces formes que le choix des stations devait avoir été fait. Souvent le point qu'il s'agissait de relever était reconnaissable sur la minute et il n'y avait alors qu'à en évaluer la distance d'après l'échelle, au moyen d'une règle divisée, et l'angle lu sur l'éclimètre de l'instrument permettait d'en calculer la cote. Mais, dans bien des cas, il n'en était pas ainsi, et il fallait obtenir la distance, soit en la faisant mesurer à la chaîne, soit en laissant un jalon au point considéré, puis en en déterminant la position par la méthode des intersections, en visant le jalon de deux stations distinctes.

On comprend, d'après cet exposé, combien l'emploi de la stadia aurait contribué à faciliter et à simplifier le travail, et l'on se demande comment il a pu se faire que, malgré la recommandation expresse du Ministre de la Guerre, après les expériences entreprises avec les instruments du chevalier de Lostende, sous les auspices de Maissiat (¹), la boussole nivelante de ce dernier a seule été mise à la disposition de nos officiers.

On se souvient cependant que, dans le même temps, les ingénieurs suisses se servaient de la planchette stadimétrique;

(¹) Maissiat avait lui-même fait construire un instrument un peu différent de celui de de Lostende.

mais on paraît avoir hésité, un peu partout, à cette époque, à associer définitivement la stadia à la boussole dont la lunette paraissait trop faible, et il faut arriver à la date de 1859 pour voir adopter les deux instruments réunis, en Belgique où l'on entreprenait de lever la Carte topographique à l'échelle de $\frac{1}{20000}$.

Le capitaine (depuis général) Liagre, à l'initiative duquel est due cette importante mesure, avait commencé lui-même, en

Fig. 92.

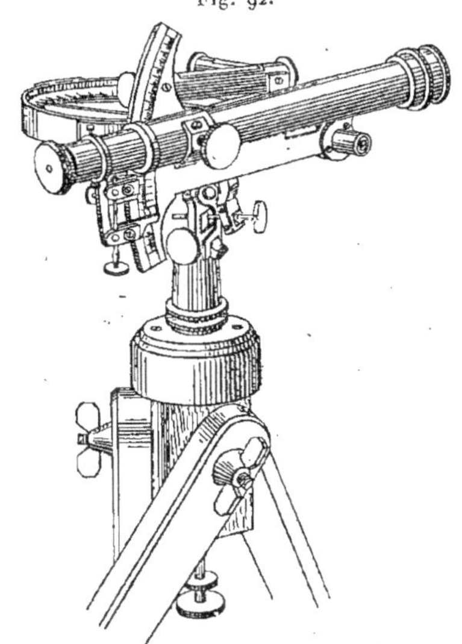

Boussole toute en métal d'Oberhauser.

1853 et 1854, à faire construire par l'habile artiste Sacré une sorte de *niveau-cercle* analogue à celui de Lenoir (¹), qu'il

---

(¹) Nous supposons cet instrument connu du lecteur ainsi que les autres niveaux de précision en usage; notre intention n'a jamais été de donner dans ces recherches, sur la Topographie proprement dite, la description des instruments spéciaux de nivellement.

désignait sous le nom de *stadia nivelante* et avec lequel il fit de nombreuses expériences pour se rendre compte de la précision que l'on pouvait obtenir en mesurant les distances à la stadia, sans recourir à de forts grossissements. Il avait appliqué aux résultats obtenus le calcul des probabilités, qui lui était très familier, et indiqué l'erreur moyenne que comportait le procédé avec une lunette d'un grossissement déterminé et modéré ([1]). La cause était gagnée, mais le savant officier qui avait toujours fait passer l'intérêt du service avant les satisfactions d'amour-propre, ne chercha pas à imposer sa stadia nivelante et n'hésita pas à donner la préférence à une *boussole entièrement en métal* dont la disposition, la même que celle de la boussole de Goulier, a été imaginée tout à fait indépendamment, peut-être même antérieurement, par Oberhauser ([2]). Nous donnons la figure de cet instrument (*fig.* 92), moins délicat que celui de Goulier, mais qui répondait parfaitement à sa destination et paraît avoir été mis le premier en usage, dès les débuts des travaux de la Carte topographique de Belgique ([3]).

En résumé, indépendamment de nos prévisions, sinon de nos préférences concernant le choix des méthodes à appliquer au cadastre, aux études de terrain et à la construction des cartes topographiques, dans les conditions habituelles, nous avons émis le vœu que les opérations du cadastre comprissent le nivellement par courbes, et nous ne croyons pas nécessaire de revenir sur les avantages incalculables qui résulteraient d'une semblable mesure. Il est à peine besoin, d'un autre côté, d'ajouter que les grandes divisions du travail consacrées

---

([1]) *Voyez* les *Bulletins de l'Académie des Sciences, des Lettres et des Beaux-Arts de Belgique*, tomes XX et XXI, 1re série, années 1853 et 1854.

([2]) *Voyez* la *Notice sur les travaux topographiques de l'Institut cartographique militaire*; Bruxelles, 1881 (A. Guophez et fils).

([3]) Ces travaux ont été commencés en 1859 et l'on s'était d'abord servi de la chaîne pour la mesure des distances aux environs d'Anvers et au camp de Beverloo, mais on n'avait pas tardé à reconnaître combien cette pratique était gênante dans un pays aussi coupé d'obstacles que la Belgique et l'on avait aussitôt compris l'avantage qu'il y aurait à adopter la boussole nivelante stadimétrique d'Oberhauser. *Voyez* la *Notice* mentionnée ci-dessus et le n° 24 du *Mémorial de l'Officier du Génie*.

par l'expérience devraient être maintenues pour donner toutes les garanties de précision à l'œuvre fondamentale dont il s'agit. Ainsi, les grandes triangulations placées, d'ancienne date, dans les attributions des services géographiques de l'armée y resteraient aussi bien que la construction des cartes topographiques et chorographiques qui seraient de simples réductions habilement interprétées des mappes cadastrales. D'un autre côté, le service du Nivellement général créé en France depuis moins d'un demi-siècle (et imité depuis à l'étranger) garderait la responsabilité du travail délicat dont il est chargé, et les ingénieurs du cadastre auxquels ces deux services procureraient les éléments primordiaux, c'est-à-dire les repères de la planimétrie et du nivellement, lèveraient de la manière la plus rigoureuse et la plus détaillée les plans nivelés aux plus grandes échelles, depuis $\frac{1}{500}$ jusqu'à $\frac{1}{2000}$, avec tableaux d'assemblage à $\frac{1}{10\,000}$.

Ces derniers ingénieurs seraient d'ailleurs naturellement chargés du service dit de la *Conservation du Cadastre*, qui consiste à tenir les plans de chaque commune au courant des modifications que peut éprouver le sol par suite des nouveaux travaux entrepris par l'État, par des compagnies industrielles, par les communes elles-mêmes ou par des propriétaires et, en outre, des *mutations* dans l'assiette de la propriété.

Telle semble être, en effet, la tendance actuelle des pays les plus avancés, et il est probable qu'elle deviendrait générale et se réaliserait bientôt, si d'autres préoccupations ne venaient trop souvent entraver l'accomplissement des idées les plus saines et les plus fécondes.

XXXVI. — *Levers spéciaux des terrains boisés et des souterrains.*

En décrivant les méthodes topographiques en usage et les instruments au moyen desquels on les applique, nous n'avons pas considéré à part les cas où de grandes étendues de terrain sont couvertes de bois et nous avons toujours supposé que l'on opérait en plein air, à la surface du sol.

LEVERS DES PAYS BOISÉS ET DES MINES. — Nous rapprochons ces deux circonstances parce qu'il est aisé de concevoir que la même méthode doit être appliquée là où l'on cesse de découvrir le terrain dans toutes les directions et dans les souterrains où la vue est encore plus limitée. Cette méthode est forcément celle des cheminements.

Dans les premiers cas, les cheminements peuvent être dirigés de manière à former un réseau de polygones contigus les uns aux autres et venant se rattacher à des triangulations qui enveloppent les bois et les forêts et qui y pénètrent même assez souvent (¹). Quand il s'agit d'un bois ou d'une forêt dont l'étendue n'est pas trop considérable, on peut les envelopper entièrement dans un polygone dont quelques-uns des sommets sont situés sur le prolongement des routes ou des chemins qui les traversent. Enfin, quand ces routes ou ces chemins se prolongent en ligne droite dans toute la largeur du bois et que le terrain s'y prête, on mesure avec le décamètre en ruban d'acier en chaînant sur le sol et non par ressauts, plutôt deux fois qu'une, la longueur totale de ces chemins entre deux sommets du polygone enveloppant, en prenant toutes les précautions requises et en se servant au besoin d'un cercle d'alignement répétiteur ou réitérateur. La même opération est faite, autant que possible, dans deux sens à peu près rectangulaires, et des piquets doivent être laissés aux points d'où partent d'autres chemins ou d'autres sentiers que le géomètre suivra plus tard, la boussole à la main, pour former d'autres polygones intérieurs ou plutôt des traverses aboutissant à deux piquets bien repérés.

INSTRUMENTS EMPLOYÉS PAR LES FORESTIERS. — Les instruments dont se servent en général nos agents forestiers français appartiennent aux deux types suivants (*fig.* 93 et 94) construits très habilement par M. H. Bellieni, de Nancy, sous la direction de M. le professeur E. Thierry, de l'École forestière,

____

(¹) Les forêts sont fréquemment percées de larges routes rectilignes qui débouchent dans des plaines où l'on peut placer des signaux de triangulation visibles des carrefours.

et qui sont dérivés des boussoles que le colonel Goulier avait fait adopter à l'École d'application de Metz et par le service du Génie. Les principales modifications apportées à la nouvelle construction consistent en ce que la lunette est simplement stadimétrique avec un angle micrométrique de $\frac{1}{100}$ et non plus

Fig. 93.

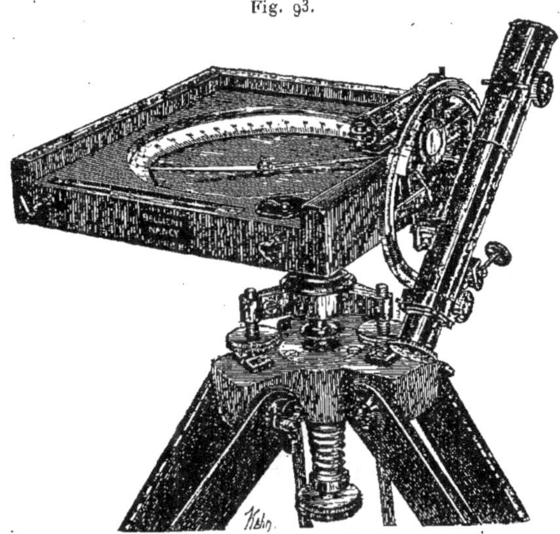

Boussole forestière.

anallatique; le mode de suspension de l'aiguille aimantée est moins délicat et n'est plus automatique; enfin, on a introduit des vis de rappel qui n'existaient pas et qui étaient reconnues nécessaires.

Depuis une quinzaine d'années, d'après les conseils de M. le professeur Thierry, la mesure des distances, qui s'opérait auparavant à peu près exclusivement à l'aide de la chaîne ou du ruban d'acier, s'effectue aujourd'hui à la stadia dans les terrains accidentés, c'est-à-dire partout où l'on serait obligé de tenir la chaîne ou le ruban horizontalement en procédant par ressauts.

Dans ces terrains accidentés, le lever des courbes de niveau s'effectue, quelquefois assez péniblement d'ailleurs, comme nous l'avons expliqué à propos des levers en pays de montagnes, en recourant aux angles et aux échelles de pente.

Fig. 94.

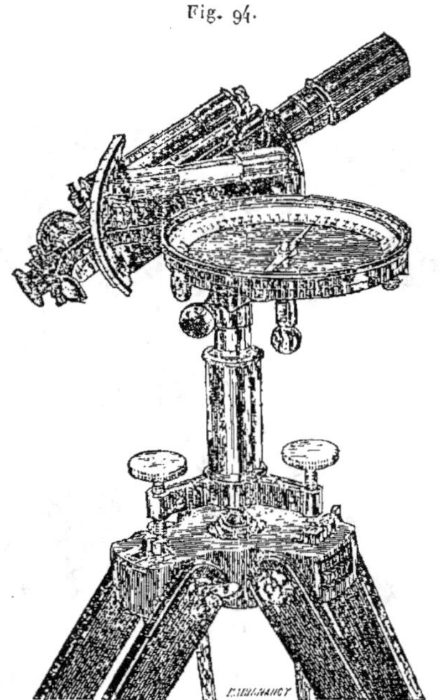

Autre boussole forestière.

Nous ne croyons donc devoir rien ajouter à cette explication, mais nous terminerons ce qui concerne les levers forestiers en exprimant l'espoir que la méthode photographique s'introduira bientôt dans un service qui aurait le plus grand intérêt à l'adopter dans les cas, si nombreux aujourd'hui, des études qu'il a à entreprendre dans les pays de montagnes dont le reboisement s'impose et où il faut lutter énergiquement pour combattre les désastres qu'y produisent les torrents ([1]).

LEVERS DES MINES, CARRIÈRES SOUTERRAINES, ETC. — Dans les levers souterrains, les fermetures des cheminements, si importantes comme moyens de vérification et qui peuvent presque toujours s'effectuer dans le cas des levers forestiers, deviennent au contraire rarement possibles, les galeries de mines notamment ne communiquant le plus ordinairement à l'extérieur que par des puits et non par des rampes. Quand il y a plusieurs puits aboutissant à une même galerie, on parvient encore à rattacher les opérations qui y sont faites au canevas superficiel, en projetant certains points bien déterminés de l'ouverture de ces puits au fond avec un fil à plomb dont on mesure la longueur, qui donne la profondeur pour chacun des points; il y a là, en effet, une sorte de fermeture, mais, quand il n'y a qu'un puits, on est réduit à utiliser la plus grande largeur de son ouverture pour projeter deux de ses points au fond, et c'est à partir de la très petite base qui en résulte que l'on continue le cheminement dans les galeries, sans revenir au jour. On conçoit, d'après cela, combien il est difficile alors d'orienter exactement et de faire correspondre les plans souterrains avec ceux de la surface.

INSTRUMENTS EMPLOYÉS DANS LES SOUTERRAINS. — A quelques exceptions près, on a renoncé à se servir de la planchette dont les propriétés essentielles se trouvaient paralysées à chaque instant ([2]). La boussole, au contraire, était tout indiquée et paraît avoir été, en effet, introduite depuis longtemps dans les mines ([3]); elle serait même sans doute employée exclusivement si elle n'était pas exposée à des perturbations qui

---

([1]) On verra au Chapitre III que, dans d'autres pays et principalement en Autriche, les services forestiers ont reconnu la très grande utilité de la méthode photographique.

([2]) Nous devons rappeler cependant que, d'après M. Tixidre, le tachymétrographe avait pu lutter avantageusement dans les levers souterrains avec les instruments qui y sont le plus habituellement en usage.

([3]) On trouve l'emploi de la boussole dans les mines mentionné, dès le milieu du XVIe siècle, dans l'Ouvrage célèbre d'AGRICOLA, intitulé *De. re metallicâ;* Bâle, 1556.

peuvent en fausser les indications. On lui substitue donc, quand il y a lieu, c'est-à-dire dans les terrains reconnus magnétiques, le graphomètre à défaut d'instruments plus précis, et de préférence aujourd'hui, des théodolites de construction plus simple que celle des instruments des géodésiens, mais permettant, comme eux, de mesurer à la fois les directions et les angles de pente.

En plein air, dans les forêts, quand on est obligé de renoncer à la boussole, on se sert des instruments ordinaires, c'est-à-dire de ceux que l'on emploie pour les levers en terrains découverts, et le théodolite passe même alors au tachéomètre et sert aussi à mesurer les distances, comme nous l'avons dit plus haut.

Mais dans les mines et les autres souterrains (carrières, tunnels, cavernes, etc.), on a été conduit à donner aux deux instruments principaux des dispositions spéciales.

BOUSSOLE SUSPENDUE DES MINEURS. — Dans les galeries de mines, généralement revêtues d'un boisage, on s'est beaucoup servi,

Fig. 95.

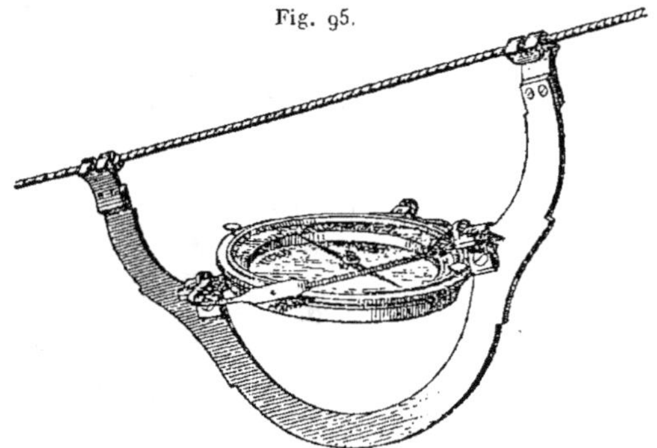

Boussole suspendue des mineurs.

en Allemagne depuis plus de deux siècles et demi (¹), et plus

---

(¹) Grâce aux renseignements concordants qui m'ont été communiqués, ce dont je me fais un devoir de les remercier, par M. le professeur G. Köhler, directeur de l'Académie des Mines de Clausthal, et M. André Pelletan, ingé-

tard en France, de la *boussole suspendue* que l'on accroche, en effet, comme l'indique la *fig.* 95, à un cordeau tendu à la

---

nieur en chef, professeur à l'École supérieure des Mines de Paris, je suis en mesure de résumer ici l'histoire de cette ingénieuse invention.

La première idée de la suspension de la boussole remonte à 1636; elle est due à Balthazar Rössler, qui était directeur des Mines (*Bergmeister*) à Altenberg, en 1673, et se trouve décrite dans la *Geometria subterranea* de

Fig. 96.

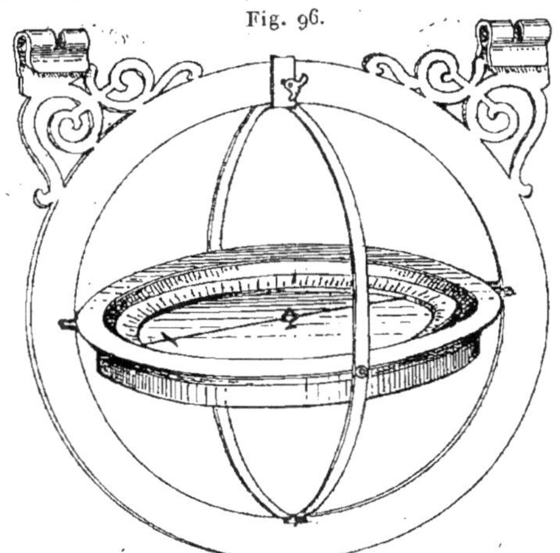

NICOLAUS VOIGTEL, Ouvrage duquel est extraite la figure ci-dessus (*fig.* 96).

La disposition actuelle, représentée dans le texte, a été imaginée à la fin du siècle dernier par J.-G. Stüder et décrite par lui dans l'Ouvrage qui a pour titre : *Beschreibung der Verschieden Zeichnen und vorzugliech beim Bergbau nöthigen Vermessungs-instrumente*, von JOHANN GOTTHELF STÜDER, Königl. Sächs. Hof- und Münzmechanikus zu Dresden, auch Ehrenmitgliede der ökonomischen Gesellschaft zu Leipzig; Dresden, 1811.

L'auteur, après avoir, en effet, donné la description d'un assez grand nombre d'instruments à l'usage des dessinateurs, d'après les meilleurs auteurs et constructeurs de son temps, tels que Breithaupt, Bion, Mayer, Adams, Leipold, Brander, rappelle les propriétés de l'aiguille aimantée et indique les anciennes dispositions de la boussole de mines carrée, puis il entre dans les détails les plus minutieux sur sa nouvelle boussole sus-

hauteur de la vue et allant alternativement d'une paroi à l'autre de la galerie. Une suspension à la Cardan permet à la boîte et au limbe divisé de la boussole, tous les deux en laiton, de prendre spontanément la position horizontale; le cordeau remplaçant pour ainsi dire l'alidade, il n'y a pas de pointé à faire et l'orientation du cordeau se lit immédiatement au point indiqué par l'aiguille. Les côtés du cheminement en zigzag déterminé par le cordeau, d'une longueur habituelle de 10^m environ, sont mesurés exactement au moyen d'un déca-

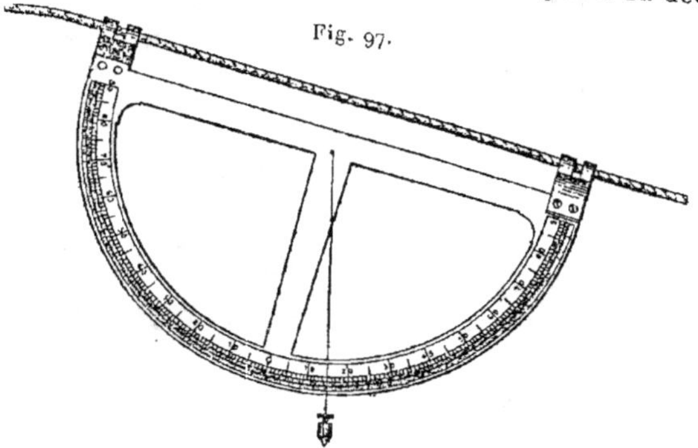

Fig. 97.

Clisimètre à perpendicule.

mètre en laiton très léger et très maniable, et les détails dans le sens horizontal et dans le sens vertical, au mètre ou au double mètre. Les pentes sont relevées sur un *clisimètre* ou *demi-cercle à perpendicule* (*fig.* 97), suspendu également au cordeau vers le milieu de la longueur, après que la boussole a été enlevée.

Il va sans dire que le procédé des relèvements numériques,

penduc, sur le niveau de pente à perpendicule également suspendu (clisimètre) et sur le rapporteur à cadre rectangulaire, dans le but, dit-il, de mettre les artistes qui ne les connaîtraient pas en état de les construire. L'Ouvrage contient en outre la description de quelques autres instruments utiles aux ingénieurs, notamment celles d'un niveau à bulle d'air et à lunette et d'une balance de précision.

avec de nombreux croquis visuels pour les détails de toute nature et notamment ceux du profil variable de la galerie, est le seul qui soit praticable en pareil cas, et l'on peut prévoir que la tenue du registre d'observations, à plusieurs colonnes, réclame la plus grande attention.

Pour rapporter les angles dans le cabinet, on a imaginé de se servir de la boussole elle-même dont la boîte circulaire est alors introduite et arrêtée au milieu d'un cadre rectangulaire qui a l'un de ses côtés aminci en biseau avec une division en millimètres servant à rapporter les longueurs de côtés. Tout cet ingénieux matériel peut se loger dans un étui très portatif, désigné sous le nom de *pochette du mineur*.

On emploie cependant aussi, dans les mines, la *boussole carrée* dite *d'arpenteur,* avec l'éclimètre et la lunette ou l'alidade simple placée sur l'un des côtés de la boîte (comme dans la boussole de Maissiat et ses dérivées). Cet instrument, placé sur un trépied, exige une mise en station, et l'excentricité de la ligne de visée, dirigée le plus souvent sur des points très rapprochés, oblige à des corrections continuelles.

En Angleterre, où l'on emploie à peu près exclusivement la boussole montée sur un trépied (*fig.* 98), l'alidade à simples pinnules est annulaire et se meut librement autour d'un axe horizontal relié à la boîte de la boussole ; la ligne de visée peut ainsi prendre toutes les inclinaisons dans un plan qui passe par le centre, en évitant par conséquent l'inconvénient qui vient d'être signalé.

Le modèle adopté depuis un demi-siècle environ est celui de la boussole de Hedley, le célèbre ingénieur, avec un genou à emboîtures de Davis ou celui de Hoffman qui rendent facile et stable la mise en station ([1]).

Quand on a à craindre les influences magnétiques sur l'aiguille de la boussole, on est bien obligé de renoncer à cet instrument et l'on a recours aux graphomètres ou aux théodolites. Ces derniers sont analogues à ceux que l'on emploie

---

([1]) *Voyez* la description des genoux de Davis et de Hoffman et celle de la boussole de Hedley dans *A Treatise on mathematical instruments,* etc., by J.-F. HEATHER, revised by Arthur T. WALMISLEY ; London, 1888.

en plein air, mais, en général, de plus petites dimensions. On retrouve même les deux types adoptés successivement par les géodésiens, le théodolite à lunette excentrique avec un contre-poids du côté opposé, et le théodolite à lunette centrale.

Lorsqu'on se sert des instruments du premier genre auquel appartient le *théodolite de Combes,* employé en France, il

Fig. 98.

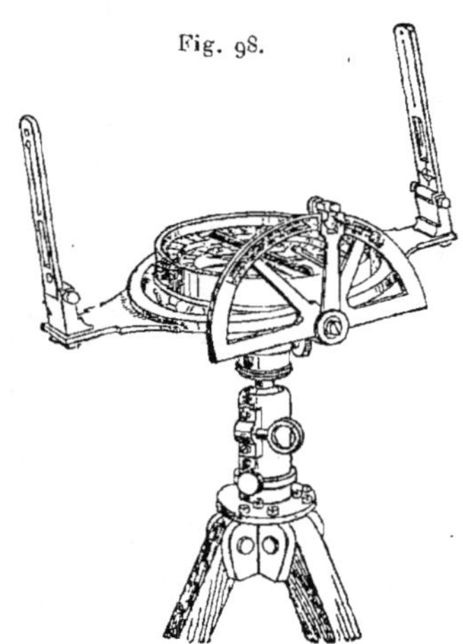

Boussole de Hedley.

faut faire la correction de l'excentricité, mais on a l'avantage de pouvoir donner toutes les inclinaisons à la ligne de visée; avec ceux du second genre, par exemple celui de *Breithaupt,* généralement adopté en Allemagne, il n'y a pas de correction à faire, mais l'inclinaison de la ligne de visée est limitée par la présence du cercle azimutal. On peut cependant atteindre encore les pentes de 60°, généralement suffisantes (¹).

(¹) *Voyez* les deux types du théodolite de mines dans l'Ouvrage cité plus haut, de MM. Durand-Claye, Pelletan et Lallemand. On y ajoute habi-tuellement une boussole qui reste en permanence dans le théodolite de Combes et qui, posée au moyen de supports à chevrons sur l'axe de rota-tion de la lunette dans les théodolites allemands, peut être enlevée ou re-

Fig. 5. — Chaîne des puys d'Auvergne, d'après un relief éclairé obliquement.

Fig. — Chaîne des puys d'Auvergne. Extrait de la Carte de l'État-Major.

MIRES SPÉCIALES. — Le grand avantage de la boussole suspendue est, ainsi que nous l'avons fait remarquer, qu'il n'y a pas de visées à faire, puisqu'il n'y a ni alidade ni lunette, et il en est de même pour l'éclimètre à perpendicule, également suspendu au cordeau, qui forme successivement les côtés du cheminement; mais dans les galeries principales où il y a de longues distances à relever, le théodolite (ou le graphomètre que l'on emploie en Angleterre) donne une plus grande exactitude et doit être préféré même dans les mines où l'aiguille aimantée n'est pas influencée.

Pour diriger l'alidade ou la lunette, les galeries étant plongées dans l'obscurité, il faut évidemment avoir des mires lumineuses convenablement installées et, quand on emploie une lunette, il faut en outre éclairer les fils du réticule ou plutôt le champ de la lunette sur lequel les fils se détachent en noir (¹).

Nous bornerons là les explications que nous avons voulu donner sur les levers spéciaux et, en particulier, sur les levers souterrains, à cause des modifications que l'on a été conduit à apporter à la construction des instruments et aux méthodes ordinaires pour les approprier à des circonstances que nous devions rappeler, en raison de leur importance et de leur fréquence dans certaines contrées. Il y aurait bien encore d'autres détails à ajouter à ce sujet, mais nous n'avons jamais eu la prétention de traiter toutes les questions qui se rattachent à nos recherches, et, pour celles que nous avons laissées volontairement de côté dans ce Paragraphe, nous renvoyons le lecteur à l'excellent Ouvrage que nous avons cité et auquel nous avons même emprunté plusieurs figures.

---

placée à volonté. Certains constructeurs français ont également adopté cette disposition. *Voyez* le *Catalogue général* de la Maison Morin et Gensse, de Paris, 25ᵉ édition; 1897.

(¹) Nous pourrions encore signaler, comme un instrument particulièrement propre au nivellement dans les galeries de mines, le niveau d'eau à tube en caoutchouc, dit *niveau Aïta*, dont le principe est, comme dans le niveau d'eau ordinaire, celui des vases communiquants et dont l'usage des plus simples n'a pas besoin d'explication.

L.

XXXVII. — *Levers rapides. Instruments simplifiés.*

LEVERS A EXÉCUTER EN PEU DE TEMPS. — On a souvent besoin en campagne et même en temps de paix d'obtenir rapidement un plan suffisamment exact de positions que l'on doit occuper temporairement ou qu'il pourrait devenir nécessaire de forti- fier d'une manière permanente. Dans les services publics civils, il est également utile, dans bien des cas, d'entreprendre à la fois des études sommaires sur différents points plus ou moins éloignés les uns des autres, avant d'arrêter son choix et de rédiger des projets définitifs de travaux importants, routes, canaux, chemins de fer, etc.

Les levers rapides, expédiés, comme on les désigne ha- bituellement dans l'armée, exécutés exceptionnellement à l'échelle de $\frac{1}{5000}$ et, le plus habituellement, aux échelles de $\frac{1}{10000}$ ou de $\frac{1}{20000}$, doivent nécessairement suffire en cam- pagne et supposent, par conséquent, une grande expérience de la part de ceux qui en sont chargés (^{1}). Quand il s'agit de travaux durables, ou bien l'on emploie l'échelle de $\frac{1}{5000}$ qui permet déjà d'établir des projets arrêtés, ou bien, si l'on se contente d'une plus petite échelle, on ne considère plus les plans ainsi obtenus que comme des études préparatoires et il devient indispensable de procéder de nouveau à des le- vers dessinés à de plus grandes échelles dans les conditions habituelles, c'est-à-dire en y consacrant tout le temps né- cessaire.

(^{1}) Il existe, dans les archives du Dépôt de la Guerre, au Dépôt des for- tifications et dans plusieurs Directions du Génie, des plans et des cartes topographiques de positions militaires, de camps retranchés, de places assiégées, de champs de bataille, etc., levés pendant les guerres de la Ré- volution et de l'Empire, du genre de ceux dont il est question, exécutés à des échelles de l'ancien système de mesures duodécimales, telles que $\frac{1}{8640}$, $\frac{1}{14400}$, etc. Ces documents témoignent bien souvent d'une grande habileté et quelquefois d'un véritable talent de la part de leurs auteurs. On peut s'en faire une idée en parcourant l'Atlas de l'Ouvrage du chef de bataillon du génie Belmas sur les *Sièges d'Espagne*.

Série des opérations a effectuer. — La marche à suivre dans les levers expéditifs et les méthodes à employer ne diffèrent pas d'ailleurs et ne sauraient différer de celles qui ont été indiquées pour les levers de précision. Seulement, en ce qui concerne les détails surtout, et souvent même pour les opérations fondamentales, il faut se contenter d'instruments plus simples et quelquefois on est obligé d'en improviser.

On a toujours, en effet, à mesurer une base, à exécuter une triangulation et à déterminer des repères en nombre suffisant et convenablement répartis pour former le canevas auquel doivent être rattachés les détails de la planimétrie; enfin on cherche encore à représenter, au moins approximativement, le relief du terrain déduit de nivellements qui, pour être forcément très rapides, ne doivent pas moins comporter des moyens de vérification.

Pour la base, on fait choix, quand on le peut, d'une route centrale peu accidentée, et l'on en mesure les parties rectilignes successives au ruban d'acier, à la chaîne, à la stadia ou même au pas de marche préalablement étalonné entre des bornes kilométriques (¹). Ces mesures sont rapportées immédiatement, quand il y a lieu, sur la planchette dont il va être question, ainsi que les angles des différentes parties, relevés eux-mêmes avec cette planchette.

Une première triangulation peut être effectuée à l'aide d'un cercle géodésique ou mieux encore d'un théodolite qui sert en même temps à exécuter le nivellement des sommets des triangles; cela est même à peu près indispensable lorsqu'il s'agit d'un lever d'ensemble d'une assez grande étendue confié à plusieurs opérateurs, sur les planchettes desquels sont rapportés un nombre convenable de sommets correspondant à autant de signaux naturels : clochers, cheminées d'usines, pignons ou cheminées de maisons, bien reconnaissables, arbres isolés, poteaux télégraphiques, etc.

(¹) A défaut d'une route bien située, on cherche un terrain uni pour y mesurer la base par l'un des moyens indiqués.

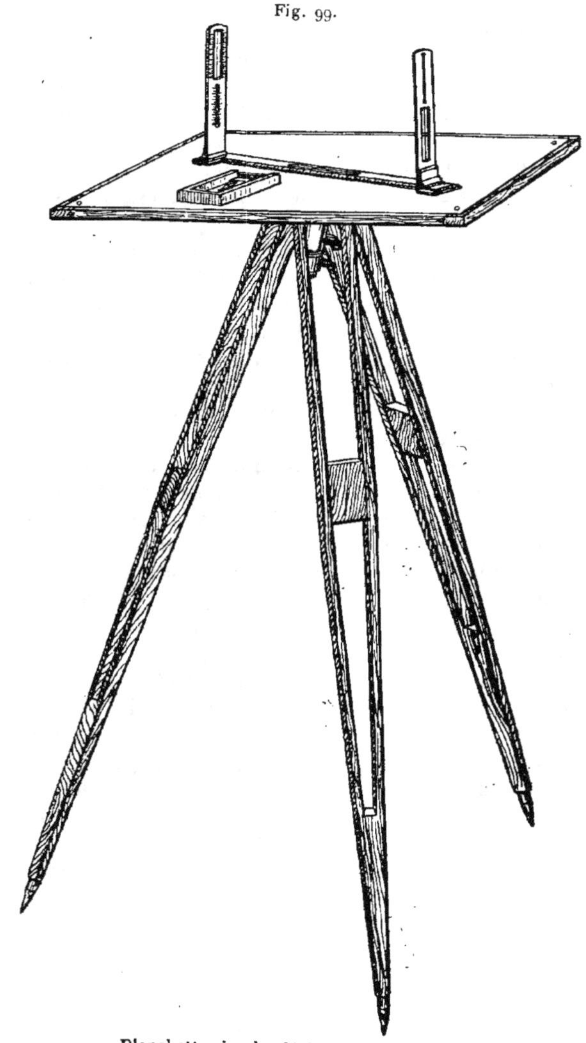

Fig. 99.

Planchette simple, déclinatoire et alidade.

INSTRUMENTS SIMPLIFIÉS POUR LE LEVER DES DÉTAILS. — Avec ces indications (comprenant les cotes de nivellement des points triangulés) ou bien quand le lever ne doit embrasser qu'une faible étendue de terrain, l'opérateur n'a plus besoin d'avoir à sa disposition qu'une planchette bien construite mais encore assez légère, portée par un pied à trois branches sans l'intermédiaire d'articulations compliquées et accompagnée d'une alidade nivellatrice et d'un déclinatoire (*fig.* 99).

Pour faciliter la mise en station de cette planchette, on emploie, en France, soit la calotte sphérique de Bodin, soit un dispositif encore plus simple, également emprunté à l'École d'application de l'Artillerie et du Génie, et représenté *fig.* 100.

On voit sur cette figure une entaille à mi-bois pratiquée au-dessous de la planchette et garnie d'une plaque métallique

Fig. 100.

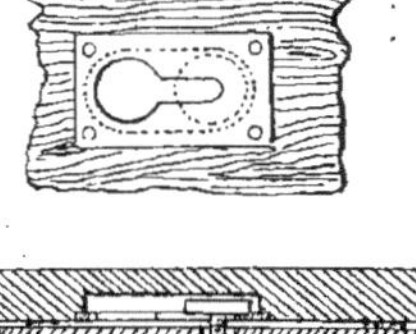

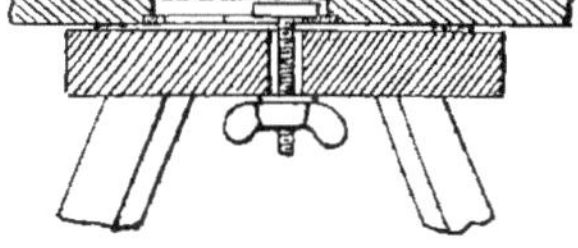

Plateau à coulisse de la planchette.

percée d'une ouverture circulaire prolongée par une rainure dans laquelle on engage la tête d'une vis centrale qui traverse le plateau du trépied. En serrant ou en desserrant un écrou inférieur, la planchette peut être fixée à ce plateau ou devenir libre de tourner. On en profite pour l'orienter au moyen du déclinatoire ou des signaux naturels (procédé Pothenot), après l'avoir calée horizontalement à l'aide du niveau de l'alidade et du déplacement de l'une des trois branches du pied guidé par les indications de ce niveau, convenablement déplacé lui-même sur la planchette dans deux directions rectangulaires.

Soit que le papier qui recouvre la planchette porte des points triangulés et cotés, ou que l'on y ait rapporté la base mesurée avec ses angles, dont les sommets peuvent servir de stations fractionnant cette base, on est en mesure d'opérer une *triangulation graphique* complémentaire ou primordiale. Dans tous les cas, on doit profiter des positions relatives des premiers points déterminés pour en obtenir d'autres au moyen de *triangles bien conformés*, en ne négligeant jamais de se ménager des vérifications.

Quand le nombre des signaux naturels triangulés trigonométriquement ou graphiquement est devenu suffisant, la planchette, on le sait déjà depuis longtemps, est l'instrument qui se prête le mieux à la détermination directe des points que l'on choisit successivement pour y stationner et y rattacher les détails. Cette détermination s'effectue, en effet, facilement par *relèvement* (procédé Pothenot) ou, plus rapidement encore, par la méthode dite de *recoupement* qui suppose la planchette orientée (¹).

Nivellement. — Les divisions tracées sur les branches des pinnules, qui sont habituellement des centièmes de leur intervalle, rendent le nivellement par pente très expéditif et suffisamment exact, quand la distance entre le point visé (dont la cote a été déduite elle-même d'un repère de nivellement supposé existant sur la base ou dans son voisinage ou résultant d'un nivellement trigonométrique) et le point à déterminer n'est pas trop grande (²).

(¹) Quand la planchette est orientée, au moyen d'un déclinatoire sur la sensibilité duquel on peut compter, et que l'on reconnaît bien les signaux naturels qui s'y trouvent rapportés, en dirigeant l'alidade successivement sur deux de ces signaux convenablement espacés angulairement, et en faisant passer sa règle par les points correspondants de la planchette, la rencontre des deux lignes tracées le long de cette règle détermine la station. C'est ce que l'on appelle un *recoupement*.

(²) Nous n'avons pas entrepris de traiter complètement l'histoire des instruments et des méthodes de nivellement ; mais nous n'avons pas moins constaté et nous constatons une fois de plus que leurs progrès sont dus

Le côté de l'alidade le long duquel on trace les directions des points visés, taillé en biseau, est lui-même divisé en millimètres et sert à rapporter les distances sur le plan ou à les y évaluer, fournissant ainsi le second élément du calcul des différences de niveau dont le premier est donné par la lecture de la division de la branche de la pinnule objective.

De même que l'on multiplie, autant qu'on le peut faire sans confusion, les points triangulés rapportés ou obtenus sur la planchette pour faciliter le relèvement des stations qui complètent le canevas, on peut également multiplier ces points de stations pour lever rapidement les détails. L'indépendance avec laquelle on opère par la méthode des relèvements est d'ailleurs telle que ces détails peuvent être tracés sur la planchette, au fur et à mesure que l'on vient s'installer aux différentes stations, sans attendre l'achèvement du canevas, comme on serait obligé de le faire si ce canevas était levé par la méthode des cheminements, les stations ne pouvant être alors considérées comme définitivement déterminées qu'après la

en grande partie à notre corps des Ponts et Chaussées. C'est ainsi que pour relever ou pour tracer les routes en déterminant leurs pentes, Chézy avait

Fig. 101.

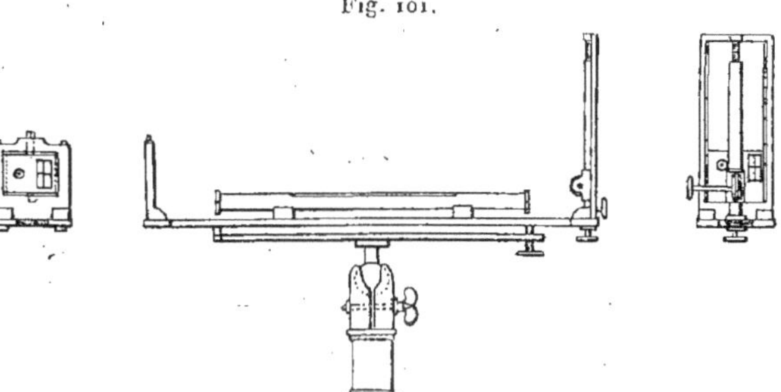

Niveau de pente de Chézy.

imaginé le petit instrument connu sous le nom de *niveau de pente* et qui a été le précurseur et l'inspirateur de l'alidade nivellatrice. Nous donnons ici, simplement à titre de document, la figure du niveau de pente de Chézy (*fig.* 101).

fermeture des polygones et des traverses aux sommets desquels elles se trouvent (¹).

Pour les détails de la planimétrie, on procède aussi comme dans les levers réguliers par rayonnement (orientation et distance du point visé avec l'alidade — coordonnées polaires) ou par la mesure des abscisses et des ordonnées des différents points rapportées à une ligne du canevas (coordonnées rectangulaires supposant l'emploi de l'équerre d'arpenteur), et en choisissant les détails les plus intéressants, lorsqu'on est obligé d'en omettre. Là où ces détails deviennent très nombreux et importants, comme dans les villages, les groupes d'habitations avec des murs et d'autres clôtures, dans les parties boisées, etc., la méthode des cheminements s'impose et il faut la diriger de manière à construire un canevas de polygones fermés. Cela peut encore se faire avec le déclinatoire associé à la planchette et, à la grande rigueur, avec la planchette seule dans les cas où l'on aurait à craindre des actions magnétiques perturbatrices, mais on doit alors éviter de multiplier les stations et recourir plutôt assez souvent à l'équerre d'arpenteur.

Pour le nivellement par courbes, comme avec la planchette on opère toujours en présence du terrain et qu'il est dès lors beaucoup plus facile de se laisser guider par les formes et les lignes caractéristiques énumérées au Paragraphe XXVII, on doit amorcer tout au moins les éléments les plus importants des courbes horizontales et leurs accidents, si l'on n'a pas le temps de les suivre sur toute l'étendue du lever.

ALIDADES NIVELLATRICES PERFECTIONNÉES. — Nous terminerons cet aperçu de la question des levers rapides, en mentionnant deux alidades nivellatrices qui, par le soin apporté à certains détails de leur construction, tendent à accélérer les opérations et à en accroître les précisions.

(¹) C'est cette importante propriété de la planchette, à laquelle faisait allusion le lieutenant-colonel Holdich après le général Walker, quand il rappelait l'usage si avantageux qui a été fait de cet instrument réduit à l'état le plus rudimentaire dans l'Inde et sur la frontière afghane où les levers des détails étaient facilités et garantis par le grand nombre de points triangulés rapportés sur les planchettes.

La *fig.* 102 qui représente l'*alidade nivellatrice* du colonel Goulier et la légende qui l'accompagne en feront immédiatement saisir les avantages.

Fig. 102.

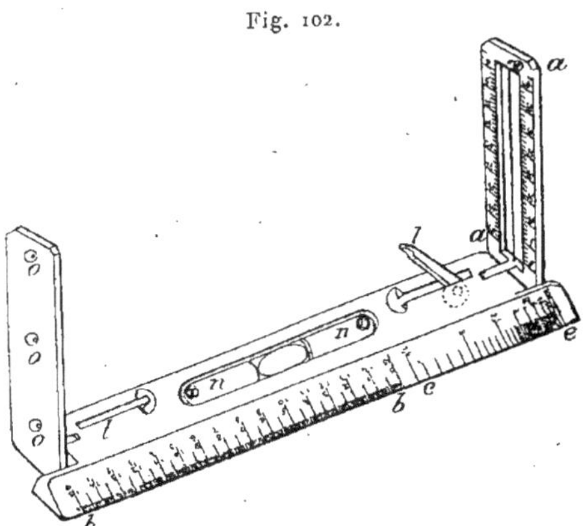

Alidade nivellatrice de Goulier (¹).

LÉGENDE :

ooo, pinnule oculaire à trois œilletons étagés; l'œilleton du milieu est celui dont on se sert le plus souvent, les deux autres n'étant utilisés que pour les fortes inclinaisons dans un sens ou dans l'autre. Dans quelques instruments destinés aux pays de montagnes, les œilletons sont pratiqués dans une lame qui peut coulisser le long du bâti de la pinnule pour permettre d'évaluer les pentes jusqu'à 70 pour 100.
aa, pinnule objective divisée sur ses deux bords intérieurs ;
nn, niveau à bulle d'air ou nivelle ;
l, *l*, petits leviers à came excentrique servant à caler la règle de l'alidade ;
bb, bord de la règle divisée en millimètres ;
c, *c*, autres divisions de la règle pour servir à régler l'espacement des courbes de niveau.

On remarquera notamment les petits leviers de calage qui permettent, dans le nivellement, de s'affranchir d'un défaut d'horizontalité de la planchette.

(¹) Cette alidade peut aussi être employée seule comme niveau de pente ; elle est alors montée sur une règle en cuivre munie d'une vis de réglage et d'une douille qui peut s'engager sur un pied à trois branches.

L'*alidade autoréductrice* du colonel Péigné jouit de propriétés encore plus étendues, car elle peut, le cas échéant,
devenir stadimétrique, c'est-à-dire servir à la mesure directe
des distances, à la condition de lui adjoindre une stadia à deux
voyants fixes (¹).

La *fig.* 103 qui représente cette alidade montre que le tube
du niveau est séparé de la règle à l'une des extrémités de

Fig. 103.

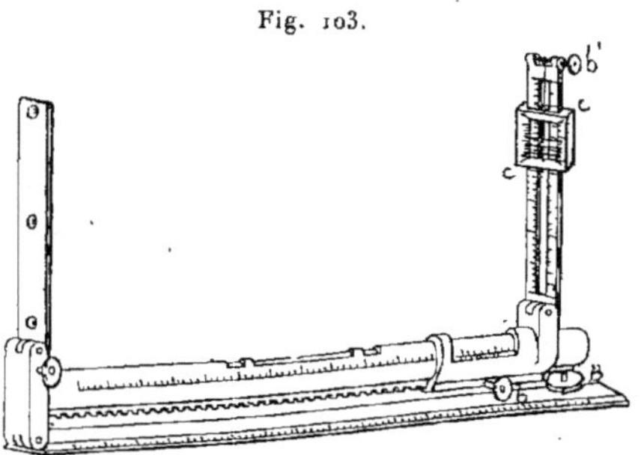

Alidade autoréductrice du colonel Peigné.

laquelle se trouve une vis de correction B, qui joue le même
rôle que les leviers de calage dans l'alidade de Goulier.

Mais, ce qui distingue essentiellement cet instrument de
tous ceux du même genre, c'est la variabilité de la distance
des deux pinnules et l'emploi d'un cadre indicateur *cc* mobile
le long de la pinnule objective. Celle-ci est, à cet effet, montée
sur un tube de métal ajusté sur celui du niveau et pouvant se
rapprocher ou s'éloigner de la pinnule oculaire par le jeu
d'une crémaillère attachée au-dessous du tube de niveau et
d'un pignon muni d'un bouton de manœuvre *b*. Le tube du

(¹) Le colonel Péigné considère que les instruments dont nous nous
occupons dans ce Paragraphe, en y joignant la mire à deux voyants, répondent à tous les besoins de la Topographie régulière et à ceux des reconnaissances, depuis l'échelle de $\frac{1}{1000}$ jusqu'à l'échelle de $\frac{1}{40\,000}$. *Voyez* la
brochure intitulée *La Topographie automatique*, publication de la Réu-
nion des officiers (Paris, librairie Ch. Delagrave; 1881).

niveau est en outre divisé en millimètres à partir de la pinnule oculaire où est le zéro de cette division.

Les deux côtés de la fenêtre de la pinnule objective portent des divisions distinctes; celles du côté droit de la figure sont de $\frac{1}{3}$ de centimètre et chiffrées de 15 à 75, et celles du côté gauche sont moitié moindres et chiffrées de 75 à 150. Les zéros de chacune de ces échelles correspondent horizontalement à l'œilleton moyen de la pinnule oculaire et les graduations croissent dans les deux sens.

Le cadre indicateur est suspendu à un fil vertical qui s'enroule en haut de la pinnule, sur un petit treuil manœuvré par un bouton b', le poids du cadre tend toujours ce fil sans le faire rétrograder; sur les bords verticaux du cadre, taillés en biseaux, sont tracés des verniers au $\frac{1}{10}$ des divisions correspondantes de celles de la pinnule sur chaque côté. Ce même cadre porte trois fils mesureurs horizontaux (destinés à jouer le même rôle que le micromètre oculaire dans une lunette); le plus bas est au niveau du zéro des verniers, celui du milieu à $0^{cm},5$, et le supérieur à 1^{cm} au-dessus du premier. Le fil vertical de suspension qui occupe le milieu de la fenêtre de la pinnule objective et l'un des œilletons de la pinnule oculaire (celui du milieu, en général, et l'un des deux autres dans le cas des grandes inclinaisons vers le haut ou vers le bas) déterminent le plan de visée, et les fils horizontaux doivent être projetés sur les lignes de foi des deux voyants de la stadia dont l'intervalle constant est de 3^{m}.

Il est aisé, après cette description, de comprendre comment on peut, au moyen de l'alidade du colonel Peigné, déterminer à la fois et pour ainsi dire automatiquement, selon l'expression de l'auteur, ou, plus exactement, par autoréduction, la distance d'un point et sa différence de niveau avec la station.

On conçoit, en effet, qu'en faisant avancer ou reculer la pinnule objective jusqu'à ce que, selon l'éloignement du point considéré et en se servant de l'œilleton convenable, les fils extrêmes ou les deux fils inférieurs se projettent sur les lignes de foi des voyants, la distance horizontale et la différence de niveau cherchées peuvent se lire immédiatement sur les graduations de l'instrument.

XXXVIII. — *Levers de reconnaissances et d'itinéraires.*

LA BOUSSOLE REDEVIENT L'INSTRUMENT LE PLUS AVANTAGEUX. — Quoique la planchette, par la facilité avec laquelle elle se prête à la méthode des intersections, à celle des relèvements et à celle des recoupements, convienne particulièrement aux levers expédiés, on peut, dans bien des circonstances, recourir à la boussole pour la remplacer, en suivant à peu près la même marche et en profitant de ce que la boussole, à son tour, se prête mieux que la planchette à la méthode des cheminements. On obtient encore ainsi de bons résultats si l'on n'opère pas à de trop grandes échelles et que les points à déterminer ne soient pas trop éloignés des stations.

La différence essentielle entre la boussole et la planchette, au point de vue de la précision, tient, en effet, à ce que l'aiguille de la première, indépendamment de sa mobilité qui est déjà une cause d'incertitude, est généralement beaucoup plus courte que la règle de l'alidade de la seconde (¹). D'où il résulte que, pour éviter les erreurs, les distances maxima mesurées et réduites, les autres conditions restant les mêmes, doivent être plus courtes quand on se sert de la boussole.

Les reconnaissances topographiques et surtout les levers d'itinéraires s'exécutent généralement à des échelles moindres que celles des levers expédiés et demandent à être exécutés encore plus rapidement, si bien qu'il est souvent impossible de procéder à des opérations fondamentales pour assurer l'exactitude de l'ensemble. C'est même cette absence d'un canevas général précédant le lever des détails qui caractérise, à proprement parler, une reconnaissance. Néanmoins, quand on opère dans un pays dont on possède une carte à petite

---

(¹) C'est pour parer à cet inconvénient que les aiguilles des déclinatoires ordinaires sont plus longues que celles des boussoles à limbes complets et que les précautions dont nous avons parlé à propos des déclinatoires des tachéomètres ont été prises, et c'est aussi pour cela que certains explorateurs ont fait construire des boussoles de grandes dimensions.

échelle, on peut amplifier la partie de cette carte qui correspond au terrain à reconnaître et se procurer ainsi des points qui remplacent le canevas et auxquels on rattache les détails que l'on observe. Mais cette ressource pouvant manquer, on doit toujours être en état de s'en passer, et la méthode qui se présente naturellement est celle des cheminements, que l'on puisse ou non parcourir le terrain en tous sens ([1]).

On procède alors immédiatement au tracé, sur une petite planchette, une feuille de carton portée par une bretelle ou même sur un carnet assez grand que l'on oriente à l'aide d'une boussole de poche, des distances que l'on mesure au pas et l'on détermine ainsi les côtés et les angles d'une sorte de canevas polygonal, avec ou sans fermeture, auquel on rapporte les détails observés, chemin faisant, et ceux dont on évalue les distances par intersections en stationnant aux sommets du polygone ou, plus exactement, du cheminement et en visant de deux stations au moins quelques points bien reconnaissables. On est même assez souvent obligé de se contenter d'une seule visée, et il faut alors *estimer la distance, la forme et les dimensions* d'objets que l'on n'a pas le temps d'aller reconnaître de plus près, tels que maisons isolées ou groupées, massifs d'arbres, accidents de terrain, buttes, monticules, étangs, marais, etc., quelquefois même les routes, les chemins, les cours d'eau dont on n'aperçoit que des tronçons, mais qu'il peut être intéressant de signaler.

Les petites boussoles employées dans les reconnaissances sont le plus souvent munies de clisimètres pour la mesure des pentes, formés, en général, d'un perpendicule qui se meut le long des divisions du limbe de la boussole ramené dans le

---

([1]) Les circonstances dans lesquelles s'effectuent les reconnaissances sont très variées et ceux qui en sont chargés doivent s'être exercés à l'avance et avoir acquis le tact nécessaire pour bien s'acquitter de missions souvent délicates qui demandent un coup d'œil sûr et une grande présence d'esprit. L'Auteur en parle avec connaissance de cause, car, après avoir exécuté des travaux topographiques réguliers et très détaillés à de grandes échelles avec tout le soin qu'ils exigent et toutes les ressources nécessaires, il a eu aussi à faire d'assez nombreuses reconnaissances dans des conditions bien différentes, et c'est même ce qui l'a conduit à chercher des méthodes à la fois rigoureuses et aussi expéditives que possible.

plan vertical du point visé. Le même instrument suffit donc alors pour la planimétrie et pour un nivellement plus ou moins approximatif. On se sert cependant aussi, dans certaines circonstances, de clisimètres séparés ou de petits niveaux assez sensibles, tenus à la main et à la hauteur de l'œil.

Il serait à peu près impossible de décrire les variétés innombrables de ces instruments, et nous nous bornerons à en indiquer ici quelques-uns des plus indispensables pour exécuter les levers de reconnaissances en renvoyant au dernier Paragraphe de ce Chapitre plusieurs de ceux qui sont également en faveur aujourd'hui parmi les officiers, les ingénieurs et les explorateurs, tant en France qu'à l'étranger.

Boussoles de poche. — Nous avons déjà donné (§ VI, p. 71) la figure de l'une de ces boussoles très anciennement en usage, remarquable par l'élégance de sa construction et associée à un cadran solaire à style réglable qu'elle servait à orienter. Les voyageurs la consultaient aussi pour s'orienter eux-mêmes autant que pour déterminer l'heure locale.

Dans les boussoles de poche les plus récentes, il y a lieu de distinguer deux dispositions de l'aiguille aimantée et du limbe sur lequel on fait la lecture de l'orientation de la ligne de visée. La première et la plus fréquente est celle qui est adoptée à peu près exclusivement dans les autres instruments de Topographie que nous avons étudiés, où l'aiguille est indépendante, le limbe qu'elle parcourt étant fixé à la boîte de l'instrument. Dans la seconde, l'aiguille porte le limbe divisé comme la rose des vents des boussoles marines, ou sous la forme d'une couronne également entraînée par le mouvement de l'aiguille ou d'un petit barreau aimanté. La lecture de l'orientation se fait alors latéralement par une ouverture qui correspond à la ligne de visée.

A. Boussoles a limbe entraîné par l'aiguille. *Boussole à prisme.* — Cette dernière disposition est assez généralement adoptée dans les pays du nord de l'Europe et notamment en Angleterre, dans les boussoles de poche désignées sous le nom de *boussole à prisme* (*prismatic compass*) (*fig.* 104), à cause du prisme à réflexion totale qui sert à lire, à l'aide d'une loupe portée par la monture, la graduation du limbe mobile en même temps que l'on voit le point à relever à travers la pinnule opposée.

La boussole à prisme, d'ailleurs, n'est pas seulement employée comme instrument de poche et dans les reconnais-

Fig. 104.

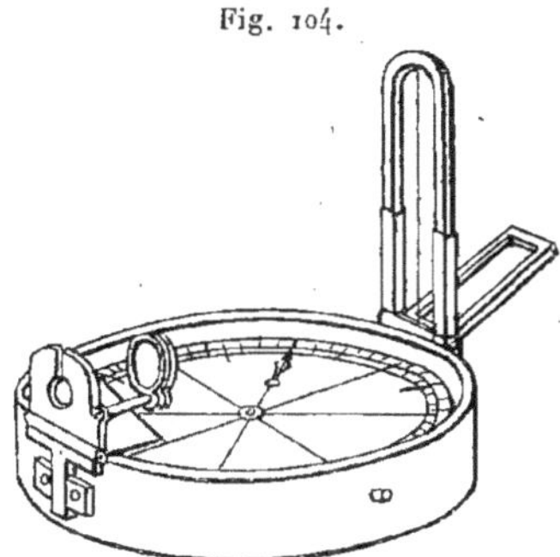

Boussole à prisme.

sances rapides. On en construit d'assez grandes, munies d'un genou à rotule que l'on monte sur un trépied simple, sans vis calantes. Sous cette forme, cet instrument a beaucoup servi aux officiers attachés à la construction des Cartes de l'*Ordnance Survey*, pour le lever des détails, aussi bien que réduit dans ses dimensions, et tenu à la main il sert habituellement dans les reconnaissances (¹).

(¹) On a vu dans les dépositions de l'enquête sur la planchette que, même pour le lever des détails, on avait, en Angleterre, fait un usage constant du théodolite et de la chaîne et que, dans l'Inde, depuis un siècle, on se servait couramment de la planchette simple. Il semblerait, d'après cela, que la boussole ait été négligée chez nos voisins. Cependant, indépendamment de la boussole de mines à alidade centrale dont il a été question un peu plus haut, les ingénieurs et les constructeurs anglais se sont occupés depuis longtemps du perfectionnement de la boussole topographique, comme on peut s'en assurer en consultant l'Ouvrage souvent cité de GEORGE ADAMS : *Geometrical and graphical Essays,* etc., pages 206 à 213, et figures de la planche XV. On y remarque encore la disposition presque générale de l'ali-

La méthode générale est toujours celle des cheminements, mais on emploie encore accessoirement celles des intersections, des relèvements et des recoupements.

Rapporteur rectangulaire. — A l'occasion de la boussole à prisme, nous mentionnerons aussi le rapporteur rectangulaire, également employé par les opérateurs anglais dans le cabinet ou même sur le terrain. Dans ce dernier cas, les angles et les distances mesurées au pas sont rapportés immédiatement sur des feuilles de papier de $0^m,25$ à $0^m,3o$ de côté, posées successivement sur une tablette ou une feuille de carton, ou bien sur un *block-notes* de pareilles dimensions.

Les feuilles de papier portent une série de lignes parallèles très fines qui peuvent ou même qui doivent être *irrégulièrement espacées* à des intervalles variant de 5^{mm} à 10^{mm} ([1]). Ces lignes représentent des directions perpendiculaires à celle du méridien magnétique, de l'Ouest à l'Est par conséquent.

Le rapporteur est un rectangle d'ivoire ou de métal de 16^{cm} et 5^{cm} de côtés environ, dont l'un des longs côtés est une

---

dade centrale à deux pinnules et aussi une boussole carrée avec alidade sur l'un des côtés de la boîte. Mais vers la même époque, ou même un peu antérieurement à la fin du siècle dernier, le célèbre capitaine Kater imaginait l'instrument qui porte son nom et qui n'est autre que le *prismatic compass*, à cela près qu'au lieu d'un prisme à réflexion totale, Kater employait un miroir plan argenté incliné à 45°. *Voyez*, au besoin, dans le *Traité complet du Magnétisme*, par M. BÉCQUEREL (Paris, Firmin-Didot, 1846), le Paragraphe IV du Chapitre II, intitulé *Boussole du capitaine Kater pour relever la position d'un point éloigné*, et la figure correspondante. On sait, en effet, que le capitaine Kater, avant de se faire connaître par ses études sur les télescopes et surtout par ses belles recherches sur le pendule, avait exécuté aux Indes de nombreux travaux trigonométriques et topographiques. La popularité actuelle de la boussole à prisme dans l'armée anglaise et dans les services publics en général est constatée dans de nombreuses publications telles que : *A Treatise on military Surveying*, etc., by lieutenant-colonel BASIL JACKSON, etc. (London, W.-H Allen and C°, 1853); *A Treatise on mathematical instruments*, etc., by J.-F. HEATHER, M. A.; *A rudimentary Treatise on hand and engineering Surveying*, by T. BAKER, C. E. (London, Crosby Lockwood and Son, 1897); le Catalogue illustré des frères Elliott, de Londres, 1898, etc.

([1]) Les détails que nous donnons ici sont empruntés à l'Ouvrage cité plus haut du colonel Jackson, professeur de Topographie au Collège militaire de la Compagnie des Indes, à Addiscombe. Quelques-unes des dispositions indiquées paraissent lui être dues et, dans ce cas, lui font sûrement honneur, car elles sont très ingénieuses et dignes d'être signalées.

échelle de parties égales, les trois autres portant la division angulaire.

Dans les boussoles dont nous nous occupons, la graduation du limbe, inscrite de part et d'autre du diamètre, correspon-

Fig. 1o5.

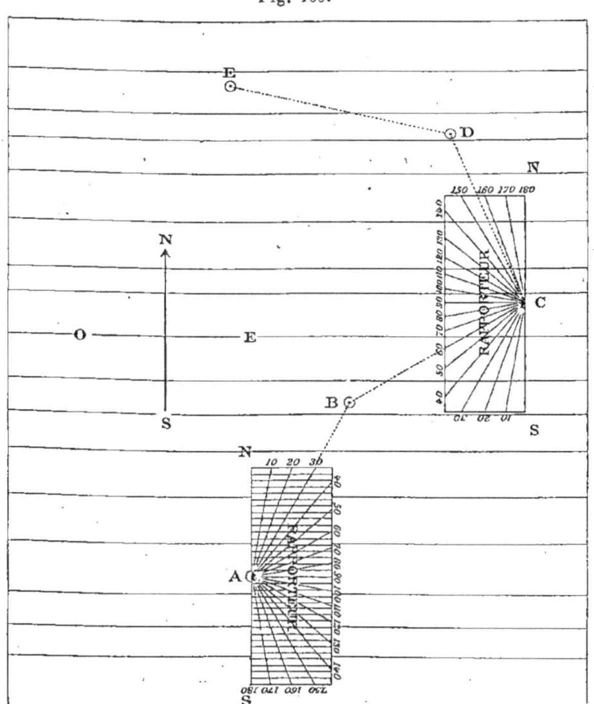

Rapporteur anglais.

dant à la position de l'aiguille ou du barreau aimanté, c'est-à-dire au méridien magnétique, va de 0° à 18o° du Nord au Sud en passant par l'Est, et du Sud au Nord en passant par l'Ouest. Lors donc que l'on observe une direction, il y a lieu,

L.   20

après le nombre de degrés et de minutes, d'ajouter l'indication E ou O.

La figure ci-dessus (*fig.* 1o5), qui représente le rapporteur dans deux positions correspondant à des lectures de 29°E et de 155°3o'O, nous dispensera d'entrer dans d'autres explications. On remarquera seulement d'une part la série des lignes inégalement espacées de la feuille de dessin et de l'autre celle des parallèles aux petits côtés du rapporteur menées par les divisions de l'échelle des parties égales et par conséquent équidistantes, qui servent, par la coïncidence de leurs directions avec celles des lignes de la feuille de dessin, à assurer la perpendicularité des grands côtés du rapporteur qui doivent prendre la direction du méridien magnétique.

Clinomètre ou clisimètre. — Comme la boussole à prisme ne comporte pas d'organe propre à évaluer les angles de pente, on lui adjoint un clisimètre, improvisé au besoin, qui n'est autre chose que l'antique *quarré géométrique*, composé d'un morceau de carton sur lequel est tracé un quart de cercle de o^m,o8 à o^m,1o de rayon divisé en degrés, avec un petit fil à plomb attaché au centre. Les rayons qui forment le cadran sont parallèles à deux des côtés du carré et, pour pointer sur un objet éloigné et mesurer la pente de la ligne de visée, on se sert de deux courtes aiguilles ou de petites pinnules en carton, fixées aux extrémités et près du bord supérieur du carré dont le plan est rendu vertical et sur lequel bat le fil à plomb dont le passage sur le quadrant divisé indique la pente cherchée.

Boussole de Burnier (*fig.* 1o6). — Cet instrument imaginé, il y a une cinquantaine d'années, par le colonel du génie Burnier, de l'armée fédérale suisse, est tout à fait analogue au précédent et s'emploie de même, fixé sur un trépied, à la main et au besoin à cheval. L'aiguille ou le barreau aimanté, au lieu d'un disque, porte une couronne dont les divisions n'ont pas à être redressées en passant devant la loupe d'observation, ce qui a permis de supprimer le prisme. La garniture de laiton qui enveloppe l'organe magnétique a seulement une ouverture fermée par une lame de verre pour éclairer les divisions de la couronne qui passent devant la loupe. Pour mesurer les pentes dans des conditions semblables, le colonel Goulier a ajouté à la boussole Burnier une autre couronne divisée en degrés

Fig. 106.

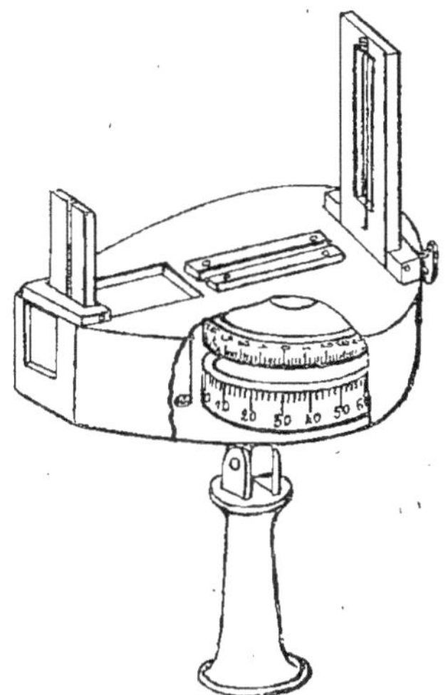

Boussole de Burnier.

de part et d'autre d'un zéro qui vient se présenter devant la loupe quand, la boîte de l'instrument étant renversée dans un plan vertical, la ligne de visée est rendue horizontale. On comprend aisément que ce résultat est obtenu au moyen d'un excès de poids donné à la partie de la couronne correspondant à 90°.

B. Boussoles ordinaires a aiguille indépendante. — Parmi les boussoles de poche à aiguille libre, c'est-à-dire à limbe fixe, qui ont été employées dans les reconnaissances par les officiers français et par les ingénieurs, nous signalerons celles du colonel Hossard, du colonel Leblanc, du colonel Peigné et du commandant Delcroix.

La *boussole du colonel Hossard* (*fig.* 107) est une boussole à boîte carrée de 0ᵐ,08 de côté, dont le couvercle porte à

Fig. 107.

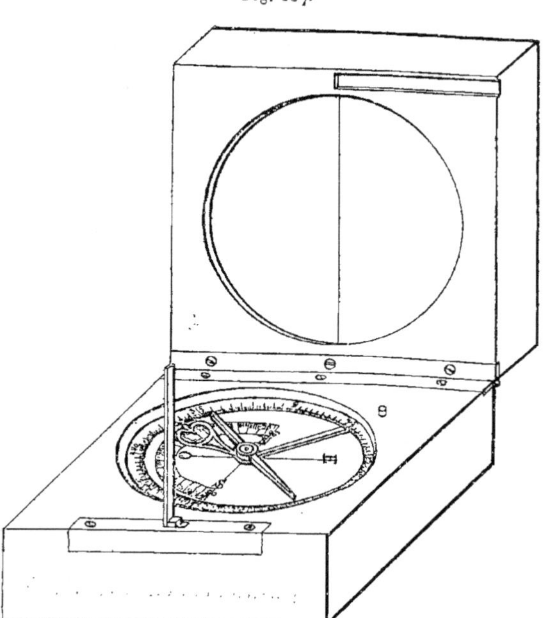

Boussole du colonel Hossard.

l'intérieur une glace étamée de mêmes dimensions que celle qui recouvre l'aiguille et le limbe. Un diamètre perpendiculaire à la charnière est gravé sur cette glace et correspond à une tige plate de laiton que l'on relève du côté opposé de la boîte et dont l'image, projetée sur le diamètre gravé, détermine le plan de visée. Selon les circonstances, l'observateur peut tenir la boîte de la boussole, le miroir en face et la tige ou pinnule près de l'œil, ou bien, inversement, le miroir du côté de l'œil et plus ou moins incliné, de façon à y voir la pinnule par réflexion et projetée sur l'image du point considéré. Sur le fond de la boîte, au-dessous du limbe parcouru par l'aiguille, se trouve une seconde graduation croissant de part et d'autre d'un zéro sur lequel, lorsque le plan de visée est rendu vertical, tombe la pointe d'un perpendicule dont le point de suspension est sur l'axe de rotation de l'aiguille. L'instrument peut donc servir aussi à la mesure des pentes.

La *boussole du colonel Leblanc* (*fig.* 108) est du genre de celles dites *boussoles de géologue,* à boîte ronde en laiton

Fig. 108.

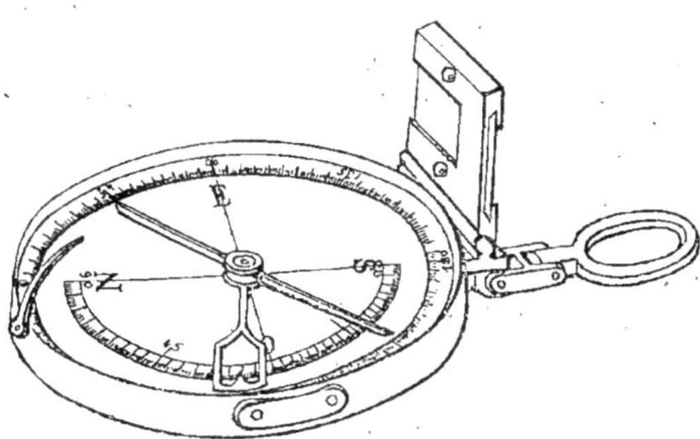

Boussole du colonel Leblanc.

avec un anneau de suspension à articulations doubles et très libres. Un renflement latéral ayant un élément rectiligne parallèle à la ligne N.-S., ou 0°–180° du limbe, permet d'orienter sur une tablette et par un point déterminé une règle, le long du bord de laquelle on peut tracer la direction correspondante. En un mot, on se retrouve ainsi dans les conditions de la boussole carrée et le limbe peut servir de rapporteur.

Comme dans l'instrument précédent, un perpendicule suspendu à l'axe de l'aiguille et une graduation spéciale servent à

mesurer les pentes quand on tient la boussole par son anneau
et dans le plan vertical de l'objet considéré.

Une petite tige de laiton, légèrement recourbée pour épou-
ser la forme circulaire de la boîte et terminée en pointe, et une
plaque, également de laiton, portant deux œilletons que l'on
rabat sur le verre de la boîte au repos, peuvent se redresser
de façon à former une alidade dont le diamètre N.-S. du limbe
est la base. La même plaque de laiton sert de garniture à un
miroir plan que l'on peut utiliser comme niveau à main, d'après
le principe du niveau Burel dont il sera question ci-après.

L'usage des boussoles Hossard et Leblanc est des plus
faciles à saisir, et nous pouvons ajouter, d'après notre propre
expérience, que la simplicité de leur construction ne les empêche pas de rendre d'excellents services.

Le colonel Peigné a fait construire deux modèles de l'instrument qu'il a désigné sous le nom de *boussole alidade,*
l'un de forme carrée, en bois ; l'autre de forme circulaire, en

Fig. 109.

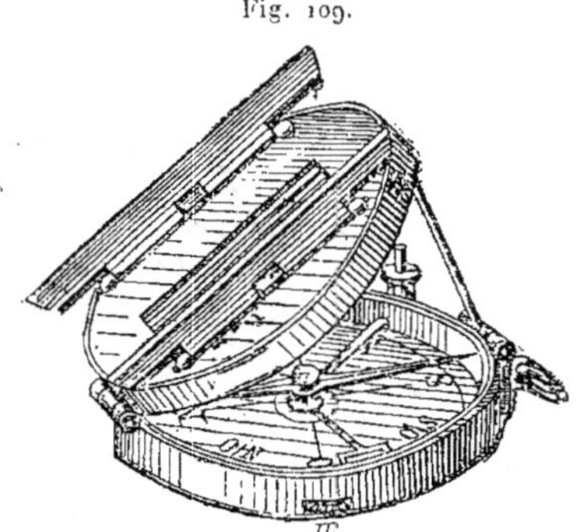

Boussole alidade Peigné.

métal. Les propriétés de ces deux instruments étant d'ailleurs
les mêmes, nous nous bornerons à décrire le second, auquel
l'auteur donne la préférence, surtout dans les pays chauds et
humides, comme le sont beaucoup de nos colonies.

La *fig.* 109 représente la boussole alidade circulaire préparée pour observer. Le couvercle, formé d'une glace étamée
sertie de laiton, au milieu de laquelle est pratiquée une fenêtre
allongée dans la direction perpendiculaire à la charnière, est

Fig. 110.

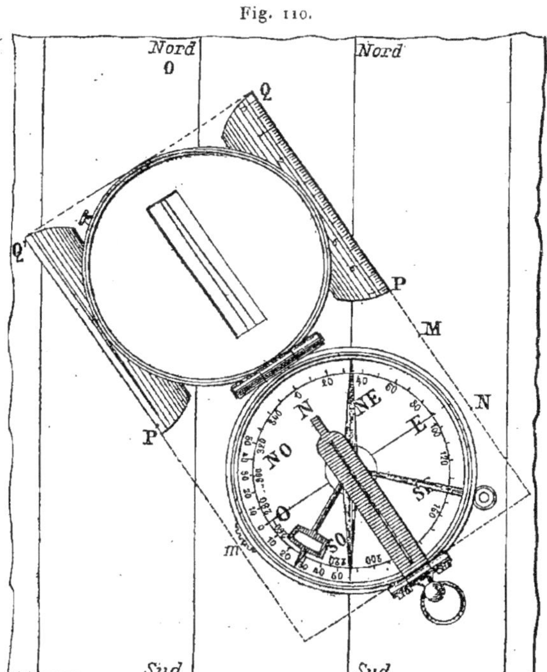

Boussole alidade rabattue.

incliné à 45° sur le plan du limbe et maintenu dans cette
position par une tige également à charnière du côté de l'anneau avec une fente servant de pinnule oculaire.

La visée se fait en plaçant l'œil très près de cette pinnule et
en regardant l'objet à travers la fenêtre du couvercle, le long
de laquelle sont tendus deux fils qui convergent vers le haut

en se rapprochant de l'œil, ce qui les fait paraître parallèles par un effet de perspective. L'objet visé étant maintenu entre les deux fils, l'opérateur voit par réflexion, dans la glace, les oscillations de l'aiguille, les amortit d'abord et les arrête définitivement, en posant légèrement le doigt sur une touche qui traverse un bouton placé à droite de l'anneau, puis en tournant ce bouton, lequel correspond à un levier qui soulève l'aiguille au-dessus de son axe de rotation et l'immobilise.

Les deux petits volets que l'on voit déjà sur la *fig.* 109 se rabattent à droite et à gauche du couvercle que l'on rabat lui-même, après avoir posé la boussole sur la planchette ou le carton à bretelles qui sert à dessiner le plan. Des lignes fixes parallèles et équidistantes représentant des parallèles au méridien magnétique, sont tracées sur la feuille de dessin et servent à guider l'opérateur qui, en y posant la boussole, fait coïncider la direction de l'aiguille avec celle de l'une de ces lignes, pour rapporter l'angle *sans avoir besoin de le lire*. Le rebord PQ de l'un des volets, divisé en millimètres, sert de règle et d'échelle et doit passer par le point qui représente la station.

La boussole alidade, sans être beaucoup plus compliquée que les instruments précédents, réunit, comme on le voit, la plupart de leurs propriétés. Pour le nivellement, on emploie de même un petit perpendicule qui oscille autour de l'axe de l'aiguille aimantée.

Le calcul des différences de niveau s'effectue rapidement à l'aide d'un petit abaque appliqué sur le fond extérieur de la boîte.

Nous pourrions encore signaler un organe, destiné à la mesure des distances sur les cartes, désigné sous le nom de *curvimètre*, logé en *m* (*fig.* 109 et 110), dans l'épaisseur de la boîte et dont le principe bien connu est si simple qu'il ne nous semble pas nécessaire d'y insister.

La boussole alidade a été très avantageusement employée par le colonel Peigné lui-même et par les élèves qu'il a formés à l'École de Saint-Cyr, pour lever des Cartes de la Tunisie et du Tonkin.

La *boussole rapporteur* et la *règle topographique* du commandant Delcroix composent un instrument dont la vue perspective (*fig.* 111) nous permettra d'abréger la description.

On voit tout d'abord que la boussole, qui peut d'ailleurs être

Fig. 111.

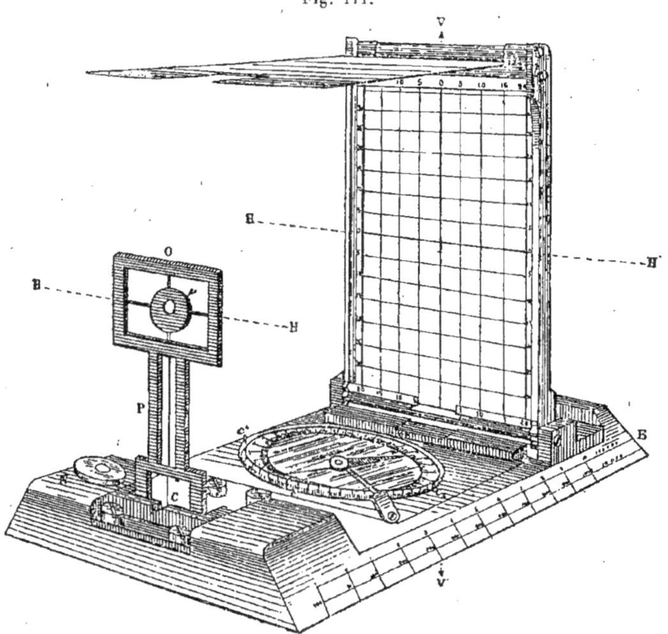

Boussole rapporteur et règle topographique du commandant Delcroix.

employée isolément, est encastrée dans une assez large règle de buis ou d'aluminium avec biseaux divisés sur ses côtés, et l'on conçoit aisément qu'elle peut servir à rapporter les angles observés en suivant la même marche qu'avec la boussole alidade ou la boussole de mines. Pour faciliter la coïncidence de la ligne N.-S. de la boussole et des parallèles à la méridienne

tracées sur la feuille de dessin, l'aiguille aimantée est maintenue entre deux glaces transparentes.

L'instrument peut être posé sur une planchette ou sur tout
support solide, et alors on le cale au moyen d'un petit niveau
sphérique, ou bien tenu à la main, même à cheval. Il y a plusieurs manières de viser selon les circonstances, et les deux
pièces faisant fonctions de pinnules présentent des particularités, dont il est d'ailleurs facile de se rendre compte; la
pinnule oculaire, d'une part, avec un *cran de mire* inférieur et
un œilleton supérieur spécial et, à 100^{mm} ou à 150^{mm} de l'œilleton, de l'autre côté de la boussole, le cadre vertical d'un miroir translucide de verre platiné quadrillé en centièmes de la
distance adoptée (sur la figure les lignes du quadrillage sont
tracées seulement de cinq en cinq), avec deux axes rectangulaires plus apparents, dont le point d'intersection se trouve au
pied de la perpendiculaire menée du centre de l'œilleton sur
le plan du miroir. Un écran, formé d'une feuille mince de laiton noirci relevée horizontalement au haut du cadre du miroir, arrête les rayons lumineux nuisibles aux observations et
sert d'ailleurs à protéger la glace quand on la rabat sur la
règle pour le transport. La pinnule oculaire est également à
charnière et se replie sur la règle, de telle sorte que l'instrument refermé a les dimensions d'un carnet de poche.

Avec l'appareil disposé comme sur la figure et calé horizontalement en face du terrain à étudier, après avoir observé
l'orientation de la ligne médiane de la règle, on peut déterminer les directions et les hauteurs apparentes de tous les points
de ce terrain compris dans le champ de la glace translucide,
à l'aide des lignes du quadrillage. On se procure donc ainsi
les éléments du tracé des directions et ceux du calcul des
différences de niveau, quand les distances des points considérés ont été obtenues. On peut aussi se servir du réseau de ce
quadrillage pour prendre des croquis de vues dessinées sur
un papier quadrillé lui-même, mais à une échelle plus grande,
et les étendre à droite et à gauche en manœuvrant convenablement l'appareil qui devient ainsi un perspectographe.
Nous n'insisterons pas sur cette propriété, dont il est facile
de prévoir les conséquences. Le lecteur les trouverait dé-

taillées dans la Notice publiée par l'auteur, qui transforme, en effet, son instrument en goniomètre, en stadimètre, en télémètre, etc. ([1]).

Signalons encore, toutefois, au sujet de l'instrument installé sur un support fixe, le moyen de vérifier la verticalité du plan du tableau, qui consiste en ce qu'en regardant à travers l'œilleton la position du centre de l'image de cet œilleton lui-même dans le miroir doit coïncider avec le point principal du tableau, à l'intersection de la verticale v et de l'horizontale HH' (*fig.* 111).

Quand on tient l'instrument à la main pour effectuer les mesures ordinaires, on peut encore se servir de l'œilleton et des deux axes rectangulaires et l'on immobilise l'aiguille dont on suit les oscillations comme avec les autres boussoles. C'est ce que l'auteur appelle la *visée normale*. La *visée expédiée*, qui doit être plus rapide que la précédente, s'opère à l'aide du cran de mire du bas de la pinnule oculaire et d'un guidon faisant saillie à l'autre extrémité de la ligne médiane de la règle, derrière le cadre du miroir qui laisse, à cet effet, un jour à sa partie inférieure. Le miroir incliné à 45° et arrêté par des butoirs donne une image de l'aiguille dont on peut suivre les oscillations et obtenir l'immobilisation comme dans la boussole Peigné. Enfin, à cheval, on opère la *visée rapide par réflexion*, comme avec la boussole Hossard, en tournant le miroir du côté du point à relever et en l'inclinant plus ou moins, de façon à amener l'image de ce point en coïnci-dence avec l'intersection des deux axes de la glace, en même temps que celle d'un fil de laiton noirci, tendu au milieu de la pinnule oculaire avec l'axe situé dans le plan vertical. Comme l'instrument est alors pointé à rebours (de même qu'avec la boussole Hossard), la lecture de l'angle devrait être corrigée de 180° ou de 200^{GR}; mais, avec la construction actuelle, il est plus simple de retourner la boussole elle-même de cette quan-tité dans sa monture. On conçoit qu'il faille assez d'habitude

---

([1]) *Notice sur la boussole rapporteur et directrice et la règle topo-graphique de campagne,* par le capitaine DELCROIX, ancien professeur à l'École spéciale militaire (Paris, Henri Charles-Lavauzelle; 1894).

pour utiliser ainsi le miroir platiné qui donne des images souvent très pâles.

La boussole rapporteur et la règle topographique du commandant Delcroix n'ont pas moins été employées avec succès par leur auteur et par ses élèves de l'École de Saint-Cyr et de l'École coloniale à des levers de reconnaissances et d'itinéraires.

APPENDICE.

Instruments et Méthodes à l'usage des explorateurs et utilisables en Topographie.

OBSERVATION PRÉLIMINAIRE. — L'objet essentiel des recherches que nous avons entreprises était, nous l'avons souvent répété, de remonter à l'origine des instruments fondamentaux et des méthodes de la Topographie proprement dite et d'en étudier les progrès jusqu'à l'époque actuelle. Cela explique pourquoi nous ne nous sommes pas occupé de l'histoire d'un grand nombre d'appareils intéressants qui ne se rapportaient pas directement à notre sujet, par exemple ceux qui servent à mesurer les grandes bases, les signaux trigonométriques, les grands théodolites répétiteurs et réitérateurs, les niveaux de haute précision et leurs mires, les télémètres, etc., les instruments de dessin et de calcul, pantographes, planimètres, etc. Nous avions même cru tout d'abord pouvoir nous dispenser (*voyez* le § XVI) d'étudier la généalogie des petits appareils employés dans les levers expéditifs et dans les reconnaissances, qui sont, en général, de simples modifications de ceux que nous avons qualifiés de fondamentaux, à savoir la planchette, la boussole, le graphomètre et le théodolite ordinaire ou ses analogues et ses dérivés. Mais, après avoir mentionné naturellement et nécessairement la méthode si simple et si précieuse des alignements qui fut pendant long-temps à peu près exclusivement celle du Cadastre, nous devions aussi signaler les conditions particulières des levers souterrains et de ceux des pays forestiers, et nous avons été amené ainsi à examiner quelques-unes des modifications qu'il avait fallu faire subir aux instruments fondamentaux et aux méthodes générales elles-mêmes pour les plier à ces conditions.

En avançant dans notre travail, nous n'avons pas tardé non plus à reconnaître qu'il n'était pas possible de négliger l'étude de ces modestes instruments portatifs qui ont rendu, et rendent journellement tant de services précisément au point de vue où nous nous sommes placé nous-même, c'est-à-dire à celui des levers rapides.

Nous n'avons donc pas hésité à élargir notre programme en donnant, dans les Paragraphes XXXVI, XXXVII et XXXVIII, des détails sur les planchettes légères avec alidades nivella-trices et sur les boussoles de poche.

Mais nous n'avons pas encore parlé d'une classe d'instru-ments également très portatifs et très utiles aux militaires, aux ingénieurs et aux topographes, qui sont, pour la plupart, fondés sur un principe commun, celui des lois de la réflexion de la lumière sur des miroirs plans; et que nous avons rejetés dans cet Appendice dans lequel nous voulons insister sur deux appareils de la plus haute utilité pour les explorateurs et qui sont passés aujourd'hui entre les mains de tous ceux qui entreprennent des reconnaissances d'une certaine impor-tance.

Ces deux instruments sont le *sextant* et le *baromètre*.

Le premier seul est un instrument à réflexion et c'est à lui que se rattache l'ensemble de ceux qui compléteront la série des petits appareils que nous venons de décrire. Le baro-mètre destiné au nivellement, dont le principe est si différent, n'a été rapproché du sextant que parce que, comme lui, il convient à la fois aux marins, aux explorateurs et aux topo-graphes.

Si nous avions pu joindre aux deux principaux instruments dont il s'agit le chronomètre et la boussole (¹), cet Appendice aurait compris tout ce qui intéresse la Navigation et la Géographie, mais nous serions sorti du cadre que nous nous étions tracé et nous avons dû nous contenter de ce qui se rapporte à la Topographie expéditive avec laquelle les explorateurs doivent d'ailleurs être familiarisés.

I.

LE SEXTANT EMPLOYÉ A TERRE. — Pendant longtemps les marins et les voyageurs scientifiques n'ont eu pour se guider que le quadrant géométrique, l'astrolabe ou l'anneau astronomique, qui n'en différait pas essentiellement, et la boussole. Les marins, pour évaluer les distances parcourues, y joignirent le loch avec le sablier et les autres les durées de marche de chaque jour, selon leur manière de voyager, à pied, à cheval, à dos de dromadaire, etc., les circonstances locales influant d'ailleurs considérablement sur la vitesse du déplacement et exigeant, par conséquent, une sorte d'étalonnage.

Les progrès de l'Astronomie et de l'horlogerie, aussi bien que ceux de la mécanique de précision en général, ont singulièrement amélioré les conditions dans lesquelles se trouvent désormais les marins et les explorateurs. Depuis la fin du siècle dernier et notamment à dater des célèbres voyages de de Humboldt, la détermination des positions géographiques à l'aide du sextant est devenue de plus en plus précise, et il en est résulté que les itinéraires journaliers, relevés par la méthode dont il vient d'être question, c'est-à-dire avec la boussole et par l'estime des distances parcourues, ont pu être raccordés entre eux, rectifiés au besoin, et fournir les éléments de la carte de pays souvent tout à fait inconnus auparavant.

(¹) La boussole marine et la boussole spécialement construite pour les explorateurs, dont les dimensions sont supérieures à celles des boussoles ordinaires des topographes.

Des Instruments qui ont précédé le Sextant a réflexion. — L'instrument qui a le plus contribué au perfectionnement de la Géographie ou plutôt de la Cartographie expéditive est donc le sextant, et le principe très simple mais très ingénieusement appliqué qui a conduit à sa découverte est précisément celui des lois de la réflexion de la lumière sur les miroirs plans.

Rappelons tout d'abord que les observations les plus fréquentes à faire à terre ou en mer sont celle de la hauteur méridienne du Soleil pour obtenir la latitude du lieu où l'on se trouve et celle de la hauteur extra-méridienne de cet astre pour déterminer l'heure de ce lieu, quand on a déjà la latitude. Avec l'astrolabe ou le quadrant, on visait à l'astre en maintenant le fil à plomb sur la division inférieure du limbe ou en se servant, au besoin, dans le cas de l'astrolabe, de deux pinnules disposées aux extrémités du diamètre horizontal de l'instrument que l'on dirigeait vers l'horizon de la mer. En tenant compte du diamètre apparent de l'astre, de l'effet de la réfraction et de la dépression de l'horizon, quel que fût l'instrument, on obtenait la hauteur cherchée ou son complément, la distance zénithale, assez péniblement en somme, à cause des mouvements inévitables du fil à plomb, de l'instrument lui-même, ou pour mieux dire de l'observateur qui le tenait à la main.

L'invention de l'arbalestrille ou bâton de Jacob avait été très précieuse pour les marins, en ce que, tout primitif que fût l'instrument, il permettait d'observer simultanément l'astre et l'horizon de la mer. Mais la visée directe du Soleil était fatigante et l'on avait cherché différents moyens de l'éviter; ainsi, avec l'astrolabe et le quadrant, on y était parvenu en projetant l'ombre de la pinnule objective sur la pinnule oculaire et l'on agissait de même avec l'anneau astronomique.

L'un des perfectionnements les plus importants date de la fin du xvie siècle et l'instrument correspondant, désigné sous le nom de *quartier anglais*, avait été imaginé et décrit en 1594 par le célèbre marin John Davis qui le qualifiait de *Back staff*. C'est un quadrant habituellement fabriqué avec un bois dur, composé de deux secteurs de rayons inégaux, l'un double ou même triple de l'autre (*fig.* 112) et d'amplitudes inégales, le premier avec un arc de 30° et le second de 60°, portant chacun une pinnule, *a* et *b*, coulissant sur l'arc correspondant; au centre commun des deux arcs se trouve une troisième pinnule *c* (¹).

L'observateur tournant le dos au Soleil et regardant l'horizon de la mer parvenait, en manœuvrant successivement les

Fig. 112.

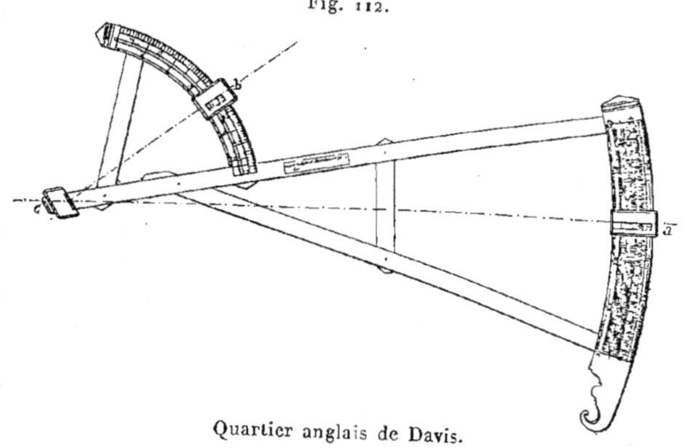

Quartier anglais de Davis.

deux pinnules mobiles, d'une part à projeter les rayons du soleil passant par la pinnule objective sur la fente de la pinnule fixe, et de l'autre à voir par la pinnule oculaire l'horizon de la mer à travers cette fente.

Cet instrument était assurément très ingénieux et continua pendant longtemps à être employé par les marins, mais il avait fini par n'être plus en rapport avec les progrès de l'Astronomie et de la Navigation et les esprits inventifs cherchaient partout à découvrir celui qui devait lui succéder.

Le réflexion de la lumière sur des miroirs plans avait bien

(¹) La figure que nous donnons est celle d'un quartier anglais offert au Conservatoire des Arts et Métiers par M. Heilbronner, antiquaire. L'instrument est signé Robert; il est d'une date postérieure à 1740.

été déjà essayée, à des époques plus ou moins éloignées ([1]), pour faciliter les observations de la hauteur du Soleil, mais c'est seulement à la fin du xvii° siècle et pour mieux dire vers le milieu du xviii° que l'on voit mettre à profit d'une manière tout à fait efficace la combinaison de deux miroirs plans dans le merveilleux instrument désigné d'abord sous le nom de *quadrant* ou d'*octant à réflexion* et qui est devenu le *sextant* ([2]).

On sait que le principe de cet instrument consiste en ce qu'un rayon lumineux réfléchi successivement par deux miroirs plans inclinés l'un sur l'autre est dévié, après la seconde réflexion, d'un angle double de celui des deux miroirs mesuré sur un arc de cercle dont le plan est perpendiculaire à ceux des miroirs. Il suffit donc d'un arc de 45° pour mesurer les distances angulaires jusqu'à 90°; de là même le nom d'*octant* substitué à celui de quadrant.

L'idée d'un *instrument pour prendre les angles par réflexion au moyen duquel l'œil voit en même temps les deux objets quand on fait des observations à la mer* remonte au moins à 1664. On l'a trouvée énoncée dans les œuvres posthumes de Hooke qui fit tant d'inventions utiles, mais qui est aussi connu par ses prétentions à d'autres encore plus importantes, comme l'application du pendule aux horloges et du ressort vibrant aux montres, qui appartiennent sûrement à Huygens. Son instrument à réflexion, qui comportait un seul miroir ([3]) et était inspiré du quartier anglais, n'a d'ailleurs pas été utilisé et il en a été de même de ceux de plusieurs autres savants venus après lui.

([1]) On cite, entre autres, l'*Horoscopium* de Gerbert, au x° siècle, et le *Mésolabe* de Jacques Besson, de Grenoble, au xvi°. Plusieurs savants avaient approché de la solution au xvii° siècle, par exemple, en France, le secrétaire perpétuel de l'Académie des Sciences, Grandjean de Fouchy (*voyez* le *Recueil des machines et inventions approuvées par l'Académie royale des Sciences*, t. VI, p. 79), et Hooke, en Angleterre, cité plus loin dans le texte.

([2]) On peut voir dans le *Traité de la construction des instruments de mathématiques*, de BION (Paris, M D CC XVI), Liv. VII, Chap. II, et plus tard encore jusque dans l'*Encyclopédie*, aux *Instruments de marine*, que le quartier anglais était encore le seul instrument généralement en usage pour observer la hauteur des astres en mer.

([3]) L'arc de cercle employé était déjà un octant sur lequel on aurait évalué la moitié de la hauteur du Soleil.

L.

OCTANT DE NEWTON. — En 1699, Newton donnait le premier la description et le dessin de l'octant avec la combinaison des deux miroirs dans une Note qu'il confiait à Halley et qui ne fut connue qu'après la mort de ce dernier, en 1742. Nous reproduisons ici (*fig*. 113) la figure jointe à la Note écrite de

Fig. 113.

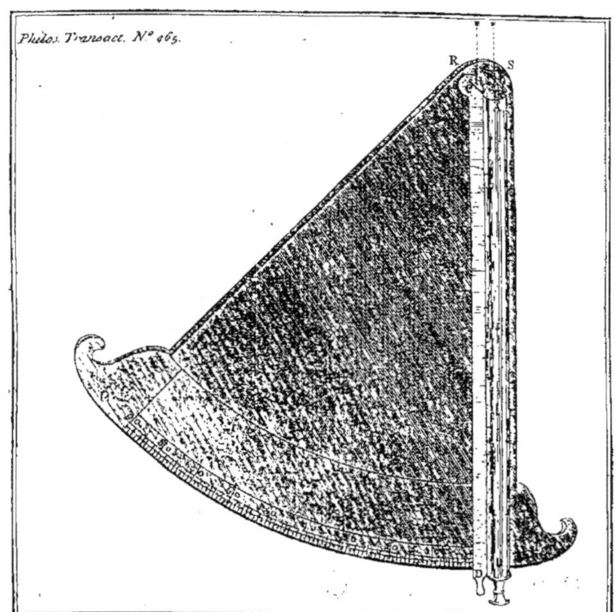

Octant de Newton.

la main de Newton et publiée en même temps qu'elle dans les *Transactions philosophiques* pour 1742 (¹).

(¹) *Philosophical Transactions*, Vol. XLII, for the years 1742 and 1743. *A true copy of paper found in the Hand writing of sir Isaac Newton among the papers of the late D*ʳ *Halley, containing a description of an Instrument for observing the* MOON'S DISTANCE *from the fixt stars at sea*

L'ensemble de l'instrument qui devait être exécuté en métal présente la forme d'un secteur PQRS et l'on voit tout d'abord que l'arc de 45° y est divisé en 90 parties comptées comme des degrés. La lunette AB est fixe le long de l'un des bords du secteur; en avant de l'objectif se trouve un miroir plan G incliné à 45° sur l'axe optique et dont la partie inférieure étamée couvre seulement la moitié de l'objectif de façon à permettre d'observer à la fois les objets situés dans la direction de la lunette et ceux qui, situés dans une autre direction et dans le plan du secteur, envoient des rayons réfléchis successivement sur les deux miroirs.

L'alidade mobile CD porte en son centre de rotation l'autre miroir plan H ou grand miroir parallèle au premier quand l'index de l'alidade correspond au zéro de la graduation de l'arc.

Il est aisé de voir, d'après cette description, que le déplacement de l'alidade pour obtenir le contact ou la superposition des images des deux objets, accusé par l'index le long de l'arc divisé, mesure l'angle cherché.

Octant de Hadley. — Un autre savant anglais, Hadley, à passé pendant longtemps pour l'inventeur de l'octant et son nom est même resté attaché indéfiniment à celui de l'instrument, car on trouve cette tradition consacrée jusque dans des Ouvrages relativement récents (¹) (*Hadley's quadrant, octant, sextant*). La vérité est que Hadley avait présenté en 1731, à

(¹) Cette tradition avait même revêtu un caractère tout à fait solennel; ainsi, dans un discours prononcé, au commencement du siècle, devant la Société Royale, un orateur d'une certaine célébrité, Sir John Pringle, après avoir attribué les progrès de la Science en général à l'auteur de toutes choses, ajoutait : « It is thus that discovery of the compass gave rise to the present art of navigation ; and when this art grew of more importance to mankind, Divine Providence blessed them with the invention of *Hadley's Quadrant.* » (*Geometrical and graphical essays*, etc., by George Adams and William Jones). L'éditeur de cet Ouvrage, 4me édition, 1813, se contente, pour faire l'histoire de la découverte de l'octant, des lignes suivantes : « The first thought originated by the celebrated Dr Hooke, it was completed by sir Isaac Newton and published by Sir Hadley. » On trouve heureusement des détails beaucoup plus circonstanciés dans *History of Astronomy*, by Robert Grant, déjà cité, *Handbuch der Astronomie*, von Dr Rudolf Wolf, professor in Zurich (Zurich, 1893), et dans les documents originaux.

la Société Royale, antérieurement, par conséquent, à la découverte du manuscrit de Newton dont il n'avait pas fait mention, deux dispositions d'un instrument à réflexion, la première semblable à celle qui vient d'être indiquée d'après ce manu-

Fig. 114.

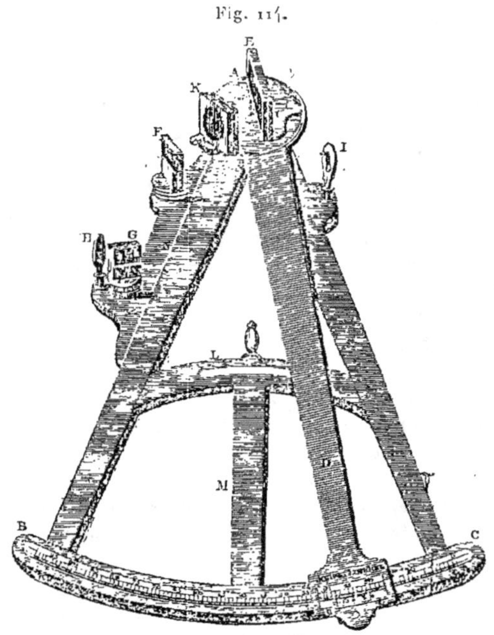

Octant de Hadley.

scrit, et la seconde qui est représentée par la *fig.* 114 empruntée à l'Ouvrage d'Adams complété par Jones (¹).

On remarquera dans cet instrument, dont le bâti ABCLM est en bois dur (la division de l'arc tracée sur ivoire incrusté ou sur

---

(¹) Le Conservatoire des Arts et Métiers possède un exemplaire de cet octant signé précisément d'Adams, tandis que le nom de Jones apparaît sur la figure que nous reproduisons.

une garniture de laiton et les autres parties faites de ce même
métal), deux petits miroirs dont l'un F voisin du grand miroir E
lui est parallèle quand le zéro du vernier de l'alidade D correspond au zéro de l'octant, et l'autre G placé un peu plus loin
est dans une direction rectangulaire par rapport au premier.

La moitié inférieure du miroir F est étamée, sa moitié supérieure est transparente et permet à l'observateur de viser
directement les objets éloignés en plaçant l'œil convenablement derrière l'un des deux œilletons pratiqués dans la lame I
qui peut être remplacée par une lunette; l'image du second
objet est amenée dans la même direction par le déplacement
de l'alidade qui entraîne le grand miroir. Ce mode d'observation est celui qui a été conservé dans les instruments à
réflexion généralement employés.

Le miroir G et l'œilleton H qui en est tout proche servaient
à observer les angles d'objets situés de part et d'autre de la
station, en avant et en arrière, comme lorsqu'on opérait avec
le quartier anglais. Le miroir G était étamé à sa partie inférieure et à sa partie supérieure, mais avec un intervalle transparent qui laissait voir les objets éloignés situés en avant.

Trois verres colorés de teintes différentes représentés en K
pouvaient être employés séparément pour les observations du
Soleil ou de la Lune, ou mis de côté quand on n'observait que
des objets terrestres. Dans le cas où l'on employait l'œilleton H,
le jeu de ces trois verres était transporté en N.

En même temps que Hadley, de 1730 à 1731, un Américain
nommé Godfrey, vitrier de son état mais instruit en Mathématiques et en Astronomie, proposait pour remplacer le quartier
de Davis un quadrant à réflexion à deux miroirs analogue aux
précédents.

La priorité de l'invention de l'octant à deux miroirs n'appartient pas moins incontestablement à Newton, mais en s'abste-
nant de supposer, comme on l'a fait, que Hadley avait pu
avoir connaissance de la Note de son illustre compatriote, il
paraît bien avéré que la même idée est venue à peu près en
même temps à plusieurs personnes; sans qu'il soit nécessaire
d'ailleurs de faire intervenir la Providence, ce ne serait pas la
première fois que de telles coïncidences se seraient produites,

quand un problème s'imposait pour répondre à un besoin
devenu impérieux.

PERFECTIONNEMENTS DE L'OCTANT. — Différents perfectionnements furent bientôt apportés à la construction de l'octant.
Ainsi, en 1757, le capitaine Campbell augmentait l'amplitude
de l'arc et la portait à 60° (d'où le nom de *sextant*), afin de
pouvoir mesurer les angles jusqu'à 120°. Nous donnons

Fig. 115.

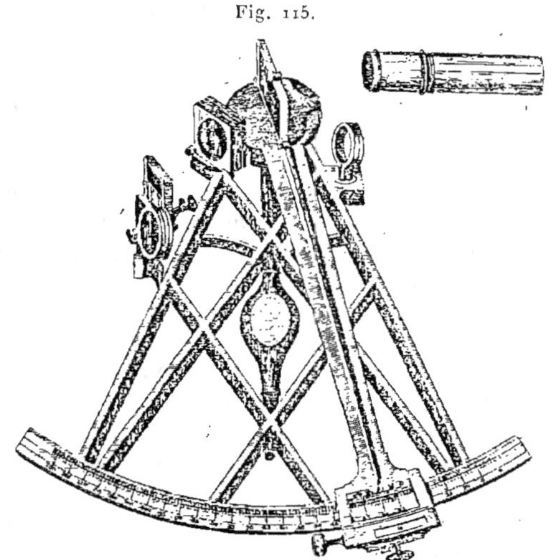

Sextant d'après Campbell par Adams.

(*fig.* 115) la figure du sextant construit par Adams, qui est
le type de ceux qui ont été en usage depuis plus d'un siècle
dans la marine anglaise et que les constructeurs français ont
adoptés sans modifications sensibles ([1]).

([1]) Les collections du Conservatoire des Arts et Métiers contiennent des
spécimens des sextants de Ramsden, de Dollond, de Gambey, etc., qui présentent la plus grande analogie dans leur construction.

En 1767, le célèbre astronome et géomètre allemand Tobie Mayer employait un cercle entier (*fig.* 116) pour éliminer les erreurs de la division par la méthode de la répétition qu'il avait inventée (¹). Mais la position de la lunette et celle du petit miroir qu'il avait adoptées laissaient subsister plusieurs

Fig. 116.

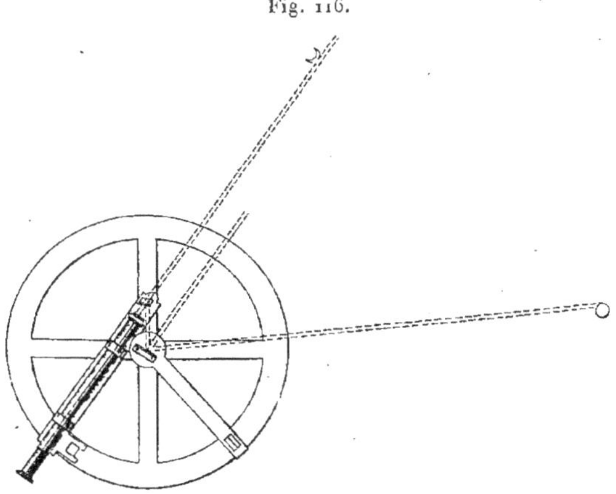

Cercle de réflexion de Tobie Mayer.

des inconvénients du sextant; on ne pouvait, par exemple, observer le second objet après la double réflexion qu'à droite de la direction donnée à la lunette pour viser le premier objet et il fallait rétablir le parallélisme des miroirs, avant de répéter l'observation.

(¹) Nous pourrions insister ici sur les procédés employés par les plus habiles artistes anglais, français et allemands pour tracer les divisions des arcs de cercle et des cercles entiers, citer, comme nous l'avons déjà fait, les noms de Bird, de Ramsden, de Lenoir, de Gambey, de Brunner et de Repsold et décrire en détail la méthode de la répétition et celle de la réitération, qui servent à éliminer les erreurs résidues, mais nous craindrions de trop nous éloigner de notre sujet et nous nous contenterons de rappeler que le principe essentiel de la machine à diviser les cercles a été indiqué par le duc de Chaulnes, à qui l'on doit également le perfectionnement de la construction du microscope et son application aux instruments d'Astronomie.

En reculant la lunette pour dégager le grand miroir et en reportant le petit miroir au voisinage du limbe (*fig.* 117), Borda dota en 1775 le cercle à réflexion de la faculté de per-

Fig. 117.

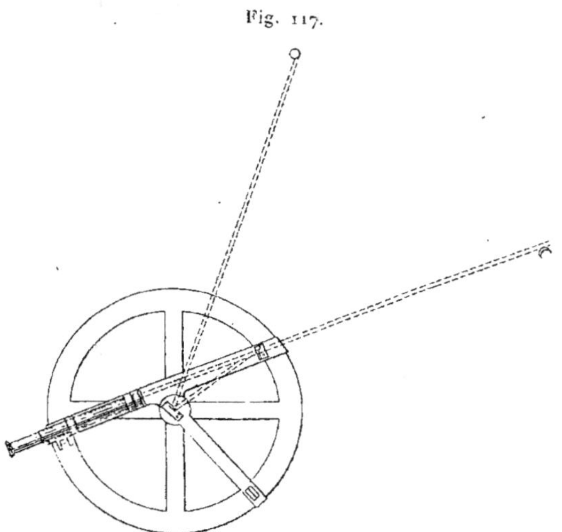

Cercle de réflexion de Borda.

mettre les *observations croisees*, c'est-à-dire d'observer le second objet après la double réflexion alternativement à droite et à gauche de la lunette dirigée sur le premier.

Ce mode d'opérer dispensait de revenir au parallélisme des miroirs et supprimait ainsi une cause d'erreur en même temps que le nombre des observations était diminué de moitié (¹).

Nous nous sommes abstenu de mentionner les variétés

(¹) *Description et usage du cercle de réflexion avec différentes méthodes pour calculer les observations nautiques,* par le Chev. DE BORDA (3ᵐᵉ édition, Firmin-Didot; Paris, 1810), avec Avant-propos de l'édition de 1787, devenue rare.

innombrables de formes données depuis l'origine à l'octant, au sextant et au cercle à réflexion lui-même et nous nous bornerons à citer parmi celles qui se rapportent à ce dernier instrument, qui est le plus parfait, les cercles à prismes d'Amici, de Steinheil, celui de Pistor et Martins à prisme et à miroir avec deux verniers opposés pour corriger l'erreur d'excentricité, enfin celui de Troughton qui porte jusqu'à trois verniers équidistants dans le même but.

Mais ce qui est le plus intéressant pour nous, c'est l'influence qu'a eue le cercle à réflexion de Borda, entre les mains de Beautemps-Beaupré, sur les progrès de l'Hydrographie et en particulier sur ceux de la méthode des levées à l'aide des vues de côtes, ce qui nous décide à donner encore (*fig.* 118 et 119) la figure détaillée de ce cercle d'après l'Ouvrage cité en note ([1]).

Nous aurons l'occasion de revenir par la suite et plus amplement sur les conséquences de cette application à la Topographie d'un instrument très perfectionné, destiné principalement aux observations astronomiques; nous devons d'ailleurs également constater, dès à présent, que les instruments à réflexion, du genre de ceux dont nous venons de parler, ne sont pas seulement utiles aux explorateurs pour la détermination des positions géographiques, puisqu'ils peuvent leur servir à mesurer les angles compris entre les objets terrestres, par conséquent à faire des triangulations et des relèvements, en un mot à réunir les éléments d'un lever topographique ou d'un itinéraire.

On a même construit des sextants spécialement destinés aux topographies et que leur petit volume rend très précieux dans bien des circonstances. Nous retrouverons ces derniers dans un prochain Paragraphe consacré aux instruments de poche dont la plupart sont des instruments à réflexion.

([1]) *Méthodes pour la levée et la construction des cartes et plans hydrographiques,* déjà publiées en 1808 par C.-F. BEAUTEMPS-BEAUPRÉ (Paris, Imprimerie impériale, 1811).

Fig. 118.

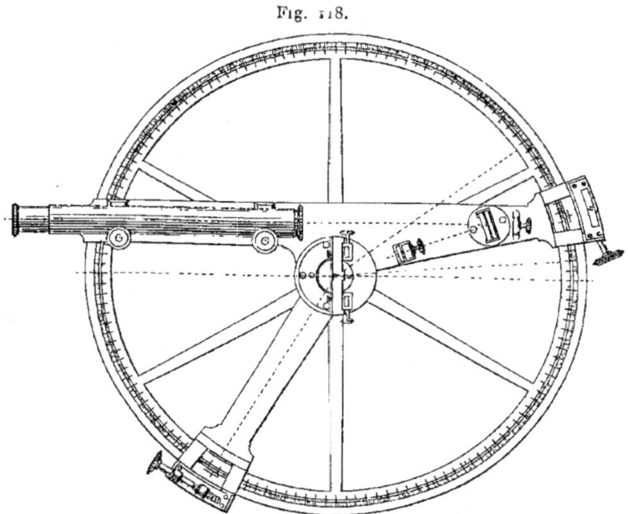

Cercle de réflexion de Borda. (Échelle $\frac{1}{4}$.)

Fig. 119.

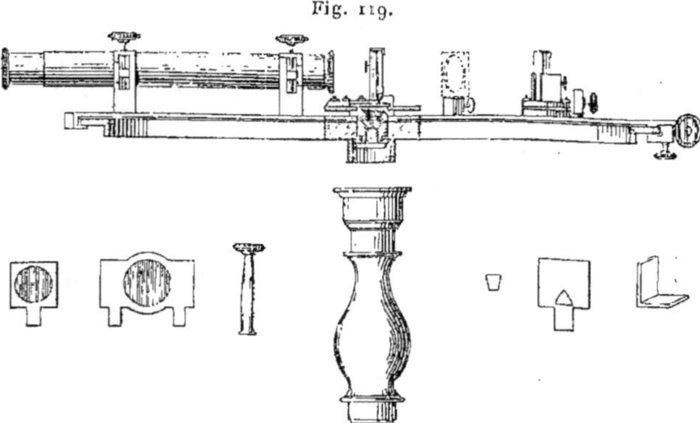

Cercle de réflexion de Borda. (Profil et détails.)

II.

Le Baromètre en général. — On sait que très peu de temps après la découverte du baromètre par Torricelli, en 1643, Pascal, prévoyant que le poids de l'air devait diminuer à mesure que l'on s'élevait dans l'atmosphère, avait fait faire, en septembre 1648, par son beau-frère Périer la célèbre expérience de l'abaissement successif du niveau du mercure dans l'instrument transporté de Clermont-Ferrand au Puy de Dôme.

Dès ce moment, l'idée d'appliquer l'observation de la colonne barométrique à la mesure des hauteurs était née et l'on s'efforça de découvrir la loi du décroissement de la densité de l'air depuis le niveau de la mer jusqu'aux points accessibles des plus hautes montagnes (¹).

Toutefois, aussitôt après son invention, l'observation suivie du baromètre ayant appris que la *pression atmosphérique* variait incessamment et souvent d'une manière très sensible dans un même lieu, enfin que cette variation de la pression n'était pas la même pour deux lieux distants l'un de l'autre, on avait été amené à reconnaître la nécessité d'observer simultanément deux baromètres, l'un au point dont on cherchait la hauteur, et l'autre dans une localité inférieure pas trop éloignée. En partant du niveau de la mer, et en opérant de proche en proche, on pouvait, dès lors, concevoir la possibilité d'arriver à déterminer ainsi les altitudes des hautes montagnes aussi bien que celles des contrées intermédiaires.

Mais il était avant tout nécessaire, comme on vient de le faire remarquer, de savoir comment varie la densité de l'air,

---

(¹) On a contesté la priorité de l'idée suggérée par Pascal, à la vérification de laquelle il attachait une si grande importance, en citant un auteur italien, Claudius Berignardi, selon lequel l'emploi du baromètre pour mesurer les hauteurs aurait été pratiqué au-delà des Alpes, avant l'expérience du Puy de Dôme. Ce qu'il y a de certain, c'est que personne ne conteste la spontanéité et la profondeur du génie de Pascal et que l'expérience de Périer a une authenticité qui semble manquer à l'assertion contraire.

à mesure que l'on s'élève dans l'atmosphère. En partant de la loi de Mariotte, Halley était parvenu, en 1686 (¹), par une méthode géométrique à la fois très simple et très élégante, à la formule suivante qui donne la différence de niveau Z des deux lieux où les hauteurs barométriques H et h ont été observées :

$$Z = k \log\frac{H}{h}.$$

Si, à la suite d'un nivellement direct par stations successives ou par une opération trigonométrique, on connaissait la différence Z pour deux stations correspondantes, il semblait donc que l'on pourrait en conclure une fois pour toutes la valeur du coefficient constant k. Ce coefficient fut, en effet, ainsi déterminé, à plusieurs reprises, notamment en France par Cassini et Maraldi, et au Pérou par Bouguer; mais les résultats étaient loin d'être concordants, et cela tenait premièrement à ce que les nivellements géométriques n'étaient pas eux-mêmes toujours suffisamment exacts et surtout à ce que plusieurs éléments plus ou moins indispensables à faire entrer en ligne de compte, la température des instruments et celle de l'air, ainsi que son état hygrométrique (²) dans les deux stations, l'altitude de la station inférieure et la latitude moyenne

(¹) *Philosophical Transactions*, May 1686. *A Discourse of the Decrease of the Height of the Mercury in the Barometer, according as places are elevated above the surface of the Earth, with an attempt to discover the true Reason of the Rising and Falling of the Mercury, upon the change of weather*, by Edm. Halley.

(²) En Allemagne, depuis Bessel, on a tenu à introduire dans la formule barométrique les indications de l'hygromètre, et celle qui est adoptée avec un nouveau coefficient depuis 1870 est due à Rühlmann. En France, on a continué à éviter cette complication simplement en modifiant le coefficient de dilatation de l'air. D'autres savants allemands, Lindenau, Gauss, Bauernfeind ont également traité et perfectionné les différentes questions qui se rapportent à la détermination des hauteurs au moyen du baromètre. Le lecteur qui voudrait connaître leurs travaux et même l'ensemble des recherches faites dans différents pays par les physiciens, les géomètres, les astronomes, les météorologistes, consulterait avec le plus grand intérêt l'Ouvrage de Bauernfeind intitulé : *Beobachtungen und Untersuchungen über die Genauigkeit barometrischer Höhenmessungen und die Veränderungen der Temperatur und Feuchtigkeit der Atmosphäre* (München, J.-G. Cotta; 1862).

dont dépend l'intensité de la pesanteur étaient négligés dans la formule de Halley.

Deluc, après de nombreuses expériences faites dans les Alpes, avait introduit le facteur relatif à la température de l'air dans les deux stations, qui était le plus important; enfin, un peu plus tard, Laplace abordait le problème et le traitait de la manière la plus complète. Sa formule, encore aujourd'hui la plus répandue, est la suivante (*Annuaire du Bureau des Longitudes* pour 1898) :

$$Z = \begin{cases} \left[18336^{\mathrm{m}} \log \dfrac{H}{h} - 1^{\mathrm{m}},2843\,(T - T') \right] \left[1 + \dfrac{2\,(t + t')}{1000} \right] \\ \left(1 + \dfrac{265}{10^5} \cos 2L + \dfrac{Z + 15926}{6366198} \right) \left(1 + \dfrac{S}{3183099} \right). \end{cases}$$

Dans cette formule, Z étant toujours la différence de niveau ou d'altitude cherchée en mètres, H et h sont les pressions barométriques observées et exprimées en millimètres, T et T' les températures du baromètre à mercure à la station inférieure et à la station supérieure, t et t' les deux températures de l'air aux deux stations, L la latitude moyenne ou simplement celle de la contrée où l'on opère, et S l'altitude de la station supérieure.

Nous n'avons pas à donner la démonstration de cette formule, qui se trouvait déjà dans la première édition de l'*Exposition du Système du Monde;* nous constaterons seulement avec un véritable étonnement, d'après le savant naturaliste Ramond, que Laplace l'avait vainement reproduite en 1799 dans sa seconde édition, sans que l'on eût trop songé à s'en servir, lorsque, à l'occasion de l'ouverture de la route du Simplon, en 1802 ou 1803, le nivellement exécuté avec les instruments perfectionnés de Chézy ayant montré l'accord qui existait entre la hauteur du point culminant de cette route et celle que de Saussure avait trouvée au moyen du baromètre, l'attention avait été ramenée sur une méthode si précieuse, si expéditive.

Le coefficient numérique de $\log \dfrac{H}{h}$, dans la formule provisoirement établie, avait cependant besoin d'être déterminé de nouveau, et ce fut précisément Ramond qui, à la demande de Laplace, entreprit dans les Pyrénées les séries d'observations délicates qui le conduisirent à la valeur de 18393 ramenée à 18336, pour tenir compte de la diminution de l'intensité de la pesanteur dans le sens vertical et de la réduction au niveau de la mer. C'est ce dernier coefficient qui fut adopté dans le Chapitre X de la *Mécanique céleste* et qui continue, comme on vient de le voir plus haut, à être généralement employé.

On pourra se faire une idée des difficultés que présentait cette recherche, ainsi que du soin et de la sagacité admirables avec lesquels opérait Ramond, en se reportant à l'Ouvrage fondamental qui renferme ses quatre grands Mémoires lus à la *Classe des Sciences mathématiques et physiques de l'Institut de France*, de 1804 à 1809, et suivis des conseils qu'il donnait aux observateurs dans ce qu'il appelle modestement une *Instruction élémentaire et pratique* ([1]).

Après Deluc et même après Ramond, d'autres valeurs avaient été proposées pour le coefficient dont il s'agit ([2]) : par Schuckburg en Allemagne, par Trembley et le major général Roy en Angleterre, par Prony, par Biot et Arago ([3]), par d'Aubuisson en France. Des comparaisons de la plupart de ces coefficients, et une discussion approfondie des causes d'erreurs inévitables ont été faites par ce dernier observateur dans un travail soumis à la *Classe des Sciences mathématiques*

([1]) *Mémoires sur la formule barométrique de la Mécanique céleste et les dispositions atmosphériques qui en modifient les propriétés, augmentés d'une instruction élémentaire et pratique destinée à servir de guide dans l'application du baromètre à la mesure des hauteurs,* par L. RAMOND (Imprimerie de Landriot, Clermont-Ferrand; 1811).

([2]) Bouguer avait trouvé pour ce coefficient, dans les Cordillères du Pérou, 1000^{T} moins $\frac{1}{10}$; Tobie Mayer l'avait fixé à 1000^{T} pour l'Europe et cela simplifiait les calculs; mais l'approximation qui en résultait était grossière.

([3]) Biot et Arago avaient déterminé directement la valeur du coefficient constant $k = 18317$ en comparant les poids spécifiques du mercure et de l'air sec à la pression $0^{\mathrm{m}},76$ et à $0°$. En partant des expériences de Regnault et en suivant la même méthode, M. Radau a été conduit à la valeur $k = 18451$.

et physiques de l'Institut en 1810. Sans entrer dans des détails qui ne seraient pas ici à leur place, nous engageons encore le lecteur à parcourir ce document (¹).

(¹) *Mémoire sur la mesure des hauteurs à l'aide du baromètre,* par M. D'AUBUISSON, ingénieur au Corps impérial des Mines, dans le *Journal de Physique,* Cahiers de juin et juillet 1810.

Les nivellements rigoureux étaient rares à l'époque où Ramond et d'Aubuisson se livraient à ces utiles et délicates recherches et, pour contrôler les résultats obtenus à l'aide du baromètre, ils avaient dû recourir à des mesures trigonométriques. Chacun de leur côté, ils avaient eu le mérite d'imaginer des méthodes qu'il convient de signaler ou de rappeler dans cette Notice, car l'une d'elles y a déjà été mentionnée précédemment.

Nous citerons tout d'abord textuellement le passage du premier Mémoire de Ramond qui contient le principe de sa méthode.

« J'ai fait, avec toute l'exactitude que comporte l'emploi de petits instruments, une suite d'opérations trigonométriques pour mesurer deux triangles de 10 000ᵐ à 15 000ᵐ de côté. Ils étaient destinés à déterminer la position d'une couple de montagnes et à vérifier la distance du pic de Montaigu au pic du Midi. Dans le cours de ces opérations, que j'ai exécutées à l'aide d'un petit cercle répétiteur, je me suis procuré *plusieurs bases verticales,* en prenant les angles au zénith de quelques sommets dont je mesurais la hauteur relative, à l'aide du baromètre. Ce procédé est très expéditif et très sûr, parce que, d'une part, *les observations barométriques n'ont jamais plus d'exactitude que lorsqu'elles sont faites de sommets à sommets, même à de très grandes distances horizontales,* et que, de l'autre, les angles au zénith pris à la fois des divers sommets où l'on a porté le baromètre se corrigent respectivement de l'effet de la réfraction et de l'abaissement du niveau. Je recommande cette méthode à ceux qui ont à tracer dans le moindre espace de temps possible la topographie d'un pays de montagnes. L'idée m'en a été suggérée par M. Allent, lieutenant-colonel du génie, et l'essai que j'en ai fait a complètement répondu à notre attente. »

Et en note, l'auteur ajoutait : « Depuis que ceci est écrit, nos bases verticales ont pris beaucoup de faveur.... Au reste, tandis que j'essayais cette méthode, M. de Humboldt l'employait de son côté et bien plus en grand, pour opérer la jonction de Mexico avec le port de la Vera-Cruz, sur une distance de plus de 30 myriamètres. »

Nous avons déjà réclamé pour d'Aubuisson l'idée d'employer une règle unique à la mesure des bases. Voici à quelle occasion il inaugura ou plutôt il rendit plus précis un procédé qui a été pratiqué de tout temps dans les mesures courantes.

Pour comparer les résultats que l'on peut obtenir à l'aide du baromètre avec ceux que donne plus sûrement la Trigonométrie, d'Aubuisson avait choisi le mont Gregorio qui est le pilier occidental de l'entrée de la vallée d'Aoste, terminé par un étroit plateau à 1700ᵐ de hauteur environ au-dessus de la plaine du Piémont. Il avait mesuré une base de 670ᵐ dans cette plaine à 6ᵏᵐ de la cime et effectué une triangulation avec un cercle répétiteur de Lenoir. Sur les alignements de la base, légèrement brisée en trois

. **Baromètre métallique.** — Le baromètre à mercure a été pendant longtemps le seul qui pût être utilisé par les voyageurs comme par les observateurs sédentaires, et, parmi ceux qui ont été construits pour servir à la détermination des hauteurs, les deux plus estimés étaient le baromètre de Fortin et le baromètre de Gay-Lussac. La lecture de la colonne mercurielle peut, en effet, s'y faire avec un vernier au $\frac{1}{10}$ et même au $\frac{1}{20}$ de millimètre correspondant à une approximation de $0^m,50$ pour les hauteurs, et c'est ainsi qu'opérait toujours Ramond.

La fragilité du tube de verre présentait les plus grands inconvénients toutes les fois qu'il fallait transporter le baromètre : aussi a-t-on cherché, à plusieurs reprises, à le remplacer par un tube de fer, en modifiant la manière d'observer. La solution proposée par Conté a été réalisée d'une manière satisfaisante et le Conservatoire des Arts et Métiers possède un des baromètres à poids du célèbre inventeur qui lui a servi, paraît-il, en Égypte, à mesurer très exactement la hauteur de la grande pyramide de Gizeh ([1]).

---

endroits, on avait planté de 5^m en 5^m des piquets hauts de $0^m,2$, $0^m,3$ à $0^m,4$.

« Pour mesurer cette base, dit d'Aubuisson, nous fîmes faire à Turin, par le mécanicien de l'Académie, une grande règle de bois de sapin, ayant $5^m,01$ de long, ses extrémités furent garnies en cuivre et l'on y marqua, avec toute l'exactitude possible, par deux lignes transversales, le commencement et la fin des 5 mètres.

» Le même mécanicien nous fit en outre deux espèces de boîtes de cuivre destinées à recevoir les extrémités de la règle. Elles se plaçaient sur la tête du piquet et s'y fixaient, lorsqu'il était nécessaire, à l'aide d'une vis de pression. On avait tracé sur la partie supérieure une ligne destinée à coïncider avec celle marquée sur l'extrémité de la règle qui posait dessus.

» Lorsqu'on voulut procéder à la mesure de la base, on fixa une boîte sur le piquet n° 1 ; on plaça l'autre sur le n° 2, mais sans l'y arrêter. On posa ensuite la règle de manière que la division 0^m coïncidât parfaitement avec la ligne tracée sur la première boîte et l'on avança la seconde jusqu'à ce qu'il y eût coïncidence entre sa ligne et la division 5^m, alors on serra la vis et la première distance fut mesurée.... »

Il est sans doute inutile d'aller plus loin et l'on reconnaît aisément dans ces quelques lignes toute la méthode attribuée à Porro.

([1]) Beaucoup plus tard, Arago touché des doléances de ses amis, de Humboldt et Boussingault, si souvent privés, pendant leurs voyages, de faire des mesures de hauteurs, par suite de la rupture de leurs baromètres (pendant les dix ans qu'il avait passés dans l'Amérique du Sud, Boussingault avait eu quatorze baromètres cassés et difficiles à remplacer), avait imaginé

Un peu auparavant, Conté, alors qu'il était directeur de l'École aérostatique de Meudon, avait voulu créer pour son service un instrument à la fois portatif et solide et il avait été sur le point de résoudre ce difficile problème du *baromètre entièrement métallique,* d'un très petit volume, devenu aujourd'hui si usuel. Nous donnons, d'après le *Bulletin de la Société philomathique de Paris* du mois de Floréal an VI de la République (avril 1798), la description de ce premier essai d'ailleurs aussitôt abandonné.

« La forme de cet instrument est à peu près celle d'une montre. On en voit le dessin dans la *fig.* 120; ABC est une

Fig. 120.

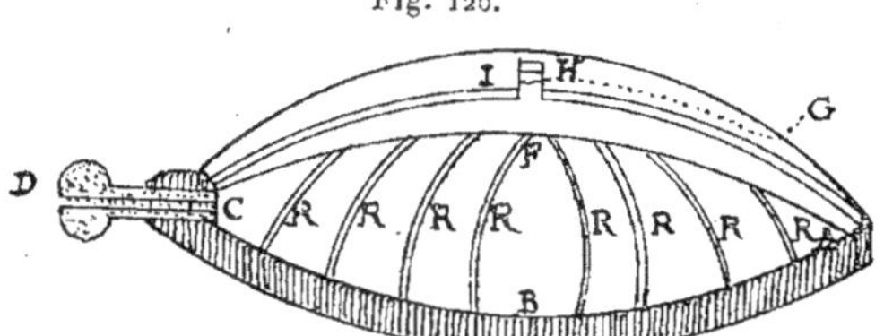

Baromètre métallique de Conté. (Grandeur naturelle.)

calotte très solide de fer ou de cuivre, sur les bords de laquelle

---

de substituer au tube de verre d'une seule pièce un tube de fer forgé sur lequel on vissait, au moment de l'observation, un autre tube de verre de 8^{cm} à 10^{cm} de longueur seulement, renfermé dans un étui. Ces tubes et le mercure contenu dans une fiole en fonte de fer étaient transportés séparément et l'on construisait le baromètre à chaque station. A la vérité, le mercure ne pouvait pas être purgé d'air, mais en plongeant plus ou moins le tube de fer dans le réservoir intérieur, on faisait varier la capacité de la chambre barométrique de 10 à 1 par exemple, et, comme l'effet de la dépression produite par l'air sec sur la colonne est dix fois plus considérable dans la seconde observation que dans la première, la différence des hauteurs divisée par 9 était ce qu'il fallait ajouter à la première pour éliminer l'effet de la présence de l'air. Le célèbre artiste Gambey avait construit plusieurs de ces baromètres, dont un exemplaire fut présenté à l'Académie des Sciences par Arago, en 1844. Cette ingénieuse disposition du baromètre à mercure, très distincte de celle qui avait été adoptée par Conté pour son baromètre à poids, eût, sans aucun doute, rendu beaucoup de services aux voyageurs si l'invention des baromètres métalliques sans mercure n'était venue les soulager des manipulations et des soins qu'exigeait le procédé qui vient d'être décrit.

L.

s'appliquent exactement ceux d'une autre calotte d'acier AFC, mince et flexible. Celle-ci s'appuie contre le fond de la première, au moyen de ressorts R, R. La queue CD renferme un canal qui fait communiquer la capacité ABCF avec l'air extérieur et qui peut être fermé hermétiquement par un bouchon.

» Au-dessus de la calotte AFC est placé un cadran percé en son milieu par un canon HI portant une aiguille HG. Le tout est recouvert d'un verre concave.

» On conçoit que si l'on fait le vide dans l'espace ABCF, la calotte AFC se trouvant chargée de tout le poids de l'atmosphère, rentrera sur elle-même et comprimera les ressorts R qui la soutiennent et elle se relèvera lorsque la pression diminuera. Par un mécanisme très simple placé dans le canon HI, le mouvement de la plaque AFC se communique à l'aiguille HG qui indique, par les arcs qu'elle parcourt, les variations de la pesanteur de l'air.

» Cet instrument, que l'on pourrait porter dans la poche, ne satisfit point le C. Conté qui le trouva trop sensible aux changements de température. »

III.

BAROMÈTRE ANÉROÏDE INVENTÉ PAR VIDIE. — L'idée du baromètre entièrement métallique était donc abandonnée depuis longtemps quand un autre inventeur français, Lucien Vidie, sans avoir eu connaissance des recherches de Conté, s'en avisa à son tour et parvint à la réaliser d'une manière tout à fait satisfaisante (1).

---

(1) Lucien Vidie, né à Nantes en 1805, mort à Paris en 1866, avait été d'abord avocat ; mais, malgré le talent dont il avait fait preuve dans cette profession, son goût pour la Mécanique l'avait décidé à entreprendre un service de bateaux à vapeur sur la Loire et sur la Charente. En étudiant les différents organes de ses machines et en essayant de les perfectionner, il avait été conduit à substituer au manomètre à mercure, si fragile, un manomètre métallique. Ses premiers essais ne lui ayant pas donné satisfaction, sans désespérer d'atteindre le but, car il avait fait breveter cette in-

Il avait donné, au début, à la boîte ou à ce qu'il appelait le vase barométrique la forme d'une sphère aplatie, analogue sans doute à celle de la montre de Conté mais déjà mieux approprié à sa destination, et était arrivé, après bien des tâtonnements, à celle d'un cylindre d'une hauteur de plusieurs centimètres plissé circulairement de haut en bas et parallèlement aux bases qui le faisait ressembler à un soufflet et enfin à la petite boîte toujours cylindrique, à bases circulaires et ondulées du centre à la circonférence mais très réduite en hauteur qui a prévalu.

Cet organe essentiel du baromètre anéroïde est bien connu, et les continuateurs de Vidie, Naudet, Hulot, Breguet, Richard père, etc., tout en variant et perfectionnant les détails du mécanisme qui sert à transmettre à l'aiguille indicatrice du cadran les mouvements dus aux déformations que lui font subir les variations de la pression atmosphérique, l'ont conservé.

---

vention, et en restant dans le même ordre d'idées, il songea à la construction d'un baromètre également fondé sur l'élasticité de lames de métal enveloppant une capacité privée d'air. Après bien des insuccès et des déboires, l'inventeur ayant constaté que ses baromètres *anéroïdes* (sans fluide) marchaient d'accord avec le baromètre à mercure, essaie vainement de les répandre en France et, il faut l'avouer, c'est en Angleterre qu'ils sont tout d'abord appréciés par les marins, puis par les astronomes. L'indifférence ou même la prévention qui existait en France à l'égard de cette si intéressante innovation était telle que dans le même temps où Vidie livrait cinq mille baromètres anéroïdes aux Anglais, c'est à peine s'il lui en était demandé une centaine dans son pays.

A la même époque, deux autres inventeurs, l'ingénieur prussien Schnitz et le célèbre mécanicien Bourdon donnaient une autre forme très ingénieuse, celle d'un tube à section lenticulaire recourbé circulairement, à des appareils dont on pouvait, selon leur construction, faire des manomètres ou des baromètres. Le succès prodigieux des manomètres Bourdon, qui répondaient à ce besoin urgent pressenti par Vidie (sans qu'il eût donné une solution pratique du problème qu'il avait laissé de côté pour réaliser le baromètre anéroïde), faisait évanouir les préjugés qui avaient entravé le succès des baromètres métalliques. Mais Vidie n'en put pas profiter, ses brevets étant près d'expirer; il en résulta une grande irritation de sa part, des accusations de contrefaçon et des procès regrettables qu'il convient d'oublier, aujourd'hui que les deux inventions rendent de si grands services, sans cesser de reconnaître le mérite de Vidie dont le nom, encore méconnu souvent à l'étranger, doit être considéré comme celui de l'un des plus grands bienfaiteurs de l'humanité. Ceux qui voudraient connaître en détail les phases de la découverte de Vidie pourraient consulter l'*Histoire des baromètres et des manomètres anéroïdes et la biographie de Lucien Vidie,* par Auguste LAURANT (E. Dentu, Paris; 1867).

BAROMÈTRE HOLOSTÉRIQUE. — Nous donnons (*fig.* 121 et 122) le plan et l'élévation latérale de l'un des meilleurs modèles désigné sous le nom de *baromètre holostérique* (entièrement solide) par ceux des anciens ouvriers de Vidie qui l'ont établi, MM. Naudet et Cie, dont les successeurs, MM. Hulot et Pertuis, ont continué depuis bien des années à le construire avec une grande perfection et à l'améliorer sans cesse ([1]).

Quand on fait le vide dans la boîte qualifiée de chambre barométrique, il est indispensable, pour maintenir l'écartement

Fig. 121. Fig. 122.

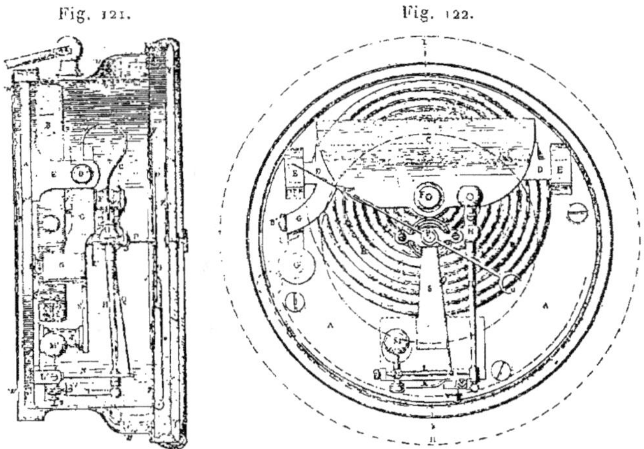

Baromètre holostérique.

des deux fonds flexibles, de recourir à un ressort antagoniste et quand le vide est fait, ce sont les déformations de ce ressort dues aux variations de la pression atmosphérique qui, à l'aide d'un mécanisme approprié, sont transmises à l'aiguille indicatrice.

([1]) *Voyez* le *Rapport fait par M. Le Roux à la Société d'Encouragement pour l'Industrie nationale* sur les baromètres dits *holostériques*, présentés par MM. Naudet et Cie (Pertuis et Hulot, successeurs), le 24 janvier 1866.

La forme et la disposition de ce ressort et du mécanisme sur lequel il agit distinguent les instruments des différents constructeurs (¹).

Dans le baromètre holostérique, le ressort antagoniste est une large lame d'acier repliée en forme de col de cygne dont l'extrémité inférieure est pincée sur toute sa longueur par une traverse en forme de mâchoire terminée des deux côtés par des tourillons engagés dans des coussinets fixés à la plaque de fondation de la boîte.

L'extrémité supérieure du ressort bute contre l'arête d'une goupille carrée portée par une pièce vissée sur le fond supérieur de la chambre dont le fond inférieur est fixé à la plaque de fondation par un contre-écrou situé sur cette plaque.

On conçoit aisément que les mouvements du fond supérieur de la chambre, quand la pression atmosphérique change, se traduisent par des oscillations ou des flexions variables de l'extrémité supérieure du ressort. Nous n'entreprendrons pas de décrire le système de leviers, de bielles et de ressorts représentés sur les figures, qui transmettent et régularisent ces mouvements de façon à faire décrire à l'aiguille sur le cadran des arcs proportionnels aux pressions. Nous ajouterons seulement qu'en vue de l'emploi de cet instrument par les ingénieurs, les voyageurs et les militaires, on a réduit le plus possible ses dimensions tout en étendant l'échelle de ses indications et que l'on est parvenu, en opérant par tâtonnement, à compenser les effets de la température dont, comme nous verrons plus loin, il est très important de se préoccuper.

SIMPLIFICATION DES CALCULS BAROMÉTRIQUES. — Lorsqu'on se sert de baromètres à mercure, l'*Annuaire du Bureau des Longitudes* renferme des Tables construites d'après la formule de Laplace, qui permettent de calculer assez rapidement la différence de niveau de deux stations où l'on a observé les hau-

---

(¹) Plusieurs d'entre eux, et Richard père était de ce nombre, plaçaient le ressort antagoniste à l'intérieur de la boîte (comme l'avait fait Conté). Cette disposition a été conservée par son fils, Jules Richard, qui en fait un usage si ingénieux dans la construction de ses baromètres enregistreurs et d'autres instruments des plus délicats.

teurs barométriques, les températures de l'air, celles des baromètres, la latitude étant connue ainsi que l'altitude de la station inférieure.

Cependant, quand on a de nombreuses opérations à effectuer, par exemple à la suite d'un long voyage, et que l'on ne prétend pas à une grande approximation, on se contente de formules simplifiées parmi lesquelles l'une des plus connues est celle de Babinet :

$$Z = 16\,000^{m}\,\frac{H - h}{H + h}\left[1 + \frac{2(t + t')}{1000}\right]\,(^{1}),$$

que l'on met aussi sous la forme

$$32(500 + t + t')\,\frac{H - h}{H + h}.$$

Depuis l'invention du baromètre anéroïde surtout, la facilité des observations, qui se réduisent à lire la pression sur un cadran comme l'heure sur une montre et celle de la température sur un thermomètre indépendant (²), a permis de multi-

---

(¹) En conservant à peu près complètement la formule de Laplace, après l'avoir mise sous une forme plus commode pour le calcul numérique, M. Radau, chargé de réduire les observations météorologiques d'Antoine d'Abbadie pendant son voyage en Éthiopie, a trouvé le moyen de s'affranchir de l'emploi des Tables de correction IV et V de *l'Annuaire du Bureau des Longitudes*, en en calculant une autre dont le principe est indiqué dans une Note intitulée : *Sur la formule barométrique*, par M. RADAU, dans le *Moniteur scientifique* du Dr QUESNEVILLE, t. VI, année 1861. A la fin de cette Note, M. Radau donne, en outre, des *Tables logarithmiques*, construites sur le principe des Tables de Gauss et pour la plus importante desquelles il a adopté le coefficient 18451 déduit, comme on l'a dit plus haut, des expériences de Regnault : « La formule sur laquelle nous avons basé nos Tables logarithmiques, dit en terminant l'auteur, a été vérifiée expérimentalement par Bauernfeind; il l'a comparée à un grand nombre d'observations faites dans les Alpes bavaroises, en cinq stations dont les hauteurs avaient été déterminées avec soin par un nivellement. »

(²) Un habile artiste anglais, Immisch, construit, depuis une quinzaine d'années, de petits thermomètres métalliques circulaires, de la dimension d'une montre de dame, dont l'organe principal est un tube recourbé de Bourdon rempli d'un liquide convenablement choisi. La température y est indiquée par le déplacement d'une aiguille sur un cadran comme la pression dans le baromètre anéroïde. Nous en possédons un qui nous a été offert par la famille Bourdon en 1885 et qui est aussi exact que le premier jour (1898). Ces excellents inst   ments mériteraient d'être aussi répandus que les baromètres anéroïdes.

plier considérablement leur nombre et il a fallu, par conséquent, s'efforcer de simplifier les calculs.

A la suite d'un voyage en France et en Suisse, dans les
Vosges, dans le Jura et l'Oberland bernois, exécuté en 1868,
au cours duquel nous avions observé plusieurs centaines de
fois un baromètre anéroïde de Richard père, nous avions
construit une Table à double entrée avec les valeurs de H et h
en centimètres, dans laquelle était inscrite, à la rencontre des
colonnes verticales et horizontales *la différence en mètres par
millimètre moyen* correspondant aux deux pressions considérées, la plus grande hauteur à déterminer ne dépassant
pas 1700^m, qui était la limite de celles que nous avions atteintes
pendant notre voyage, enfin la plus haute pression étant supposée de 0^m,780 et la plus basse de 0^m,640.

Nous donnons ici cette Table très commode à employer,
dont les indications peuvent d'ailleurs être utiles dans bien
des circonstances. On l'a construite de la manière suivante,
au moyen des Tables de l'*Annuaire du Bureau des Longitudes* modifiées. Par exemple, la différence en mètres par
millimètre 11^m,74 qui figure à la rencontre de la colonne
horizontale 700 correspondant à la pression H et de la colonne
verticale 660 correspondant à la pression h a été obtenue en
divisant la différence d'altitude trouvée 469^m,67 (d'après les
Tables de l'*Annuaire*) pour l'intervalle barométrique 700-660,
par la différence 40 de ces deux pressions.

Pour se servir de cette Table, il n'y a qu'à opérer inversement, en substituant des nombres ronds de centimètres
aux pressions H et h habituellement exprimées en millimètres.

Soit, par exemple, H = 713^{mm} et h = 647^{mm}, on cherchera
à l'intersection des deux colonnes 710 et 650 où l'on trouvera
le facteur 11^m,75 qui, multiplié par 66, différence de 713 − 647,
donne pour différence d'altitude 775^m,50, avec une erreur qui
dépasse rarement 10^m.

TABLE DONNANT LA DIFFÉRENCE EN MÈTRES PAR MILLIMÈTRE MOYEN EN FONCTION DE LA PRESSION H A LA STATION INFÉRIEURE ET DE LA PRESSION h A LA STATION SUPÉRIEURE.

VALEURS DE II, DE CENTIMÈTRE EN CENTIMÈTRE.	VALEURS DE h, DE CENTIMÈTRE EN CENTIMÈTRE.													
	640	650	660	670	680	690	700	710	720	730	740	750	760	770
780	$11^m,28$	$11^m,20$	$11^m,11$	$11^m,03$	$10^m,95$	$10^m,88$	$10^m,80$	$10^m,72$	$10^m,65$	$10^m,58$	$10^m,51$	$10^m,44$	$10^m,37$	$10^m,30$
770	$11^m,36$	$11^m,27$	$11^m,19$	$11^m,11$	$11^m,03$	$10^m,95$	$10^m,87$	$10^m,80$	$10^m,72$	$10^m,65$	$10^m,58$	$10^m,51$	$10^m,44$	
760	$11^m,43$	$11^m,35$	$11^m,26$	$11^m,18$	$11^m,10$	$11^m,02$	$10^m,94$	$10^m,87$	$10^m,79$	$10^m,72$	$10^m,65$	$10^m,58$		
750	$11^m,51$	$11^m,42$	$11^m,34$	$11^m,26$	$11^m,18$	$11^m,09$	$11^m,02$	$10^m,94$	$10^m,87$	$10^m,79$	$10^m,72$			
740	$11^m,59$	$11^m,50$	$11^m,42$	$11^m,33$	$11^m,25$	$11^m,17$	$11^m,09$	$11^m,01$	$10^m,94$	$10^m,87$				
730	$11^m,67$	$11^m,58$	$11^m,49$	$11^m,41$	$11^m,33$	$11^m,25$	$11^m,17$	$11^m,09$	$11^m,01$					
720	$11^m,75$	$11^m,66$	$11^m,58$	$11^m,49$	$11^m,41$	$11^m,33$	$11^m,24$	$11^m,17$						
710	$11^m,84$	$11^m,75$	$11^m,66$	$11^m,57$	$11^m,49$	$11^m,40$	$11^m,32$							
700	$11^m,92$	$11^m,83$	$11^m,74$	$11^m,66$	$11^m,57$	$11^m,49$								
690	$12^m,01$	$11^m,92$	$11^m,83$	$11^m,74$	$11^m,66$									
680	$12^m,10$	$12^m,01$	$11^m,91$	$11^m,82$										
670	$12^m,19$	$12^m,10$	$12^m,01$											
660	$12^m,28$	$12^m,18$												
650	$12^m,38$													

FORMULES BAROMÉTRIQUES DU COLONEL MANGIN. — Une remarque suggérée par l'examen de cette Table a conduit le colonel du génie Mangin, aussi habile géomètre qu'excellent physicien, pour calculer la différence d'altitude de deux stations, à une formule pratique très expéditive et d'une grande précision, pourvu que l'on reste dans les limites de pression que j'avais adoptées et à d'autres analogues s'appliquant à des zones successives dont les étendues ne dépassent pas 1500^m de différence entre les altitudes.

On reconnaît, en effet, en jetant les yeux sur la Table ci-dessus, que les nombres inscrits dans les différentes cases sont très sensiblement les mêmes sur chaque ligne oblique qui les joint diagonalement. Or, chacune des cases d'une de ces lignes obliques se trouve à l'intersection d'une colonne horizontale H et d'une colonne verticale h pour lesquelles la somme $H + h$ des pressions est la même.

En partant de la formule simplifiée $Z = 18382^m \log \dfrac{H}{h}$, dans laquelle on donne à H une valeur constante, 780 par exemple, puis en considérant la pression h comme une abscisse variable et Z comme l'ordonnée correspondante, la formule représente une courbe dont l'ordonnée est nulle pour $h = H$ et croît jusqu'à l'infini lorsque la pression h diminue jusqu'à zéro. On démontre aisément que cette *courbe des altitudes* est sensiblement un arc de parabole. Il suffit, pour cela, de prendre deux abscisses représentant les hauteurs barométriques pour une couple de stations et deux autres pour une seconde couple telles que leur somme soit égale à celle des deux précédentes, puis de joindre deux à deux les points correspondants de la courbe par des cordes qui satisferont à cette propriété de la parabole, à savoir qu'elles sont parallèles et que leurs milieux sont à très peu près sur une même verticale, c'est-à-dire que les diamètres de la courbe sont parallèles.

On est donc ainsi conduit à substituer à l'équation logarithmique de la courbe des altitudes, celle d'une parabole à axe vertical dont la forme générale $Z = A h^2 + B h + C$ peut être ramenée, par des transformations convenables, à la suivante

$$Z = (H - h)[B + A(H + h)].$$

Le colonel Mangin a déterminé les constantes de cette dernière en se tenant, pour les pressions, entre les limites 780 et 640, et, en simplifiant ces constantes par compensation, il est arrivé à la formule parabolique définitive

$$Z = (H - h)[22^m,63 - 0^m,008(H + h)]\,(^1),$$

à l'aide de laquelle on calcule la différence d'altitude Z des deux stations où ont été observées les hauteurs barométriques H et *h en moins d'une minute et à 2 mètres près*, abstraction faite de la correction due aux températures de l'air dans les deux stations. Nous donnons l'ensemble des formules établies par le colonel Mangin qui, sauf la première, n'ont pas encore été publiées et méritent cependant d'être connues et utilisées :

1° de $\quad 0$ à $1500,\qquad Z = (H - h)[22^m,63 - 0^m,008(H + h)];$

2° de $\;500$ à $2000,\qquad Z = (H - h)[24,00 - 0,009(H + h)];$

3° de 1000 à $2500,\qquad Z = (H - h)[25,29 - 0,01\;(H + h)];$

4° de 1500 à $3000,\qquad Z = (H - h)[27,72 - 0,012(H + h)];$

5° de 2000 à $3500,\qquad Z = (H - h)[29,96 - 0,014(H + h)];$

6° de 2500 à $4000,\qquad Z = (H - h)[30,87 - 0,015(H + h)];$

7° de 3000 à $4500,\qquad Z = (H - h)[33,00 - 0,017(H + h)];$

8° de 3500 à $5000,\qquad Z = (H - h)[35,77 - 0,02\;(H + h)].$

Il ne reste plus qu'à tenir compte de la température de l'air aux deux stations en multipliant, dans chaque circonstance, les résultats par le coefficient $1 + \dfrac{2(t + t')}{1000}$. Cette correction sera toujours extrêmement simple et il paraît inutile

---

(^{1}) Cette formule a été publiée dans les *Comptes rendus des Séances de l'Académie des Sciences*, t. LXXVI, p. 371; 1873.

de donner une Table des valeurs que peut prendre le coefficient en fonction de t et de t'; il varie toutefois depuis 0,940, dans le cas où la moyenne de t et de t' est de 15° au-dessous de zéro jusqu'à 1,12 en supposant que la moyenne $\dfrac{t+t'}{2}$ ne dépasse jamais 30°, de sorte que l'influence de ce coefficient peut aller jusqu'à modifier les résultats de 12 pour 100. D'où la nécessité de ne pas négliger la lecture du thermomètre aux différentes stations ([1]).

IV.

EXPÉRIENCES FAITES AVEC LE BAROMÈTRE ANÉROÏDE. — L'instrument de Vidie avait été assez vite adopté par les marins et tout d'abord, comme nous l'avons dit, par des officiers anglais.

([1]) Dans le cas où le nivellement n'exige pas une exactitude de plus de 5ᵐ, on pourrait se servir de la petite Table suivante, en remarquant que la correction relative à la température de l'air est d'autant d'unités pour 100 qu'il y a de fois 5 dans la somme $(t + t')$.

$t + t'$.	RETRANCHER pour 100.	$t + t'$.	AJOUTER pour 100.	$t + t'$.	AJOUTER pour 100.
— 30°	6	0°	0	+ 35°	7
— 25°	5	+ 5°	1	+ 40°	8
— 20°	4	+ 10°	2	+ 45°	9
— 15°	3	+ 15°	3	+ 50°	10
— 10°	2	+ 20°	4	+ 55°	11
— 5°	1	+ 25°	5	+ 60°	12
0°	0	+ 30°	6	+ 65°	13

Quand on cherche à atteindre la plus grande précision possible et que les deux températures t et t' ont été observées avec soin, il convient d'employer le coefficient $1 + \dfrac{2\,(t + t')}{1000}$ si facile d'ailleurs à calculer. Il est toujours intéressant de savoir que chacune des formules ci-dessus, entre les limites auxquelles elles se rapportent, donne alors des résultats qui ne diffèrent pas de plus de 2ᵐ de ceux que l'on obtiendrait en employant la formule complète de Laplace.

C'est aussi en Angleterre que l'on a cherché de bonne heure à le perfectionner pour l'employer à la mesure des hauteurs. L'amiral Fitz-Roy, qui s'en était occupé pour la prévision du temps, avait également pressenti tout le parti qu'en pourraient tirer les voyageurs, et à son instigation une maison de Londres, Beck et Cie, était parvenue à construire de bons baromètres de montagnes. Mais la maison Naudet et plusieurs autres constructeurs français, Breguet et Richard entre autres, avaient également réussi à étendre l'amplitude de la marche des baromètres anéroïdes aux basses pressions et étaient en mesure, dès l'année 1860 environ, de fournir aux explorateurs, aux ingénieurs, et en particulier, aux géologues qui avaient eu si rarement la bonne fortune de se servir du baromètre à mercure sans accident, des instruments qui leur rendaient les plus grands services. En 1866, d'après le Rapport de M. Le Roux, la maison Naudet seule avait déjà livré 15 000 baromètres de voyage.

Il y a eu, sans aucun doute, de nombreuses expériences faites à cette époque, mais nous nous contenterons de citer celles qui ont été entreprises en 1866 et en 1867, dans les Alpes Maritimes, par le capitaine Wagner, commandant la brigade topographique du Génie, et celles que nous avons faites nous-même au cours d'un voyage effectué en juillet 1868. Dans les deux cas, il s'agissait de se rendre compte du degré d'approximation sur lequel on pouvait compter en employant des baromètres anéroïdes réduits aux dimensions d'une montre de poche et construits par Richard père.

EXPÉRIENCES FAITES PAR LE COMMANDANT DE LA BRIGADE TOPOGRAPHIQUE DU GÉNIE. — La première expérience du capitaine Wagner avait été faite aux environs de Nice; elle comprenait dix stations dont les altitudes, parfaitement déterminées au préalable par un nivellement direct, étaient comprises entre 46^m et 541^m,79; pendant toute sa durée, l'excellent physicien M. Walferdin, de passage à Nice, avait bien voulu se charger d'observer de deux heures en deux heures la température de l'air et la pression donnée par un baromètre anéroïde de 0^m,12 de diamètre.

La température de l'air avait été également observée à chaque station et, pour s'assurer de la régularité de la marche du baromètre-montre en même temps que pour comparer les résultats obtenus à l'aide d'instruments de différentes dimensions, on avait emporté un autre baromètre anéroïde de $0^m,12$.

Toutes réductions faites, on constata que l'écart moyen des altitudes obtenues à l'aide du grand baromètre anéroïde était de 4^m et qu'il était de 6^m pour celles qui étaient obtenues à l'aide du baromètre-montre, le maximum était de $8^m,31$ pour les premières et de 16^m pour les secondes.

Une remarque intéressante avait été faite par le capitaine Wagner, aussi bien pour l'un que pour l'autre instrument, en comparant une à une les erreurs, à savoir que celles-ci étaient généralement négatives pendant l'ascension et devenaient positives pendant la descente, d'où l'observateur concluait que vraisemblablement les baromètres anéroïdes ont besoin d'un certain temps pour prendre leur position d'équilibre et que, par suite, on obtiendrait des résultats encore plus satisfaisants en attendant un peu à chaque station avant de faire les lectures ([1]).

La seconde expérience du capitaine Wagner avait été réalisée avec le même succès pour de bien plus grandes altitudes sur les crêtes des Alpes maritimes; elle avait été faite avec deux baromètres-montres emportés dans les ascensions et dont les indications étaient comparées avec celles d'un baromètre de $0^m,12$ de diamètre laissé dans un village voisin à l'altitude de 550^m et confié à l'instituteur. Les sommets où l'on stationnait avaient leurs altitudes marquées sur la Carte de l'État-major sarde et l'observateur avait laissé aux baromètres transportés le temps de se mettre en équilibre. Voici les résultats auxquels il était parvenu :

([1]) Le capitaine Wagner notait avec soin l'état de l'atmosphère à chaque station, mais dans l'extrait de son carnet qu'il avait eu l'obligeance de nous adresser, en juillet 1867, nous n'avions pas trouvé l'indication des heures de la journée qui, on le sait, est au moins aussi importante à connaître.

	Altitude		
	connue.	déduite.	Différence.
	m	m	m
Col de Braus............	1005	1001	— 4
Pont de Sospel.........	347	354	+ 7
Cime de la Marta.......	2137	2138	+ 1
Baisse de Saint-Véran...	1852	1856	:- 4
Mont des Fourches.....	2079	2063	—16
Moyenne des erreurs...................			6,3

EXPÉRIENCES FAITES EN ROUTE. — Pendant le voyage effectué
en Suisse, dans le Jura et dans les Vosges du 2 au 20 juillet,
au cours duquel nous avons voulu expérimenter aussi le baromètre de poche de Richard, nous n'avions pas cru devoir nous
embarrasser d'un thermomètre, mais nous notions les heures
des observations du baromètre. Plus tard, en nous adressant
aux Observatoires météorologiques de Genève et de Neuchâtel,
considérés comme stations fixes correspondantes, selon la
région, nous obtenions les pressions atmosphériques contem-
poraines de celles indiquées par le baromètre anéroïde avec
les températures de l'air à la station fixe et, après avoir calculé
les Z par la formule parabolique (il y en avait, comme nous
l'avons dit, plusieurs centaines), nous déterminions t' pour
calculer le coefficient $1 + \dfrac{2(t + t')}{1000}$, en augmentant ou en
diminuant de 1° par 175^m de différence de niveau la température t de l'air à la station fixe (¹).

Pour toutes les stations dont l'altitude ne dépassait pas 1000^m
(le baromètre expérimenté n'avait pas été construit pour les
grandes hauteurs), les résultats obtenus après comme avant

(¹) La diminution de la température, à mesure que l'on s'élève dans
l'atmosphère, varie selon les saisons et même selon les régions. Pour
celle des Alpes où nous opérions, il existe deux Tables dressées l'une par
d'Aubuisson en 1818 et l'autre, plus récente, par Plantamour, obtenues
toutes les deux en comparant les observations faites tout le long de l'année
à Genève et à l'hospice du grand Saint-Bernard. D'après la première, la
moyenne des hauteurs correspondant à une diminution de 1° C. est de
183^m en été et de 224^m en hiver et, d'après la seconde, elle est de 174^m en
été et de 211^m,5 en hiver.

l'ascension du Rigi, qui avait soumis l'instrument à une trop forte épreuve, ont été, à peu d'exceptions près, satisfaisants. En comparant, en effet, les altitudes trouvées avec les cotes données par la Carte du général Dufour pour la Suisse ou par la Carte d'État-Major pour la France, les plus grandes différences ont à peine atteint 20^m et la plupart des autres étaient inférieures à 10^m, différences sur lesquelles il y aurait lieu d'imputer l'erreur provenant de ce que la température n'avait pas été observée, mais déduite hypothétiquement, celle de la formule qui peut atteindre 2^m et enfin le défaut d'identité absolue des stations et des points relevés sur la carte dont les cotes ne sont pas non plus rigoureusement exactes.

En un mot, l'expérience, pour imparfaite qu'elle eût été, n'en témoignait pas moins hautement en faveur de l'instrument que nous avions déjà employé avec succès, en automne 1867, au bord de la mer, à la prévision du temps, en nous guidant sur les *Weather glasses in north latitude* de l'amiral Fitz-Roy (¹), comme on peut le voir dans le *Recueil des rapports de la Commission militaire à l'Exposition universelle de 1867*.

Les événements de 1870 et leurs conséquences nous empêchèrent de reprendre ces expériences avec des baromètres construits expressément pour les hautes altitudes.

Cependant en 1871 et 1872, à l'occasion de la délimitation

(¹) *Voyez* à ce sujet, dans le *Barometer Manual-Board of trade*, 1863, compiled by Rear Admiral Fitz-Roy, F. R. S.; *Explanatory of weather glasses in north latitude; How to foretell weather?* Dans cette excellente brochure, l'amiral Fitz-Roy ne s'occupe pas seulement de la prévision du temps, mais aussi de la mesure des hauteurs à l'aide du *baromètre anéroïde* dont il indique nettement toutes les propriétés, en allant au-devant de l'objection que cet instrument avait besoin d'être comparé assez fréquemment au baromètre à mercure, qu'il exigeait des rectifications et pouvait se détériorer avec le temps; mais il ajoutait aussitôt que, *depuis quatorze ans,* il se servait d'un anéroïde qui ne s'était pas altéré sensiblement.

C'est dans cette même brochure qu'il publiait une *Table des différences pour les hauteurs* qui est, en pieds et pouces anglais, celle que l'on a proposé, beaucoup plus tard, d'employer dans les baromètres dits *orométriques*. L'excellent météorologiste était bien en avance sur les compatriotes de Vidie.

de la nouvelle frontière du Nord-Est, et en 1873, pendant un voyage en Allemagne, en Autriche et en Italie, nous avions pu encore constater l'excellence des indications du même baromètre-montre de Richard pour les altitudes inférieures à 1000^m, jusqu'à ce que, par un jour d'orage, à Vérone, et à la suite d'une brusque dépression atmosphérique de près de 0^m,03, le mécanisme éprouva un accident qui mit temporairement l'instrument hors de service.

Enfin, l'année suivante, nous pouvions entreprendre l'étude comparative de quatre baromètres holostériques de Naudet et de trois anéroïdes de Breguet, de dimensions variées mais donnés tous comme ayant été construits pour les hautes altitudes. Nous les avions d'abord suivis pendant plusieurs semaines, trois fois par jour, et comparés à un baromètre Fortin, puis placés deux à deux ou trois à trois sous la cloche d'une machine pneumatique, sous laquelle nous réduisions la pression jusqu'à 550^mm, et nous avions déjà constaté dans leurs indications simultanées des différences assez sensibles pour nous faire craindre des erreurs inacceptables, quand on viendrait à se servir de ces instruments pour des nivellements qui viseraient seulement à la précision que nous avions obtenue avec le baromètre-montre de Richard.

EXPÉDITION BAROMÉTRIQUE AU PUY DE DÔME EN 1874. — Nous résolûmes alors d'entreprendre une expérience décisive en emportant les sept baromètres anéroïdes ou holostériques et un excellent baromètre Fortin de Tonnelot, à Clermont-Ferrand et de là, après les avoir comparés entre eux et au baromètre d'Alvergniat, de la Faculté des Sciences, au sommet du Puy de Dôme, par la Baraque et le col de Ceyssat, en faisant dix stations auprès des bornes de Bourdaloue ou de celles qui venaient d'être placées sur la nouvelle route en construction et nivelées par M. le capitaine Penel, du Service géographique de l'Armée. Le 26 septembre 1874, en compagnie de M. le commandant du Génie (depuis général) Faure et de M. l'ingénieur en chef des Ponts et Chaussées Gautier, nous exécutions ce projet en prenant les précautions les plus minutieuses pour éviter toutes les chances d'erreur et nous procurer les éléments du calcul des différences de niveau ([1]) entre les différentes stations et la tour de Rabanesse, près de Clermont, où se trouvaient les instruments météorologiques de la Faculté des Sciences qui furent observés, baromètre et thermomètre, de trente minutes en trente minutes pendant toute la journée. Le Tableau suivant (p. 354-355) contient les résultats de cette expérience, faite, nous ne saurions assez le répéter, avec le plus grand soin et dans les meilleures conditions atmosphériques possibles ([2]).

Ces résultats étaient loin d'être satisfaisants et démontraient la nécessité de n'employer pour des nivellements en pays de montagnes que des baromètres anéroïdes éprouvés, afin de savoir exactement sur quel degré de précision l'on peut compter. On reconnaît, en effet, dans le cas dont il s'agit, après avoir déterminé les erreurs pour chacun des sept instruments, qu'à peine deux d'entre eux, le n° 7859 de Naudet et le n° 8048 de Breguet, eussent été acceptables.

Nous avions été conduit, en présence de cette constatation peu rassurante, dans une Communication faite à la Société de Géographie en 1881, à suggérer l'idée de profiter de la facilité et de la fréquence des communications entre Clermont et l'Observatoire du Puy de Dôme et des aptitudes de son personnel, pour organiser, en faveur des constructeurs de baromètres anéroïdes destinés à atteindre les altitudes de 1500^m, un service analogue à celui que font les Observatoires astronomiques dans l'intérêt des horlogers qui y apportent des chronomètres pour les faire suivre pendant un temps déterminé. Il est bien entendu que, pour les baromètres, ce serait en les transportant de Clermont au Puy de Dôme et en les rapportant à Clermont que seraient faites les observations aux stations que

---

([1]) Ces calculs étaient effectués avec les Tables de la formule de Laplace de l'*Annuaire du Bureau des Longitudes,* et ensuite à l'aide de la formule parabolique. Les résultats ne différaient jamais de 2^m.

([2]) La journée était très belle; il n'y avait pas le moindre vent, mais une tendance à une dépression du baromètre observée à Rabanesse. Le soir, un peu avant le coucher du soleil, au moment où nous commencions à descendre, nous pûmes assister au spectacle très rare d'un parhélie et d'une parasélène simultanés et très brillants tous les deux. Le dernier phénomène persista pendant plus de deux heures après le coucher du soleil.

L.

Expédition barométrique de Clermont au Puy de Dôme par la Baraque et le col de Ceyssat, le 25 septembre 1874.

NUMÉROS ET NOMS DES STATIONS.	1 CHAMPEADELLE.	2 A 4km DE CLERMONT, borne Bourdaloue angle du chemin de Chamalières.	3 LA BARAQUE, borne Bourdaloue.	4 MÈTRE DU PIED du Puy de Dôme, borne E de l'É. M.	5 COL DE CEYSSAT, borne H de l'É. M. à la montée.	6 NOUVELLE ROUTE au flanc méridional du Puy de Dôme, borne K de l'É. M.
Heure des observations	8h 15m mat.	8h 55m	10h	10h 50m	11h 40m	midi 5m
Thermomètre de Balancasse	+14°,6	+16°,2	+18°,7	+20°,4	+22°,0	+22°,3
Température de l'air	+15°,0	+17°,0	+19°,2	+19°,0	+18°,6	+21°,1
Moyennes des températures des holostériques et des anéroïdes	+16°,7	+17°,5	+19°,8	+19°,6	+21°,9	+21°,9
Altitudes connues	487m,00	580,28	782,82	930,53	1074,71	1171,36
Baromètre Fortin de Tonnelot, 676	481,90	576,05	780,71	928,62	1076,84	1162,22
1. Holostérique 7850 grand module de Naudet	482,61	579,88	786,12	928,91	1077,57	1185,22
2. Holostérique 7962 grand module	487,28	582,05	793,50	948,99	1099,11	1211,24
3. Holostérique 7952 montre	495,46	589,62	792,17	941,47	1095,46	1202,09
4. Holostérique 7859 montre	483,76	572,56	783,69	933,93	1092,92	1191,30
5. Anéroïde 8016 grand module de Breguet	486,11	582,05	795,63	952,75	1104,42	1194,30
6. Anéroïde 8018 moyen	481,91	569,00	791,64	930,16	1081,41	1195,59
7. Anéroïde 8054 montre	494,46	592,72	800,88	948,99	1088,07	1196,89
OBSERVATIONS	Le point choisi à l'ombre de la maison à droite de la route en montant est à une petite distance de la borne Bourdaloue, mais on a tenu compte de la différence de niveau.	Tout auprès de la borne.	Tout auprès de la borne à l'entrée du hameau, à gauche de la route en montant.	Tout auprès de la borne E.	Tout auprès de la borne H.	Tout auprès de la borne K.

NUMÉROS ET NOMS DES STATIONS.	7 NOUVELLE ROUTE, borne X à la montée.	8 NOUVELLE ROUTE, borne S.	9 SOMMET du Puy de Dôme près du signal géodésique t.	10 MÊME POINT de station II.	11 NOUVELLE ROUTE, borne N à la descente.	12 COL DE CEYSSAT, borne H à la descente.	OBSERVATIONS.
Heure des observations	midi 40m	1h soir	1h 25m	3h 45m	5h 43m	6h 15m	L'altitude du point de départ (tour de Rabanesse) est de 388m.
Thermomètre de Balancasse	+22°,9	+24°,0	+24°,5	+21°,3	+16°,8	»	
Température de l'air	+18°,2	+17°,3	+17°,0	+15°,2	+16°,5	+15°,8	
Moyennes des températures des holostériques et des anéroïdes	+23°,7	+23°,4	+22°,3	+20°,0	+17°,7	+17°,3	
Altitudes connues	1275,37	1367,39	1464,42	1464,42	1375,37	1074,71	
Baromètre Fortin de Tonnelot, 676	1290,65	1371,84	1469,05	1455,77	1361,73	1071,92	Comparé au baromètre l'Alvergnat n° 872 de la Faculté des Sciences de Clermont.
1. Holostérique 7850 grand module de Naudet	1284,31	1378,06	1480,58	1478,08	1278,54	1090,09	
2. Holostérique 7962 grand module	1310,62	1411,20	1506,00	1502,07	1317,79	1123,25	
3. Holostérique 7952 montre	1298,77	1405,89	1500,62	1503,40	1304,30	1114,81	Comparés au baromètre anéroïde de la tour de Rabanesse, placé à côté du baromètre Alvergnat 872.
4. Holostérique 7859 montre	1292,21	1386,02	1480,58	1480,53	1272,39	1114,81	
5. Anéroïde 8016 grand module de Breguet	1314,57	1411,20	1512,74	1498,07	1312,86	1087,47	
6. Anéroïde 8018 moyen	1290,89	1386,02	1480,40	1480,53	1295,71	1090,09	
7. Anéroïde 8054 montre	1302,72	1408,55	1515,43	1503,40	1298,16	1112,18	
OBSERVATIONS	Tout auprès de la borne X.	Tout auprès de la borne S.	Le point choisi par Renou peut différer de celui dont il s'agit; mais les altitudes doivent être sensiblement égales.	Même point que la montée.	Même point qu'à la montée.	Même point qu'à la montée. (Observations douteuses, le jour faisant défaut.)	

nous avions choisies ou à d'autres et au besoin plusieurs fois.

L'expérience précitée avait été complétée en observant nos sept baromètres et le baromètre Fortin à Paris avant le départ, à Clermont-Ferrand avant l'ascension du Puy de Dôme, après le retour à Clermont et enfin après le retour à Paris.

A la suite de chaque transport, nous avions reconnu que les états des baromètres anéroïdes s'étaient modifiés, mais que les écarts tendaient à disparaître au bout de quelques jours. Ce fait, prévu d'ailleurs, tient à ce que l'élasticité des lames métalliques de la boîte et du ressort antagoniste ne présente pas un jeu aussi simple que celui du mouvement du mercure dans le baromètre ordinaire, ou pour mieux dire dans l'ancien baromètre où la capillarité seule intervient pour retarder la reprise du niveau du mercure.

Nous n'ignorons pas que la construction des baromètres anéroïdes a encore fait des progrès depuis l'époque à laquelle remontent nos expériences, mais nous avons cru devoir les consigner ici pour tenir toujours les observateurs en garde et les engager à se ménager des moyens de contrôle et de vérification.

COMPENSATION DES BAROMÈTRES ANÉROÏDES. — La simplicité de la forme et de la constitution du baromètre à mercure avait permis de faire entrer dans la formule générale de la différence de niveau entre deux stations, un terme de correction des effets des variations de température de l'instrument qui ne peut plus être conservé quand on emploie des baromètres entièrement solides. La construction de ces derniers comportant des mécanismes dont les organes assez nombreux se dilatent dans des sens différents, paraît même tout d'abord ne pas se prêter aisément à des calculs de correction ou à une compensation suffisamment exacte. Il se trouve cependant que, dans les baromètres holostériques, en particulier, on peut arriver à cette compensation des effets de la dilatation, à ce point que certains instruments n'ont besoin d'aucun artifice pour qu'elle se produise. Toutefois, comme cela n'arrive pas le plus ordinairement, après avoir analysé avec soin ce qui doit se passer dans les différents organes, la boîte barométrique, le ressort antagoniste, la plaque de fondation, les supports-colonnes, chaîne et leviers, les constructeurs ont reconnu qu'il convenait surtout de s'occuper de l'action de la tige principale ou grand levier HH (*fig.* 122) sur le ressort C dont les déformations se transmettent à l'aiguille indicatrice. Cette tige étant en laiton, en appliquant au-dessous d'elle une lame d'acier, c'est-à-dire d'un métal dont la dilatation est très différente, par les changements de température celle-ci en élève ou en abaisse l'extrémité, et l'on est parvenu par ce moyen à une compensation assez exacte.

BAROMÈTRES OROMÉTRIQUES. — Pour épargner aux voyageurs et en particulier aux touristes la peine de faire le moindre calcul ou du moins de réduire ce calcul à une simple soustraction, on a proposé de graver sur les cadrans des baromètres de montagnes une seconde graduation donnant en regard des pressions des nombres exprimés en hectomètres et calculés *pour la saison des voyages*, dans l'hypothèse d'une température moyenne de 20° au niveau de la mer avec une diminution de 1° par chaque 165ᵐ d'altitude (1).

---

(1) *Voyez* les *Comptes rendus de l'Académie des Sciences*, t. LXXVIII, année 1874, 1ᵉʳ semestre, pages 1100 et 1236, et le petit Aide-mémoire intitulé : *Cadrans orométriques pour le nivellement barométrique, applicables surtout aux baromètres de poche et à la saison des voyages d'agrement*, par G.-M. GOULIER (librairie Delagrave, 1874).

On construisait des baromètres orométriques ou altimétriques déjà depuis plusieurs années, en Angleterre, chez Beck, et en Suisse où ceux de Goldschmid avaient une grande réputation; mais les baromètres holostériques de Naudet leur étaient supérieurs et, en leur appliquant des cadrans orométriques, on était sûr du succès. Un auteur allemand, le Dʳ Hœltsche, professeur à l'Institut polytechnique de Vienne, qui avait écrit plusieurs Ouvrages *Sur l'Hypsométrie au moyen des baromètres métalliques* (1870), et *Sur les anéroïdes de Naudet et de Goldschmid, leur construction, leur théorie et leur mode d'emploi* [(1872); Alfred Hœlder, à Vienne (Autriche)], reconnaissait hautement la supériorité des holostériques de Naudet. Ce professeur avait même entrepris de suivre les holostériques et de dresser des Tables de correction que l'opticien J. Feiglster, de Vienne, qui en avait le dépôt (ainsi que celui des baromètres de poche de Beck, construits pour des altitudes atteignant de 4000ᵐ à 6000ᵐ), livrait en même temps que ces instruments très recherchés par les ingénieurs autrichiens pour les études préliminaires des tracés de chemins de fer en pays de montagnes.

Nous ne pouvons nous empêcher, en citant les Ouvrages du Dʳ Hœltsche, de dire que cet auteur, un peu diffus, qui prétendait être très documenté écrivait le nom de Vidie : *Vidi* et le croyait anglais.

Nous donnons (*fig.* 123 et 124) les deux cadrans oromé-

Fig. 123.

triques proposés en 1874 par le colonel Goulier et dont les

Fig. 124.

ndications sont tout à fait analogues, il le reconnaît lui-même, à celui du *mountain barometer* de l'amiral Fitz-Roy et à ceux que l'on employait en Suisse.

Ces instruments destinés aux touristes leur rendent, en effet, des services immédiats très appréciables et, à la fin de la longue dissertation publiée par le colonel Goulier dans l'*Annuaire du Club alpin français de 1879*, intitulée : *Étude sur la précision des nivellements topographiques et barométriques*, on trouve sur un Tableau n° 3, en tête de chaque mois, un coefficient qui est la correction mensuelle à faire subir aux nombres lus sur les baromètres orométriques ou altimétriques pour tenir compte de la différence entre la température supposée et la véritable, et d'autres coefficients bihoraires dont le maximum est assez faible pour pouvoir être négligé.

La conclusion à laquelle arrive l'auteur est que : « Dans les Alpes, on peut *avec assez de sécurité* employer les cadrans orométriques ou altimétriques en toute saison, pourvu que l'on fasse subir à leurs indications les corrections données par les coefficients du Tableau, et que même on peut les employer sans corrections, de la fin de mai au commencement d'octobre, intervalle pendant lequel, *probablement,* les erreurs ne dépasseront pas, *en moyenne,* celles d'un calcul correct. »

Nous estimons, pour notre compte, qu'eu égard à la facilité avec laquelle on peut effectuer les calculs, à l'aide des formules paraboliques données plus haut, dont la première leur suffira le plus souvent, et en tenant compte des températures observées, les topographes, les ingénieurs et les voyageurs scientifiques feront mieux, avec des instruments ordinaires bien vérifiés, de se passer des graduations orographiques souvent fatigantes à lire et laissant subsister nécessairement une erreur qui peut devenir assez forte dans bien des cas. Nous conseillerions plus volontiers aux mêmes opérateurs d'emporter, quand ils le pourront, deux baromètres au lieu d'un, pour avoir un contrôle assuré. Il est sans doute inutile de donner le même conseil aux touristes qui voyagent plusieurs ensemble, munis chacun d'un baromètre.

Un grand nombre d'Ouvrages ont été publiés, dans ces derniers temps, sur la mesure des hauteurs par le baromètre en Allemagne, en Suisse, en Italie, en Amérique notamment, et le sujet est encore loin d'être épuisé, mais nous craignons de lui avoir déjà donné trop de développements à propos des applications du nivellement barométrique aux reconnaissances topographiques, et nous renvoyons le lecteur qui désirerait se renseigner plus complètement sur les principaux travaux étrangers aux Ouvrages dont les titres se trouvent au bas de cette page (¹).

V.

Aucun des instruments dont il va être question et dont nous avons annoncé la destination ne comporte une longue description. Nous allons donc passer rapidement en revue les principaux d'entre eux en en donnant une figure qui suffira le plus souvent à en faire comprendre l'usage. Le dernier de ceux que nous indiquerons a cependant pour nous un très grand intérêt, puisqu'il nous a conduit à renouveler et à étendre une méthode qui, pour être l'une des dernières venues ou plutôt vulgarisées (car elle date de plus d'un siècle aujourd'hui), n'est pas moins digne d'être recommandée à ceux qui peuvent l'ignorer encore et surtout à ceux qui, la connaissant, l'ont

---

(¹) *Beobachtungen und Untersuchungen über die Genauigkeit barometrischer Höhenmessungen und die Veränderungen der Temperatur und Feuchtigkeit der Atmosphäre,* von Dr Carl Maximilian BAUERNFEIND; München, 1862 (déjà cité).

Die barometrischen Höhenmessungen, von Dr RUHLMANN. Leipzig; 1870.

Die Aneroïde, von J. HÖLTSCHE. Wien; 1872 (déjà cité).

Sulla misura delle altezze mediante il barometro, dal professor GROSSI. Milano; 1876.

Die Aneroïde Barometer von Jacob Goldschmid und das barometrische Höhenmessen, von Dr Karl KOPPE. Zurich; 1877.

Die Messung des Feuchtigkeitsgehaltes der Luft, mit besonderer Berücksichtigung des neuen Procenthygrometers mit Justirvorrichtung, von Dr Karl KOPPE. Zurich; 1878.

A new method of measuring heights by means of the barometer, by G.-K. GILBERT. Washington; 1882.

traitée trop dédaigneusement et avec prévention. C'est du moins ce qui semble résulter de l'opinion répandue actuellement à peu près partout à l'étranger où elle a commencé à être mise en pratique depuis une trentaine d'années, comme on le verra au Chapitre IV de cette étude.

SEXTANT DE POCHE. — L'un des plus anciens et des plus complets, sous le rapport des usages que l'on en peut faire, est le *sextant de poche*, qui paraît avoir été construit en

Fig. 125.

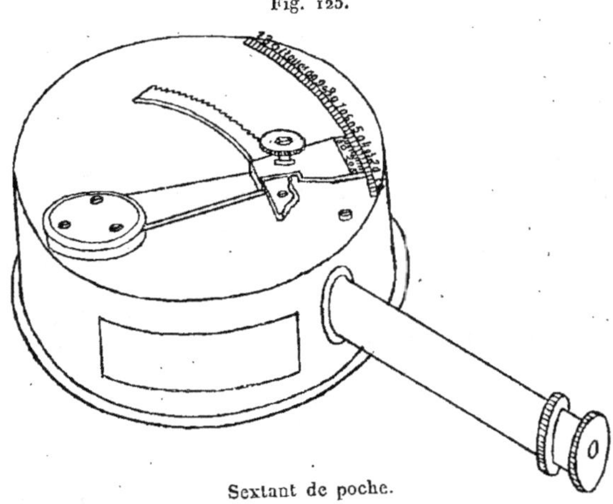

Sextant de poche.

Angleterre peu de temps après le sextant destiné aux marins. Il est décrit en détail dans l'Ouvrage d'Adams continué par Jones (¹), et nous en donnons la figure (*fig.* 125) d'après les planches de cet Ouvrage, en même temps que celle de l'*horizon artificiel* qui lui est joint et qui est nécessaire pour permettre d'observer les hauteurs des astres à terre.

(¹) *Geometrical and graphical essays containing a general description of the mathematical instruments*, etc. London; 1813 (déjà souvent cité antérieurement).

Il suffit d'avoir eu ce précieux petit instrument entre les mains pendant quelques heures pour apprendre à bien s'en servir, à le rectifier au besoin et pour comprendre tout le parti que l'on en peut tirer. Quant à l'horizon artificiel, il en existe plusieurs modèles, l'un avec l'emploi d'un bain de mercure

Fig. 126.

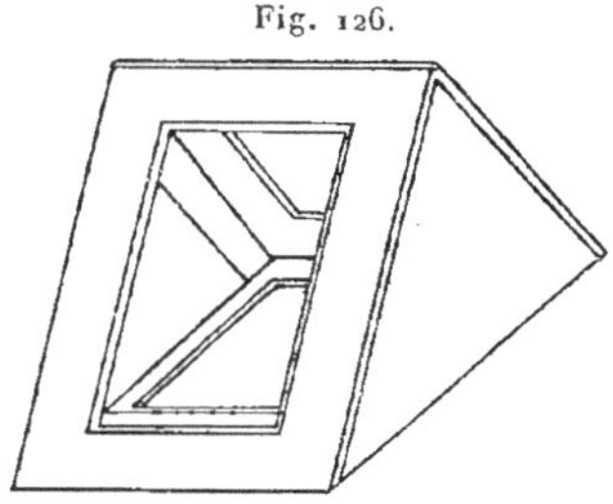

Horizon artificiel.

pour réfléchir la lumière (*fig.* 126) et un autre dont la surface réfléchissante est une plaque d'émail noir portée par trois vis calantes avec un niveau à bulle d'air.

ÉQUERRE A RÉFLEXION (*Optical square* des Anglais). — Cette équerre destinée aux mêmes usages que l'équerre d'arpenteur se compose essentiellement de deux miroirs plans inclinés l'un sur l'autre à 45°, disposés dans une monture métallique munie de fenêtres convenablement placées et qui se termine par une poignée. Ce système fonctionne à la manière des deux miroirs du sextant, avec cette condition que l'angle restant fixe, le rayon direct et le rayon réfléchi deux fois successivement forment toujours le même angle double de celui des miroirs et par conséquent un angle droit. Il a été imaginé pendant la seconde moitié du siècle dernier par Adams, père de l'auteur de l'Ouvrage cité, auquel nous empruntons la figure élémentaire qui montre en plan la disposition des deux miroirs (*fig.* 127). Il y a d'ailleurs plusieurs sortes de montures en usage et l'une des plus simples que l'on puisse adopter est celle de la *fig.* 128 (p. 364). L'avantage essentiel de l'équerre à réflexion est celui dont jouit le sex-

Fig. 127.

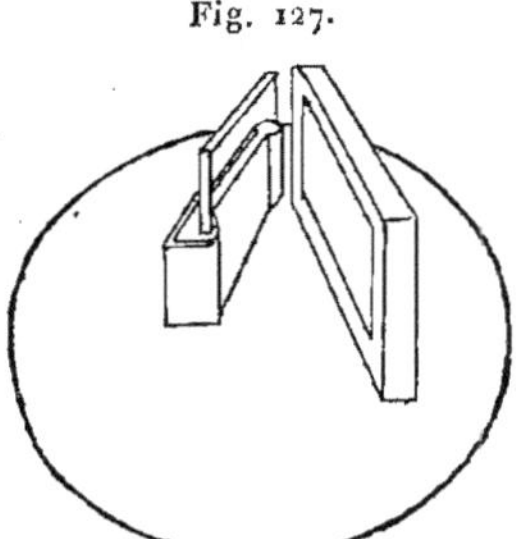

Équerre à réflexion d'Adams.

tant, c'est-à-dire de pouvoir être employé à la main avec
autant de précision que s'il était installé sur un pied.

Équerre d'alignement. — De même qu'avec l'équerre d'arpenteur ordinaire, on peut, sur la direction qui joint la station
à un point donné et signalé par un jalon, élever des perpendiculaires dans les deux sens opposés et déterminer ainsi trois
points en ligne droite dont la station de l'opérateur se trouve
entre les deux autres, on pourrait évidemment avec l'équerre
à réflexion, après avoir élevé une première perpendiculaire,
renverser l'instrument, la poignée en haut, et en élever une
seconde dans le prolongement de l'autre.

En superposant dans la même monture deux miroirs plans
inclinés chacun sur un troisième à 45°, mais dans deux sens
opposés, on a construit un instrument au moyen duquel la
double opération s'effectue simultanément et si facilement que
l'opérateur peut se placer très vite sur l'alignement de deux
stations données. La figure ci-contre (*fig.* 128) représente
le modèle de cet instrument construit d'après les indications
de M. Coutureau, ingénieur-géomètre, à Saint-Cloud ([1]).

([1]) *Voyez* la brochure intitulée : *L'équerre d'alignement Coutureau*,
par J.-L. Sanguet, *suivie d'une Instruction*, par A. Coutureau. Saint-Vit
(Doubs); 1897.

La première équerre à réflexion était évidemment dérivée de l'octant, avec ses deux miroirs à faces parallèles, dont l'une étamée entièrement ou partiellement; on s'est avisé un peu plus tard qu'au lieu de ces miroirs on pouvait employer des prismes à réflexion totale et l'on a été conduit à imaginer une

Fig. 128.

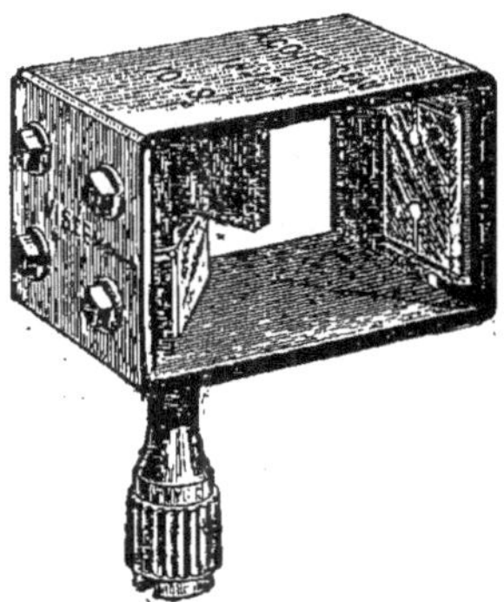

Équerre d'alignement de Coutureau.

série d'instruments dont le principe est toujours le même, celui de deux réflexions successives d'un rayon ou plutôt d'un faisceau lumineux ramené dans la direction de l'objet visé sans intermédiaire, mais dont les formes et les dispositions ont varié et sont assez nombreuses ([1]). Nous ne les décrirons pas toutes et nous signalerons seulement les plus intéressantes et les plus répandues.

([1]) On les trouve presque toutes indiquées en détail dans les deux Ouvrages suivants :

Elemente der Vermessungskunde, von Dr Carl Maximilian BAUERNFEIND, Professor der Ingenieur-Wissenschaften und der Geodäsie in München (München, 1862) et dans les éditions suivantes.

Istrumenti e metodi moderni di Geometria applicata, por Angelo SALMOIRAGHI, ingegnere, direttore dell' Officina *La Filotecnica,* fondata in Milano dal professore PORRO. Milano; 1884.

PRISME TRIANGULAIRE RECTANGLE ISOSCÈLE. — On a pu tout d'abord recourir immédiatement au prisme à base triangulaire rectangle isoscèle (*Dreiseitige Winkel Prisma,* de Bauernfeind, *Prisma squadro* des Italiens), disposé de différentes manières, dont la plus simple et la plus pratique est celle qui est représentée en plan par la *fig.* 129.

La monture de laiton de ce petit appareil enveloppe entièrement le prisme qu'elle garantit de tout choc en présentant

Fig. 129.

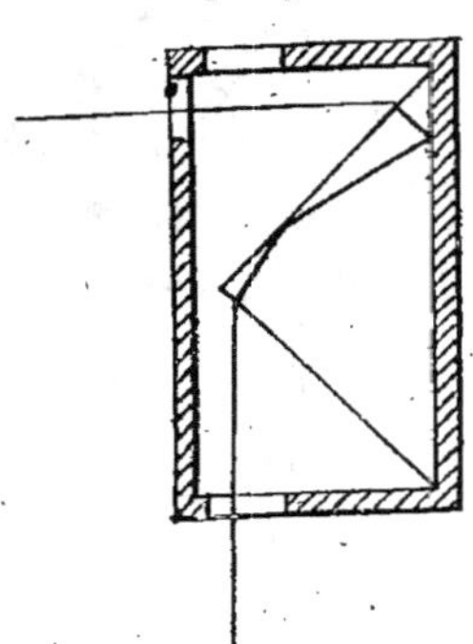

Équerre à réflexion prismatique triangulaire.

seulement les trois fenêtres indiquées sur le plan; elle est munie d'une poignée qui permet de retourner facilement l'instrument pour observer à droite comme à gauche de la visée directe, et par conséquent pour vérifier aussi ou pour tracer un alignement.

AUTRES DISPOSITIONS DE PRISMES. — Nous ne mentionnerons qu'en passant le *prisme quadrangulaire,* analogue à celui de la *chambre claire* de Wollaston (*Vierseitige Winkel Prisma* de Bauernfeind) que nous retrouverons tout à l'heure, et les *prismes croisés* (*Prismenkreuz*) du même auteur, ce dernier système remplaçant celui des trois miroirs plans indiqué plus haut. Mais nous signalerons son *prisme carré tron-*

qué et le *prisme trapézoidal* de Porro pour les alignements

Fig. 130.

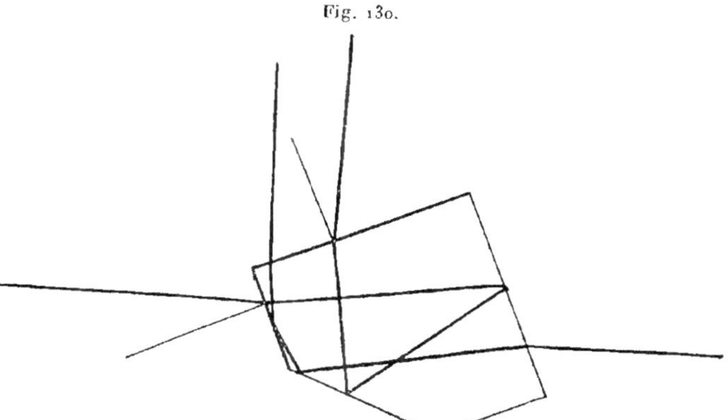

Prisme carré tronqué de Bauernfeind (Équerre d'alignement).

(*Allineatore squadro, allineatore Porro*), dont nous donnons

Fig. 131.

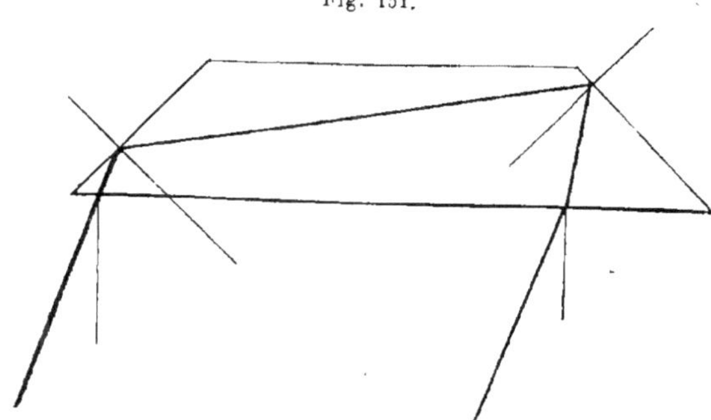

Équerre d'alignement de Porro.

(*fig.* 130 et 131) les deux figures géométriques avec l'indication de la marche des rayons lumineux.

NIVEAUX A MAIN. — On a imaginé un grand nombre de ces instruments très utiles et généralement très faciles à employer et qui peuvent se porter dans le gousset. Nous en citerons seulement trois qui sont des plus ingénieux et assez sensibles dans la plupart des cas.

1° Le *niveau à réflexion,* inventé en 1829 par le colonel du génie Burel; il paraît toutefois que le principe en avait été indiqué, dès le XVIe siècle, par l'italien Scipion Claramonte, de Césène, mais l'idée était tombée dans l'oubli, quand le colonel Burel l'eut à son tour (¹).

Cet excellent petit instrument consiste en un pendule à miroir plan que l'opérateur tient suspendu à la hauteur de son œil, dont il peut voir l'image à une distance double de celle du miroir et qu'il peut amener, par conséquent, à la distance

---

(¹) Extrait d'une Notice de M. BUREL, lieutenant-colonel du génie, *Sur les niveaux à réflexion* de son invention (*Mémorial de l'Officier du Génie,* n° 10; 1829).

« Les niveaux à réflexion sont construits d'après ce principe que l'œil

Fig. 132.

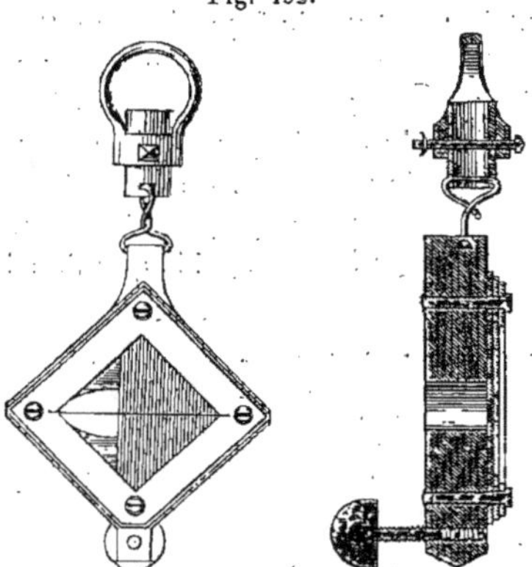

voit son image réfléchie dans un miroir vertical à une aussi grande distance derrière ce miroir qu'il en est éloigné lui-même devant, et que la

de la vue distincte. La ligne de visée ainsi obtenue est horizontale si le plan du miroir est vertical et, en arasant le bord extérieur du miroir, cette ligne de visée prolongée va rencontrer les objets éloignés ou une mire disposée au point dont on veut évaluer la différence de niveau avec la station en tenant compte de la hauteur de l'œil de l'opérateur.

On a rendu le niveau à réflexion (*fig*. 133) rectifiable, en étamant le miroir sur la moitié de chacune de ses deux faces,

Fig. 133.

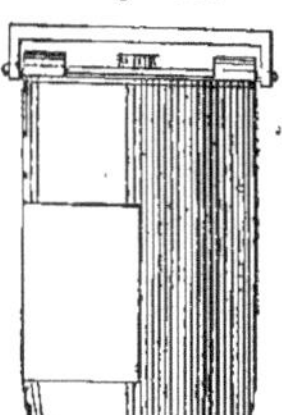

Niveau Burel.

et en disposant la monture de façon à permettre le retournement. La figure fait bien comprendre comment cette condition peut être réalisée, et l'on y voit la vis de rectification qui sert à assurer la verticalité du miroir quand on le tient suspendu.

Pour obtenir plus de précision, on a aussi monté l'appareil sur un pied, et enfin, pour l'employer à la mesure des pentes, on lui a ajouté une tige à contrepoids que l'on introduit per-

ligne qui joint le centre de l'œil et le centre de l'image est toujours horizontale et perpendiculaire au plan du miroir.
» Les avantages reconnus à ces instruments sont dus :
» 1° A la simplicité de leur exécution et de leur rectification;
» 2° A la grande longueur de leur ligne de mire;
» 3° A leur petit volume et à leur stabilité;
» 4° A la célérité de leur manœuvre. »

Cette Notice est accompagnée de deux figures (*fig*. 132) que nous donnons à titre de documents, la construction du niveau Burel ayant été tour à tour très simplifiée et très compliquée. C'est d'ailleurs à la forme la plus simple (*fig*. 133) que nous donnons la préférence.

pendiculairement au plan du miroir dans un canon ménagé à la partie supérieure de la monture et qui peut y coulisser. Ces modifications, proposées en 1844 par le colonel Leblanc (¹), qui compliquaient un instrument dont le grand mérite était la simplicité, ont été cependant utilisées et même encore développées pour substituer le niveau à réflexion au niveau d'eau. Mais elles ne sauraient nous intéresser ici.

2° Le *niveau à collimateur* du colonel Goulier (²) se compose également et essentiellement d'un petit pendule dont la tige verticale porte un collimateur, c'est-à-dire un tube de laiton à l'une des extrémités duquel se trouve une lentille convergente un peu en deçà du fóyer de laquelle est tendu horizontalement dans le tube un fil de cocon, l'autre extrémité de ce tube étant fermée par un verre dépoli.

Si l'instrument est bien construit et bien réglé, en le suspendant à quelque distance de façon à présenter le collimateur à la hauteur de l'œil, l'opérateur voit le fil comme s'il était très éloigné et il peut en projeter l'image sur la campagne ou sur une mire.

Le colonel Goulier a beaucoup varié la construction de cet ingénieux instrument; il lui a donné plus de stabilité en augmentant la masse intérieure du pendule et en l'installant sur un pied pour l'employer en remplacement du niveau d'eau. Il l'a au contraire allégé et simplifié pour le rendre plus portatif, et la figure que nous donnons ci-après (*fig.* 134) est celle du modèle désigné sous le nom de *niveau-lyre* qui, articulé au milieu et replié sur lui-même, se place aisément dans un gousset.

Enfin, en remplaçant la lentille et le fil de cocon par une sorte de loupe Stanhope dont la surface convexe opposée à celle qui est tournée vers l'œil de l'opérateur est couverte par

---

(¹) *Mémorial de l'Officier du Génie,* n° 14. *Note sur le niveau à réflexion de M. Burel modifié,* par M. LEBLANC, chef de bataillon (depuis colonel) du génie.

(²) Le niveau à collimateur n'est pas un instrument à réflexion, mais il ne devait pas être séparé des deux autres qui ont le même usage et les mêmes propriétés.

L.

l'image photographique d'une échelle de parties égales, on obtient une série de lignes de visée et l'on parvient à lire

Fig. 134.

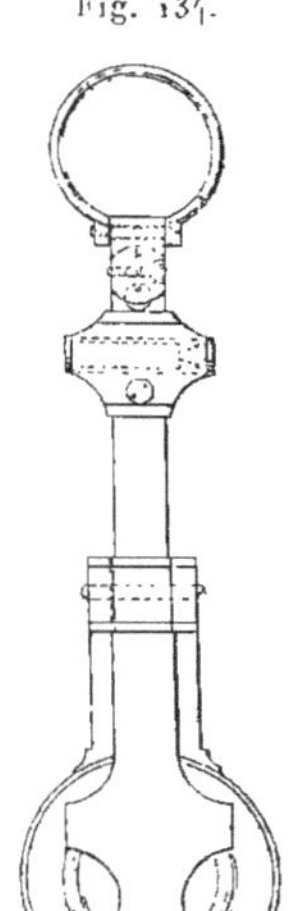

Niveau-lyre du colonel Goulier.

directement les pentes jusqu'à 15 ou 20 pour 100. Ce *collimateur solide avec clisimètre*, comme il est désigné par l'auteur, a sur l'autre l'avantage d'être plus stable et de rendre plus de services.

3° Le *niveau à bulle d'air à réflexion avec viseur et clisimètre* d'Abney (*fig.* 135) est aussi un instrument très portatif dont le jeu est facile à saisir.

La bulle d'air presque sphérique et d'un très faible diamètre du petit niveau se réfléchit, quand l'axe du viseur est horizontal et l'index du clisimètre au zéro, sur un miroir plan incliné à 45° et placé à l'intérieur du tube du viseur dont il prend environ le tiers de la largeur. Il est bien entendu que, pour cela, il faut que le tube du niveau soit à découvert au-dessous comme au-dessus et qu'une fenêtre soit pratiquée à la partie supérieure du tube parallélépipédique du viseur. Si l'axe de ce viseur est horizontal, l'opérateur verra l'image de la bulle d'air bissectée par le prolongement d'un fil métal-

Fig. 135.

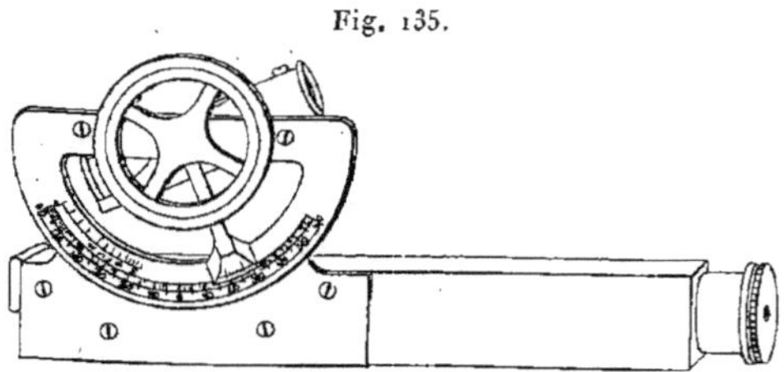

Niveau à bulle d'air d'Abney.

lique tendu au milieu de la fenêtre objective du viseur et dans le sens horizontal.

Quand l'objet sur lequel on dirige le viseur pour évaluer une pente, par exemple sur une mire dont le voyant a été fixé à la même hauteur que l'œil de l'opérateur au-dessus du point du terrain où il est en station, en agissant sur le petit volant qui entraîne l'alidade, on ramène rapidement le niveau à l'horizon pour faire bissecter la bulle d'air par le fil métallique, et la pente se lit, dans un sens ou dans l'autre, sur le demi-cercle vertical ou clisimètre.

CHAMBRE CLAIRE DE WOLLASTON. — Nous arrivons enfin à l'un des instruments à réflexion les plus simples et les plus précieux, imaginé en 1804 par le célèbre physicien anglais Wollaston.

Nous aurons à revenir, au commencement du Chapitre III, sur les propriétés de la chambre claire, mais ce que nous pouvons en dire, dès à présent, c'est que sa forme (celle que lui a donnée Wollaston lui-même) est celle d'un prisme à quatre faces dont deux sont à angle droit, les deux autres inclinées de 67°30' sur chacune des premières et formant par conséquent entre elles un angle de 135°, supplément de 45° (*fig.* 136).

Il est aisé de voir, d'après cela, qu'un rayon lumineux qui entre par la face AB se réfléchit successivement et totalement sur les deux faces BD et DC et prend en sortant du prisme par la face AC une direction perpendiculaire à celle du rayon primitif. C'est cette propriété qui a été mise à profit par Bauernfeind dans l'une de ses équerres, le *Vierseitige*

Fig. 136.

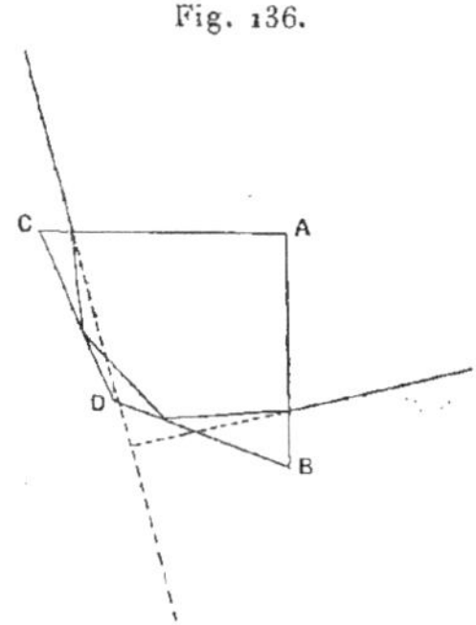

Chambre claire de Wollaston.

Winkel Prisma. Mais l'idée tout à fait admirable de Wollaston, bien autrement ingénieuse et féconde que celles qui ont présidé à la confection des petits appareils dont nous venons de nous occuper, a été d'utiliser les deux réflexions successives pour redresser les images d'objets éloignés, par exemple celle d'un paysage, et de projeter ces images sur une feuille de papier convenablement placée à la distance de la vue distincte pour les y dessiner, en approchant l'œil du bord de l'arête C de son prisme. C'est cette idée qui a donné naissance à l'instrument désigné par l'inventeur sous le nom de *chambre claire* (*Camera lucida*) par analogie et par contraste avec celui de l'antique *chambre obscure* (*Camera oscura*).

La chambre claire était bien connue de tous ceux qui avaient besoin d'obtenir rapidement la vue d'un monument, ou un croquis de paysage ; les architectes principalement, les paysagistes et même quelques topographes l'employaient avec plus ou moins de succès, mais ces derniers ne s'étaient jamais avisés de s'en servir pour mesurer des angles ou des distances ni pour opérer des nivellements.

L'une de ses applications les plus fréquentes et les plus heureuses avait été faite par les micrographes qui s'en servaient pour déterminer les grossissements de leurs instruments et par conséquent l'*échelle* des dessins qu'ils exécutaient avec son secours; enfin on l'avait adaptée aussi, dès les premières années de son invention, aux lunettes ou aux télescopes, mais sans autre préoccupation que d'obtenir des images amplifiées.

Nous avons cherché à l'associer à l'*art de mesurer* (*Iconométrie*) en Topographie, soit en nous en tenant à l'instrument seul, soit en l'adaptant à des lunettes à grossissements variés. Après avoir fait disparaître une légère imperfection de l'instrument primitif, dans le cas où on l'emploie seul, celui du déplacement des images dû au déplacement involontaire de l'œil de l'observateur ou de la *parallaxe*, dès nos premiers essais qui datent d'un demi-siècle, nous avions été frappé à la fois de la simplicité d'un procédé qui procurait en très peu de temps des éléments de mesure en nombre considérable et de l'exactitude des résultats graphiques et numériques très facile d'ailleurs à justifier.

Ce procédé revient, en définitive, à relever *graphiquement*, sur des perspectives géométriques rigoureuses, les mesures angulaires que l'on prend habituellement une à une sur le terrain avec les différents instruments que nous avons étudiés; on le trouvera exposé plus loin dans notre Chapitre III.

Nous n'avions pas tardé d'ailleurs à appliquer le même procédé aux vues du terrain obtenues à l'aide de la Photographie, et c'est ainsi que sont nés les arts nouveaux de la *Métrophotographie* ou *Photogrammétrie* et même celui de la *Téléphotographie*, sur l'histoire desquels nous renvoyons encore le lecteur au Chapitre III de ces Recherches.

Malgré tous les avantages que l'on pouvait pressentir de la substitution des vues photographiques aux vues dessinées à la chambre claire, les débuts de la Métrophotographie furent difficiles, d'une part à cause de l'imperfection des objectifs qui entraînait la déformation des images et obligeait à réduire le champ à la moitié de celui de la chambre claire et, d'autre part, à cause de la complication des manipulations photographiques sur le terrain.

Ils avaient été néanmoins encouragés, comme nous l'avons vu dans l'*Avertissement*, par les plus hautes autorités du corps du Génie, et c'est alors que les objectifs avaient été perfectionnés au point d'atteindre et de dépasser le champ de la chambre claire et que les procédés photographiques se simplifiaient de jour en jour, qu'une hostilité mal déguisée se manifesta et parvint à faire supprimer un service très bien organisé, peu dispendieux et qui avait obtenu des résultats tout à fait remarquables (¹).

Nous n'insisterons pas sur les motifs de cette hostilité, mais comme elle venait de ceux qui s'étaient passionnés en faveur de la Tachéométrie et qui cherchaient à rivaliser de notoriété avec Porro, il nous a semblé tout à fait à propos, en terminant ce Chapitre, de faire connaître l'opinion de celui-ci sur les avantages de la Phototopographie.

Dans un Mémoire sur l'application de la Photographie à la Géodésie publié en 1863 (²) — ce n'est pas d'hier et nous ferons remarquer que la brigade phototopographique avait été précisément créée en 1863 et qu'elle a été supprimée en 1871, — Porro, après avoir cité nos travaux et cherché très péniblement à se mettre à l'abri des erreurs dues aux déformations par les objectifs que l'on doit considérer aujourd'hui comme tout à fait négligeables (³), s'exprimait en ces termes :

« Il est clair que ce moyen est principalement avantageux dans les pays de collines et dans la montagne, et beaucoup

---

(¹) Nous avons déjà cité les noms de M. le capitaine du génie (depuis commandant) Javary, et de M. le garde du génie Galibardy, qui composaient à eux seuls la brigade phototopographique et auxquels on ne reprochait que leur habileté. « D'autres, disait-on, ne pourraient pas opérer aussi bien qu'eux », et l'on décidait qu'il valait mieux renoncer à un art qui exigeait, croyait-on, une aptitude particulière.

(²) *Notizia sulla applicazione della Fotographia alla Geodesia* (*Il Politecnico*, anno IX, 1863). Soldini; Milano.

(³) C'était une chambre *sphérique* associée à un théodolite spécial qu'il proposait pour éviter les erreurs de déformation, dont il s'exagérait beaucoup l'importance, même à l'époque dont il s'agit.

moins dans la plaine, où il peut cependant encore rendre d'utiles services si l'on opère par les procédés de la Célérimétrie et en employant en même temps le tachéomètre.

» Ceux qui, pour les études d'un chemin de fer dans les Alpes ou dans les Apennins, auraient parcouru *une seule fois*, par exemple, les vallées du Tessin, du Blenio, du Campo et de la Cristallina, de Bellinzona à Dissentis, en employant *cinq jours et un nombre peu embarrassant de glaces collodionnées,* auraient recueilli *cent fois plus d'éléments très fidèles et très exacts* pour la rédaction et la discussion du projet de chemin de fer que n'avaient pu le faire *avec un personnel nombreux, une grande dépense et une grande fatigue, en cinq mois* de l'année 1845, les ingénieurs Carbonnazi et Porro (le soussigné) auxquels est due la première rédaction sérieuse de ce projet. »

Dans une note ajoutée à ce Mémoire, Porro disait encore que le tachéomètre lui avait cependant donné une grande avance sur les autres opérateurs, mais, poursuivait-il, « aujourd'hui la Photographie (sphérique) l'emporte à son tour sur le tachéomètre lui-même ». [Di altrettanto a sue vece la Fotografia sferica vince oggi lo stesso tacheometro.]

Si l'on prenait au pied de la lettre les affirmations de Porro, on voit quelle immense économie de temps et d'argent la Photographie ferait faire à ceux qui l'emploieraient au lieu et place de la Tachéométrie; mais même en faisant la part de l'exubérance du tempérament et du langage habituel de Porro, il n'est pas moins certain, et l'expérience est faite, dès à présent, dans plusieurs pays de l'Europe et en Amérique ([1]),

---

([1]) Nous n'ignorons pas que des expériences comparatives ont été faites en Suisse avec une planchette de précision et un appareil photographique par un très habile opérateur, M. Rosemund (*Untersuchungen über die Anwendung des photogrammetrischen Verfahrens für topographische Aufnahmen, Bericht an den eidgenössischen topographischen Bureau,* von ROSEMUND, Ingenieur. Bern; 1896), desquelles on a conclu que la planchette était plus économique et faisait gagner du temps. Mais nous ferons observer que l'auteur était beaucoup plus exercé à se servir de la planchette que de la méthode photographique, et nous sommes convaincu que s'il continuait à pratiquer la dernière, les résultats qu'il obtiendrait changeraient de signe.

que le bénéfice de la méthode photographique est considérable, et rien n'explique la résistance qu'elle a rencontrée jusqu'à présent de la part des services publics dans son pays d'origine, c'est-à-dire en France.

C'est donc l'histoire des préjugés envers la boussole et envers la stadia qui recommence, et par conséquent ce n'est plus qu'une affaire de temps. Nous croyons même qu'aujourd'hui le premier pas est fait, et l'on sait que c'est celui qui coûte le plus (février 1898).

Déjà d'ailleurs, nous l'avons dit dans l'*Avertissement*, les indépendants, dégagés de tout préjugé, ont fréquemment recours à la Photographie qui leur permet d'opérer avec toute l'exactitude nécessaire, plus ou moins rapidement, selon le but qu'ils veulent atteindre, mais toujours beaucoup plus vite que par toute autre méthode.

Nous examinerons dans les Chapitres suivants les motifs d'un autre ordre qui militent en faveur de l'emploi des vues pittoresques associées aux plans topographiques, non seulement en considération des services qu'elles peuvent rendre comme éléments de mesure, en permettant au besoin de vérifier ceux-ci, mais parce qu'elles deviendront des illustrations précieuses, dans bien des cas, pour ceux qui ont à consulter ces plans, — ce qui n'avait pas échappé aux habiles topographes des deux siècles derniers qui étaient en même temps d'excellents artistes paysagistes.

CHAPITRE II.

LA TOPOGRAPHIE DANS TOUS LES TEMPS; VUES PITTORESQUES ET PLANS GÉOMÉTRIQUES.

> Ac perindè uti longimetria, planimetria et stercometria plerumque geometria vocantur, ita ichnographia et orthographia quoque communiter dictantur pictura aut scenographia, omnes autem simul perspectiva.   MAROLOIS.

En décrivant dans le Chapitre précédent les instruments et les méthodes successivement en usage pour lever les plans et construire les cartes, nous n'avons eu que bien peu d'occasions de faire allusion à la manière dont ces cartes et ces plans étaient dessinés.

On pressent que les procédés et surtout les conventions auxquelles il a fallu nécessairement recourir pour représenter le terrain et ses divers accidents sur une surface plane ont dû se modifier et se perfectionner avec le temps. Nous nous proposons, dans ce second Chapitre, de faire connaître les principales vicissitudes de l'art très intéressant qui en est résulté.

I. -- *Considérations générales sur la Topographie pittoresque chez les anciens et au moyen âge.*

On a donné, depuis longtemps, le nom de *Topographie* à tout ce qui se rapportait à la description d'un pays, d'une contrée plus ou moins étendue ou même d'une simple localité. On s'est, en effet, servi de cette expression pour qualifier les descriptions faites par le langage aussi bien que par le dessin, et quand on a eu recours au dessin, cela a été tantôt au dessin d'imitation, tantôt au dessin géométrique, souvent même à tous les deux à la fois.

Le dessin d'imitation, qui a partout précédé l'autre, fut d'abord très rudimentaire, presque hiéroglyphique, mais devait, avec le temps, devenir de plus en plus expressif et à la fin tout à fait exact, même en se plaçant au point de vue géométrique, ainsi que nous l'expliquerons plus loin.

Dès la plus haute antiquité, sur les vestiges de sculpture en bas-reliefs taillés jusque dans le roc et qui ont résisté à l'action du temps, dans la décoration des vases, sur les papyrus et les tissus ([1]); plus tard, sur les peintures, fresques, mosaïques, sur les monuments et les objets de bronze (coupes, boucliers, miroirs, cistes, médailles), partout, en un mot, où s'est manifesté ce besoin humain, commun à tous les peuples qui ont atteint un certain degré de civilisation, de chercher à perpétuer le souvenir des faits les plus considérables de leur histoire ou de leurs traditions religieuses et celui des lieux où ils se sont passés, on rencontre ce que l'on pourrait appeler des intentions de paysages et, dans bien des cas, des paysages très achevés : tantôt ce sont quelques palmiers figurant une oasis, tantôt des plaines couvertes de champs de blé que l'on moissonne, ailleurs un fleuve avec des embarcations, et sur ses bords des rochers, des montagnes, enfin des habitations, des villas avec leurs jardins, des édifices plus ou moins importants, des marchés, des naumachies, etc. ([2]).

Plus près de nous, dans les miniatures des anciens manuscrits, sur les boiseries, les ivoires sculptés, les bas-reliefs de bronze ou de marbre, sur les pièces d'orfèvrerie, les émaux, les vitraux et les tapisseries du moyen âge, même sur les tableaux des vieux maîtres, le paysage, très fréquent, est traité,

---

([1]) Il existe peu d'étoffes ou de tapisseries provenant de temps reculés, mais on a des descriptions qui ne laissent aucun doute sur la nature de leur décoration. On sait donc que celle-ci comprenait des sujets tout à fait analogues à ceux que nous mentionnerons tout à l'heure.

([2]) *Voir* les objets de toute nature recueillis au musée du Louvre, au British Museum et dans les autres musées étrangers, provenant des civilisations asiatiques, de l'Égypte, de l'Assyrie, de la Perse, de la Grèce, de l'Italie, de la Gaule, etc. Consulter BOTTA, *Monuments de Ninive*; LAYARD, *Monuments of Nineveh*; DIEULAFOY, *Acropole de Suse*; PERROT et CHIPIEZ, *Histoire de l'Art dans l'antiquité*; Charles BLANC, *Grammaire de l'art du dessin*; Luigi CANINA, *Gli edifici di Roma antica*; Guillaume ZAHN, *Les plus beaux monuments et les tableaux les plus remarquables de Pompéi, d'Herculanum et de Stabiæ*; le *Dictionnaire des Antiquités grecques et romaines*, publié sous la direction de Ch. DAREMBERG et Edm. SAGLIO.

dans les commencements surtout, sans beaucoup de souci de la vérité ni même de l'effet et souvent comme un accessoire, puis peu à peu avec plus de soin et de recherche et finalement avec infiniment de goût (¹).

Il faut cependant convenir que cette Topographie ne présentait pas, en général, tous les caractères d'exactitude désirables, et c'est seulement à partir du xvᵉ et du xviᵉ siècle que l'on voit les artistes s'attacher de plus en plus à observer les règles de la Perspective.

Nous ne serions pas un historien fidèle si nous omettions de rappeler que les fautes faciles à relever, par exemple, dans les œuvres de nos admirables peintres verriers et de nos grands tapissiers des Flandres et de l'Ile de France du xiiiᵉ et du xivᵉ siècle étaient souvent des dérogations instinctives ou même voulues à des règles encore mal connues, comme celles que pratiquèrent plus tard, jusque dans leurs tableaux de chevalet comme dans leurs cartons pour des panneaux décoratifs de tapisseries, de verrières, pour les voûtes et les plafonds, les peintres de la Renaissance les plus savants et les plus habiles. On sait, en effet, que sur les vitraux et les tapisseries, pour nous en tenir à ces deux arts, la décoration doit être faite avant tout pour attirer et retenir l'œil du spectateur à la surface même du verre ou du tissu et non pour le provoquer à en sortir par l'illusion de la profondeur.

Nous pourrions encore, à ce propos, invoquer les effets si agréables que produit la perspective fantaisiste, purement décorative, des Chinois et des Japonais sur leurs laques, sur leur papier et leurs étoffes éclatantes, que l'on n'oserait, dans aucun cas, conseiller d'imiter chez nous. Mais ces questions d'esthétique nous entraîneraient bien trop loin hors de notre sujet et

____

(¹) *Voir* les manuscrits de la Bibliothèque Nationale, notamment *Le Livre des Merveilles* et *Les Chroniques* de Froissart; Louis Batissier, *Histoire de l'Art monumental et de la Peinture sur verre;* Albert Lenoir, *Architecture monastique;* Du Sommerard, *Les Arts au moyen âge; L'Œuvre des Peintres verriers français,* par Lucien Magne; *L'Histoire de la Tapisserie,* par Guiffret; *La Tapisserie,* par E. Müntz, édition Quantin; *Les Manuscrits et les Miniatures,* par Lecoy de la Marche, édition Quantin; les publications du South Kensington Museum, entre autres *Ivories ancient and mediæval, Fictile ivories;* le Catalogue et l'Atlas de la Collection Spitzer, etc.

nous nous hâtons d'y rentrer en constatant qu'en Europe, du moins, à la période que nous continuerons à qualifier d'instinctive, a succédé la période scientifique, c'est-à-dire celle où l'on a étudié et formulé avec précision les lois de la Perspective.

Les architectes paraissent avoir été des premiers à porter leur attention sur ce sujet. Accoutumés à la rigueur géométrique par la nature de leurs travaux, il était presque obligatoire qu'ils continuassent à s'en préoccuper, quand ils en venaient à représenter leurs monuments tels qu'on les voyait ou qu'on devait les voir après l'exécution. Ils furent aidés dans leurs recherches, d'abord et tout naturellement, par les peintres et les sculpteurs en bas-reliefs, puis par les physiciens qui s'occupaient d'optique et enfin par les géomètres qui devaient résoudre complètement le problème.

II. — *Dessin géométrique conservant les proportions. Plans. — Projections et sections verticales et horizontales.*

Avant d'aller plus loin et même en revenant sur nos pas, il convient de voir comment les architectes, ainsi que les géomètres-arpenteurs, ont été conduits à faire usage de plans de projections sur lesquels les dimensions des objets considérés, d'ailleurs généralement réduites, conservent leurs proportions.

Les plus anciens opérateurs chargés de délimiter les champs connaissaient la *cultellation*, c'est-à-dire ce fait que les terrains en pente ne produisent ni plus ni moins que si leur surface était nivelée, *réduite à l'horizon,* et ils en tenaient compte dans leurs mesures et sur leurs dessins (¹).

(¹) Nous ne pourrions pas, sans nous exposer à faire des conjectures un peu hasardées, entreprendre ici l'histoire complète de ces opérateurs ou de ceux qui étaient attachés aux armées pour tracer les camps, faire les reconnaissances et, plus tard, même pour dresser les cartes des pays parcourus. Dans la haute antiquité, ces fonctions comme celles des architectes, d'ailleurs, paraissent avoir été remplies par des personnages de l'ordre le plus élevé dans la hiérarchie sacerdotale ou militaire. Mais nous sommes en mesure de donner plus de détails sur l'organisation des *agrimensores* et des *castrorum metatores* chez les Romains, organisation à laquelle on ne peut comparer que celle des grands services publics dans les pays les

On est même autorisé à supposer que c'est en rapportant, sur leurs tablettes, à *une échelle déterminée,* les mesures projetées sur l'horizon qu'ils durent s'aviser des propriétés des figures planes et jeter les bases de la Géométrie.

Quoi qu'il en soit, quand l'art de bâtir eut fait d'assez grands progrès, on ne saurait douter que les architectes procédèrent de la même manière pour dessiner leurs projets, c'est-à-dire qu'ils tracèrent d'abord ce que l'on a continué, dans les chantiers, à appeler le *plan par terre.* Mais, pour définir plus complètement l'œuvre qu'ils avaient conçue, ils eurent besoin d'essayer, comme on le fait encore bien souvent, de représenter avant l'exécution l'ensemble de l'édifice, et il est extrêmement probable qu'ils firent usage pour cela d'une sorte de Perspective plus ou moins conventionnelle (¹). Ils ne durent pas tarder

---

plus civilisés de notre temps. Nous ne saurions mieux faire, pour convaincre le lecteur, que de donner un extrait abrégé de l'article *Agrimensor,* de M. G. HUMBERT, dans le *Dictionnaire des Antiquités grecques et romaines* publié par MM. Ch. DAREMBERG et Edm. SAGLIO (Paris, Hachette; 1877).

« Les *agrimensores,* appelés d'abord *compedatores* ou *gromatici,* noms tirés des instruments dont ils faisaient usage (*pes,* pied; *groma,* équerre d'arpenteur), avaient un rôle important et ont laissé des Ouvrages utiles pour la connaissance de l'histoire de la propriété.

» On a pensé que les augures avaient été les premiers arpenteurs.

» Les champs étaient séparés par un espace de cinq pieds (*finis*) qui servait souvent de sentier et n'était pas cultivé.

» Dans les camps, les opérations géométriques étaient faites par des officiers, sans doute à l'aide d'experts (*agrimensores*), mais plus tard le soin en fut confié à un officier spécial (*castrorum metator*).

» Sous l'empire, les colonies possédaient un cadastre complet. Octave avait fait faire le Recueil de toutes les mesures de longueur usitées dans les villes et les provinces. On établit des écoles publiques pour former les *mensores;* les *agrimensores,* convertis ou réduits au rôle d'experts, aidaient à retrouver les anciennes limites par l'inspection des bornes ou des documents tels qu'écrits, cartes, plans (*forma, pertica, centuratio, œs, typon, notatio, cancellatio, limitatio*) ou des livres terriers (*liber subsecivorum, commentarii, divisiones*).

» Les principaux écrits des *gromatici veteres* ou *rei agricolæ scriptores* furent conservés en partie ou résumés par les praticiens leurs successeurs. Cette collection d'Ouvrages écrits entre le 1er et le vie siècle de notre ère a été éditée depuis peu d'années avec une critique suffisante. »

Au xe siècle, Gerbert enseignait la Géométrie pratique, surtout d'après des Ouvrages dont il avait, à Bobio, une copie dite aujourd'hui d'*Arcérius* conservée à la bibliothèque de Wolfenbuttel.

(¹) On trouvera dans l'une des notes placées à la fin du second Volume des figures qui donneront une idée de la manière dont les architectes de la plus haute antiquité traitaient la perspective des édifices.

d'ailleurs de sentir qu'il leur fallait non seulement dessiner à l'échelle le plan par terre, mais représenter également, dans leurs véritables proportions, des *élévations,* c'est-à-dire les projections sur des plans verticaux situés en avant des différentes faces des futurs édifices, et recourir même à des sections horizontales et verticales faites à des hauteurs ou à des distances convenables pour guider les ouvriers dans la construction.

Enfin, après avoir ainsi *rédigé leurs projets* et, à plus forte raison, après les avoir exécutés, ils se donnèrent sûrement la satisfaction de dessiner, aussi exactement que possible, ces vues d'ensemble dont nous parlions tout à l'heure ([1]).

Mais, d'abord, comment les projets étaient-ils rédigés? On ne saurait s'étonner du petit nombre de documents que l'on possède concernant la manière dont les anciens architectes dessinaient leurs plans. Il a suffi cependant d'en découvrir quelques-uns pour reconnaître, ainsi que l'on pouvait s'y attendre d'ailleurs, que le procédé n'avait jamais beaucoup varié.

L'un des plus anciens de ces documents est chaldéen et se trouve au Louvre (musée chaldéo-assyrien); c'est le plan d'une acropole que porte sur ses genoux le roi-architecte Goudéa, dont la statue a été découverte par M. de Sarzec, pendant sa mission de 1881 à 1888. Ce plan, que nous reproduisons (*fig.* 137), est accompagné d'une règle divisée qui a permis à M. Dieulafoy de déterminer avec beaucoup de précision l'échelle de réduction du dessin, qui est de $\frac{1}{2204}$ ([2]).

On remarquera que l'épaisseur des murs y est partout représentée et que les tours de l'enceinte sont figurées seulement en projection horizontale. Dans d'autres plans chaldéens, celui de l'acropole de Suse, celui d'un camp royal retranché ([3]), etc., le dessinateur a rabattu les tours sur le plan pour en faire connaître la forme et la hauteur.

On retrouve la même idée sur plusieurs plans égyptiens, par exemple sur celui d'une villa et sur une partie d'un plan

---

([1]) Les façades principales de temples ou d'arcs de triomphe figurent souvent en élévations et en perspective sur les bas-reliefs, sur les anciennes médailles et ont beaucoup servi aux restitutions de ces monuments.

([2]) Marcel DIEULAFOY, *Acropole de Suse,* p. 239.

([3]) DIEULAFOY, *Acropole de Suse,* p. 141 et 245 (d'après BOTTA et LAYARD).

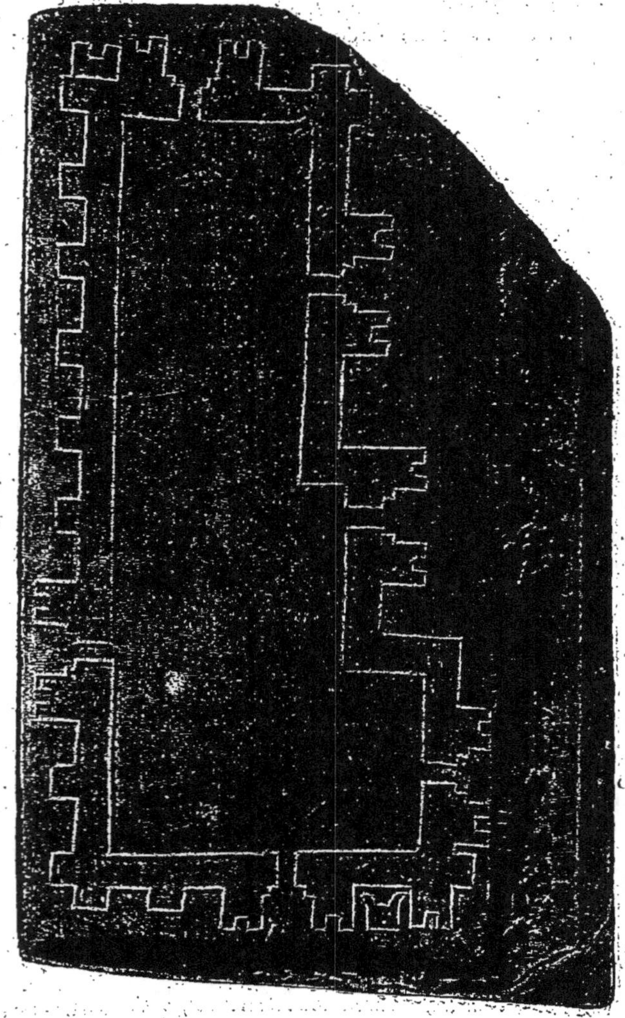

Fig. 137.

Plan de l'acropole porté par Goudéa.

d'habitation figurée dans une tombe de Tell-el-Amarna (¹).
On verra et l'on sait sans doute que ce genre de dessin, qua-

Fig. 138.

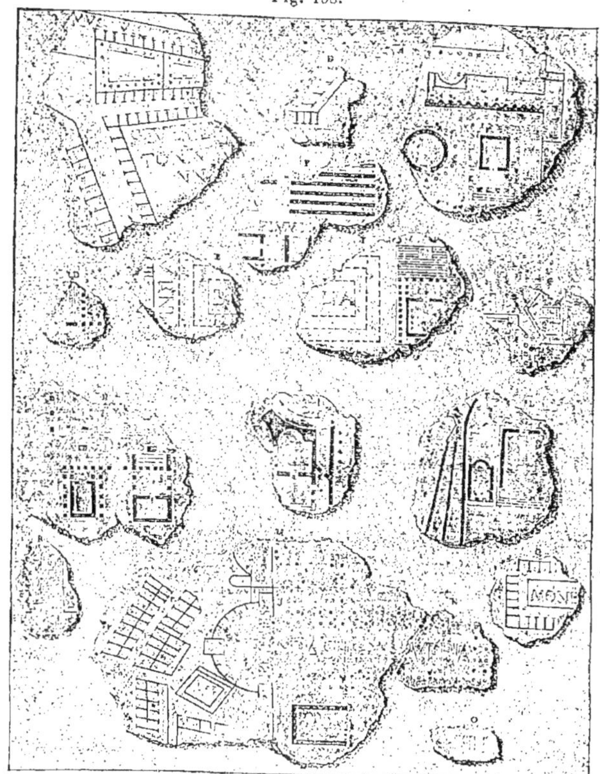

Fragments du plan de Rome, au temps de Septime Sévère.

lifié assez souvent de demi-perspective, a été très communé-

______

(¹), Perrot et Chipiez, *Histoire de l'Art dans l'antiquité*, t. 1, p. 457 et 459.

ment employé à des époques rapprochées de nous, et il est sûrement intéressant de faire remarquer cette tendance à figurer à la fois les deux projections verticale et horizontale des édifices, à trois ou quatre mille ans d'intervalle.

On n'a pas rencontré jusqu'à présent de plans dessinés par des architectes grecs (¹), mais on peut être certain qu'ils étaient exécutés avec autant de soins et de détails que ceux des Romains dont plusieurs spécimens nous sont parvenus, au nombre desquels le plus connu est celui qui est tracé sur les pierres dites *capitolines* et dont nous donnons (*fig.* 138) quelques fragments d'après Canina (²).

Pendant les premiers siècles qui suivirent la chute de l'empire romain, l'Architecture subit le même sort que tous les autres arts, et elle ne recommença à être cultivée dans notre Occident que grâce au zèle et aux lumières des ordres religieux.

Le plan dessiné géométriquement au commencement du IXe siècle que l'on cite avec raison comme l'une des meilleures preuves de cette première renaissance, due à Charlemagne, est celui de l'abbaye de Saint-Gall (³). Nous ne saurions mieux faire, pour appuyer cette opinion, que de renvoyer le lecteur à l'*Architecture monastique* d'Albert Lenoir (⁴), Ouvrage dans lequel est reproduit le plan et dont nous extrayons le passage suivant qui en précise la nature et le but ainsi que les circonstances dans lesquelles il a été composé :

« *Projets et dessins.* — Du jour où les monastères ne formèrent plus des réunions de cellules sans ordre et sans symé-

---

(¹) Dans ses excellentes *Études épigraphiques sur l'Architecture grecque,* M. Aug. Choisy constate, non sans surprise, l'absence de ces plans en même temps que l'existence de décomptes et de devis très détaillés. (*Voyez* les notes à la fin du second Volume.)

(²) Ces pierres, conservées au Capitole, étaient des tables de marbre qui formaient le pavé du temple de Vénus et Rome et sur lesquelles était gravé le plan général de Rome à une assez grande échelle.

(³) On cite encore les tables d'argent de Charlemagne avec les représentations gravées « *Totius mundi* », « *Romanæ urbis* » et « *Urbis Constantinopolitanæ* ». Mais on ne sait pas comment étaient dessinés cette carte et ces plans ni l'époque exacte à laquelle ils avaient été exécutés.

(⁴) *Collection des documents inédits pour l'Histoire de France,* 3ᵉ série : *Archéologie, Architecture monastique,* par Albert LENOIR (Paris, Imprimerie Nationale; 1852).

L.

trie, comme l'avaient dû faire les premiers fondateurs qui, dépourvus de grandes ressources, n'avaient pu employer que le bois pour établir l'église ou l'oratoire, ainsi que les habitations isolées des cénobites, de ce jour, disons-nous, l'architecture des maisons religieuses prit une physionomie spéciale; la distribution des diverses parties demanda une étude particulière; des emprunts se firent à la civilisation romaine, et le *dessin linéaire* vint guider les constructeurs. L'antiquité en avait donné l'exemple : tous ses monuments, si parfaits dans leurs formes, n'avaient pu s'élever que sur des études arrêtées à l'avance par des dessins et des épures (¹). Le moyen âge dut suivre cette route inévitable. Aussi trouvons-nous, dès le commencement du ixe siècle, un précieux dessin qui le prouve, le plan de l'abbaye de Saint-Gall, exécuté vers l'année 820, et que possèdent encore les archives de ce monastère supprimé, et un *projet à l'état d'esquisse, un guide* pour l'abbé constructeur (²), car l'exécution exige des dessins autrement développés. »

A côté de ce plan géométrique, Albert Lenoir donne une vue cavalière de l'abbaye de Centula (Saint-Régnier), construite en 799 par saint Angilbert, mais dont le dessin, fort bien fait, semble être contemporain de celui du plan de l'abbaye de Saint-Gall qu'il complète, en faisant connaître le genre d'architecture des églises et des cloîtres de cette époque.

On pourrait encore citer à la suite et dans le même Ouvrage le plan du prieuré de Canterbury, dessiné entre les années 1130 et 1134 par le moine Edwin, le plus ancien après celui de l'abbaye de Saint-Gall, avec *les élévations données en rabattement*, et, vers les mêmes dates, les plans des abbayes de Saint-Germain des Prés, de Saint-Martin des Champs, du Mont-Athos, etc., en *perspective cavalière*.

(¹) On a retrouvé en Égypte des épures « tracées pour épanneler des chapiteaux; on voit sur des bas-reliefs les façades géométrales d'édifices entiers ».
                                                     (*Note* d'A. Lenoir.)
(²) Ce guide est d'ailleurs très clair et accompagné de légendes (en vers et en prose). C'est ce que nous appellerions aujourd'hui un *type* comme on en donne souvent dans les grands services publics, pour les hôpitaux, les casernes, etc.

Au XIIIe siècle, nous trouvons, à la bibliothèque de Reims, un palimpseste sur lequel on est parvenu à remettre en évidence l'élévation parfaitement dessinée au trait d'un portail d'église (¹); à Strasbourg, dans une des salles de la maîtrise de Notre-Dame, les dessins sur vélin du portail de la cathédrale, de la tour, de la flèche, du porche nord, de la chaire, du buffet d'orgues, etc. (²); à la Bibliothèque Nationale, le curieux carnet de voyage d'un architecte de grand talent, Villard de Honnecourt, sur lequel on trouve des plans, des élévations et des vues d'églises ou des parties les plus intéressantes de ces édifices (³).

A propos des dessins conservés à Strasbourg, Viollet-Leduc s'exprime ainsi : « Il en est — de ces dessins — qui remontent aux dernières années du XIIIe siècle; quelques-uns sont des projets qui n'ont pas été exécutés, tandis que d'autres sont évidemment des détails préparés pour tracer les épures en grand sur l'aire. Parmi ceux-ci, on remarque les plans des différents étages de la tour et de la flèche superposée, et il faut dire qu'ils sont exécutés avec une connaissance du trait, avec une précision et une entente des projections qui donnent une haute idée de la science de l'architecte qui les a tracées. »

A mesure que nous approchons de la Renaissance, les documents se multiplient, et nous n'avons pas la prétention de passer en revue les innombrables publications entreprises pour les faire connaître, en Italie, en France et dans les autres pays de l'Europe. On a sans doute même déjà remarqué que presque tous ceux que nous venons de citer se rapportaient au dessin d'architecture, et l'on serait autorisé jusqu'à un certain point à supposer que nous nous sommes éloigné de notre sujet. Il n'en est rien cependant et si, à l'exception de celui de Rome, nous n'avons pas rencontré de plan topographique

---

(¹) *Annales archéologiques* de DIDRON aîné, t. V, p. 87, article de LASSUS.

(²) VIOLLET-LEDUC, *Dictionnaire de l'Architecture française du* XIe *au* XVIe *siècle*, t. I, p. 113 (Paris, 1867).

(³) *Album de Villard de Honnecourt, architecte du* XIIIe *siècle*, mis au jour après la mort de Lassus par Alfred DARCEL (Paris, Imprimerie Nationale; 1858).

embrassant une grande étendue de terrain, les exemples que nous avons donnés ont néanmoins eu pour but de faire sentir que les diverses projections horizontales, verticales et en perspective ont dû être employées pour représenter le terrain, aussi bien que les édifices. Ce qu'il y a de certain, toutefois, c'est que depuis les *agrimensores,* dont l'art, à peu près oublié pendant la féodalité, ne devait reparaître que bien plus tard, les seuls topographes furent pendant longtemps les paysagistes (¹). C'est ce qui ressortira de l'étude que nous ne tarderons pas à reprendre.

Nous devons donc, au préalable, essayer de suivre les progrès de la science de la Perspective auxquels ceux du paysage sont subordonnés.

III. — *Procédés mécaniques et optiques pour dessiner la perspective. — Découverte du trait perspectif.*

Sans avoir jamais été aussi loin que les modernes dans la connaissance des lois de la Perspective, les anciens n'ignoraient certainement pas que les lignes horizontales parallèles d'un édifice ou d'une avenue d'arbres de même hauteur convergent vers un *point de fuite,* ni que toutes les lignes verticales doivent demeurer verticales sur le *tableau* supposé lui-même vertical; ils ne pouvaient manquer d'avoir aussi l'idée plus ou moins nette du décroissement des dimensions des objets à

(¹) Il est à peine besoin de répéter que le dessin pittoresque a été employé de tout temps et dans tous les pays pour représenter non seulement les scènes de mœurs, les métiers, etc., mais surtout les événements de guerre avec les localités où ils se sont passés. Les monuments triomphaux sont ainsi partout couverts de bas-reliefs sur lesquels on peut étudier l'art de la fortification et celui des sièges. Pour nous en tenir aux plus anciens, nous renverrons encore le lecteur à l'*Histoire de l'Art dans l'antiquité,* de MM. PERROT et CHIPIEZ, et à l'Ouvrage de M. Marcel DIEULAFOY, *l'Acropole de Suse,* dans lequel l'auteur a traité d'une manière complète la poliorcétique chez les Chaldéens et chez les Perses. Cette étude seule suffirait à donner une haute idée des civilisations d'une époque si reculée dont la technique était certainement bien supérieure à celles des nations de l'Europe pendant de longs siècles et jusqu'à des temps relativement très modernes, même après l'invention de la poudre.

mesure qu'ils s'éloignent et celle de l'affaiblissement consécutif des effets d'ombre et de lumière ([1]).

Ces notions pour ainsi dire intuitives ont été les seules qui guidèrent, à leur tour, les artistes du moyen âge. Encore furent-elles assez souvent négligées, et, quant à la question de la position du *point de vue* et de ses rapports avec celle des *points de fuite* sur une *ligne d'horizon*, elle semble à peine avoir été pressentie le plus ordinairement.

D'ailleurs, la Perspective monumentale n'était pas la seule dont eussent à se préoccuper les architectes eux-mêmes et surtout les peintres, et quand les uns ou les autres embrassaient le paysage, les difficultés du dessin augmentaient en raison de l'irrégularité des formes du terrain. Il est vrai que de légères erreurs d'appréciation commises à l'endroit de ces formes étaient moins graves que lorsqu'il s'agissait de monuments et de personnages, mais les grands peintres et les grands architectes du xv° et du xvi° siècle, Léonard de Vinci en tête ([2]), n'avaient pas moins cherché à dessiner en perspective

------

[1] Voir *la Prospettiva di Euclide* insieme con *la Prospettiva di Eliodoro Larisseo*, tradotta del R. P. M. Egnatio DANTI, etc. In Fiorenza, MDLXXIII. Bibl. Nat., n° 6053. Ces deux Traités ne contiennent que des notions analogues à celles que nous supposons et aucune des règles précises qui ont tant servi à guider les modernes. Il se pourrait qu'avec leur culte pour la beauté des formes humaines les peintres grecs aient attaché peu d'importance au paysage qu'ils considéraient sans doute comme un accessoire dans la composition de leurs tableaux.

Les fresques très anciennes découvertes en Étrurie, à Corneto en particulier, et qui représentent des chasses, des danses dans la campagne, etc., ne sont pas de nature à modifier cette impression. Ce n'est que plus tard que les peintres décorateurs commencèrent, à Alexandrie d'abord, paraît-il, puis en Italie, à représenter des scènes qui eussent exigé une connaissance plus étendue de la Perspective linéaire. « Ludius le premier, dit Pline, commença, sous Auguste, à décorer les murs des appartements de portiques, de bosquets, de coteaux, de rivières, de sites très agréables à voir où des personnages chassent, rament ou pêchent, bref, de scènes fort plaisantes. » (*Le Paysage dans l'Art*, de Raymond BOUYER; *L'Artiste, Paris*, janvier, septembre 1893).

Nous donnons un spécimen de ce genre de décoration relevé à Pompéi (*fig.* 139) et qui, malgré l'agrément de la composition, est rempli de fautes de Perspective, comme on le voit immédiatement.

[2] On cite avant lui un peintre de talent, du nom d'Uccello, qui finit par tant se passionner pour le problème de la Perspective qu'il négligea la peinture qui le faisait vivre et tomba dans la misère.

correcte les objets au-devant desquels ils disposaient une vitre ou une gaze tendue verticalement, et dont ils pouvaient suivre les contours apparents sur la surface transparente ainsi interposée, d'un point de vue bien déterminé.

Fig. 139.

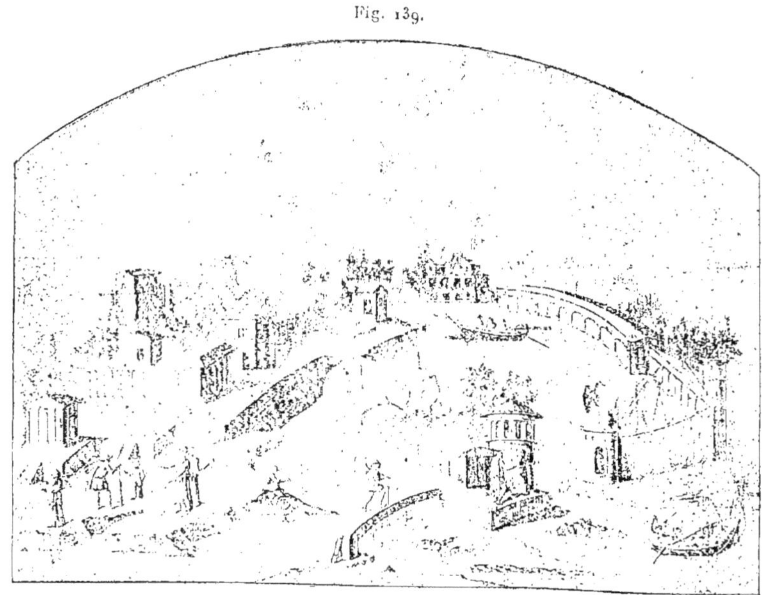

Paysage trouvé à Pompéi.

Les notions essentielles de la Perspective linéaire se trouvaient mises en évidence par cet appareil si simple qui fut bientôt reproduit à peu près identiquement ou très légèrement modifié en Allemagne par Albert Dürer en 1525, puis complètement transformé d'une manière ingénieuse, vers 1600 (*fig.* 140), par un peintre florentin, Cigoli (Ludovico-Carli), qui a laissé des œuvres recommandables.

La modification essentielle introduite par ce dernier avait

pour objet de permettre de dessiner plus facilement sur une table horizontale. L'appareil qui en résultait comportait toutefois des organes mécaniques assez nombreux qui en rendaient l'emploi délicat. Il devait être perfectionné plus tard sous le nom de *diagraphe* (¹).

Le nombre des *perspectographes mécaniques* imaginés

Fig. 140.

Premier perspectographe de L. Cigoli, d'après celui d'Albert Dürer.

depuis cette époque est considérable, et nous ne croyons pas devoir tous les énumérer. Nous mentionnerons cependant celui qui est dû au célèbre artiste et géomètre anglais Christophe Wren, architecte de Saint-Paul, de Londres, dans lequel le tableau est redevenu vertical, mais n'est plus transparent et est disposé latéralement par rapport au point de vue (œilleton). Le

---

(¹) En Angleterre, par Ronalds, de Croydon; en Allemagne, par Remenkampf, et en France, par Gavard.

dessin est tracé sur ce tableau à l'aide d'un crayon porté par une règle formant l'un des côtés d'un parallélogramme dont deux sont flexibles (cette règle et le bord supérieur du châssis conservant la même longueur), qui transmet au crayon tous les mouvements d'un style ou d'un point de mire situé dans son prolongement et manœuvré au-devant de l'œilleton, par l'opérateur, qui suit les contours apparents des objets formant le paysage.

En même temps que les premiers procédés dont nous venons de parler étaient imaginés, Léonard de Vinci sûrement et le moine bénédictin Dom Panuptio, dit-on, observaient le phénomène que l'on produit en fermant les volets d'une chambre et en pratiquant dans l'un d'eux une petite ouverture par laquelle entre la lumière réfléchie des objets extérieurs et reçue sur un écran blanc où elle peint ces objets avec leurs couleurs naturelles, mais en donnant leur image renversée. Cette expérience, peut-être encore plus ancienne, est évidemment l'origine de la chambre obscure, et la Photographie sans objectif l'a remise en honneur; mais il faut bien convenir que, tout d'abord, les images obtenues étaient très pâles et leur renversement incommode.

Le premier inconvénient fut corrigé par Cardan qui remplaça le simple trou pratiqué au volet par une lentille convergente et accrut ainsi beaucoup l'éclat des images. Enfin, un peu plus tard encore, le savant napolitain Porta obtint le redressement de l'image en faisant réfléchir les rayons lumineux à la surface d'un miroir concave convenablement placé. C'est surtout après ce dernier perfectionnement, effectué pendant la seconde moitié du xvie siècle, et qui a subi lui-même diverses modifications, que la chambre obscure, demeurée jusque-là un simple objet de curiosité, devint véritablement un instrument précieux pour les dessinateurs, et c'est ce qui explique aussi pourquoi, pendant longtemps, l'invention tout entière a été attribuée trop généreusement à Porta. On peut consulter, à ce sujet, Libri, *Histoire des Mathématiques en Italie*, tome IV, note II, et deux articles de M. Eug. Müntz dans *Cosmopolis*, 1896, et dans la *Revue Scientifique*, 1898.

Malgré tous ses avantages, la chambre obscure est assez

encombrante et par conséquent peu commode à transporter en voyage. C'est pour obvier à cet inconvénient que Wollaston proposa, au commencement de ce siècle, l'appareil si simple et si parfait qu'il a désigné sous le nom de *chambre claire*, par opposition à la chambre obscure, le papier sur lequel on dessine restant éclairé. Il faut cependant convenir qu'il n'y a plus là de chambre, à proprement parler, et l'instrument, qui consiste dans un prisme quadrangulaire à deux réflexions totales successives, à peine gros comme le petit doigt, et de $0^m,02$ de longueur environ, comporte simplement une monture de laiton très légère qui s'adapte, à l'aide d'une pince, à la planchette sur laquelle on dessine.

Ce sont ces deux derniers instruments, la chambre claire et la chambre noire ([1]), qui nous ont servi à étudier et, pensons-nous, à établir les meilleures règles à suivre pour passer des vues géométriques, ou des paysages qu'elles permettent d'obtenir dans des conditions bien déterminées, au plan et au nivellement du terrain que représentent ces paysages.

Nous terminerons ce Paragraphe en ajoutant que c'est encore à un peintre toscan du xve siècle, Pietro della Francesca, qu'est due la première solution exacte du problème qui consiste à construire graphiquement la perspective linéaire d'un objet, étant données les positions relatives de cet objet, du tableau et du point de vue ([2]).

Les dernières notions essentielles de la théorie de la Perspective, la considération de la *ligne d'horizon*, du *point principal*, du *point de distance*, de l'*éloignement*, de la *largeur* et de la *hauteur* pour les différents points à placer sur le tableau se trouvaient renfermées dans le trait de Pietro della

---

([1]) Cette dernière a pris ce nom depuis l'invention de la Photographie, celui de *chambre obscure* étant donné à la pièce du laboratoire où l'on révèle les épreuves photographiques.

([2]) *Les origines du trait de perspective*, par M. E. Rouché, publié dans les *Annales du Conservatoire des Arts et Métiers*, 2e série, t. III, 1891; *Traité de Perspective* de Pietro DELLA FRANCESCA (Bibliothèque Nationale, manuscrit avec figures, fonds latin, supplément n° 16).

Francesca, élucidé encore au xvie siècle par Albert Dürer et par le chevalier Commandin d'Urbin (¹).

Nous n'avons pas d'ailleurs à nous arrêter plus longtemps sur l'histoire de la Perspective régulière. Cet art, qui dépend avant tout de la Géométrie, a été habilement pratiqué, depuis cette époque, par beaucoup de grands artistes, peintres, architectes et graveurs, bien que l'on ne puisse pas dire qu'il ait toujours été cultivé comme il le mérite par ceux qui avaient le plus besoin de le connaître.

Quoi qu'il en soit, les règles en sont si bien établies qu'elles ont pu servir depuis longtemps à résoudre le problème inverse de la restitution des monuments et, plus tard enfin, contribuer à la construction des plans, d'après les perspectives exactes obtenues de plus en plus aisément à l'aide de la chambre claire ou de la Photographie.

IV. — *Topographie pittoresque à partir du* xiie *siècle.*

Nous n'avons pas l'intention de revenir sur ce que nous avons dit plus haut des premières manifestations de la *Topographie pittoresque*. Il nous a paru toutefois à propos de donner au moins un aperçu des phases principales par lesquelles a passé cet art depuis l'époque où des documents authentiques permettent d'en suivre les transformations qui devaient le ramener à la Topographie géométrique.

Cette dernière avait, en effet, été très en honneur chez les Grecs et chez les Romains, comme nous l'avons vu (²), mais on ignore ce qu'étaient devenues, après la chute de l'Empire,

---

(¹) Un disciple de Commandin, que nous connaissons déjà comme le premier inventeur du compas de proportion, Guido Ubaldo (Guidubaldo) del Monte, avait publié en 1600, à Pise, un traité de Perspective (*De Perspectivâ libri sex*, in-f°) dans lequel se trouve formulé cet important théorème : *Toutes les lignes parallèles entre elles et à l'horizon, quoique inclinées au plan du tableau, convergent toujours vers un point de la ligne d'horizon, et ce point est celui où cette ligne est rencontrée par la ligne qui est tirée de l'œil parallèlement à l'horizon.*

(²) *Voyez* ce qui est dit au Chapitre I, Paragraphe I de ce Mémoire, de la Géométrie pratique des Grecs, au Paragraphe II du Chapitre II, de l'organisation des *agrimensores* romains, et dans les notes de la fin du second Volume.

les excellentes traditions des géomètres d'Alexandrie et celles des *agrimensores* dont le plan de Rome (*fig.* 138) cité plus haut, et qui date du règne de Septime Sévère, c'est-à-dire du iie siècle, atteste que les méthodes employées pour lever le plan régulier d'une si grande ville étaient sûrement très perfectionnées à cette époque.

Les Grecs, qui avaient transporté d'Alexandrie à Constantinople tant d'autres traditions scientifiques et artistiques, avaient sans doute conservé aussi celles dont il s'agit (¹), et cependant, quand, après la prise de cette dernière ville par les Turcs, au milieu du xve siècle, ils émigrèrent de nouveau et apportèrent leurs arts en Italie, on ne voit pas qu'ils y aient fait connaître les instruments et les méthodes de Géométrie pratique dont nous avons parlé au Chapitre Ier de ces *Recherches*. Les Ouvrages de Ptolémée seuls déterminèrent partout le mouvement de renaissance de l'Astronomie et de la Géographie, et il est facile de reconnaître que si les progrès de cette dernière science déterminèrent, comme on l'a fait justement remarquer, ceux de la Topographie, ce fut à l'aide d'instruments empruntés précisément à Ptolémée, c'est-à-dire d'instruments d'Astronomie de dimensions réduites, peu appropriés à des opérations d'arpentage, dont l'usage persista toutefois pendant si longtemps dans tous les pays de l'Europe.

Il n'est donc pas étonnant que, dans leurs premiers essais de Topographie (en dehors des plans isolés d'édifices), les artistes chrétiens, devenus pourtant de si habiles architectes à partir du xie siècle, aient eu recours uniquement à la Perspective pour représenter tout d'abord les villes célèbres qui avaient été les berceaux de leur religion. Il n'y eut même, au début, dans les images qu'ils composaient très librement, que des indications vagues et le plus souvent tout à fait inexactes.

On en peut voir un premier exemple dans le plan de Jéru-

(¹) Rien ne prouve toutefois qu'ils en aient fait un usage analogue à celui que nous venons de citer pour les *agrimensores,* car c'est aussi à la Topographie pittoresque qu'ils eurent recours pour faire, au xive siècle, les premiers plans un peu intéressants de Constantinople que l'on connaisse.

salem tiré d'un manuscrit du XIIe siècle conservé à la bibliothèque de Bruxelles (¹).

L'un des plus curieux documents du même genre que l'on puisse citer est l'itinéraire de Londres à Jérusalem, de Mathieu Paris, au XIIIe siècle (²), où l'on trouve chacune des villes situées sur le chemin du voyageur figurée soit par une enceinte crénelée, soit par des églises, des clochers, ou même par ces deux espèces de dessins en quelque sorte symboliques le plus souvent, avec une rivière, un fleuve ou la mer grossièrement représentés comme les édifices eux-mêmes. Il est à peine besoin de dire, dès lors, que les vues de Rome et de Jérusalem y sont traitées comme les autres, c'est-à-dire qu'elles sont absolument insignifiantes.

Il en est d'ailleurs de même de tous les essais de Topographie faits sur les cartes et jusque sur les mappemondes du XIe au XVIe siècle reproduites dans les Atlas de Jomard et de Lelewel. En un mot, l'art de la Topographie est peut-être l'un de ceux qui ont éprouvé l'éclipse la plus complète et la plus prolongée.

Avant d'avoir pu songer à le relever, et sans savoir ce qu'il avait été, dès l'aurore de la Renaissance en Italie, les artistes que l'on a qualifiés de primitifs ne s'étaient pas uniquement inspirés des œuvres des peintres et des architectes byzantins; ils avaient été frappés de la grandeur des ruines et des monuments de l'époque impériale restés debout, particulièrement à Rome (³).

Alberti, Bramante et d'autres encore parmi les architectes, les peintres également, depuis Cimabue, furent ainsi conduits à reconstituer ces monuments, et quelques-uns d'entre eux entreprirent même de les représenter dans leur ensemble

---

(¹) Ce plan se trouve reproduit dans l'Atlas de la *Géographie du moyen âge*, de Joachim LELEWEL (Breslau, 1852); et dans *Les Voyageurs anciens et modernes*, par Ed. CHARTON (Paris, 1854).

(²) Manuscrit conservé au Musée britannique, reproduit en *fac-simile* dans *Les Monuments de Géographie*, de JOMARD (Paris, sans date, sous le second Empire).

(³) Il est néanmoins certain que ni les invasions des barbares ni le sac de Rome n'avaient autant dégradé les monuments anciens les plus remarquables et les plus considérables que ne le firent les architectes les plus célèbres de la Renaissance, qui les exploitèrent pour se procurer les matériaux nécessaires à la construction de leurs propres édifices.

pour donner une idée de l'aspect général de la Ville Éternelle.

L'histoire de la topographie de Rome a été faite par les archéologues les plus érudits de notre temps, le comman-

Fig. 141.

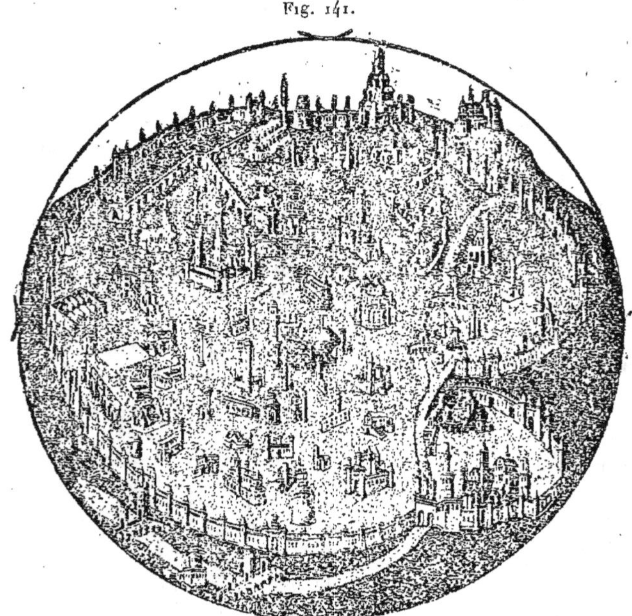

Plan de Rome au XIV° siècle. Miniature du livre d'heures du duc de Berry.

deur Rossi et M. Stevenson en Italie (¹), M. E. Müntz en France (²), le Dʳ Josef Strzygowski, en Autriche (³). Le lecteur

---

(¹) DE ROSSI, *Piante iconografiche di Roma anteriori al secolo XVI.* Roma, 1839. — STEVENSON, *Di una pianta di Roma depinta da Taddeo di Bartolo nella capella interna del Palazzo del comune di Sienna* (1413-1414). (Rome, 1881).

(²) Eugène MÜNTZ, *Les Antiquités de la ville de Rome aux XIV°, XV° et XVI° siècles.* Topographie, documents, collection (Paris, Ernest Leroux; 1886).

(³) Dʳ Josef STRZYGOWSKI, *Cimabue und Roma* (Wien, Alfred Holder; 1880).

qui voudrait l'étudier complètement pourrait donc recourir à
leurs Ouvrages. Nous nous bornerons à reproduire deux plans
pittoresques, l'un sûrement antérieur au xvᵉ siècle, et l'autre
de la fin de ce siècle. Nous les empruntons à l'excellente publication de **M.** Müntz, et nous saisissons cette occasion de

Fig. 142.

PLAN DE ROME EN 1490.
(D'après le *Supplementum Chronicarum.*)

remercier notre savant confrère de tous les renseignements
qu'il a bien voulu nous donner à ce sujet avec la plus extrême
obligeance.

Le premier de ces plans (*fig.* 141), extrait du livre d'heures
du duc Jean de Berry, appartenant à **M.** le duc d'Aumale, présente la plus grande analogie avec le plan peint par Taddeo di
Bartolo, et encore conservé à Sienne, qui, d'après le Dʳ Strzygowski, serait une copie d'un plan dessiné ou peint par Cimabue et, par conséquent, au xiiiᵉ siècle. Le second (*fig.* 142),
beaucoup mieux orienté et plus détaillé, quoique moins étendu,

se rapproche, par la manière dont il est dessiné, de ceux dont nous voulons nous occuper.

Ces exemples, que nous pourrions multiplier, semblent suffisants pour démontrer que la Topographie pittoresque fut celle qui s'imposa lors de la Renaissance, comme elle s'était tout d'abord et naturellement imposée dans l'antiquité.

Nous pensons donc en avoir suffisamment expliqué l'origine et nous allons essayer d'en faire connaître les progrès, particulièrement à partir de l'invention de la Gravure. Jusque-là (si l'on excepte les médailles et les manuscrits sur vélin ornés de miniatures, rarement copiées d'ailleurs) les œuvres des artistes n'avaient qu'un exemplaire (1) et ne pouvaient être, par conséquent, connues que d'un bien petit nombre de privilégiés (2).

La fabrication du papier, qui date du commencement du XIVe siècle, avait permis déjà d'augmenter plus aisément le nombre des copies, mais l'invention de la gravure sur bois, puis celle de la gravure sur cuivre firent bientôt pour le dessin ce que l'invention des caractères mobiles avait fait pour l'écriture. Les images se multiplièrent et se répandirent partout et les artistes en produisirent de plus en plus.

Les vues des villes célèbres, des monuments qui les ornaient, des châteaux forts, des palais et des résidences princières

---

(1) Certains verriers reproduisaient leurs œuvres en conservant les patrons de leurs découpures qui pouvaient servir à répéter les mêmes sujets.

(2) Les albums manuscrits contenant les vues ou les plans des forteresses destinés aux rois ou aux princes n'ont pas toujours été gravés. On peut citer, par exemple, le Recueil en trois volumes des places fortes du royaume fait par les ordres du marquis de Seignelay, pour Louis XIV, avec des frontispices merveilleusement enluminés, d'après les dessins de Lebrun, et le bel Atlas en quatre volumes exécuté au commencement de ce siècle, pour le premier Consul, qui renferme des notices sur les frontières et plus de 250 plans à l'échelle de 6li pour 100 toises; mais il y en a qui datent de beaucoup plus loin ; ainsi, il existe à la Bibliothèque Nationale, au département des Manuscrits, un Recueil des plus intéressants, quoique inachevé, ayant appartenu à Charles VII et qui a pour titre : *Armorial de l'Auvergne et du Bourbonnais,* dans lequel sont représentées des vues de villes et de châteaux, dessinées d'ailleurs très inégalement.

Nous reproduisons l'une de ces vues, celle de la ville de Saint-Pourçain (*fig.* 143), qui donne une idée avantageuse du talent des peintres topographes du XVe siècle et qui montre bien la manière dont ils comprenaient leur art dès lors très attachant.

furent celles qui attirèrent d'abord l'attention du public et,

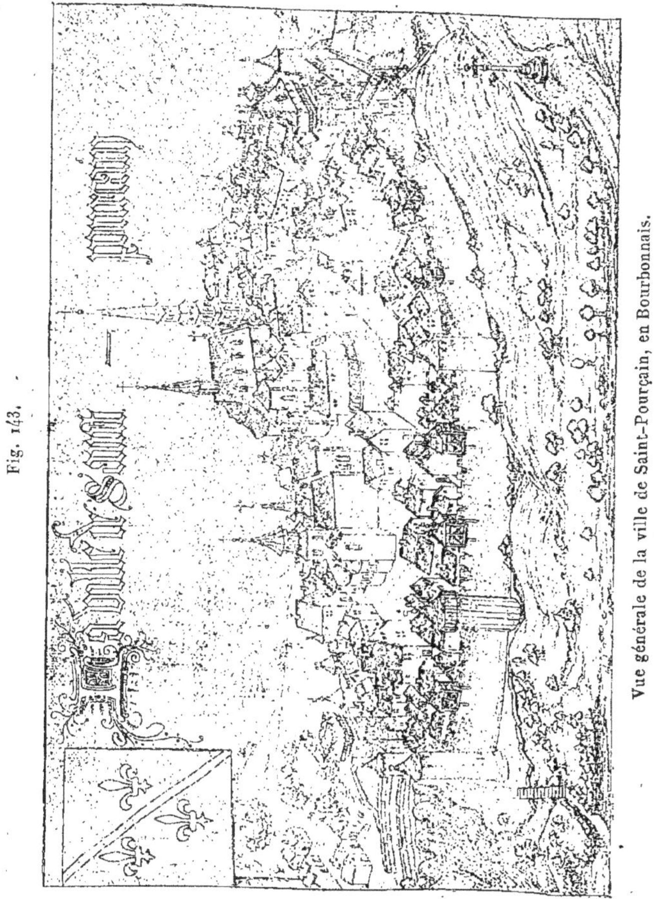

Fig. 143.

Vue générale de la ville de Saint-Pourçain, en Bourbonnais.

depuis le xvie et surtout pendant les xviie et xviiie siècles, on vit
des artistes du plus grand mérite cultiver ce genre de dessin

avec une véritable supériorité et le porter au plus haut degré de perfection.

Il serait à peu près impossible et sans doute inutile de chercher à donner une liste complète des œuvres de cette nature ou même les noms des artistes qui n'ont d'ailleurs pas tous atteint ni mérité la même célébrité. Nous nous contenterons d'indiquer les plus remarquables d'entre ces œuvres que l'on peut consulter dans nos grandes bibliothèques de Paris, aux Archives nationales, au musée Carnavalet et aux Gobelins, en mentionnant seulement pour mémoire un Ouvrage publié à Lyon en 1488, sous le titre : *Des saintes pérégrinations de Jérusalem et des lieux prochains*, etc. (tiré du latin de BREYDENBACH par frère Jean LE HUEN), dans lequel on trouve sept des plus anciennes planches gravées sur cuivre qui représentent les panoramas de Venise, de Parenzo, de Corfou, de Modon, de Candie, de Rhodes et enfin une vue générale de la *Terre Sainte et des lieux circonvoisins* (¹).

Voici d'abord plusieurs importants Ouvrages exclusivement topographiques, le premier et le second du XVIe siècle : *Della Cosmographia universale*, Sebastiano MUNSTER, 1558, et *Civitates Mundi*, Georges BRAUN, 1572-1576 (²), qui contiennent, en effet, des vues générales très intéressantes et même les plans cavaliers d'un grand nombre de villes les plus connues de tous les pays ; nous donnons à titre de spécimen une vue de la ville de Liège (*fig.* 144).

Les trois suivants, qui concernent plus particulièrement la France, sont du XVIIe siècle : *Topographie française*, dessinée par Claude CHATILLON, châlonnais, et mise en lumière par Jean BOISSEAU, Paris, 1648 (³), *Topographie de la Gaule*, MÉRIAN,

---

(¹) *Voir*, à ce sujet, l'*Histoire de la Gravure en France*, par Georges DUPLESSIS (Paris, Rapilly ; 1861).

(²) Bibliothèque Nationale. Ces Ouvrages renferment chacun un plan de Paris en perspective cavalière ; le second de ces plans, gravé sur cuivre, est bien supérieur au premier, qui est gravé sur bois. Ces deux plans ont été reproduits dans le Recueil publié en 1880, aux frais de la Ville de Paris, dont il sera question plus loin.

(³) Bibliothèque Nationale. Ouvrage étendu mais dont les planches sont très inégalement dessinées. Plusieurs vues générales de villes et de forteresses en perspective cavalière sont toutefois intéressantes, mais nous trouverons mieux.

L.   26

1655 (¹), et *Topographia Galliæ*, avec un texte hollandais, Amsterdam, 1660 (²).

Tout le xviie siècle d'ailleurs, particulièrement en France, a

---

(¹) Les deux Mérian, le père et le fils, d'origine suisse, publièrent de 1632 à 1672 de nombreuses vues de villes de l'Europe et de la France, en particulier, sous les titres de *Theatrum Europæum* et de *Topographiæ* (Bibliothèque Nationale, cabinet des Estampes).

(²) Bibliothèque du musée Carnavalet.

vu produire d'admirables chefs-d'œuvre de Topographie pittoresque, très recherchés encore aujourd'hui et qui le méritent, tant sous le rapport de la vérité et de la finesse de l'observation que de l'habileté de l'exécution; sans compter que, trop souvent, les merveilleux monuments qui s'y trouvent représentés n'existent plus.

Il suffira de rappeler les noms de Callot (¹), de La Belle, d'Israël Henriot, d'Israël Silvestre qui ont fait la gloire de l'École de Nancy, auxquels il faut ajouter ceux des collaborateurs et des élèves d'Israël Silvestre, à Paris : Le Pautre, les trois Pérelle, etc., enfin, ceux d'Abraham Bosse, de Beaulieu, de Sébastien Leclerc, de Jean Marot, de Van der Meulen et de Jean Rigaud, pour ne citer que les plus célèbres qui, non contents d'être de grands artistes, connaissaient, pratiquaient et enseignaient la Géométrie et la Perspective.

Plusieurs d'entre eux ont même publié des Ouvrages, excellents pour leur époque, sur les sciences qui les avaient rendus si habiles dans leur art, ou furent attachés comme dessinateurs et graveurs des cartes et des plans au Cabinet du Roi (²).

(¹) Dans l'œuvre de Callot, à la Bibliothèque Nationale, on trouve les plus beaux exemples que l'on puisse donner de la Topographie pittoresque dans les nombreux et merveilleux dessins des sièges de Bréda, de l'île de Ré et de la Rochelle. On reconnaît, d'ailleurs, l'intention formelle de Callot de faire servir ses beaux dessins aussi bien aux ingénieurs qu'aux historiens, dans la présence d'une échelle pour l'évaluation des distances sur la partie principale de la carte. Les gravures des sièges de l'île de Ré et de la Rochelle se trouvent en vente à la *Chalcographie du Louvre*.

(²) Pour peu que l'on étudie les œuvres de ces véritables maîtres, on reconnaît aisément que le Dessin, la Perspective et même la Géométrie appliquée préoccupaient également leur esprit. Ainsi, Abraham Bosse, de Tours, qui fut le disciple et l'ami de Desargues, a publié un grand nombre d'Ouvrages sur l'art de dessiner, sur l'Architecture, la coupe des pierres, la Gnomonique et la Perspective.

Sébastien Leclerc, de Metz, dessinateur et graveur du Cabinet du Roi, était en même temps professeur de Géométrie et de Perspective à l'Académie de Peinture et de Sculpture et à l'École des Gobelins, créée par Colbert. Il avait débuté, en qualité d'ingénieur géographe, par lever les plans des principales places du pays messin et du Verdunois. Venu à Paris dans l'intention d'entrer dans le Service du Génie, il en avait été détourné par Lebrun qui l'avait engagé à se livrer au dessin et à la gravure. Son œuvre artistique est considérable, puisqu'elle se compose de quatre mille estampes, sans compter un grand nombre de dessins, mais il n'a jamais cessé de s'occuper de Géométrie pratique et de Perspective, et de les enseigner en

Les deux genres de dessin, le paysage et la carte ou le plan, ont été souvent associés de la manière la plus intime, et, depuis longtemps, en particulier dans l'établissement des *plans terriers*. On en trouve la preuve dans les plus anciens documents manuscrits conservés aux Archives nationales, sur lesquels il est intéressant de rencontrer quelquefois le nom de l'auteur des vues des édifices à côté de celui du géomètre.

Tel est, par exemple, le plan du fief de Saint-Fiacre, à Paris, en 1567, compris entre la rue Montmartre et le chemin des Poissonniers (depuis rue Poissonnière), où les enclos et les îlots de propriétés sont limités par des bornes avec des distances cotées en perches et où la porte Montmartre et les maisons sont dessinées, comme on l'a dit plus tard, en *demi-perspective* et coloriées. Les deux auteurs de ce plan étaient Jean Rondel, *peintre juré*, et Nicolas Girard, *arpenteur juré* (¹).

Il n'est peut-être pas hors de propos de faire remarquer que, dans ce système, les vues des maisons qui figuraient sur ces

---

même temps que l'Architecture et la fortification. L'un de ses Ouvrages, publié en 1669, était intitulé : *Pratique de la Géométrie sur le papier et sur le terrain;* il fut réédité in-8° en 1688, 1690, 1719, 1735 et 1745, sous le nouveau titre de *Géométrie théorique et pratique*, à l'usage des artistes. Ce livre, orné de charmantes et spirituelles vignettes qui n'étaient pas toujours les mêmes dans les différentes éditions, a eu, pendant près d'un siècle, une vogue extraordinaire, et malgré ou peut-être grâce à la simplicité des instruments et des méthodes qui y étaient indiqués, il a contribué à former des opérateurs et à développer le goût de la Topographie en France.

Van der Meulen, dont les tableaux de sièges et de batailles sont si justement célèbres, n'était pas seulement le grand peintre d'histoire que l'on connaît; il a laissé un nombre considérable de gravures représentant le plus souvent des actions militaires encadrées dans de magnifiques paysages, et, comme Sébastien Leclerc, il a enseigné le Dessin et la Perspective aux Gobelins, où il existe encore bien des études de lui et de quelques-uns de ses élèves qui mériteraient d'être plus connues et conservées avec soin.

(¹) Les professions de peintre juré et d'arpenteur juré ont été exercées quelquefois par les plus grands artistes. On sait, par exemple, que Bernard Palissy était arpenteur, ce qui pourrait expliquer, jusqu'à un certain point, sa tendance à représenter des animaux qu'il était à même d'observer souvent en pratiquant sa profession : des lézards, des serpents, des grenouilles, des limaçons, etc. Il existe aussi, paraît-il, un plan de Limoges, levé et dessiné par Léonard Limosin, arpenteur aussi par conséquent.

vieux plans de propriétés avaient un véritable intérêt, car elles faisaient connaître l'importance de chaque immeuble en tous sens, tandis que sur nos plans actuels, qui en sont privés, on ne trouve que leurs dimensions horizontales.

Nous avons cité le plan en demi-perspective du fief de Saint-Fiacre, parce qu'il y a bien des motifs de supposer que les premiers plans de Paris un peu corrects ont été dessinés à l'aide de documents du même genre.

On comprendra, sans doute, que la Topographie parisienne nous intéresse particulièrement, ne fût-ce que pour ce motif qu'elle a dû exercer le talent des plus habiles dessinateurs et avoir une influence considérable sur tout ce qui a été entrepris ailleurs.

Tout le monde connaît le beau choix des plans de la capitale, publié en 1880, à la demande du Conseil municipal. Ce Recueil est divisé en trois catégories comprenant : la première, les plans rétrospectifs reconstitués plus ou moins hypothétiquement, d'après les renseignements historiques ; la deuxième, les plans exécutés depuis le commencement du xvie siècle, par des contemporains, dans le système mixte d'une esquisse géométrique approximative et de vues en perspective cavalière, à vol d'oiseau ou en élévations, des édifices ou des maisons ; la troisième, les plans géométraux visant à l'exactitude et ne contenant qu'exceptionnellement ou accessoirement des perspectives ou des élévations.

Ce sont les plans de la deuxième catégorie qui répondent surtout à notre objet actuel. Leur étude montre que, dès le début, il s'est trouvé des artistes capables d'entreprendre des œuvres remarquables, dans des conditions qui semblaient cependant bien peu favorables.

Tel est, en laissant de côté les deux que nous avons déjà signalés en note (p. 401), le plan dit *de la Tapisserie*, exécuté de 1512 à 1547, dont l'original a disparu depuis 1788, mais qui avait été reproduit dans une gouache heureusement photographiée avant l'incendie de l'Hôtel de Ville où elle a été détruite, à son tour.

Tels sont encore le plan dit *de Saint-Victor*, de 1555, attribué au célèbre architecte du Pont-Neuf et du Louvre, Jacques

Androuet-Ducerceau (¹), le plan de Vassalin, dit *de Nicolay*, de 1609, celui de Quesnel, également de 1609, et celui de Mathieu Mérian (²), de 1615, qui tous peuvent être considérés comme des œuvres d'art.

Mais le besoin d'une plus grande exactitude du plan proprement dit, à laquelle s'oppose malheureusement l'emploi simultané de la Perspective, devait produire une réaction dès le milieu du XVIIᵉ siècle, et les plans de Jacques Gomboust, en 1652, de l'habile architecte de la porte Saint-Denis, Blondel, qui était aussi un savant ingénieur militaire, et de son collaborateur Bullet, de 1670 à 1676 (³), de l'abbé Jean Delagrive, en 1728, l'un des plus estimés (⁴), et de Roussel, en 1730, sont

---

(¹) Les biographes d'Androuet-Ducerceau ne s'accordent pas sur son mérite comme architecte; les uns le donnent non seulement comme ayant travaillé à la construction du Pont-Neuf et de la galerie du Louvre, mais comme étant l'auteur des hôtels Carnavalet, Bretonvilliers, etc. D'autres contestent l'exactitude de ces faits, ou du moins en atténuent considérablement l'importance. Mais ce qui est absolument certain, c'est qu'Androuet-Ducerceau était un dessinateur des plus spirituels et un très habile graveur. Son livre *Des plus excellents bâtiments de France*, notamment, est une œuvre aussi précieuse que remarquable. Il avait également écrit un *Traité de Perspective.*

(²) L'auteur de la *Topographie de la Gaule*, du *Theatrum Europæum* et l'ami de Callot.

(³) François Blondel n'était pas seulement un grand architecte, il avait beaucoup voyagé en France, en Allemagne, en Turquie, en Égypte, avec les missions les plus diverses. Il avait fait notamment des études de fortification pour plusieurs ports de la Méditerranée, de l'Océan et de la Manche, enfin, pour la défense des Antilles dont il avait été chargé de lever les plans. Il avait même le titre de maréchal des camps et armées du Roi. Bullet, qui était l'élève de Blondel, bien inférieur à son maître, et l'architecte de la porte Saint-Martin, avait été chargé du tracé des alignements des anciennes rues et s'était acquis, dans ces fonctions, une certaine réputation. Il était auteur d'ouvrages sur le nivellement, l'usage du pantomètre, et avait beaucoup pratiqué l'arpentage dans la ville de Paris, en même temps que l'architecture civile.

(⁴) L'abbé Jean Delagrive se vantait beaucoup d'avoir travaillé *pendant deux ans*, « la toise, la chaînette et la boussole à la main », à relever les principaux édifices de Paris, les palais, les églises, les boulevards, les barrières, les bureaux d'octroi, les égouts, etc.; il était allé jusqu'à compter les arbres des avenues. Aussi son plan était-il considéré comme une merveille et il avait reçu lui-même le titre de géographe de la ville de Paris.

L'abbé Delagrive est aussi l'auteur de l'une des premières Cartes des environs de Paris qui mérite d'être citée pour le soin avec lequel elle est dessinée et gravée.

généralement dessinés linéairement, la perspective n'y figurant plus que rarement et comme un accessoire.

De 1734 à 1739, cependant, le prévôt des marchands, Michel-Étienne Turgot, le père du ministre de Louis XVI, faisait exécuter par Louis Brettez un admirable plan, sur lequel la Perspective cavalière reparaissait dans tout son éclat, avec toutes ses séductions.

« Le dit plan, prévenait-on toutefois dans une Note, n'est point géométral, mais plus pour la curiosité que pour l'utilité. »

C'était, en effet, le chant du cygne de ce système, et tous les plans qui viennent après, depuis celui de Robert de Vaugondy, en 1760, jusqu'au plus parfait de tous, le beau plan de Verniquet, comme on l'a toujours justement désigné, sont exclusivement géométraux (¹).

Il y a lieu pourtant de faire remarquer que la plupart des auteurs de ces derniers plans regrettaient visiblement l'abandon complet de la Perspective, car ils s'efforçaient de rompre la monotonie de leur dessin purement linéaire, en l'agrémentant en marge de vues pittoresques des principaux monuments de Paris ou bien encore des résidences ou, comme on disait alors, des maisons royales des environs : Versailles, Fontainebleau, Meudon, etc.

Mais ce qu'il importe surtout de signaler chez plusieurs d'entre eux, aussi bien que chez ceux qui avaient exécuté les plus beaux plans à vol d'oiseau, c'est l'intention de figurer le relief du terrain à l'aide de hachures produisant des tons variés pour accuser les pentes plus ou moins fortes. Cette intention, nous le répétons, s'est fait sentir tout à fait naturellement avant l'abandon de la Perspective, en remplacement d'une imitation toujours bien incomplète de la nature, et l'on ne saurait douter que les *hachures* qui ont joué un si grand rôle

---

(¹) La grande supériorité du plan de Verniquet sur tous ceux qui l'avaient précédé tenait à ce qu'il avait été appuyé à une triangulation faite avec le plus grand soin. Les détails avaient été également levés et dessinés avec une grande recherche de précision, par un personnel choisi, parfaitement dirigé, et à la fin même par les ingénieurs-géographes. Le nouveau plan de Paris, exécuté sous l'administration de M. Haussmann, embrasse une plus grande étendue, mais ne lui est pas supérieur.

dans le dessin des cartes, depuis le milieu du siècle dernier, soient la preuve la plus frappante de l'influence qu'ont exercée sur l'esprit des géomètres le talent des graveurs et les procédés dont ils faisaient usage.

V. — *Régularisation du dessin topographique en France et spécialement dans l'armée.*

Pendant tout le moyen âge et jusqu'à l'invention de la poudre ou plus exactement des bouches à feu, la fortification des villes et des châteaux avait un très grand relief et son architecture était des plus pittoresques. Cela aurait suffi à justifier l'emploi que l'on faisait alors exclusivement de la Perspective cavalière qui était seule en état de donner une idée exacte de cette fortification et même, le plus souvent, du site choisi pour l'y installer, non moins pittoresque.

Nous renvoyons, à ce sujet, le lecteur aux manuscrits et aux Ouvrages anciens que nous avons déjà cités, enfin, à l'excellent *Essai sur l'Architecture militaire au moyen âge*, de Viollet-Leduc, dans lequel il trouvera des exemples originaux empruntés aux sources indiquées ou des restitutions faites de main de maître.

La vue cavalière que nous reproduisons de la restitution du château de Bourbon-l'Archambault (*fig.* 145), due à M. Gélis-Didot, n'est pas moins digne d'être donnée comme un modèle.

Même après la transformation de la fortification, l'invention du bastion d'un relief généralement faible et son usage de plus en plus répandu en Italie, en France, en Hollande et en Allemagne, on vit, pendant longtemps encore, les ingénieurs militaires accompagner leurs plans de perspectives cavalières. Nous citerons seulement les deux auteurs suivants : le célèbre Daniel Speckle, architecte de la ville de Strasbourg, qui, dans son beau livre publié en 1589 (¹), où l'on trouve nécessaire-

---

(¹) *Architectura von Vestungen*, etc., durch Daniel SPECKLE, *der Statt Strassburg bestellten Baumeister*, 1589 (Bibliothèque du Dépôt des Fortifications).

Fig. 145.

Vue cavalière du château de Bourbon-l'Archambault.

ment encore beaucoup d'exemples de forteresses en nids

d'aigle, indique la construction d'enceintes bastionnées en terrain horizontal et la manière de mettre en perspective le plan géométral qu'il en a donné; et le chevalier Antoine Deville qui, indépendamment de son Ouvrage classique sur les fortifications, a publié, à Lyon, en 1639, à propos du siège de la ville de Hesdin, fortifiée par Errard, de Bar-le-Duc, également en terrain plat, une description de cette ville, du pays, des campements et de la circonvallation, le tout dessiné en perspective cavalière.

Cette manière de représenter les sièges et les autres actions de guerre était alors générale et ne devait jamais cesser d'être appréciée. Nous avons déjà parlé des merveilleux dessins de Callot, dont nous donnons un extrait à titre de spécimen (*Pl. III*), et nous citerons encore, pour le règne de Louis XIII, les estampes qui accompagnent l'Ouvrage intitulé : *La Vie triomphante de Louis le Juste*, par le sieur BARRY, historiographe de France ([1]), puis, pour le règne de Louis XIV, *Les glorieuses Conquêtes de Louis le Grand*, par Sébastien PONTAULT, seigneur de BEAULIEU ([2]), ingénieur et géographe ordinaire du Roi, sergent de bataille des camps et armées de Sa Majesté; enfin, sous le règne de Louis XV, une série de belles estampes de Jean RIGAUD dans son œuvre des *Maisons royales de France*, ayant pour titre général : *Représentation des actions les plus considérables du siège d'une place, depuis l'ouverture de la tranchée jusqu'au pillage de la ville*, qui est supposée être Barcelone, et il y en aurait bien d'autres à mentionner.

L'excellent historien des ingénieurs militaires et du corps du Génie, le colonel Augoyat, se récrie sur ce que, dans un article d'ailleurs inexact sur Beaulieu, la *Biographie universelle* le présente comme le créateur de la Topographie militaire sous Louis XIV, « honneur, dit-il, qu'on peut lui contester,

---

([1]) Bibliothèque Nationale.

([2]) Beaulieu était à la fois un excellent topographe, un habile dessinateur et un très brave soldat. Il était entré au service à l'âge de quinze ans, avait assisté à un grand nombre d'actions de guerre et avait eu un bras emporté au siège de Philippsbourg. Il avait consacré sa fortune à l'accomplissement de l'œuvre dont il s'agit, recueillie après sa mort, et réunie en deux volumes publiés à Paris en 1679 et connue sous le nom de *Grand Beaulieu*.

car ses plans appartiennent plutôt à la Perspective cavalière qu'à la Topographie proprement dite ».

Cette opinion de l'un des hommes en qui nous avons toujours trouvé un guide des plus éclairés ne doit cependant pas nous empêcher de considérer Beaulieu et avec lui plusieurs des grands dessinateurs, ses contemporains, que nous avons cités plus haut, Sébastien Leclerc et Le Pautre entre autres, comme les promoteurs d'une véritable transformation du dessin topographique dans les œuvres destinées au public.

On trouve, en effet, pour nous en tenir à Beaulieu, que son Recueil ayant pour titre : *Les glorieuses Conquêtes de Louis le Grand, où sont représentés les cartes, profils, plans des villes avec leurs attaques, combats, batailles,* etc., est bien nommé, car, à côté des vues pittoresques et des scènes à personnages, on y trouve aussi de nombreux plans géométriques et de véritables cartes topographiques. Selon nous, il faut voir dans cette œuvre et dans les belles gravures des autres auteurs qui en ont été rapprochées (¹) une association des plus heureuses et des plus habiles entre la Perspective cavalière ou même le paysage proprement dit et la Topographie régulière. Il s'agissait, en effet, à l'époque dont nous nous occupons, de familiariser par transition la Cour, les gens du monde et souvent même les chefs militaires également mondains avec la rigueur géométrique toujours un peu froide.

Nous voudrions pouvoir mettre sous les yeux du lecteur de plus nombreux spécimens de cette merveilleuse Topographie à la fois géométrique, artistique et même élégante, comme tout ce qui portait le cachet du Grand Roi, mais, obligé de nous réduire, nous choisissons le plan du siège de Béthune avec le profil de cette ville par Beaulieu (*Pl. IV* et *V*), le plan et une vue de la ville de Charleroy dédiés à Vauban par Le Pautre

---

(¹) On trouve en vente à la *Chalcographie du Louvre,* une série de ces gravures, dont la plupart sont de véritables tableaux, mais presque toujours accompagnés de plans géométriques. Cette série se compose de 176 planches signées par les artistes suivants : Beaulieu, Séb. Leclerc, D. Marot, P. Le Pautre, G. Pérelle, N. Pérelle, Louis de Châtillon, Colin, F. Ertinger, J. Dolivar, Moyse, N. Cochin, Loisel.

(*Pl. VI*), enfin une vue du château de Vincennes par Van der Meulen (*Pl. VII*).

Les deux premiers documents justifient suffisamment ce que nous venons de dire de l'évolution si importante de la Topographie, et le troisième montre avec quel soin les plus grands peintres appliquaient les principes de la Perspective, car il est évident que la vue plongeante du château de Vincennes et de ses jardins a été exécutée d'après un plan exact et les élévations des édifices. C'est cet art en même temps que celui du dessin et de la composition que Sébastien Leclerc et Van der Meulen lui-même enseignaient, ce dernier à l'École des Gobelins, où l'on peut encore en retrouver des traces sur les esquisses conservées dans cet établissement (¹).

L'histoire de la transformation de l'art de la Topographie en France est essentiellement liée à celle de l'organisation de la défense de notre pays, à partir de la constitution de son unité. Si, comme le fait très justement remarquer le colonel Augoyat, la protection des frontières du Royaume, à l'aide de forteresses convenablement situées, a commencé à être entreprise méthodiquement sous François Ier et continuée par Henri IV, tout le monde sait que cette œuvre n'a été achevée que sous Louis XIV et par Vauban. L'étude détaillée et attentive des frontières de terre et de mer, à l'aide du dessin aussi bien que des autres moyens d'observation et d'investigation dont on disposait à cette époque, a été provoquée par des ministres éclairés et dirigée par des hommes de guerre expérimentés qui avaient mission de veiller à la sécurité du territoire et qui s'en acquittaient à merveille.

Louis XIV avait créé l'Observatoire de Paris, en grande partie pour faciliter les travaux astronomiques et géodésiques destinés à l'étude de la figure de la Terre et à la rectification de la Carte de France; il avait un Cabinet topographique dans lequel il faisait entrer les dessinateurs et les graveurs les plus habiles.

Tout gravitait autour de ce monarque dont l'activité prodigieuse et la haute intelligence égalaient la magnificence. Les

---

(¹) La *Chalcographie du Louvre* met encore à la disposition du public les gravures d'un grand nombre des merveilleux tableaux de Van der Meulen.

travaux qu'il faisait entreprendre pour la défense du pays, la création, l'amélioration des ports, les routes qui traversaient la France et rapprochaient les provinces les plus éloignées, le canal du Languedoc unissant l'Océan à la Méditerranée, toutes ces grandes œuvres si éminemment utiles compensaient ou tout au moins atténuaient, au point de vue immédiat de l'intérêt national, l'effet des prodigalités du Roi à Versailles, à Marly et dans tant d'autres fastueuses résidences ([1]). Mais partout il lui avait fallu et il avait eu l'heureuse fortune de rencontrer des hommes du plus grand mérite pour réaliser ses vastes projets et jusqu'à ses fantaisies.

Sans parler des admirables artistes qui construisaient et décoraient ses palais, en n'envisageant que les études de terrain qui sont de notre sujet et les travaux prodigieux qui rappelaient ceux des Romains, les noms de Vauban, de Riquet, de Le Nôtre ([2]) se présentent aussitôt à l'esprit, et l'on se souvient que Perrault traduisait Vitruve et essayait de restituer ses dessins, non seulement pour les architectes, mais aussi pour les ingénieurs qui devaient retrouver dans cet auteur célèbre la trace de précieuses traditions encore peu ou mal connues.

On sait la correction des plans de fortification exécutés sous la direction ou le contrôle de Vauban, et l'on peut ima-

---

([1]) A propos de Versailles, un publiciste de nos jours fait les réflexions suivantes dont il y a lieu de tenir grand compte :

« Si l'on considère que la construction et la décoration du palais ont largement profité au développement des arts, contribué à établir la supériorité des peintres, des sculpteurs et des architectes de notre pays sur toute l'Europe, ont singulièrement développé l'activité industrielle de la France, on reconnaîtra peut-être que ces prodigalités ne sont pas restées stériles. » (Jules GUIFFRET, *Le château de Versailles*, dans *La France artistique et monumentale* publiée par M. Henry HAVARD à la Librairie illustrée.)

([1]) On s'étonnera peut-être du rapprochement des noms de Vauban et de Le Nôtre. Sans vouloir établir aucune comparaison, on ne saurait méconnaître les genres de mérite si variés que suppose l'œuvre de Le Nôtre. Rien qu'à Versailles, l'agrandissement et l'embellissement du parc de Louis XIII, les marais fangeux du fond devenus le grand Canal, la dérivation de l'Eure, l'aqueduc de Maintenon, les réservoirs de Satory, en un mot la machinerie des *grandes eaux*, lui font autant d'honneur qu'aux ingénieurs célèbres qui ont concouru à l'accomplissement de cette féerie ajoutée à toutes celles qu'il avait réalisées avec ses plantations et ses tapis de verdure, en préparant un cadre merveilleux aux œuvres de tant d'artistes de génie.

giner le charme et la précision des projets de Le Nôtre comportant des vues pittoresques dessinées et souvent même peintes avec un talent qui enthousiasmait le Roi (¹).

Les dessins, on pourrait dire les tableaux de Le Nôtre (qui avait été l'élève de Simon Vouet en même temps que Lebrun), rendaient mieux compte des aspects futurs des jardins que les plans les plus détaillés et les plus parfaits que l'habile homme savait d'ailleurs dresser mieux que personne. Le Roi examinait tout, mais il s'arrêtait avec plus de complaisance aux paysages pour l'agrément qu'ils lui procuraient par avance. Ce goût très avouable pour les effets naturels expliquerait, au besoin, la composition du Cabinet topographique de Louis XIV et les œuvres artistiques qui s'y exécutaient, si nous ne savions pas que la Topographie pittoresque, pendant si longtemps en honneur, ne paraissait pas encore devoir être abandonnée entièrement, sous prétexte d'exactitude géométrique. Il ne faudrait pas oublier d'ailleurs que le Grand Roi était loin de dédaigner le côté scientifique; nous venons de rappeler qu'il avait fondé l'Observatoire dans le double but d'encourager l'Astronomie et la Géodésie, et les traditions de l'illustre Picard devaient se perpétuer là aussi bien qu'à l'Académie des Sciences. Le projet d'une Carte de France appuyée à une vaste triangulation était déjà conçu, bien qu'il ne dût être réalisé que plus tard (²). Mais la topographie des détails dont l'utilité est immédiate et à laquelle il faut toujours revenir, en définitive, n'intéressait pas moins le monarque et il avait eu dès lors la grande satisfaction de la voir entre les mains les plus habiles. Il eût été bien à souhaiter que la distinction ainsi établie entre les savants et les artistes se fût maintenue.

(¹) On raconte que, pour l'un de ces projets, à mesure que Le Nôtre lui en montrait les détails merveilleusement rendus, Louis XIV l'avait interrompu trois fois en s'écriant : « Mon ami, je vous donne 30 000 livres pour celui-là, » et qu'à la troisième fois le brave jardinier s'était arrêté en menaçant Sa Majesté de ne pas lui faire voir le reste, « ne voulant pas la ruiner ».

(²) La *Carte de Cassini,* dont il sera question plus loin, s'était d'abord appelée *Carte de l'Académie,* parce que c'était, en effet, à l'Académie qu'on avait songé à l'entreprendre, comme on y avait songé à mesurer des degrés du méridien à des latitudes différentes pour déterminer la figure de la Terre.

Au surplus, les plus illustres géographes de ce temps, à commencer par Sanson, d'Abbeville ([1]), cherchaient à donner un aspect agréable à leurs cartes, dès que la grandeur de l'échelle le permettait. La méthode qu'ils employaient pour exprimer le relief du terrain et qui avait eu partout un grand succès, notamment en Hollande où les Atlas célèbres de Mercator et d'Ortélius avaient paru au siècle précédent, consistait à représenter les montagnes par des séries de mamelons dessinés en perspective, rabattus dans le sens du Sud au Nord et éclairés du côté de l'Est (la carte étant supposée orientée le Nord en haut) ([2]). On en trouvera un exemple sur la *Pl. VIII*, reproduction réduite de la Carte d'une partie de l'Andalousie.

Il était donc naturel que les topographes eussent une tendance à continuer à faire usage d'une convention qui rattachait leur art au paysage et à laquelle on a donné, comme on sait, le nom de *demi-perspective*.

Nous avons vu cependant, par les exemples empruntés à

([1]) Sanson était justement estimé, particulièrement à la Cour, où il ne fréquentait pas. Les princes, les maréchaux allaient le consulter. Louis XIII, pour s'instruire, avait été son hôte, et il avait donné également des leçons au jeune roi Louis XIV. Ses cartes semi-topographiques, comme celles d'Ortélius et de Mercator, avaient un grand charme, une grande clarté qui font trop souvent défaut à nos cartes modernes, en dépit de leur exactitude. Celles-ci sont, en effet, généralement chargées de détails plus nombreux que n'en comporteraient leurs échelles, ce qui déroute et dépite souvent le lecteur.

([2]) On a l'habitude de tourner en ridicule ce mode de représentation qui avait, en effet, dégénéré entre des mains moins exercées. Ainsi, on a pu comparer des chaînes de montagnes tracées irrégulièrement ou uniformément tantôt à des pains de sucre et tantôt à des accents circonflexes emboîtés les uns dans les autres, et Lacroix disait avec raison qu'il eût autant valu écrire sur la carte : « Ici il y a des montagnes. » Mais, si cette critique est méritée par beaucoup de géographes maladroits, il n'est assurément pas permis de l'étendre sans ménagements aux œuvres des auteurs que nous venons de citer ni à celles de plusieurs de leurs successeurs. Sans doute, la *Cartographie* proprement dite et le figuré des montagnes en particulier laissèrent nécessairement beaucoup à désirer tant que l'on n'eut pas recours à la triangulation, et tant que les montagnes restèrent difficiles sinon impossibles à explorer; mais à chaque jour suffit sa peine, et l'on serait mal venu à méconnaître, malgré quelques imperfections jusque-là inévitables, les admirables progrès du *dessin topographique*, du XVIᵉ au XVIIIᵉ siècle. C'est cependant ce qu'ont fait ceux qui ont cru voir naître la Topographie avec la Carte de Cassini, bien loin elle-même d'être sans défauts et qui a plutôt fait faire un pas en arrière à l'*Art de figurer le terrain*.

Beaulieu et à Le Pautre, que l'on commençait à dessiner séparément le plan et les profils, c'est-à-dire les vues pittoresques, et que les demi-perspectives, quand elles étaient conservées, ne s'appliquaient plus qu'aux villages, aux groupes de maisons isolées et aux arbres, les accidents du terrain étant projetés horizontalement comme tous les détails du plan, mais accusés, mis en relief au moyen d'ombres supposées déterminées par une *lumière oblique* dirigée du Nord-Ouest au Sud-Est.

A la fin du XVIIe siècle, d'ailleurs, il n'y avait pas que le Cabinet topographique du Roi ; Louvois avait déjà fait réunir dans son hôtel un grand nombre de plans, de cartes et de Mémoires militaires concernant la France et les pays voisins, dont l'ensemble devint par la suite le noyau du *Dépôt de la Guerre.* Les officiers du génie, appelés d'abord *ingénieurs du roi,* faisaient les plans et les projets des places fortes et la reconnaissance des frontières ; enfin, en 1696, Vauban, pour les soulager, avait obtenu la création d'un corps d'ingénieurs-géographes ou *des camps et armées,* rappelant les *castrorum metatores* des Romains, chargés spécialement de lever les plans des champs de bataille, de faire les cartes des frontières et celles des pays parcourus par les armées. Cependant les officiers du génie ne pouvaient ni ne devaient se désintéresser de l'étude des frontières, et il s'en trouva toujours qui, instinctivement pourrait-on dire, s'attachèrent à pratiquer et à perfectionner la Topographie. On croit même que, par esprit de rivalité, ils provoquèrent, une première fois, la suppression des ingénieurs-géographes en 1791.

Quoi qu'il en soit, cette rivalité n'a pas été stérile, et nous allons essayer de donner une idée de l'influence de chacun des deux corps sur les progrès d'un art qu'ils cultivaient avec une véritable passion et une grande préoccupation patriotique.

Les ingénieurs des camps et armées, comme les ingénieurs militaires, étaient nommés immédiatement après un examen fait par un chef autorisé. Pendant plus d'un demi-siècle, les uns et les autres n'eurent d'autre école que la tradition et les exercices dans le cabinet ou sur le terrain. Il en fut toujours ainsi d'ailleurs pour les ingénieurs-géographes jusqu'à la fin de la première période de leur existence ; il n'y avait donc pour eux qu'une sorte d'enseignement mutuel, et, parmi les Ouvrages qu'ils pouvaient étudier, l'excellent petit Traité de Sébastien Leclerc dut tenir pendant longtemps l'un des premiers rangs (¹). Ajoutons qu'à l'époque où le corps fut tout à fait constitué, sur trente membres dont il était composé, il y avait deux peintres de batailles qui enseignaient le paysage aux lieutenants, qualifiés quelquefois d'élèves, au nombre de seize. On devine la place que devait occuper le dessin artistique dans cette organisation très simple, dirigée vers un but unique.

Pour les officiers du génie, dont les fonctions étaient au contraire multiples, on jugea nécessaire, à partir de 1748, d'avoir une École; celle-ci fut installée à Mézières, où les cours de Mathématiques et de Physique étaient faits généralement par des maîtres éminents, tandis que le dessin de la fortification et les problèmes auxquels donnaient lieu le tracé des ouvrages et leur défilement y suscitèrent, comme nous allons le voir, la recherche d'une représentation géométrique du relief du terrain de plus en plus rigoureuse (²).

Le dessin de paysage n'était pas négligé pour cela; on l'exigeait même pour l'admission à cette École, et les élèves du génie, comme ceux du corps des ingénieurs des camps et armées, étaient exercés à faire des croquis rapides et des vues pittoresques d'après nature.

A cette époque, dans la Topographie à grande échelle em-

(¹) Un autre Ouvrage, très en vogue à partir du commencement du XVIIIᵉ siècle, était le *Traité de la construction et de l'usage des instruments de Mathématiques,* de BION (2ᵉ édit.; Paris, 1716). L'auteur, ingénieur du Roi pour les instruments de Mathématiques, était un habile constructeur. Cet Ouvrage contenait tous les détails nécessaires sur les instruments particulièrement destinés aux ingénieurs militaires et sur les opérations qu'ils servaient à faire sur le terrain, celles de l'artillerie comprises.

(²) A la date précise de 1748, Milet de Mureau, qui fut directeur des fortifications et qui devint ministre de la guerre en 1799, avait eu, le premier, l'idée d'écrire sur les plans les cotes de nivellement des points de la fortification. Il en avait prévu toutes les conséquences et avait indiqué, pour définir le relief du terrain, l'emploi de lignes droites parallèles représentant les projections ou les traces de profils définis par des cotes de nivellement inscrites aux points des changements de pente. Telle est l'origine des *plans cotés,* mais cette notation si simple et si précieuse tarda encore longtemps avant d'être adoptée. (*Voyez* AUGOYAT, *Essai historique sur les fortifications, les ingénieurs et le corps du Génie,* t. II. Paris, Tanera; 1860-1864.)

L.

ployée pour les plans de fortification, on ne faisait plus guère usage que de la projection horizontale et de teintes coloriées conventionnelles pour aider à juger rapidement la nature des ouvrages et celle du terrain environnant. Mais, sur les cartes qui comprenaient d'assez grandes étendues de pays, et par conséquent à plus petite échelle, on avait encore souvent recours à la *demi-perspective*, c'est-à-dire au rabattement des maisons, des arbres et même des accidents de terrain. Cependant, cette pratique avait fini par être à peu près abandonnée et on lui avait justement préféré les effets d'ombres produisant la sensation du relief, en renonçant d'ailleurs à donner une idée de la saillie des constructions et en n'employant que rarement la demi-perspective pour les arbres seuls quand on voulait en faire distinguer l'essence.

C'est ce dernier système, connu sous le nom de *lumière oblique*, qui a, sans contredit, donné naissance aux plus belles œuvres topographiques.

Les ingénieurs-géographes paraissent avoir eu la plus grande part au choix raisonné de ce système et à celui des principaux signes conventionnels adoptés pour représenter sur les cartes, en pays de montagnes et en pays de plaines, les routes, chemins, sentiers, les travaux d'art, les groupes d'habitations, les divisions et la nature des cultures, les bois, les friches, les landes, les marais, les dunes, etc.

Plusieurs d'entre eux avaient acquis, dès la fin du règne de Louis XIV et sous les règnes de Louis XV et de Louis XVI, une réputation méritée et rendu les plus grands services à l'armée [1]. Les Masse, le père et le fils, La Blottière, Roussel, Montannel, les deux Bourcet, aidés d'autres dont les noms sont moins connus, avaient levé les Cartes de la frontière du Nord, des provinces du littoral, des Pyrénées et des Alpes, et un officier du génie du plus grand mérite, d'Arçon, levait un peu plus tard celles du Jura et des Vosges, achevant ainsi l'étude de nos frontières sur toute leur étendue [2].

---

[1] *Voyez* à ce sujet l'*Essai historique*, déjà cité, du colonel AUGOYAT.

[2] D'Arçon, qui dessinait admirablement, chargé d'abord de continuer et de compléter la Carte des Alpes de Bourcet, déjà si remarquable, avait reçu l'ordre, en 1779, d'entreprendre les levers du Jura et des Vosges qui

Pendant les règnes de Louis XV et de Louis XVI, les ingénieurs-géographes, rattachés au corps du Génie en 1777, avaient été chargés également de faire les cartes de plusieurs de nos colonies et, en dernier lieu, avec l'aide d'arpenteurs du cadastre, celle de la Corse dont la triangulation avait été exécutée avec beaucoup de soin par l'astronome Tranchot, colonel des ingénieurs-géographes.

L'instruction théorique des officiers de ce corps s'était, en effet, beaucoup perfectionnée, et il renfermait des éléments excellents quand il fut maladroitement supprimé, comme nous l'avons dit, en 1791, pour être d'ailleurs rétabli à peine deux ans après.

Plusieurs des cartes auxquelles nous venons de faire allusion ont été publiées, par exemple celle des Pyrénées, par Roussel et La Blottière, d'une exécution médiocre, et celle des Alpes du haut Dauphiné, par Bourcet, encore aujourd'hui très intéressante; mais il existe en outre, au Dépôt des Fortifications, un assez grand nombre de minutes fort belles qui mériteraient d'être mises en lumière pour l'édification de la génération actuelle.

On a publié, à des époques plus récentes, la Carte de la Corse à l'échelle de $\frac{1}{100,000}$ et celle de l'Égypte à la même échelle ([1]), levée avec le concours d'officiers du génie et d'ingénieurs des Ponts et Chaussées attachés à l'expédition, dont l'exé-

---

ne lui firent pas moins d'honneur. En 1776, pendant qu'il travaillait dans les Alpes, ayant sous ses ordres huit officiers du génie, il y vit arriver d'autres opérateurs beaucoup moins capables et moins soigneux, et ne put contenir son mécontentement et son profond dédain. « Des géographes se disant ingénieurs (dans le fait *ouvriers de M. de Cassini*, membre de l'Académie des Sciences), écrivait-il au Ministre, se sont répandus sur cette frontière pour le travail d'une carte détaillée dont cet Académicien, en vertu d'un arrêt du Conseil, a obtenu la publication pour toutes les provinces du Royaume.... Je n'insisterai pas sur le désagrément d'une sorte de conflit indécent entre les officiers d'un corps respectable et des gens qui, se disant ingénieurs et de plus académiciens, ne dédaignent pas pourtant de se faire payer à boire par les communautés, les constituer en frais, en exiger des corvées, s'enivrer avec les paysans. » (Introduction au t. III des *Documents inédits relatifs au Dauphiné*, édité par les soins de M. A. DE ROCHAS D'AIGLUN. Grenoble, Ed. Allier; 1875.)

([1]) Sans compter un grand nombre de plans de villes à l'échelle de $\frac{1}{5000}$.

cution est toujours inspirée des traditions des ingénieurs-géographes.

Ces traditions, c'est-à-dire le système de la lumière oblique et les signes conventionnels appropriés aux échelles des cartes et à la nature du pays, se retrouvent dans la plupart des Atlas militaires français du premier tiers de ce siècle et se sont heureusement perpétuées sans interruption dans l'un de nos plus importants services publics, celui de l'Hydrographie maritime.

Pour faire juger de l'excellent effet du système de la lumière oblique, nous donnons ici (*Pl. IX*) une réduction de la Carte de l'île de la Martinique, levée, de 1763 à 1766, par les ingénieurs des camps et armées et gravée, en 1831, au Dépôt de la Marine, d'après le rendu de M. l'ingénieur-hydrographe Bourguignon–Duperré.

Nous ne devons pas omettre, en parlant des travaux des ingénieurs-géographes au siècle dernier, de mentionner la célèbre *Carte* dite *des Chasses du Roi*, à l'échelle de $\frac{1}{28800}$, ayant Versailles pour centre et un rayon de 14 lieues; Berthier père, qui l'avait entreprise en 1764, prétendait en faire un modèle achevé de Topographie pour les officiers du corps, et il est permis de supposer que, pour atteindre ce but, il eût conservé la lumière oblique. Mais la gravure de cette carte ayant été interrompue pendant un grand nombre d'années, ce système fut abandonné et remplacé par un autre, qualifié de *lumière verticale* ou *zénithale*, sur lequel nous reviendrons bientôt. Cette œuvre n'en est pas moins tout à fait remarquable par la perfection des détails et de la gravure, ce qui ne saurait nous empêcher de regretter le modèle promis, en ajoutant toutefois que, la région embrassée par cette carte ne comprenant que des pays de collines, ce modèle eût encore été insuffisant pour les pays de montagnes.

Dès le commencement du siècle actuel, la nécessité d'avoir un guide précis pour rédiger et dessiner les cartes se faisait sentir en France, non seulement parmi les géographes, mais dans les différents services publics, et une Commission, composée des représentants les plus autorisés de ces services, avait été instituée en 1802, sous la présidence du général Sanson, inspecteur général du génie et directeur du Dépôt de la Guerre (¹).

Nous indiquerons plus loin les conclusions principales auxquelles elle était arrivée, mais il convient auparavant de remonter un peu plus haut pour faire connaître la part prise par l'École de Mézières à une innovation ou, pour mieux dire, à une véritable invention dont l'influence sur les conventions du dessin topographique a été décisive.

VI. — *Du dessin topographique moderne.*

Nous arrivons, en effet, à l'époque la plus intéressante de l'histoire de ce dessin qui a donné lieu à tant d'essais plus ou moins heureux, plus ou moins imparfaits, où le lever du relief du terrain va prendre autant d'importance que celui de la planimétrie, sans que, pour cela, la période des tâtonnements faits pour exprimer ce relief soit encore close.

On a vu que c'est vers le milieu, il faut dire plutôt pendant la seconde moitié du xviiie siècle, que l'on a commencé à coter les plans et, en examinant les cartes géographiques plus anciennes ou même postérieures, la *Carte de Cassini* entre autres, on reconnaît, en effet, partout l'absence des cotes d'altitude.

Sur certaines cartes marines seulement, on avait été conduit de bonne heure à inscrire les résultats des sondages sur des points dangereux pour avertir les navigateurs, et, dès 1729, l'ingénieur hollandais Cruquius avait eu l'idée d'accuser d'une manière sensible les formes et les accidents du fond de la Mer-

---

(¹) *Procès-verbal* de la Commission chargée par les différents services publics intéressés à la perfection de la Topographie, de simplifier et de rendre uniformes les signes et les conventions en usage dans les cartes, les plans et les dessins topographiques (*Mémorial du Dépôt général de la Guerre*, t. II; 1803, 1805 et 1810). Le Dépôt de la Guerre datait de 1688 et avait été fondé, comme nous l'avons dit, par Louvois. Il contenait des documents militaires de toute nature : Ouvrages, Mémoires, Cartes géographiques et topographiques. A partir de 1793, Carnot, qui avait tiré de ce Dépôt les éléments de son cabinet topographique, avait contribué à étendre considérablement ses attributions.

wede et de celui de la Meuse, à son embouchure, en unissant par des courbes continues les points d'égale profondeur (¹).

La même idée était venue, en 1737, au célèbre géographe et hydrographe français Philippe Buache, qui, sur une *Carte du canal de la Manche et d'une partie de la mer d'Allemagne*, avait représenté le fond de la mer et les talus immergés des côtes à l'aide de ces *courbes* dites de *niveau* (²).

Buache avait publié cette méthode en 1752 et y était revenu en 1771; un autre Français, Ducarla, avait proposé de l'employer au-dessus du niveau de la mer et principalement pour figurer les montagnes. Après l'avoir appliquée lui-même dès 1765 en Suisse, avec l'aide d'un éditeur nommé Dupain-Triel, il avait exécuté la première *Carte hypsométrique de la France*, qui était et ne pouvait être qu'une ébauche grossière, simplement destinée à montrer le chemin (³).

Quelques années auparavant, vers 1768, on s'occupait

(¹) Il existe au Dépôt des Fortifications un fragment de carte d'une partie des côtes de la Hollande sur laquelle sont tracées ces courbes.

(²) On trouve cette carte dans l'Atlas intitulé : *Cartes et Tables de la Géographie physique et naturelle présentées au Roi le 15 mai 1757* et composé de 20 planches. Dans un Mémoire ayant pour titre : *Essai de Géographie*, lu par Buache à l'Académie des Sciences le 15 novembre 1752, l'auteur s'exprimait ainsi : « L'usage que j'ai fait des sondes et que personne n'avait employé avant moi pour exprimer le fond de la mer me paraît très propre à faire connaître d'une manière sensible les pentes des talus, des côtes, etc.... » Évidemment Buache ignorait que Cruquius l'avait devancé.

Philippe Buache, dont le nom se trouve rapproché de ceux de Guillaume Delisle, dont il fut le gendre, et de d'Anville, auquel il succéda à l'Académie des Sciences, n'était pas sans mérite, mais ne saurait leur être comparé. C'était surtout un homme d'imagination, dont les idées tournaient souvent au système. Il fut employé longtemps au Dépôt des Cartes et Plans de la Marine; à cette époque, les ingénieurs-hydrographes ne voyageaient que rarement ou même pas du tout, et les cartes qu'ils dressaient se ressentaient de l'incertitude des documents mis à leur disposition. Il y avait cependant parmi celles de Philippe Buache, de son neveu Buache de Neuville et de Bonne, qui travaillaient sous l'habile direction de Fleurieu, des œuvres dignes d'être citées et qui pouvaient faire présager ce que deviendrait l'Hydrographie française.

(³) *Expression des nivellements ou méthode nouvelle pour marquer sur les cartes terrestres et marines les hauteurs et les configurations du terrain;* Paris, 1782. En même temps que Ducarla, l'idée de représenter le relief des montagnes au moyen de courbes de niveau était venue à un autre inventeur français nommé Dufourny.

beaucoup, à l'École de Mézières, du problème du défilement des ouvrages de fortification dont la solution avait été déjà facilitée par l'idée heureuse, venue au célèbre hydraulicien du Buat, de représenter un plan par son *échelle de pente*. Il s'agit, comme on sait, dans le défilement, de mener un plan tangent au terrain par une droite qui est habituellement une crête d'ouvrage définie par deux cotes extrêmes; mais un terrain parsemé de cotes isolées, même nombreuses (¹), se prêtait encore mal à des constructions rapides. En recourant aux courbes du niveau ou aux sections horizontales de Buache et de Ducarla, Meusnier, à peine sorti de l'École, leva en 1777 cette difficulté et paracheva la solution.

Nous devions donner cet historique assez détaillé de l'invention des plans cotés, des courbes de niveau et de la Géométrie particulière à laquelle elle a donné naissance, ne fût-ce que parce qu'elle fait le plus grand honneur aux ingénieurs militaires français, mais aussi à cause du rôle considérable, prépondérant, pourrait-on dire, de ce dernier mode de représentation du relief du terrain dans la Topographie moderne.

L'illustre Meusnier, qui avait conseillé l'emploi de ces courbes pour représenter le *terrain dangereux* sur les plans de fortification, en avait fait lui-même l'application, en 1789, à la construction d'une Carte de la rade de Cherbourg, la première de ce genre qui ait été exécutée avec tout le soin désirable (²). Toutefois les courbes avaient été encore tracées, et nécessairement dans ce cas, en se guidant [*voyez* la note (¹) de la présente page] d'après les cotes isolées de points plus ou moins rapprochés, mais bien déterminés. On a opéré pendant longtemps et l'on opère encore souvent de même pour figurer le relief du terrain, mais en s'aidant des *formes apparentes*

(¹) On avait fini par adopter les plans cotés, mais on se contenta pendant longtemps de cotes isolées dont on se servit plus tard, comme guides, même à titre d'exercice, pour *filer* les courbes.

(²) Avec le concours de sept officiers du génie, la plupart très distingués : Caffarelli du Falga, Aubert du Petit-Thouars, Huvier, Catoire, Simon de Morselier, Lenoir du Lauchal et le chevalier du Buat de Sasseguières. (AUGOYAT, t. II, p. 647.)

de ce terrain, ce que l'on ne pouvait pas faire pour les fonds de mer. C'est seulement plus tard que se sont introduites des méthodes directes permettant de donner plus de précision à cette nouvelle manière d'exprimer le relief non seulement des montagnes et des collines, mais des moindres ondulations du sol.

Le perfectionnement des instruments de nivellement dû, en grande partie, comme nous l'avons dit à plusieurs reprises, aux ingénieurs du corps des Ponts et Chaussées créé vers le milieu du XVIIIᵉ siècle, et celui de la boussole réalisé par l'ingénieur-géographe Maissiat, ont conduit à la conception de ces méthodes dont l'un des principaux promoteurs fut encore un assistant ingénieur-géographe, officier du génie sorti du rang, le capitaine devenu lieutenant-colonel Clerc, qui les appliqua le premier avec un véritable talent et les enseigna à l'École Polytechnique et à l'École de Metz.

Quand elles sont levées avec soin, ces courbes jouissent des propriétés les plus précieuses; elles peuvent servir à construire facilement, et avec la plus grande exactitude, des plans-reliefs, par exemple ceux des places fortes comme il en existait déjà depuis longtemps et dont on a formé un musée à l'Hôtel des Invalides; elles ont contribué aussi à faire renoncer à l'exagération des hauteurs dans la construction des reliefs de montagnes, exagération qui entretenait une illusion assez commune et les idées les plus fausses sur les formes naturelles du terrain dont quelques auteurs, surtout à l'étranger, ne sont pas encore parvenus à se dégager.

Enfin, et c'est ce qui a fait la juste popularité de ce mode de représentation, les courbes ou les sections horizontales permettent aux ingénieurs de faire des avant-projets très complets de travaux de toute nature, fortifications, routes, chemins de fer, canaux, desséchements, irrigations, etc., presque sans tâtonnements et sans avoir besoin de parcourir le terrain dans tous les sens, *ce qui doit avoir été fait une fois pour toutes,* quand on a levé la carte dans les conditions que nous venons de supposer.

Mais, si ce n'est dans le corps du Génie où la tradition est née, s'est développée et s'est toujours entretenue, ces impor-

tantes propriétés, la dernière en particulier, restèrent longtemps ignorées, tant qu'il n'exista pas de cartes topographiques
à une assez grande échelle portant des courbes de niveau.

La première utilisation de ces courbes fut donc tout autre;
et, dès que l'on parvint à les tracer avec une exactitude satisfaisante, on reconnut qu'elles étaient propres à guider très
sûrement le dessinateur ou le graveur pour produire le relief
à l'aide de teintes ou de *hachures*.

Nous allons à présent rencontrer fréquemment cette dernière expression qui ne nous avait pas encore autant frappés,
bien que l'usage des tailles ou des traits auxquels elle correspond soit général, que l'on emploie le burin, la plume ou le
crayon pour modeler des formes naturelles. Cela étant, si l'on
jette les yeux sur quelque ancien plan gravé où l'on a cherché
à exprimer le relief par des ombres, on reconnaîtra aisément
la tendance de l'artiste à diriger ses tailles, ses hachures dans
le sens de la pente du terrain; seulement les teintes et par
conséquent les hachures y sont plus fortes du côté opposé à
la lumière [*voyez*, par exemple, le plan de Charleroy, par
Le Pautre (*Pl. VI*)]; nous nous trouvons, dans ce cas, en présence du système de la *lumière oblique*.

Sur la Carte de Cassini et sur celles auxquelles elle a servi
de modèle, on constate également cette tendance instinctive
à diriger les hachures suivant les pentes, mais sans préoccupation de l'éclairage, c'est-à-dire en adoptant la même teinte
pour toutes les orientations, dans tous les azimuts, et en accen-
tuant seulement les pentes les plus fortes par des hachures
plus grosses; en un mot, on trouve là une première ébauche
du système de la lumière verticale, et il faut convenir que le
résultat n'est pas satisfaisant, l'aspect général de la Carte de
Cassini que nous supposons en cause étant, sans contredit,
peu agréable. Mais il faut aussi reconnaître que les conditions
dans lesquelles cette carte avait été exécutée par des opérateurs improvisés étaient bien défavorables. Le côté artistique,
si cher aux ingénieurs-géographes et aux officiers du génie
de ce temps, y était absolument négligé, et c'était sûrement ce
qui avait tant indisposé d'Arçon (*voyez* la note p. 419).

Nous ne contestons pas que la Carte de Cassini ait fait grand honneur aux astronomes français qui ont effectué, à son occasion, la triangulation la plus vaste qui eût été entreprise jusqu'alors, ni même que l'œuvre, prise dans son ensemble, fût recommandable et qu'elle ait rendu beaucoup de services, mais nous n'allons pas jusqu'à en admirer les détails qui sont bien inférieurs à ce qu'ils eussent été, si l'on avait eu le bon esprit de confier cette œuvre à d'autres opérateurs dirigés par des membres de deux corps dont le talent était éprouvé (¹).

Nous donnons (*Pl. X*) un spécimen de cette carte en engageant le lecteur à le comparer avec les planches antérieures extraites du *Grand Beaulieu* et, s'il le veut bien, avec la Carte de l'île de la Martinique dont l'exécution est relativement récente, mais dont les éléments avaient été réunis par les ingénieurs des camps et armées.

Reprenons, après cette digression nécessaire, l'historique des transformations du dessin topographique au point où nous l'avons laissé.

(¹) Quand on sait qu'en 1786, avant l'achèvement de la Carte de Cassini, à l'exception des Pyrénées et des côtes du Languedoc, toutes les frontières de la France, sur une grande largeur, avaient été levées géométriquement, à l'échelle de $\frac{1}{14400}$, avec un soin extrême par les officiers de ces deux corps, on comprend l'exaspération de ceux-ci qui voyaient leurs beaux travaux dédaignés, alors que les mauvaises planchettes des *ouvriers de M. de Cassini* avaient les honneurs de la publicité. On peut d'ailleurs faire une comparaison entre la manière si distinguée des ingénieurs-géographes et celle des autres topographes, en parcourant les *Atlas de la campagne de M. le prince de Condé en Flandre, en 1674, et de l'Histoire militaire de Flandre de 1690 à 1694; Campagnes du maréchal de Luxembourg,* par le chevalier DE BEAURAIN (Paris, 1774 et 1756), dans lesquels se trouvent reproduites des cartes d'à peu près tous les systèmes employés du XVIIe au XVIIIe siècle, et à des échelles convenables pour permettre de bien les juger.

Le chevalier de Beaurain, géographe du roi, a été surtout un compilateur exercé et éclairé. Dans les deux importants Ouvrages cités, il s'est attaché, comme il le dit lui-même dans l'Avertissement du dernier, « à se servir de cartes topographiques où le terrain est représenté au naturel ». — « Les cartes, ajoute-t-il plus loin, sont aussi exactes et aussi détaillées qu'on puisse le désirer, le chevalier de Beaurain ayant, pour leur perfection, profité des corrections des différents ingénieurs-géographes et des augmentations que M. le duc de Noailles a fait faire sur les cartes qu'il a de ces cinq campagnes. » La Carte de la bataille de Steenkerke, en 1692, le plan du combat de cavalerie donné près de Fleurus, en 1690, levés expressément par ordre du roi Louis XV, sont d'excellents exemples du genre adopté depuis Masse père par les ingénieurs-géographes.

En 1799, un Saxon, nommé Lehmann, frappé sans doute de la tendance que nous venons de relever sur les cartes gravées, y compris celle de Cassini, avait cherché à systématiser le procédé des hachures en proposant formellement de diriger celles-ci suivant les *lignes de plus grande pente*, en les traçant fines ou en les renforçant, en les espaçant ou en les rapprochant, selon le degré variable des pentes.

Il n'était plus question, dans ce système que l'on a improprement qualifié de *lumière verticale*, ni d'orientation des teintes ni d'éclairage, et son application eût été assez difficile et toujours très imparfaite sans l'invention des courbes horizontales que Lehmann paraît avoir ignorée.

Quoique nous ayons rapporté à l'École de Mézières et à Meusnier en particulier l'honneur d'avoir montré l'utilité de ces courbes pour résoudre le problème du défilement, c'est seulement en novembre 1802 que fut exécuté le *premier plan nivelé par courbes horizontales* d'un pays de montagnes. Ce plan était celui de la Rocca d'Anfo, sur le Chiese, à l'un des débouchés du Tyrol sur la Lombardo-Vénétie, levé sous la direction des chefs de bataillon du génie Haxo et Liédot, chargés d'étudier le projet de défense de cette position (¹).

A la même époque, le service du Génie venait d'organiser une *brigade topographique* pour exécuter les levers détaillés des places fortes et du terrain environnant; l'École de l'Artillerie et du Génie était installée à Metz et, dès son origine, le professeur d'Architecture militaire Dobenheim y faisait établir les projets de fortification sur des *plans nivelés* par courbes horizontales (²); enfin, la Commission chargée de simplifier et d'uniformiser les signes et les conventions en usage dans les cartes, les plans et les dessins topographiques avait été également instituée en 1802, comme nous l'avons dit plus haut.

(¹) Augoyat, *Essai historique sur la fortification*, etc., et Mengin-Lecreulx, *Biographie du général Haxo*.

(²) L'École Polytechnique, qui datait pourtant de 1794, était encore un peu en retard; les méthodes de Monge y étaient surtout en honneur et l'on y résolvait les problèmes du défilement au moyen de deux plans de projection. Ce fut un peu plus tard que le capitaine Clerc y introduisit la construction et l'usage des courbes de niveau.

Cette coïncidence n'était pas fortuite; on éprouvait partout le besoin de donner à l'art de représenter le relief du terrain, si précieux pour les ingénieurs et pour les militaires, une direction à la fois nette et rigoureuse.

Sans parler des excellents conseils donnés par la Commission touchant les méthodes et les instruments géodésiques à adopter dans les différents services publics et selon les circonstances, la préférence à donner au *niveau de la mer* pour y rapporter toutes les hauteurs et les profondeurs (¹), et le choix des échelles qui devaient être toutes décimales (²), nous empruntons au procès-verbal de ses conférences deux passages qui se rapportent immédiatement à notre sujet et qui prouvent l'heureuse influence qu'avaient eue sur ses décisions les ingénieurs-géographes éminents qui en faisaient partie, Bacler-Dalbe (³), Jacotin, Barbié du Bocage, Hennequin, etc. A propos des projections et du dessin en général, « la Commission, y est-il dit, pense qu'il est toujours utile et souvent nécessaire, en Topographie comme dans tous les arts, d'ajouter à la projection horizontale que donne le plan ou la carte, des *projections verticales ou perspectives;* elle désire qu'on ne néglige jamais de le faire, toutes les fois que le temps le permettra, lors même qu'on ne verrait pas, dans l'instant, l'utilité que ces projections peuvent avoir un jour (⁴). » On imagine aisément, d'après cela, le cas que cette Commission eût fait de l'emploi de la Photographie, mais n'insistons pas en ce moment.

(¹) On avait bien rapporté tout naturellement, sur les cartes marines, les sondes à cette surface de niveau; mais, dans plusieurs services et notamment dans ceux du Génie et des Ponts et Chaussées, faute d'un nivellement général préalable, on employait pour coter le terrain des sondes comptées à partir d'un *plan de comparaison* idéal supérieur et arbitraire, ce qui ne donnait aucune idée des *altitudes* réelles et avait en outre l'inconvénient d'affecter les cotes les plus faibles aux points les plus élevés.

(²) On sait que, contrairement à ce principe, on a choisi plus tard pour la Carte de France l'échelle de $\frac{1}{80000}$ et que le Dépôt de la Guerre a aggravé cette dérogation en adoptant les sous-multiples $\frac{1}{100000}$ et $\frac{1}{320000}$ pour ses réductions.

(³) Bacler-Dalbe, qui fut en 1799 directeur du Cabinet topographique de Bonaparte et devint, en 1813, général de brigade, était un paysagiste d'une rare valeur. On peut voir plusieurs de ses tableaux au Musée de Versailles.

(⁴) *Mémorial du Dépôt de la Guerre*, t. II, p. 11.

Quelques membres de la Commission avaient bien essayé déjà, à cette époque, de faire admettre l'égalité des teintes dans toutes les orientations, c'est-à-dire ce que l'on a appelé la lumière verticale, mais cette convention avait été rejetée, et la préférence accordée aux *teintes naturelles* était fondée sur des considérations qui méritent d'être reproduites ici, *in extenso :*

« En général, la Commission pense que, pour atteindre la perfection, chaque dessinateur doit s'attacher à *produire sur les cartes le même effet que ferait un relief parfait du terrain,* ou plutôt la nature elle-même revêtue de ses formes et de ses couleurs, mais réduites aux dimensions de l'échelle (¹).

» Cette supposition, en déterminant le but dont il faut approcher s'il n'est pas permis de l'atteindre, fournit un terme de comparaison pour déterminer quelles doivent être, sur une carte donnée, la force et la dégradation des teintes.

» La Commission pense d'ailleurs qu'il sera très utile, pour rendre sensible cette manière d'envisager les cartes, de donner suite à la proposition de M. Hennequin, de mettre sous les yeux des dessinateurs des *reliefs modèles de différents sites naturels, accidentés, et dans la construction desquels on approchera le plus possible de la nature.*

» Les teintes dérivent de la lumière. Le type idéal que la Commission vient d'indiquer exige, pour que les teintes qu'il s'agit d'imiter soient déterminées, qu'on suppose ce relief ou cette nature ainsi réduite éclairée par une lumière constante et fixe de position.

(¹) On sent bien ici l'esprit dont étaient animés des opérateurs qui étaient en même temps des artistes. Quelques lignes auparavant, le procès-verbal en contenait une preuve peut-être encore plus frappante : « On peut, dans les teintes, employer une couleur unique ou les couleurs mêmes des objets. La première manière constitue le Dessin en général; c'est la seconde qui distingue la Peinture. Le désir d'obtenir le plus grand effet possible, doit, *pour les cartes comme pour les tableaux,* engager à préférer les teintes diversement colorées : c'est ce motif qui fait que la Commission *attache un degré d'intérêt de plus à la perfection des cartes lavées qu'à celle des cartes à la plume,* quoique l'un et l'autre genre exercent et méritent d'exercer le talent des plus habiles dessinateurs. »

» On supposera cette lumière telle qu'il n'en résulte jamais d'oppositions trop heurtées, de teintes trop foncées, trop noires, qui oblitèrent le trait de projection et sous lesquelles il soit difficile de le distinguer.

» La lumière sera d'ailleurs, comme dans les tableaux, à la gauche des spectateurs, c'est-à-dire au Nord-Ouest, le méridien coupant à angle droit le haut et le bas de la carte. »

Les principes de la Topographie la plus expressive et la plus parfaite que l'on puisse imaginer se trouvaient résumés aussi clairement que possible dans cette décision. La Commission avait eu soin d'écarter définitivement la *demi-perspective*, c'est-à-dire le mélange des projections ou des perspectives inclinées avec les projections horizontales déjà généralement abandonné; et l'un de ses membres, excellent dessinateur, Chrestien, chef du Bureau topographique du Ministère des relations extérieures, avait donné des modèles gravés de teintes et de signes conventionnels répondant aux principaux états et accidents du terrain.

C'est en se conformant à ces principes et en s'inspirant de ces modèles que furent exécutés, au Dépôt de la Guerre et chez plusieurs éditeurs de Paris, les belles cartes et les Atlas militaires dont nous avons parlé plus haut (p. 420).

C'est aussi en donnant à leurs graveurs des modèles admirablement dessinés, dans le système de la lumière oblique [1], que les ingénieurs-hydrographes sortis de l'École Polytechnique ont fait et continuent à faire exécuter le figuré des côtes sur les excellentes cartes qu'ils ont levées eux-mêmes avec un art et un soin admirables et qui jouissent, dans le monde entier, d'une si grande et si légitime réputation, due à leur exactitude en même temps qu'à l'agrément du modelé de la

---

[1] On en voit un tout à fait remarquable au Dépôt des Cartes et Plans de la Marine dans le cabinet de l'ingénieur-hydrographe en chef. Ce modèle est dû à Brambilla, qui fut professeur à l'École des ingénieurs-géographes, et qui était lui-même capitaine dans ce corps; mais il travaillait en même temps pour le Dépôt des Cartes et Plans de la Marine, où il a introduit les meilleures traditions conservées jusqu'à ce jour. Souhaitons seulement aux graveurs actuels de se montrer dignes de la réputation de leurs devanciers.

partie terrestre. On en jugera immédiatement en se reportant à la Carte de la Martinique (*Pl. IX*).

Cependant, postérieurement aux travaux de la Commission de 1802, deux pays étrangers seulement, la Suisse et le Piémont, adoptèrent la lumière oblique pour figurer le relief du terrain. Peut-être n'est-il pas hors de propos de rappeler que le général Dufour, qui fit entreprendre et dirigea la construction de la belle Carte de la Suisse à l'échelle décimale de $\frac{1}{100000}$, avait été français et élève de l'École Polytechnique d'où il était sorti dans le Génie, et que l'un des plus célèbres ingénieurs-géographes piémontais, Baggetti, avait aussi servi en France pendant toute la durée de l'Empire ([1]).

En France même et malgré le talent de nos graveurs qui avaient su admirablement interpréter les règles établies par la Commission, au point que les savants étrangers venaient souvent leur demander leur concours ([2]), malgré l'habitude contractée à l'École Polytechnique et à l'École de Saint-Cyr, sans parler du Dépôt de la Guerre où étaient préparées les minutes des cartes gravées, une résistance inattendue et assez inexplicable se manifestait à l'École d'application de Metz où l'on avait donné la préférence à la lumière verticale. Le prétexte mis en avant était « le peu de succès que les élèves

---

([1]) Baggetti avait un admirable talent d'aquarelliste; en l'appelant en France avec le grade de capitaine ingénieur-géographe, Napoléon l'avait chargé d'exécuter des vues de champs de bataille et des lieux célèbres parcourus par l'armée française, particulièrement en Italie. Le nombre des œuvres de Baggetti est considérable. On en peut voir au Musée de Versailles, dans les salles numérotées 146; le Dépôt de la Guerre seul possède 176 merveilleuses aquarelles presque toutes de cet habile paysagiste. Plus de 60 ont été gravées et se trouvent à la Bibliothèque Nationale, sous le titre de : *Vues des campagnes d'Italie en 1796 et 1800, peintes par* BAG-GETTI, *accompagnées d'une Carte à vol d'oiseau de la Suisse pour suivre la marche de l'armée française pendant la campagne de Marengo.* Il y avait là un retour à la tradition des peintres militaires du grand règne qui ne s'est jamais perdue dans notre pays et qui a même été ravivée par l'idée du roi Louis-Philippe, critiquable si l'on veut sous d'autres rapports, de consacrer le palais de Versailles *aux gloires de la France.* Cependant, à part Baggetti, Bacler-Dalbe et quelques autres, on peut regretter que les peintres de batailles ne soient pas toujours restés en relations avec le Service topographique de l'armée.

([2]) C'est ainsi que Léopold de Buch avait fait graver une belle Carte bien connue de l'île de Ténériffe, par Pierre Tardieu, et l'on pourrait citer un grand nombre d'autres exemples et de noms de graveurs distingués.

obtenaient dans l'exécution des plans levés », attribué au « manque d'uniformité entre les systèmes suivis pour le dessin de la carte dans les différentes écoles ».

Ainsi, parce que les élèves de la seule école où la lumière verticale était en usage ne réussissaient pas dans l'exécution des levers, il fallait tout bouleverser, et une nouvelle Commission fut nommée en 1826, expressément dans le but d'*établir de l'uniformité dans le mode de figurer le relief du terrain*.

Au fond, cela signifiait : dans le but de donner satisfaction au vœu de l'École d'application, en prescrivant l'emploi général et exclusif de la lumière verticale, et voilà peut-être pourquoi la Carte de France dite de l'État-Major n'a pas été exécutée dans le système si artistique et si français de la lumière oblique, pourquoi cette Carte est souvent si confuse et si difficile à lire.

A la vérité, pour justifier à l'avance l'abandon de la lumière oblique, on avait encore allégué que la Carte de Cassini et la Carte des Chasses étaient exécutées dans le système que l'on continuait à qualifier si improprement de lumière verticale, et qu'à l'étranger ce système était à peu près le seul qui fût employé; enfin, on prétendait que plusieurs ingénieurs-géographes, à l'exemple du colonel Bonne, n'obéissaient qu'avec répugnance aux prescriptions de la Commission de 1802. On reconnaissait toutefois que Puissant et Chrestien de la Croix, tous les deux si compétents en pareille matière, s'étaient énergiquement prononcés en faveur du maintien de la lumière oblique.

Mais cela ne touchait guère les membres de la Commission (dont Puissant avait été écarté) qui avaient pris ou fait prendre l'initiative de la prétendue réforme, et, dans l'avant-propos du procès-verbal auquel nous empruntons ces renseignements ([1]), on trouve cette phrase incidente qui donne la clé de toute la campagne entreprise pour proscrire la lumière oblique : « En présence de deux systèmes opposés, il était difficile que *le moins rationnel* prévalût entièrement à une

---

([1]) *Mémorial du Dépôt de la Guerre*, t. IV, p. 347 et suiv.; Résumé des discussions et des décisions de la Commission.

époque où l'étude des Sciences exactes était en quelque sorte devenue populaire. »

Cette opinion était celle d'hommes d'une grande autorité, comme le général Haxo, et il est aisé de voir qu'elle leur avait été suggérée par la faveur croissante de l'emploi des courbes de niveau dont ils appréciaient avec raison les importantes propriétés; mais, en voulant les étendre encore et en se réclamant de la *popularité des Sciences exactes,* ils en vinrent à sacrifier complètement les effets naturels, si habilement obtenus à force de talent par nos artistes, à une convention terne, aride, qu'ils qualifièrent de rationnelle.

La plus grande partie des séances de la Commission fut, en effet, consacrée, très utilement d'ailleurs, à étudier et à fixer l'importance des courbes horizontales et la manière de les utiliser pour représenter le relief du terrain, soit seules sur les plans à grandes échelles, soit comme directrices des hachures ou des lignes de plus grande pente sur les cartes.

Ainsi, il fut décidé :

Que les plans horizontaux dans lesquels les courbes sont comprises devraient être équidistants;

Que les courbes horizontales seules seraient regardées comme suffisantes pour exprimer le relief du terrain dans les cartes et plans dont les échelles varient de $\frac{1}{1000}$ à $\frac{1}{10000}$ exclusivement;

Que, pour les cartes depuis l'échelle de $\frac{1}{10000}$ inclusivement jusqu'au $\frac{1}{80000}$ et au delà, les courbes seules seraient regardées comme insuffisantes;

Que, pour les cartes dont les échelles n'expriment pas un rapport plus petit que $\frac{1}{100000}$, on écarterait toute considération de lumière soit oblique, soit verticale.

Il avait encore été convenu que l'espacement des hachures serait en raison inverse de la rapidité des pentes et *égal au quart de la cotangente moyenne de l'angle de pente,* c'est-à-dire au quart de la distance prise sur la carte entre deux courbes consécutives.

Le résumé des discussions et décisions de la Commission était accompagné de planches gravées reproduisant des essais d'expression du relief du terrain faits sur des cartes et des

L.

plans à des échelles variées et suivant différents systèmes. Ceux-ci ne comprenaient toutefois que des courbes horizontales seules ou des hachures produisant des teintes réglées par des *diapasons* (¹) différents, abstraction faite de toute prétention à des effets de lumière.

Convoquée de nouveau en 1828, et invitée par le Ministre à compléter son œuvre, la Commission avait eu à s'occuper de la rédaction d'un Recueil général de signes conventionnels adaptés aux besoins de tous les services publics et à examiner à nouveau quelques-unes de ses premières décisions.

Les opinions exprimées par la majorité des membres relativement au choix du système de représentation du relief du terrain furent non seulement maintenues, mais accentuées et, dans la suite du *Résumé* adressé au Ministre, il était dit encore plus affirmativement que, « pour toutes les cartes, *quelle que soit leur échelle*, on écarterait toute considération de lumière soit oblique, soit verticale ».

En un mot, on ne voulait plus entendre parler d'effets naturels, et c'était aux lecteurs des cartes à traduire par le raisonnement ce qu'ils y voyaient, traduction prétendue facile, mais qui n'exigeait pas moins un effort peu fait pour rendre attrayant l'aspect de la carte.

La fixation du *diapason des teintes* était devenue dès lors la seule question à résoudre, et Dieu sait le nombre des élucubrations auxquelles elle a donné lieu, en France et à l'étranger, et les difficultés qu'elle a présentées quand, après les pays de collines dont on s'était surtout occupé d'abord, il fallut aborder les pays de hautes montagnes. Ceux-ci, de beaucoup les plus pittoresques et les plus intéressants sur les cartes à l'effet, devenaient insupportables à regarder sur celles qui en étaient dépourvues, par suite de l'exagération inévitable des teintes qui noircissaient tout. Ajoutez à cela que la variété des diapasons dans les différents pays rendait très pénible le passage d'une carte à une autre, enfin que les graveurs, devenus des machines, perdaient le goût de leur art et s'abâtardissaient.

(¹) Cette expression, qui s'applique surtout aux sons et quelquefois aux couleurs, avait été ainsi étendue aux teintes pour en fixer les nuances.

Ces conséquences avaient été prévues par des esprits éclairés, Puissant entre autres, moins prévenus que ne l'étaient des hommes, tout aussi distingués d'ailleurs, mais dominés par l'idée qu'en adoptant des règles supposées très simples, on arriverait, d'un côté, à l'uniformité rêvée des conventions dans les services publics (¹) et, d'un autre côté, à faciliter aux jeunes officiers et aux jeunes ingénieurs l'exécution des cartes topographiques. Aucun de ces résultats ne fut atteint, et, en ce qui concerne les élèves des écoles militaires ou civiles, il arriva ce qui arrivera toujours en pareil cas : quelques-uns parmi les plus adroits et les plus patients réussirent et le plus grand nombre échoua. Pourquoi, d'ailleurs, exiger de jeunes gens qui avaient bien d'autres choses à apprendre, de s'exercer à l'art ou plutôt à la technique du graveur dont ils n'avaient que faire, et combien il eût été préférable de leur donner à laver rapidement à l'effet les cartes qu'ils couvraient péniblement de hachures.

Nous pouvons nous arrêter ici, car l'histoire du Dessin topographique manuscrit ou gravé, considéré au point de vue des méthodes de représentation du relief du terrain, ne va pas plus loin. Tout ce que l'on a fait en France et à l'étranger depuis 1828 ou 1830 rentre dans l'une des dernières catégories que nous avons spécifiées (²).

On a employé et l'on emploie beaucoup, on pourrait dire trop, les courbes de niveau seules, même pour des cartes à des échelles bien inférieures à $\frac{1}{10\,000}$.

On continue à employer, avec moins de persistance exclu-

(¹) En 1853-1854, une autre Commission, présidée par le général Noizet, et dont l'auteur de ces *Recherches* fut le secrétaire, a poursuivi la même chimère, sans l'atteindre davantage. La question du diapason y fut encore l'une de celles qui lui prit le plus de temps, bien inutilement. Le secrétaire n'a d'ailleurs rien à se reprocher, car il y soutint les opinions qu'il exprime ici, au risque de mécontenter ses collègues qui étaient tous ses supérieurs.

(²) Le lecteur qui voudrait avoir des renseignements plus détaillés, notamment sur les principales cartes publiées en France et à l'étranger dans le courant du xviiᵉ, du xviiiᵉ siècle et jusqu'au milieu de celui-ci, pourrait consulter la Notice de M. C. Maunoir intitulée : *Aperçu historique sur la Topographie militaire et les ingénieurs-géographes français,* dans le *Spectateur militaire* du 15 janvier 1864.

sive, les hachures dirigées suivant les lignes de plus grande pente plus ou moins espacées, légères ou renforcées, sans aucune considération de lumière oblique ou verticale (système de la Commission de 1828). On revient, même en France et dans quelques autres pays, aux hachures, toujours dirigées suivant les lignes de plus grande pente, mais produisant ou tendant à produire des teintes naturelles déterminées par la lumière oblique dirigée du Nord-Ouest au Sud-Ouest (système de la Commission de 1802, de l'École des ingénieurs-géographes et des ingénieurs-hydrographes) (¹).

Ajoutons que ces teintes peuvent être obtenues, sur les cartes manuscrites, à l'aide du lavis et, sur les cartes gravées ou lithographiées, par des procédés assez simples auxquels on a recours aujourd'hui.

VII. — *Conclusion.*

Nous avons essayé, dans cette Étude entreprise, comme nous l'avons dit, à propos de l'application de la Photographie au lever des plans (²), de nous rendre un compte exact des progrès et des vicissitudes d'un art qui, nécessairement parti

---

(¹) Cette réaction s'est prononcée en France depuis plus de vingt-cinq ans, dans le corps du Génie. On peut citer, par exemple, les beaux modèles de Cartes topographiques d'une partie des Alpes-Maritimes, du commandant depuis lieutenant-colonel du génie Wagner, officier d'une rare distinction dont nous avons eu si souvent l'occasion de parler dans notre premier Chapitre; la Carte de France du Service du Génie, à l'échelle de $\frac{1}{500000}$, du capitaine depuis lieutenant-colonel Prudent, et enfin les essais du capitaine depuis général de la Noë qui a même cherché à donner des règles pour guider les graveurs. Signalons encore la Carte de France à l'échelle de $\frac{1}{100000}$, dressée au Ministère de l'Intérieur par M. Anthoine, ingénieur des Arts et Manufactures, et l'Atlas de Géographie moderne de MM. Schrader, Prudent et Anthoine, publié par la maison Hachette, à Paris.

Mais, en constatant ce retour aux saines traditions et les progrès déjà accomplis, ne cessons pas de souhaiter que les graveurs redeviennent de véritables artistes, car les indications et même les règles plus ou moins précises, plus ou moins bien justifiées, qui peuvent leur être données pour les guider ne suffiront jamais et ne sauraient se substituer avantageusement, au contraire, au goût qui fait aimer un métier délicat.

(²) Comprise dans le programme du Congrès des Sciences géographiques tenu à Londres en juillet 1895.

de l'imitation de la nature, s'en est éloigné et y est revenu alternativement, tantôt associant la Perspective à la projection horizontale du terrain, tantôt séparant ces deux modes de représentation, mais les conservant pour les placer l'un à côté de l'autre, enfin excluant tout à fait le premier et repoussant alors jusqu'à l'intention de produire sur la projection horizontale les *effets naturels* à l'aide de teintes appliquées sur la carte considérée elle-même comme un tableau exécuté d'après un modèle en relief du terrain convenablement éclairé.

Sans méconnaître les efforts très intéressants tentés pendant assez longtemps dans d'autres pays et notamment en Italie, mais en nous en tenant à ceux qui ont fait tant d'honneur au nôtre, surtout depuis l'organisation du corps des ingénieurs-géographes, nous avons vu s'accentuer la tendance tout à fait remarquable à réaliser une Topographie pittoresque, attrayante, qui n'en conservait pas moins la rigueur géométrique dans ses moindres détails. Malheureusement, à deux reprises, et pour l'exécution des grandes cartes qui ont eu tant de réputation, parce qu'elles répondaient à des besoins immédiats, la Carte de Cassini et celle dite de l'État-Major, les méthodes élaborées si patiemment et si habilement par les membres de ce corps et par certains officiers du génie qui rivalisaient avec eux furent méconnues et abandonnées.

C'est à peu près au moment où la Carte de Cassini venait d'être achevée et en même temps que le Cadastre général de la France était décrété en 1791, que le corps des ingénieurs-géographes fut supprimé une première fois, sous le prétexte qu'il était devenu inutile.

Quand, en 1793, sur la demande pressante des chefs de nos armées, on reconnut la nécessité de le rétablir, presque tous ses membres étaient dispersés (¹), et, pour le recruter, il fallut recourir à quelques jeunes gens instruits, soumis à des examens sommaires et rapidement exercés, et à un certain

---

(¹) Plusieurs parmi les plus distingués voyageaient au loin, les uns embarqués et rendant de grands services à nos plus illustres navigateurs, Bougainville et le comte d'Estaing, d'autres parcourant l'Inde, la Californie, etc. (*Mémorial du Dépôt de la Guerre*, t. I, p. 126).

nombre d'ingénieurs du Cadastre, formés eux-mêmes dans l'École dirigée par Prony. Les anciennes traditions semblaient bien compromises ; cependant elles ne tardèrent pas à renaître, et le Dépôt de la Guerre, auquel était rattaché le nouveau corps, les vit bientôt, à l'exemple de leurs devanciers, se passionner pour leur art, comme en témoignent les œuvres citées et les délibérations de la Commission de 1802.

La nécessité d'une nouvelle Carte de France ayant été généralement reconnue dès les premières années de la Restauration (la Carte de Cassini avait fait son temps) (^{1}), celle de recourir à un nombreux personnel militaire s'imposait. Précisément le corps d'État-Major venait d'être créé en 1818, et les officiers qui le composaient devant être exercés à faire des reconnaissances, on pensa à les charger de compléter les Cartes du Cadastre réduites à l'échelle de $\frac{1}{20000}$, puis de $\frac{1}{40000}$. et d'y figurer le relief du terrain à l'aide de courbes horizontales rattachées à des repères exacts qui leur étaient donnés et qu'ils devaient multiplier selon les localités plus ou moins accidentées où ils opéraient.

(^{1}) Nous ne saurions assez répéter que cette carte, malgré ses imperfections, méritait la faveur dont elle a joui, mais cela ne nous empêche pas de maintenir la réserve formelle que nous avons faite au sujet de la manière dont elle était dessinée. Il est assez curieux d'ailleurs de voir combien elle a été appréciée diversement à des époques peu éloignées l'une de l'autre. En 1802, par exemple, dans sa *Notice historique sur le Dépôt de la Guerre,* le général du génie Pascal-Vallongue, directeur-adjoint de cet établissement, allait jusqu'à écrire : « *La Topographie avait fait encore peu de progrès ; elle attendait la Carte de Cassini* pour paraître avec tout l'avantage que ce grand et bel Ouvrage lui a donné sur tout ce qui s'était fait en ce genre dans le reste de l'Europe et sur presque tout ce qui s'est fait depuis. » Tandis qu'en 1828, dans une autre Notice sur la situation du Dépôt de la Guerre, on trouve ce jugement : « L'utilité d'une nouvelle Carte de France est généralement reconnue; celle de Cassini n'était pas établie sur des bases suffisamment exactes; elle manquait d'indications nécessaires mentionnées dans toutes les cartes modernes publiées par les gouvernements étrangers ; d'autre part, *la configuration du terrain ne présentait aucune vérité.* » Cassini était naturellement plus indulgent pour son œuvre, mais il comprenait cependant qu'il lui manquait quelque chose d'essentiel. « Il ne manquerait plus qu'un nivellement de toute la France pour juger de la possibilité de tous les projets que l'on présente au Ministère, disait-il; cette entreprise, qui serait présentement très dispendieuse, était une suite de celle de la Carte de France, si les ingénieurs avaient eu des instruments pour prendre des angles de hauteur. »

Nous n'entrerons pas dans le détail de l'exécution de la Carte de France à l'échelle de $\frac{1}{80000}$, qui est entre les mains de tout le monde et dont les qualités et les défauts lui ont valu tour à tour des éloges et des critiques exagérés.

Les ingénieurs-géographes, supprimés définitivement en 1831, avaient eu encore le très grand mérite d'effectuer les opérations fondamentales de la mesure des bases, de la triangulation du premier ordre, d'une grande partie du deuxième ordre et du nivellement géodésique correspondant; ce furent eux aussi qui commencèrent à dessiner la Carte, en se conformant aux décisions de la Commission de 1828; enfin, ce furent les derniers représentants de ce corps, Peytier, Levret, Servier, Couthaud, Hossard, qui eurent à guider les officiers d'état-major chargés des triangulations du deuxième et du troisième ordre, à vérifier leurs travaux, à assembler et à corriger les minutes souvent discordantes des levers par courbes horizontales et à diriger la gravure des cartes dont ils parvinrent à obtenir l'harmonie dans l'ensemble, en dépit des difficultés presque insurmontables que faisait naître à chaque instant l'emploi supposé si simple des diapasons.

Tout ce que nous disons de la Carte de France de l'État-Major pourrait s'étendre aux œuvres analogues exécutées dans les autres pays de l'Europe, le plus souvent sous la même rubrique des États-Majors. En les comparant les unes aux autres, on constate que la nôtre est encore l'une des plus réussies, mais cette satisfaction d'amour-propre ne doit pas nous faire perdre de vue la nécessité qui s'impose aujourd'hui de faire mieux. Nous savons au surplus que déjà (*voir* la note de la p. 436) les cartes spéciales entreprises pour les besoins de nos principaux services publics sont exécutées à des échelles décimales et que le relief du terrain y est exprimé dans le système de la lumière oblique. Mais nous espérons que l'on ira plus loin et qu'une nouvelle grande Carte de France, à une échelle supérieure aux précédentes, sera levée avec toutes les ressources dont on dispose aujourd'hui et recouverte de *teintes naturelles*, selon l'expression de la Commission de 1802, pour faire mieux saisir le relief. Nous espérons même que l'on en viendra à reprendre la vieille et excellente tradition des *profils* ou vues pittoresques dont la Photographie facilite tant l'obtention rigoureuse, vues qui seraient non seulement des illustrations comme celles dont on fait un si grand usage dans toutes les publications modernes (¹), relations de voyages, monographies descriptives des pays les plus connus, etc., mais de véritables documents sur l'intérêt desquels nous insisterons dans le Chapitre suivant.

Nous terminerons celui-ci par deux remarques, ou plutôt par deux renseignements qui nous semblent décisifs.

Le premier se rapporte à la comparaison immédiate que l'on peut faire entre le résultat auquel on est arrivé pour la représentation du relief du terrain sur la Carte de France d'après le *système* de la Commission de 1828 et celui que l'on pouvait atteindre en employant le *système de la lumière oblique*.

La *Pl. XI* (*fig. a*) est une reproduction de la région des puys d'Auvergne, d'après la Carte de France de l'État-Major, et la même planche (*fig. b*) représente cette même région obtenue par l'excellent professeur Bardin à l'aide d'un relief en plâtre qu'il avait exécuté lui-même en se servant des courbes de niveau des minutes de la Carte d'État-Major, relief recouvert des détails topographiques et des écritures (par l'application habile d'une épreuve sur papier de la gravure avant les hachures), puis éclairé selon la règle de la Commission de 1802.

Nous ne croyons devoir rien ajouter à cette démonstration, par le fait, de la supériorité incomparable du système de la lumière oblique sur l'autre.

Notre seconde observation consiste également dans la constatation de cet autre fait que nos ingénieurs-hydrographes, dont les cartes sont si universellement estimées et admirées, emploient depuis longtemps à la fois la lumière oblique pour exprimer le relief du terrain sur les côtes et des vues pitto-

---

(¹) Nous n'aurions que l'embarras du choix si nous voulions citer les Ouvrages de ce genre, et nous nous contentons de renvoyer le lecteur au *Tour du Monde,* publié depuis près d'un demi-siècle déjà par la maison Hachette.

resques développées de ces côtes prises de points habilement choisis.

Nous reviendrons sur cette dernière remarque, précisément à propos des applications importantes qui ont été faites de ces vues par le plus célèbre des ingénieurs-hydrographes, Beautemps-Beaupré ([1]), et des conséquences qu'elles ont eues déjà et qu'elles doivent avoir dans l'avenir.

([1]) Nous avons eu l'occasion de dire que le service des Cartes hydrographiques qui date de Louis XIV était primitivement confié à un personnel qui naviguait rarement. Il y avait eu toutefois de très honorables exceptions, et il suffirait de citer le nom de Fleurieu pour rappeler que les excellentes traditions de nos ingénieurs-hydrographes actuels remontent assez haut. Il conviendrait aussi de rappeler le nom de Borda, à la fois homme de science, inventeur célèbre et brave marin, qui, en employant le premier son cercle à réflexion, montra tout le parti que l'on en pouvait tirer en levant une belle Carte des Canaries et de la côte d'Afrique. Mais on sait, et nous ne saurions trop le répéter, que c'est à partir des expéditions de Beautemps-Beaupré avec D'Entrecasteaux, de 1791 à 1794, que l'art de l'ingénieur-hydrographe a acquis toute sa perfection, entretenue depuis cette époque par les ingénieurs sortis de l'École Polytechnique.

Nous rappellerions encore, au besoin, que les instructions pour le voyage de La Pérouse et pour celui de D'Entrecasteaux, qui en fut la suite, avaient été rédigées par Fleurieu qui doit être considéré comme l'inspirateur de toutes les mesures ayant le plus contribué aux progrès de la Navigation et de l'Hydrographie. Mais nous craindrions de nous éloigner de notre sujet en énumérant les services considérables de cet homme éminent.

Le lecteur trouvera à la fin du second Volume des notes complémentaires, dont deux relatives à l'histoire de la Géométrie pratique chez les Chaldéens, les Égyptiens, les Grecs, les Romains, les Arabes et dans l'Europe occidentale.

FIN DU TOME PREMIER.

TABLE DES MATIÈRES

DU TOME PREMIER.

		Pages.
Préface		V
Avertissement		1

CHAPITRE I.

Aperçu historique sur les instruments et les méthodes.

I. — *Période gréco-romaine* ... 14

II. — *Digression à propos des instruments astronomiques dans l'antiquité* ... 20

III. — *Période et influence arabes* ... 29

IV. — *Période comprenant le moyen âge et les premiers temps de la Renaissance. Sur les instruments des navigateurs et des géographes de cette époque* ... 47

V. — *Les instruments des topographes identiques avec ceux des autres voyageurs* ... 52

Le triquetrum ... 56

L'arbalestrille ... 59

Le quarré géométrique ... 60

VI. — *De la Renaissance à la fin du XVIIe siècle. Modification des instruments anciens* ... 63

Association de l'astrolabe et de la boussole ... 66

Cercle hollandais ... 66

La boussole topographique ... 71

Pantomètre ... 73

VII. — *Époque de la Renaissance (suite). Introduction d'instruments nouveaux* ... 74

Le graphomètre ... 74

Trigomètre de Danfrie ... 79

Pied de roy géométrique ... 80

Planchette circulaire ... 84

Planchette carrée simple ... 85

Pages.

VIII. — *Digression sur les instruments de dessin ou à calculer et sur l'un des plus connus dont on a voulu faire aussi un instrument de Topographie, le compas de proportion*... 88

Le compas de proportion 90

IX. — *Apparition des instruments de Topographie pouvant donner à la fois les angles horizontaux ou azimutaux et les angles de hauteur*.............................. 97

Théodolite.............................. 98

Contemporanéité du théodolite et de la planchette alti-métrique.............................. 103

La planchette prétorienne.............................. 106

Les précurseurs des instruments de lever modernes..... 112

X. — *Aperçu historique complémentaire sur les organes de précision*.............................. 116

Le vernier.............................. 117

La lunette d'approche et la lunette astronomique....... 120

Micromètre oculaire.............................. 121

Lunettes substituées aux alidades.............................. 123

XI. — *Conséquences de cette substitution. Admirables travaux de Picard*.............................. 124

XII. — *Continuation de l'aperçu historique sur les organes de précision*.............................. 127

Le niveau à bulle d'air.............................. 127

INTRODUCTION DES ORGANES NOUVEAUX DANS LA CONSTRUCTION DES INSTRUMENTS.............................. 130

XIII. — *Digression sur l'histoire des niveaux en général*......... 131

XIV. — *Aperçu rapide sur l'histoire du nivellement en France*... 134

XV. — *Sur le principe de la symétrie dans les observations et sur la rectification des instruments*.............................. 135

XVI. — *Premier aperçu des perfectionnements apportés depuis un siècle environ à la construction des principaux instruments de Topographie*.............................. 137

Les trois principaux instruments de la Topographie moderne.............................. 138

XVII. — *La substitution du théodolite au graphomètre*......... 140

Le théodolite et le graphomètre.............................. 140

XVIII. — *Les perfectionnements de la boussole*.............................. 143

Défauts de la boussole ordinaire.............................. 143

Résultats imprévus obtenus avec la boussole......... 144

Boussole ordinaire.............................. 144

Pages.

XIX. — *Les propriétés et les perfectionnements de la planchette.* 149

    Avantages prétendus ou réels de la planchette......... 149
    Problème de Pothenot et méthode des recoupements... 151
    La planchette de précision............................ 154

XX. — *Premiers essais entrepris pour mesurer immédiatement les distances terrestres sans les parcourir.*.............. 157

    Micromètre oculaire combiné avec une mire verticale.. 157
    La stadia... 159

XXI. — *Premiers perfectionnements de la nouvelle méthode pour la mesure des distances.*............................ 163

    Corrections par le calcul............................. 163
    Théorème de Reichenbach............................. 164

XXII. — *Célérimétrie ou Tachéométrie, d'après l'ingénieur italien Porro.*.. 167

    Invention et influence de Porro....................... 167
    Théorème de Porro.................................... 169
    Lunette autoréductrice............................... 172
    Orientateur magnétique............................... 174
    Échelles logarithmiques.............................. 175

XXIII. — *Progrès de la Stadimétrie et en particulier de la Tachéométrie en France.*................................ 177

    La Tachéométrie employée à l'occasion des études de chemins de fer.................................... 177
    Erreurs dues à l'emploi de la stadia.................. 180
    Stadia horizontale ou stadimètre..................... 180
    Lunette autoréductrice de Peaucellier et Wagner........ 182
    Diminution du crédit de la boussole.................. 185
    Prédominance actuelle du tachéomètre................ 187

XXIV. — *Tachéomètres autoréducteurs par simple déplacement d'une lunette astronomique ordinaire* 190

    Principe du tachéomètre Sanguet..................... 190
    Longi-altimètre...................................... 195
    Mesure des différences de niveau.................... 198
    Tachéomètre dit autocalculateur de M. A. Champigny.. 200
    Principe de la mesure des distances réduites à l'horizon. 202

XXV. — *Tachéomètres et tachéographes autoréducteurs par projections rectangulaires.*..... 205

    Principe général de ces instruments................. 205
    Tachéomètre de Kreuter.............................. 206
    Tachéomètre de Wagner-Fennel 207
    Homolographe de Peaucellier et Wagner.............. 208
    Description de l'instrument, 209. — Manière d'opérer, 210. — Justification et degré de précision du procédé. 211

Pages.

Homolographe à anneau posé sur une planchette rec-
tangulaire. 212
Tachéographe de Schrader 214

XXVI. — *Tachéomètres graphiques non réducteurs. Échelles de
réduction* 218
Tachymétrographe Tixidre 218
Planchette tachéométrique circulaire de M. Barthoud. 220
Diagramme pour la simplification des calculs 220
Réduction à l'horizon 221
Construction de la première échelle de réduction à
l'horizon $l' = l \cos i$ 221
Construction de la seconde échelle de réduction à l'ho-
rizon $l' = l \cos^2 i$ 222

XXVII. — *Digression sur les courbes de niveau et sur l'emploi des
échelles des pentes pour les lever* 224
Les courbes de niveau en pays de plaines et en pays
accidentés 224
Échelle des pentes 226

XXVIII. — *De la planchette stadimétrique et du rôle qu'a rempli
et que peut encore remplir la planchette en général.* 229
Perfectionnements anciens et récents de la planchette. 229
Les partisans de la planchette stadimétrique 231
Des planchettes adoptées en Suisse 233
Alidades holométriques et règle à éclimètre 236

XXIX. — *Faits généraux relevés dans l'enquête ouverte en Angle-
terre sur les propriétés de la planchette* 239
Opinion de M. Pierce. 239
Remarque 241
Quelques détails sur les instruments 241
Levers à la planchette effectués dans des circonstances
exceptionnelles 245
Emploi simultané du dessin pittoresque et du théodo-
lite ou de la planchette 247

XXX. — *Suite de l'enquête. Observations présentées par plusieurs
assistants, particulièrement en ce qui concerne l'emploi
de la planchette dans les colonies* 248

XXXI. — *Suite de l'enquête. Opinions diverses concernant l'usage
de la planchette de précision* 251
Quelques renseignements complémentaires à propos
des instruments que l'on peut associer à la planchette, notamment la chambre noire et la chambre
claire 252

XXXII. — *Conclusions de l'enquête* 256

Pages.

XXXIII. — *Sur les noms donnés, à d'autres époques, à la Topographie, et sur les différentes manières de rapporter les plans* 258

    Définitions et distinctions à établir 258
    Des relèvements numériques 260
    Levers rapportés sur le terrain 262
    Du choix à faire entre les deux méthodes précédentes et les instruments appropriés 262

XXXIV. — *Méthode mixte des alignements en usage dans le cadastre pour les levers réguliers* 264

XXXV. — *Renseignements sur l'emploi qui a été ou pourrait être fait des méthodes et des instruments décrits dans les paragraphes précédents* 266

    A. Cadastre 267
    B. Études de terrain faites en vue d'avant-projets de travaux publics 271
    C. Construction de cartes topographiques 274

XXXVI. — *Levers spéciaux des terrains boisés et des souterrains.* 279

    Levers des pays boisés et des mines 280
    Instruments employés par les forestiers 280
    Levers des mines, carrières souterraines, etc. 283
    Instruments employés dans les souterrains 283
    Boussole suspendue des mineurs 284
    Mires spéciales 289

XXXVII. — *Levers rapides. Instruments simplifiés* 290

    Levers à exécuter en peu de temps 290
    Série des opérations à effectuer 291
    Instruments simplifiés pour le lever des détails 293
    Nivellement 294
    Alidades nivellatrices perfectionnées 296

XXXVIII. — *Levers de reconnaissances et d'itinéraires* 300

    La boussole redevient l'instrument le plus avantageux 300
    Boussoles de poche 302
    A. Boussoles à limbe entraîné par l'aiguille : Boussole à prisme, 302. — Rapporteur rectangulaire, 304. — Clinomètre ou clisimètre, 306. — Boussole de Burnier 306
    B. Boussoles ordinaires à aiguille indépendante : Boussole du colonel Hossard, 308. — Boussole du colonel Leblanc, 309. — Boussole alidade du colonel Peigné, 310. — Boussole rapporteur et règle topographique du commandant Delcroix. 313

APPENDICE DU CHAPITRE I.

Instruments et méthodes à l'usage des explorateurs et utilisables en Topographie.

		Pages.
Observation préliminaire		316
I		
Le sextant employé à terre		317
Des instruments qui ont précédé le sextant à réflexion		318
Octant de Newton		319
Octant de Hadley		322
Perfectionnements de l'octant		323
II		326
Le baromètre en général		331
Baromètre métallique		331
III		336
Baromètre anéroïde inventé par Vidic		338
Baromètre holostérique		338
Simplification des calculs barométriques		340
Table donnant la différence en mètres par millimètre moyen en fonction de la pression H à la station inférieure et de la pression h à la station supérieure		341
Formules barométriques du colonel Mangin		344
IV		345
Expériences faites avec le baromètre anéroïde		347
Expériences faites par le Commandant de la brigade topographique du Génie		347
Expériences faites en route		348
Expédition barométrique au Puy de Dôme en 1874		350
Compensation des baromètres anéroïdes		352
Baromètres orométriques		356
V		357
Sextant de poche		360
Équerre à réflexion		361
Équerre d'alignement		362
Prisme triangulaire rectangle isoscèle		363
Autres dispositions de prismes		365
Niveaux à main		365
Chambre claire de Wollaston		367
		371

CHAPITRE II.

La Topographie dans tous les temps ; Vues pittoresques et plans géométriques.

Pages.

I. — *Considérations générales sur la Topographie pittoresque chez les anciens et au moyen âge* 377

II. — *Dessin géométrique conservant les proportions. Plans. Projections et sections verticales et horizontales* 380

III. — *Procédés mécaniques et optiques pour dessiner la perspective. Découverte du trait perspectif* 388

IV. — *Topographie pittoresque à partir du XIIe siècle* 394

V. — *Régularisation du dessin topographique en France et spécialement dans l'armée* 408

VI. — *Du dessin topographique moderne* 421

VII. — *Conclusion* 436

PLANCHES.

Pl. A. — Trophées de la façade méridionale de l'Observatoire de Paris.

Pl. B. — Fig. 1. Quart de cercle de Picard. Triangulation entre Paris et Amiens. — Fig. 2. Niveau de Picard. Nivellement aux environs de Paris.

Pl. C. — Niveaux de Rœmer, de de la Hire, de Picard et de Huygens.

Pl. I. — Carte de France.

Pl. II. — Plan parcellaire. Méthode des alignements.

Pl. III. — Siège de La Rochelle, d'après Callot.

Pl. IV. — Plan du siège de Béthune, d'après Beaulieu.

Pl. V. — Profil ou vue générale de la ville de Béthune, d'après Beaulieu.

Pl. VI. — Plan et vue de la ville de Charleroy, d'après Le Pautre.

Pl. VII. — Vue du château de Vincennes, d'après Van der Meulen.

Pl. VIII. — Carte d'une partie de l'Andalousie, d'après Hieronymo Chiaves.

Pl. IX. — Carte de l'île de la Martinique, d'après le Dépôt des Cartes et Plans de la Marine.

Pl. X. — Fragment de la Carte de Cassini.

Pl. XI. — Fig. a. Chaîne des puys d'Auvergne. Extrait de la Carte de l'État-Major. — Fig. b. Chaîne des puys d'Auvergne, d'après un relief éclairé obliquement.

FIN DE LA TABLE DES MATIÈRES DU TOME PREMIER.

L.

6157 *ter* B. — PARIS, IMPRIMERIE GAUTHIER-VILLARS,

55, Quai des Grands-Augustins.

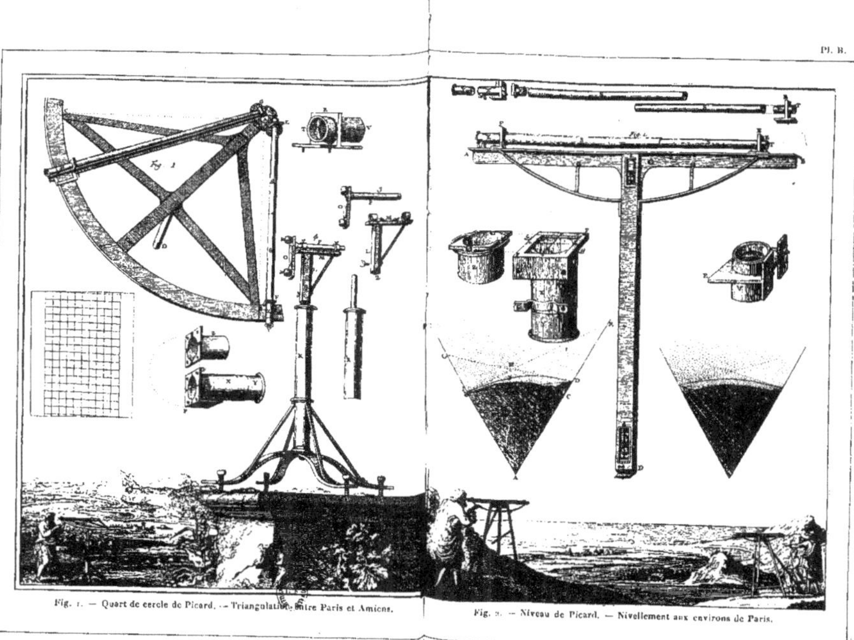

Fig. 1. — Quart de cercle de Picard. — Triangulation entre Paris et Amiens.

Fig. 2. — Niveau de Picard. — Nivellement aux environs de Paris.

Niveau de Rœmer.

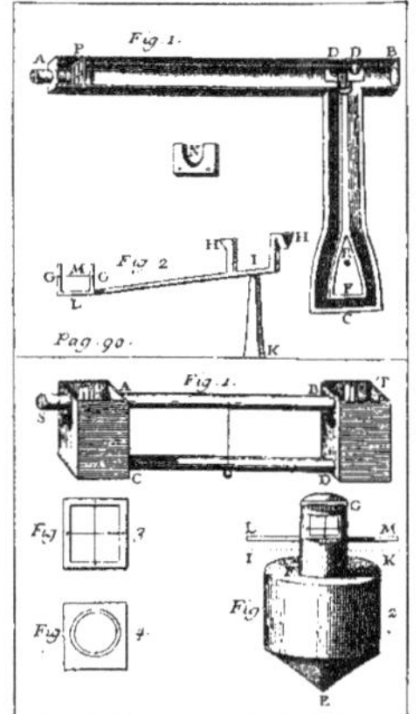

Niveau de de la Hire.

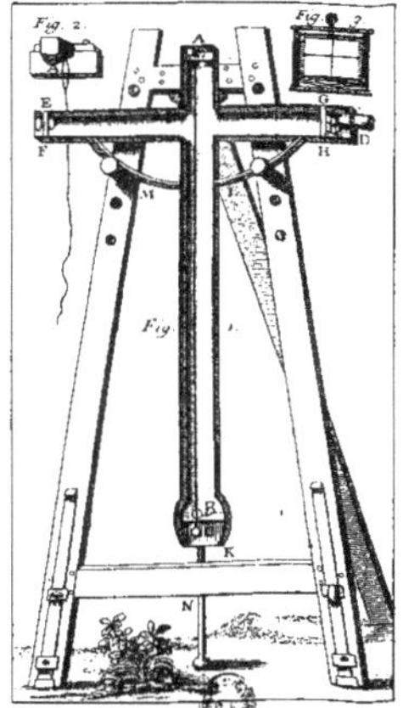

Niveau de Picard.

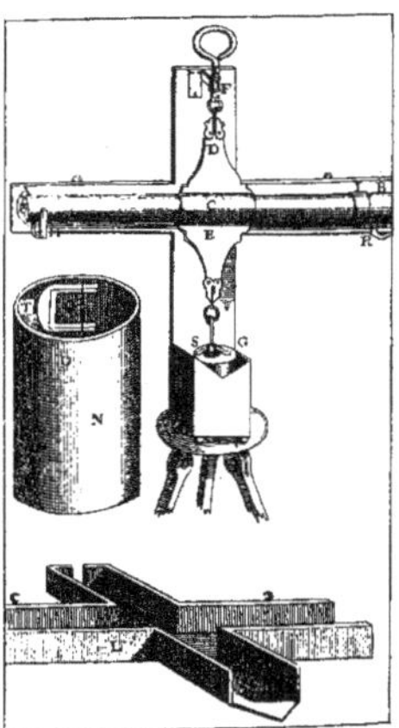

Niveau de Hugens.

Pl. I.
CARTE DE 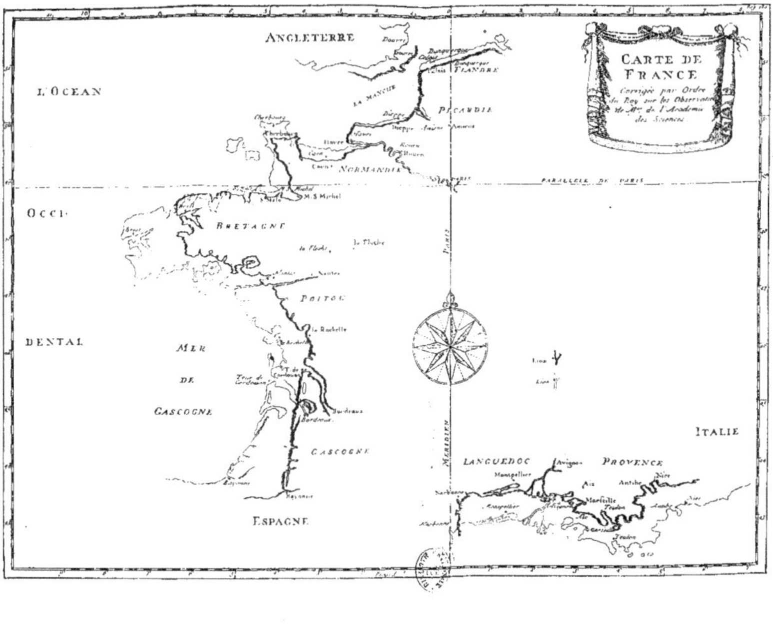
FRANCE
Corrigée par Ordre
du Roy, sur les Observations
de Mrs. de l'Academie
des Sciences.
PARALLELE DE PARIS
ANGLETERRE
L'OCEAN
OCCI·
DENTAL
Douvres
Dunquerque
Calais
Calais FLANDRE
LA MANCHE
PICARDIE
Dieppe
Dieppe Amiens Amiens
Rouen
Rouen
Cherbourg
Cherbourg
Havre
Caen
Caen NORMANDIE
PARIS
S. Malo
M. S. Michel
BRETAGNE
la Fleche
la Fleche
Nantes
POITOU
MER
DE
GASCOGNE
la Rochelle
la Rochelle
Tour de
Cordouan
Bordeaux
Bordeaux
GASCOGNE
Bayonne
Bayonne
ESPAGNE
PARIS
MERIDIEN
Lieues
Lieues
LANGUEDOC
Avignon
PROVENCE
Montpellier
Aix
Antibes
Nice
Narbonne
Montpellier
Marseille
Toulon
Agde
Nice
Marbonne
Toulon
ITALIE

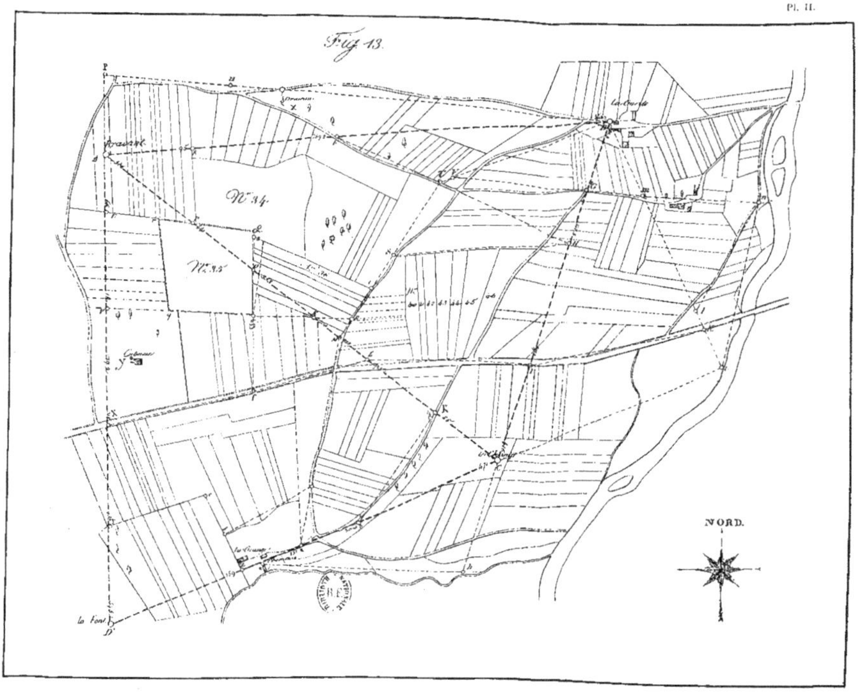

Pl. II.
Fig. 13.
N° 34
N° 35
La Grange
NORD.

Siège de La Rochelle, d'après Callot.

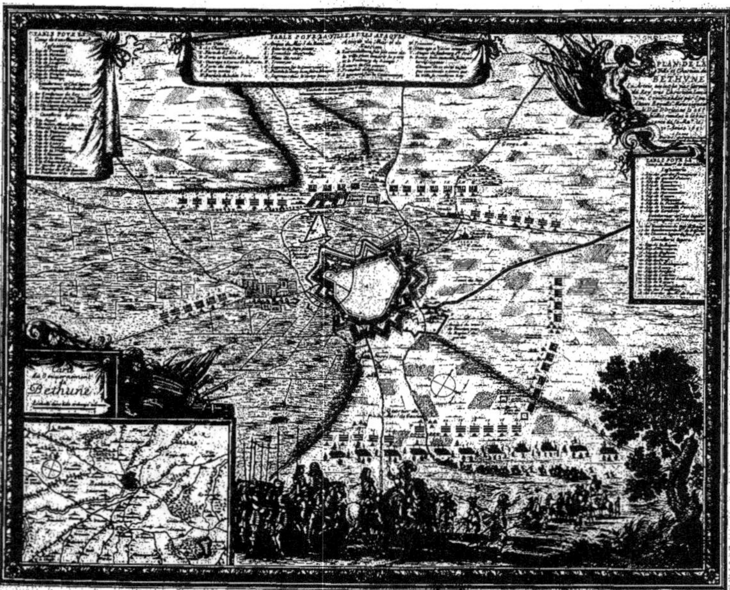

Plan du siège de Béthune, d'après Beaulieu.

Profil ou vue générale de la ville de Béthune, d'après Beaulieu.

Plan et vue de la ville de Charleroy, d'après Le Pautre.

Vue du château de Vincennes, d'après Van der Meulen.

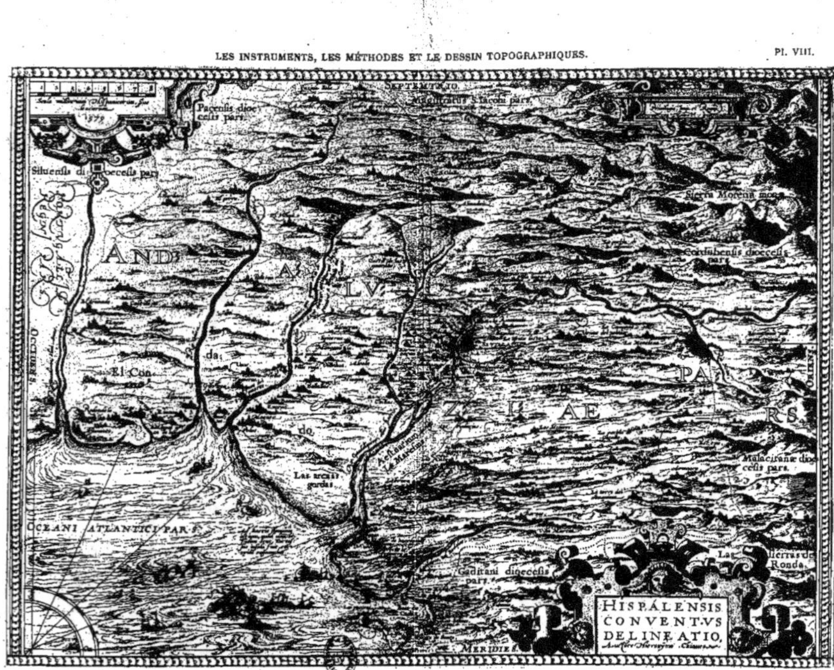

Carte d'une partie de l'Andalousie, d'après Hieronymo Chiaves.
(Extrait de l'Atlas d'Ortélius.)

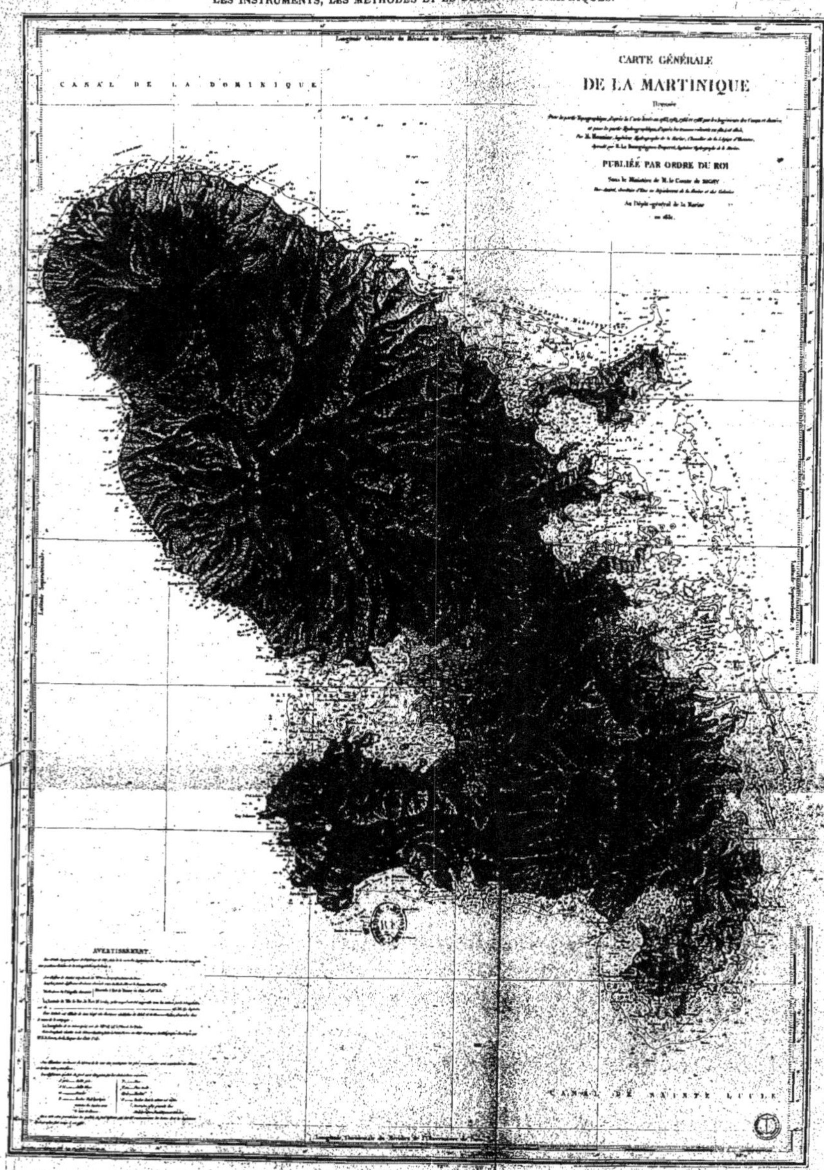

Carte de l'île de la Martinique, d'après le Dépot des cartes et plans de la Marine.

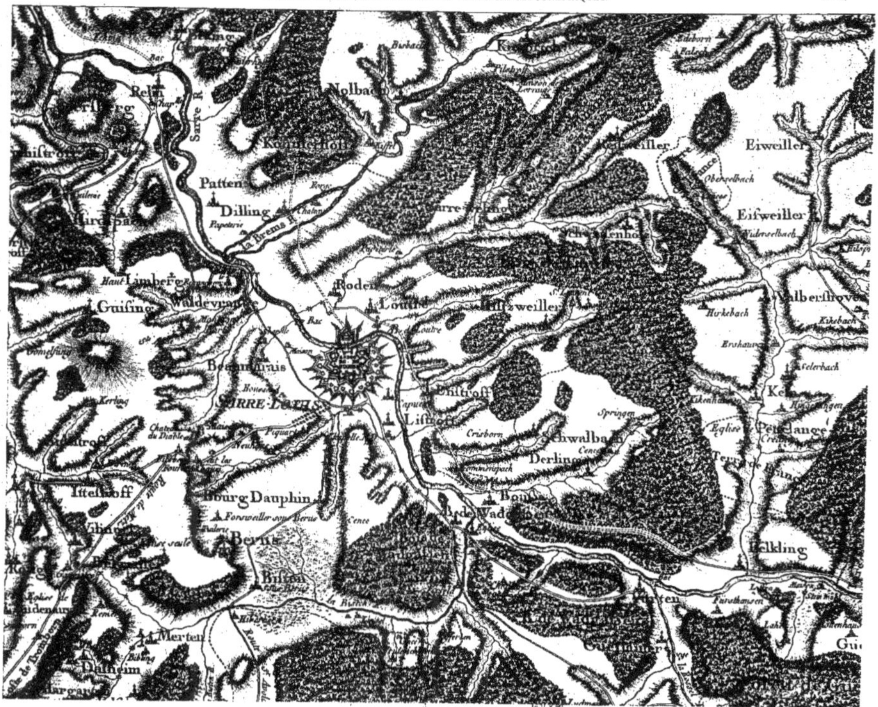

Fragment de la Carte de Cassini.